서금희

한국농수산대학교 버섯학과 학사
한경대학교 식물생명·원예학과 석사
국립 한국농수산대학교 강의(국가기술자격증 대비반)
농업기술센터 강의(버섯 종균 재배)
종자관리사(버섯종균기능사)
현) 농업회사법인 엠에스바이오(주) 대표이사

논문 〈느타리버섯의 호흡에 관한 연구〉, 〈흑피흰개미버섯(Termitonyces albuninosus) 인공재배를 위한 균사배양 특성〉, 〈α-Glucosidase Inhibitory and Antioxidant Potential of *Morchella* Mushroom〉 외

특허 〈버섯의 목침종균 제조〉, 〈버섯 복합 재배 장치〉 외

감수 장현유

강원대학교 농생물학과 농학박사
전) 한국농수산대학교 버섯학과 교수
전) 한국버섯학회 회장
제17회 대산농촌문화상 수상

저서 〈몸에 좋은 약용버섯, 재배에서 효능까지〉, 〈행복한 버섯요리〉, 〈우리 산야의 자연버섯〉, 〈가정버섯 효능과 활용법〉, 〈채소·버섯 기르기〉, 〈산과 들에서 만난 자연 버섯 도감〉 외 다수

2024
버섯종균기능사 필기·실기

초판인쇄 | 2024년 1월 22일
초판발행 | 2024년 1월 26일

지 은 이 | 서금희
감　　수 | 장현유
펴 낸 이 | 고명흠
펴 낸 곳 | 푸른행복

출판등록 | 2010년 1월 22일 제312-2010-000007호
주　　소 | 서울시 서대문구 세검정로1길 93
　　　　　벽산아파트 상가 A동 304호
전　　화 | (02)356-8402 / FAX (02)356-8404
E-MAIL | bhappylove@daum.net
홈페이지 | www.munyei.com

ISBN 979-11-5637-475-6 (13520)

※ 이 책의 내용을 저작권자의 허락없이 복제, 복사, 인용, 무단전재하는 행위는 법으로 금지되어 있습니다.
※ 잘못된 책은 바꾸어 드리겠습니다.

버섯종균기능사 문제집 **최초 발행**의 **노하우**로
출제예상문제 적중률 100%

2024 버섯종균기능사 필기 실기

NCS 국가직무능력표준 기준

서금희 편저
장현유 감수

푸른행복

차례 Contents

버섯종균기능사 검정안내 ... 8
CBT 필기시험제도 안내 ... 16

필기 핵심요약

CHAPTER 01 버섯의 분류
01 버섯의 개요 ... 20
02 버섯의 생물학적 이해와 분류체계 ... 20
03 버섯의 생활주기 ... 21
04 버섯의 형태 ... 23
05 버섯의 종류 및 특성 ... 24
06 버섯 생장의 영양원 ... 28
07 품종 육성 ... 29
08 버섯의 품종 ... 31

CHAPTER 02 원균의 분리 및 배양
01 균주 수집 및 원균의 분리방법 ... 32
02 균주 보존 ... 33
03 원균의 배지제조 및 이식방법 ... 35
04 원균의 배양 ... 38
05 원균의 보존 ... 38

CHAPTER 03 접종원 및 종균 · 배지제조법
01 접종원 ... 39
02 종균 ... 39

CHAPTER 04 배지살균
01 고압살균기의 구조 ... 42
02 살균작업 ... 43

CHAPTER 05 접종 및 배양

01 무균실 관리방법	45
02 배양실 관리방법	45
03 우량 종균과 불량 종균	46
04 종균 접종	46
05 종균 검사	47

CHAPTER 06 종균의 저장 관리

01 종균의 저장 및 관리	48

CHAPTER 07 배지 제조

01 양송이 퇴비 배지 제조	49
02 표고, 느타리 원목재배용 재료의 선택과 관리	52
03 느타리 폐면배지용 재료의 선택과 관리	53
04 봉지, 병재배용 톱밥배지	53

CHAPTER 08 종균 접종

01 접종하기	55

CHAPTER 09 버섯재배 생육관리

01 균상재배	58
02 원목재배	59
03 봉지재배와 병재배	60
04 자실체의 재배 환경조건	61
05 자실체 생육	63
06 기타 버섯의 재배	65

CHAPTER 10 버섯의 병해충 예방 · 방제

01 병해충 관리	68

CHAPTER 11 버섯의 수확 후 관리

01 건조 72
02 예냉 및 저장 73

CHAPTER 12 재배시설의 이해

01 재배형태별 시설 74
02 자동화를 위한 기계시설 장비 75

CHAPTER 13 버섯 및 종균에 관한 법령

01 산림자원의 조성 및 관리에 관한 법률 76
02 종자산업법 79
03 식물신품종 보호법 85

실기(작업형)

01 일반 실험의 실험기구 명칭 및 사용법 88
02 실험기구 살균법 92
03 천연배지 제조법 93
04 합성배지 제조법 95
05 액체배지 제조법 97
06 톱밥배지 제조법 99
07 균의 순수분리 101
08 균의 접종 및 배양법 104
09 배지의 살균 107
10 피펫 휠러(pipet filler)를 이용한 사면배지 만들기 109

버섯의 종류 111
버섯종균기능사 실기시험문제 예시 114
버섯의 명칭 및 분류체계 116

◎ 필기시험 기출문제 및 해설

2006년 버섯종균기능사 필기시험	118
2007년 버섯종균기능사 필기시험	126
2008년 버섯종균기능사 필기시험	134
2009년 버섯종균기능사 필기시험	142
2010년 버섯종균기능사 필기시험	150
2011년 버섯종균기능사 필기시험	158
2012년 버섯종균기능사 필기시험	166
2013년 버섯종균기능사 필기시험	174
2014년 버섯종균기능사 필기시험	182
2015년 버섯종균기능사 필기시험	190
2016년 버섯종균기능사 필기시험 **제1회**	198
2016년 버섯종균기능사 필기시험 **제2회**	208

◎ CBT 필기 기출복원문제 및 해설 ※중국어 문제와 해설 포함

제1회 버섯종균기능사 필기 기출복원문제	218
제2회 버섯종균기능사 필기 기출복원문제	232
제3회 버섯종균기능사 필기 기출복원문제	247
제4회 버섯종균기능사 필기 기출복원문제	261
제5회 버섯종균기능사 필기 기출복원문제	275

◎ 필기 적중 예상문제 FINAL TEST

필기 적중 예상문제 FINAL TEST **1회**	290
필기 적중 예상문제 FINAL TEST **2회**	297
필기 적중 예상문제 FINAL TEST **3회**	304
필기 적중 예상문제 FINAL TEST **4회**	311

버섯종균기능사 검정안내

1) 개요

버섯을 재배하기 위해서는 원균을 배양, 증식시켜 접종원을 만들고, 그 접종원을 배지에 배양하여 종균을 만드는 복잡한 과정을 거치기 때문에 전문적인 지식을 필요로 한다. 우량 버섯종균의 생산과 버섯 재배기술을 개발·보급하여 농가부업과 소득증대에 이바지할 수 있는 지능인력을 양성하고자 한다.

2) 수행직무

버섯종균에 관한 숙련기능을 가지고 버섯 원균을 증식시켜 접종원을 만들고, 톱밥, 볏집 등에 접종원을 투입하여 순수하게 배양·증식시켜, 버섯재배 농가에서 필요로 하는 우량한 버섯종균을 제조하는 직무 수행이다.

3) 진로 및 전망

자영업에 종사하거나, 버섯재배업체, 버섯종균업체에 진출할 수 있다. 「종자산업법」에 따라 종자관리사로 진출할 수 있다.

우리나라에서 재배되고 있는 버섯의 종류는 12종에 불과하나 일본에서는 25종이 대량 생산되고 있다. 버섯재배는 소득이 높아 농가 소득작물로 각광을 받고 있으며, 국민 소득이 높아짐에 따라 버섯이 고급식품이면서 건강식품으로 알려져 기호식품인 버섯을 선호하게 되어 소비량이 증가하고 있다. 버섯은 세계적으로 매년 12%씩 증가되고 있으며, 우리나라에서도 버섯 소비량이 외국보다는 낮으나 생산, 소비가 매년 4%씩 증가되고 있어 앞으로 발전될 가능성이 높다. 버섯재배지역은 전국적으로 분산되어 있고, 품목별로 조직체 육성이 미흡하고 대규모 농가도 부족한 실정이다. 재배방식도 종전까지 수작업 재배와 같이 하우스재배방식이 있었으나, 최근에는 버섯재배사가 조립식, 블록식으로 바뀌고, 환경(온도, 습도)조절도 자동화되는 추세이다. 앞으로는 공장재배로 바뀔 것으로 예측되어 초음파가습기, 열교환기, CO_2 측정 및 제어기, 냉동기를 이용한 과학적인 재배공법이 보편화할 것으로 예상된다. 따라서 우수한 종균보급의 필요성도 증가될 것이며, 많은 기술 개발을 필요로 하는 분야이다. 최근 응시자 수가 크게 증가하고 합격자 수도 증가하는 추세이다.

4) 취득방법

시행처		한국산업인력공단
관련학과		전문계 고등학교의 농학과, 임학과 등
시험 과목	필기	1. 종균제조, 2. 버섯재배
	실기	버섯종균작업
검정 방법	필기	객관식 4지 택일형 60문항(60분)
	실기	작업형(1시간 정도)
합격 기준	필기	100점을 만점으로 하여 60점 이상
	실기	100점을 만점으로 하여 60점 이상

5) 작업형 실기시험 기본정보

안전등급(Safety Level) : 1등급   위험 경고 주의 **관심**

시험장소 구분	실내
주요시설 및 장비	비이커, 메스실린더 등
보호구	위생복 등

※ 보호구(작업복 등) 착용, 정리정돈 상태, 안전사항 등이 채점 대상이 될 수 있습니다. 반드시 수험자 지참공구 목록을 확인하여 주시기 바랍니다.

[버섯종균기능사 필기 출제기준]

직무 분야	농림어업	중직무 분야	임업	자격 종목	버섯종균기능사	적용 기간	2022. 1. 1. ~ 2024. 12. 31.
직무내용	버섯을 인공적으로 생산하는 것으로 버섯의 종류 및 재배방식에 따라 종균관리, 배지조제, 배지살균, 종균접종, 배양관리 및 생육환경관리를 통해 버섯을 생산하며, 안정적인 생산과 출하를 위해 수확후 관리 및 재배시설 장비관리를 하는 직무 수행							
필기검정방법	객관식	문제수	60	시험시간	1시간		

필기과목명	주요항목	세부항목	세세항목
종균제조 · 버섯재배	1. 종균제조	1. 버섯의 분류	1. 버섯의 분류학적 위치 2. 버섯의 생활사 3. 버섯의 종류 및 특성 4. 버섯의 형태 5. 버섯의 생태 6. 품종육성
		2. 원균의 분리 및 배양	1. 균주 수집 2. 균주 보존 3. 원균의 분리방법(포자, 균사체, 자실체) 4. 원균의 배지제조 및 이식방법 5. 원균의 배양 6. 원균의 보존법
		3. 접종원 및 종균·배지 제조법	1. 접종원 제조 2. 배지재료 배합비율 조절 3. 배지 수분함량 조절 4. 배지 산도(pH) 조절 5. 입병
		4. 배지 살균	1. 살균기의 구조 및 원리 2. 살균법의 종류 및 방법 3. 살균시간 및 온도 조절 4. 살균작업
		5. 접종 및 배양	1. 무균실 관리 방법 2. 배양실 관리 방법 3. 우량 접종원 판별법 4. 배양환경 5. 병해충, 오염원 등 검정
		6. 종균의 저장관리	1. 저장 및 관리요령 2. 종균의 공급 방법

필기과목명	주요항목	세부항목	세세항목
	2. 버섯재배	1. 재배시설의 이해	1. 재배사 구조 2. 재배사 설치 입지조건 3. 재배사 설치요령 4. 재배 면적규모 결정
		2. 재배설비 및 장비	1. 재배환경 제어장치 관리요령 2. 배지제조장치의 종류 3. 버섯 수확후 관리 장비·관리요령
		3. 배지 제조	1. 버섯 종류별 배지의 구비조건 2. 버섯 종류별 배지제조법 3. 재배 형태별 배지제조 및 관리 4. 배지살균 원리 5. 배지살균 방법
		4. 종균 접종	1. 버섯 품종별 특성 2. 우량 종균 판별법 3. 종균 접종 시 유의사항 4. 종균접종의 요령
		5. 버섯재배 생육관리	1. 버섯 종류별 균사 배양관리 2. 버섯 발생 시 구비조건 3. 버섯생육 단계별 관리요령 　(온도, 습도, 환기, 광 등) 4. 버섯 생육상태에 의한 재배환경 진단법
		6. 버섯의 병해충 예방·방제	1. 병충해의 종류 및 특징 2. 병충해의 발생원인 및 전염경로 3. 병충해의 예방 및 방제법
		7. 버섯의 수확 후 관리	1. 수확적기 및 수확요령 2. 예냉방법 3. 포장 및 저장 4. 건조관리요령

[버섯종균기능사 실기 출제기준]

직무 분야	농림어업	중직무 분야	임업	자격 종목	버섯종균기능사	적용 기간	2022. 1. 1. ~ 2024. 12. 31.
직무내용	버섯을 인공적으로 생산하는 것으로 버섯의 종류 및 재배방식에 따라 종균관리, 배지조제, 배지살균, 종균접종, 배양관리 및 생육환경관리를 통해 버섯을 생산하며, 안정적인 생산과 출하를 위해 수확후 관리 및 재배시설 장비관리를 하는 직무 수행							
수행준거	1. 버섯 종균의 원균 증식배지 제조 작업을 할 수 있다. 2. 종균 배양을 위한 무균실 관리 요령(을) 숙지 할 수 있다. 3. 원균 이식 기술을 습득 할 수 있다. 4. 대상 버섯에 따른 종균 배지를 제조 할 수 있다. 5. 우량한 종균을 판별할 수 있다. 6. 종균용 배지를 살균할 수 있다.							
실기검정방법	작업형				시험시간			3시간 정도

실기과목명	주요항목	세부항목	세세항목
버섯종균 작업	1. 버섯종균 관리	1. 균주 관리하기	1. 버섯 균주의 오염 여부를 관능검사를 통해 확인할 수 있다. 2. 버섯 보존균주의 활력 상태를 이식배양을 통해 확인할 수 있다. 3. 버섯 종류별 균주를 보존하기 위한 최적 보존 배지를 제조할 수 있다. 4. 버섯 종류별 균주의 배양 및 보존을 위한 최적 온도, 기간 및 방법을 설정할 수 있다.
		2. 원균 증식하기	1. 원균의 형태별로 계대배양을 위한 균을 무균 이식할 수 있다. 2. 버섯재배 방법별 원균 증식을 위해 적정 배지종류를 선정하여 제조할 수 있다. 3. 버섯재배 규모에 따라 원균의 적정 증식량을 결정할 수 있다. 4. 계대배양한 균주를 배양하기 위해 최적 환경(온도, 습도, 환기, 광 등)을 유지·관리할 수 있다. 5. 원균 균주의 오염 여부를 관능검사를 통해 확인할 수 있다.
		3. 종균 제조하기	1. 버섯 종류에 따라 적정 종균 유형을 선택할 수 있다. 2. 종균 유형에 따라 적정 재료를 선택하여 배지를 제조할 수 있다. 3. 종균 유형별 배지에 따라 적정 살균시간을 설정하여 고압 살균할 수 있다. 4. 종균을 배양하기 위해 최적 환경(온도, 습도, 환기, 광 등)을 유지·관리할 수 있다. 5. 배양된 종균에 대한 관능검사를 통해 오염되지 않은 종균을 선별할 수 있다.

실기과목명	주요항목	세부항목	세세항목
	2. 버섯배지 조제	1. 배지재료 선택하기	1. 버섯 종류에 따라 종균 및 재배용 배지의 재료를 선택할 수 있다. 2. 종균 및 재배용 배지 재료의 관능검사 및 배지성분 성적서를 통해 품질상태를 확인할 수 있다. 3. 종균 및 재배용 배지 재료의 특성에 따라 적정 환경에서 보관할 수 있다. 4. 원목재배 시 버섯 종류에 따라 적정 원목을 선택할 수 있다.
		2. 재료 혼합하기	1. 버섯 종류별 특성에 따라 재배용 배지의 재료 혼합비율을 결정할 수 있다. 2. 버섯 종류별 특성에 따라 재배용의 배지의 수분 함량을 조절할 수 있다. 3. 배지 재료의 적정 혼합을 통하여 배지의 물리적 상태를 확인할 수 있다.
		3. 발효하기	1. 버섯 재배 형태에 따라 재료의 발효 필요 여부를 결정할 수 있다. 2. 배지 재료 특성에 따른 적정 발효 방법을 결정할 수 있다. 3. 배지의 야외발효 시 적정 수분, 온도, 기간을 고려하여 배지 뒤집기와 종료시점을 결정할 수 있다. 4. 배지의 후발효 시 적정 수분, 온도, 기간을 고려하여 종료시점을 결정할 수 있다.
		4. 배지 충진하기	1. 균상재배 시 버섯 종류에 따라 균상의 단위면적 당 배지의 입상량을 조절할 수 있다. 2. 병재배 시 버섯 종류 및 병 크기에 따라 배지의 입병량을 조절할 수 있다. 3. 봉지재배 시 버섯 종류 및 봉지 크기에 따라 배지의 입봉량을 조절할 수 있다.
	3. 버섯배지 살균	1. 살균 준비하기	1. 버섯 재배 방법 및 배지 유형에 따라 적정 살균 방법을 선택할 수 있다. 2. 살균에 필요한 스팀보일러와 배지소독기(살균기)의 정상 작동 여부를 점검할 수 있다. 3. 배지 양에 따른 적정 살균 온도 및 시간을 계획할 수 있다.
		2. 살균하기	1. 배지소독기(살균기) 내부의 온도 변화를 컨트롤 표시부를 통해 확인하여 살균 적정 온도를 유지할 수 있다. 2. 배지소독기(살균기) 정상 운전 여부를 확인하기 위해 응결수 배출 및 배기상태를 파악할 수 있다. 3. 배지 살균 유지 시간 종료 후 배지소독기(살균기)를 안전하게 개방할 수 있다.
		3. 살균 후 관리하기	1. 배지 냉각실을 청결하게 유지·관리할 수 있다. 2. 배지 냉각실의 오염공기 유입을 방지하기 위하여 양압 장치를 작동시킬 수 있다. 3. 배지 냉각을 위한 냉각실의 적정 온도를 유지할 수 있다.

실기과목명	주요항목	세부항목	세세항목
	4. 버섯종균 접종	1. 종균 준비하기	1. 재배버섯 종류에 따라 적합한 종균(고체, 액체, 곡립종균 등)을 준비할 수 있다. 2. 종균에 대한 관능검사를 통해 우량종균을 선별할 수 있다. 3. 재배 규모에 따른 배지량에 적합한 종균 소요량을 파악할 수 있다. 4. 접종할 종균의 노화균을 제거하여 접종 상태로 관리할 수 있다.
		2. 무균 관리하기	1. 접종실의 벽, 바닥, 천정을 적정한 소독제 및 자외선을 활용하여 무균관리할 수 있다. 2. 접종준비를 위한 접종실의 적정조건(온도, 습도 등)을 관리할 수 있다. 3. 무균상(실)이 정상 작동할 수 있도록 유지·관리할 수 있다. 4. 접종 기계 및 기구를 화염소독, 알코올소독을 통해 무균관리할 수 있다. 5. 작업자의 안전 및 소독 장구를 적절하게 비치하고 활용할 수 있다.
		3. 접종하기	1. 접종방법에 따라 적합한 접종기계를 사용하여 종균을 접종할 수 있다. 2. 무균상(실) 내에서 접종 기구를 사용하여 수작업으로 종균을 접종할 수 있다. 3. 품종 및 날짜, 작업자, 특이사항을 접종이력카드에 기록할 수 있다.
	5. 버섯균 배양관리	1. 배양환경 관리하기	1. 버섯의 종류 및 배양단계에 따라 최적배양온도를 유지·조절할 수 있다. 2. 버섯의 종류 및 재배방식에 따라 배양실 내의 상대습도를 최적상태로 유지·조절할 수 있다. 3. 버섯의 종류 및 재배방식에 따라 배양실 내의 최적환기상태(이산화탄소)를 유지·조절할 수 있다. 4. 버섯의 종류 및 재배방식에 따라 배양실 내의 최적광조건을 유지·조절할 수 있다.
		2. 단계별 배양상태 관리하기	1. 버섯배지관리를 위하여 배양 입실 전 배지이력카드를 작성할 수 있다. 2. 버섯 종류 및 재배방식에 따라 배양기간 초기에 오염여부 및 배양이상을 판단하여 선별해낼 수 있다. 3. 버섯 종류별 배양 단계에 따라 배양실(장)의 적정 공기순환량을 조절할 수 있다. 4. 버섯 및 배지 종류에 따라 후배양의 적정 기간을 결정할 수 있다. 5. 복토가 필요한 경우 적정 복토 시기 및 복토재 두께를 결정할 수 있다.
		3. 위생청결 관리하기	1. 병해충 방지를 위해 배양실의 바닥, 벽, 천장을 청결히 관리할 수 있다. 2. 병해충 방지하기 위해 배양실내에 설치된 기계 및 기구류를 청결히 관리할 수 있다. 3. 배양실 적정 환기 및 오염방지를 위한 공기순환장치의 필터오염여부를 점검하여 유지·관리할 수 있다.

[버섯종균기능사 실기 채점 방법]

주요항목	세부항목	일련번호	항목별 채점 방법
원균 분리	클린 벤치	1	사용하기 전 UV등이 켜져있는지 확인을 한 후 사용시에는 반드시 끄고 사용을 한다.
		2	UV등이 들어와 있는 상태에서 사용을 할 경우 화상을 입을 수 있고 눈에도 자외선의 영향을 받을 수 있다.
	포자 수집	3	작업 전 살균장갑 착용 후 70% 에탄올로 소독 후 자연 건조하고 접종기구를 모두 화염 소독을 한다.
		4	포자분리 과정에서 메스를 이용하여 버섯 갓과 대 분리 위치가 적정해야 한다.
		5	살균된 페트리디쉬 위에 이쑤시개를 거치하고 분리한 버섯갓을 바로 올려야 한다. 포자분리 준비 완료된 버섯 갓의 자실체층을 맨바닥에 두면 안된다. *버섯갓 거치용 이쑤시개 또는 쇠막대 살균을 해야 한다.
		6	*위의 모든 과정 중 오염이 될 가능성이 있으면 전체 0점
	조직 분리	7	채취 위치가 공기가 접하지 않는 버섯 내에서 채취해야 한다.
		8	조직 분리된 버섯절편을 한천 배지가 분주된 샤레에 올려놓고 밀봉 과정에서, 정가운데에 올려놓고 파라필름으로 밀봉 후 버섯절편 위치가 올바르게 되어야하며 위치가 올바르지 않거나 밀봉 과정이 미흡하면 안된다.
		9	*위의 모든 과정 중 오염이 될 가능성이 있으면 전체 0점
	작업1 (시험관 → 시험관)	10	뚜껑 개폐 시 화염소독을 올바르게 해야하며 뚜껑을 바닥에 놓으면 안된다.
		11	선단에서 1~2cm 이내에서 채취해야 한다.
		12	절편크기가 2~10mm 이어야 한다.
		13	절편을 능숙하게 꺼내야 하며 시험관 벽에 닿거나 떨어뜨리면 안된다.
		14	버섯절편을 한천 배지가 분주된 시험관 가운데에 놓고 뚜껑을 잘 닫은 후 거치해야 한다.
		15	*위의 모든 과정 중 오염이 될 가능성이 있으면 전체 0점
	*위의 모든 과정 중 원균이 오염되었다고 판단될 경우 전체 0점		
배지 제조	PDA 배지	16	PDA 양을 배지량에 맞게 유산지를 사용하여 계량한다.
		17	용기에 PDA를 넣고 물을 메스실린더로 계량하여 넣어야 한다. 메스실린더를 사용하지 않고 비이커를 사용하거나 용기에 바로 넣으면 안된다.
		18	버너를 이용한 용해과정이 올바르게 되어야 한다.
		19	시험관에 피펫을 이용하여 10cc 정도 분주하는데, 이때 시험관 입구에 배지가 묻지 않도록 분주한다.
		20	실리스토퍼의 주름이 거의 잡히지 않고, 윗부분을 천천히 들어서 빠지지 않도록 하며 실리스토퍼에 주름이 많이 생기거나 실리스토퍼를 제대로 막지 않아 실리스토퍼가 빠지면 안된다.

주요항목	세부항목	일련번호	항목별 채점 방법
배지 제조	증류수 한천 배지	16	한천의 양을 배지량에 맞게 유산지를 사용하여 계량한다.
		17	용기에 한천을 넣고 물을 메스실린더로 계량하여 넣어야 한다. 메스실린더를 사용하지 않고 비이커를 사용하거나 용기에 바로 넣으면 안된다.
		18	버너를 이용한 용해과정이 올바르게 되어야 한다.
		19	시험관에 피펫을 이용하여 10cc 정도 분주하는데, 이때 시험관 입구에 배지가 묻지 않도록 분주한다.
		20	실리스토퍼의 주름이 거의 잡히지 않고, 윗부분을 천천히 들어서 빠지지 않도록 하며 실리스토퍼에 주름이 많이 생기거나 실리스토퍼를 제대로 막지 않아 실리스토퍼가 빠지면 안된다.
	톱밥 배지	16	톱밥 80%와 미강 20%로 혼합하여 수분량이 적당(꽉 쥐었을 때 물방울이 맺힐 정도)하여야 한다. 수분량이 많거나 적으면 안된다. *삼각플라스크 500mL 용기에 재료 500g 정도를 혼합하여 배지를 만든다.
		17	막대로 삼각플라스크 중앙내부에 바닥까지 구멍을 뚫는다.
		18	시약스푼으로 삼각플라스크 내부표면을 다져 옆으로 병을 눕혔을 때 톱밥 배지가 흩어지지 않도록 한다.
		19	실리스토퍼의 주름이 거의 잡히지 않고, 윗부분을 천천히 들어서 빠지지 않도록 하며 실리스토퍼에 주름이 많이 생기거나 실리스토퍼를 제대로 막지 않아 실리스토퍼가 빠지면 안된다.
배지 살균	고압 살균기 작동	21	살균기 내부 히터 보호대 높이에 맞게 물의 위치가 적절한지 확인한다.
		22	살균기 내부 바구니에 배지(삼각플라스크)를 넣고, 배지 위를 호일로 덮어야하며 호일로 덮지 않거나 배지를 바구니에 넣지 않으면 안된다.
		23	위 과정에서 살균기 작동 전에 배기밸브 잠금 여부를 확인한다.
		24	살균기 온도 및 시간 설정에서 온도 121℃, 살균시간이 적합해야 한다. 단, 증류수 한천배지 : 15~20분 살균 　 PDA 배지 : 15~20분 살균 　 톱밥 배지 : 40~60분 살균
선별 및 명칭 기재	원균 선별	25	우량원균, 미숙원균, 잡균발생원균 등을 선별
	배지재료 선별	26	버섯 배지 재료를 선별
	버섯명칭 기재	27	버섯 사진을 보고 명칭을 기재

CBT 필기시험제도 안내

2016년 제5회 기능사 필기시험부터 기존의 종이시험 유형을 컴퓨터 기반 시험(CBT)으로 대체하였다. 수험원서 접수는 인터넷(www.Q-net.or.kr)에서만 가능하다.

❶ 수험원서 접수시간 : 원서접수 첫날 10:00부터 원서접수 마지막 날 18:00까지
❷ 수험원서 접수기간
- **필기시험 대상자** : 해당종목의 필기시험 원서접수기간
- **실기(면접)시험 대상자** : 해당종목의 실기(면접)시험 원서접수기간
※ 종목에 따라 시행일정이 다르므로 응시하고자하는 종목의 '회별 검정시행일정' 및 '종목별 시행회'를 정확히 확인하여 시험 준비에 착오 없도록 한다.
❸ CBT 부별 시험시간 : 09:00부터 21:00까지 각 1시간씩 최대 8회까지 시행한다.(시험 20분 전에 도착)
※ 시행지역별 접수인원에 따라 일일 시행횟수(최대 8회)는 변동될 수 있음
❹ 합격자 발표 : CBT 필기시험은 시험이 종료된 후 즉시 합격 여부를 확인할 수 있기 때문에 별도로 ARS 발표 등은 없다.

[CBT 필기시험 수검요령]

01 수험자 정보 확인

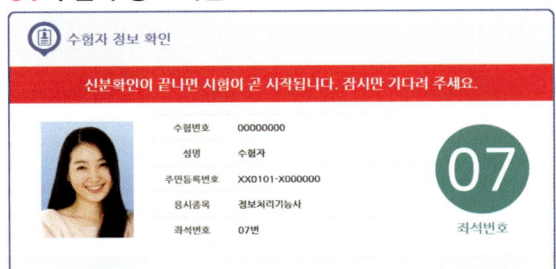

02 안내사항

안내사항
- 시험은 총 5문제로 구성되어 있으며, 5분간 진행됩니다.
- 시험도중 수험자 PC 장애발생시 손을 들어 시험감독관에게 알리면 긴급 장애조치 또는 자리이동을 할 수 있습니다.
- 시험이 끝나면 합격여부를 바로 확인할 수 있습니다.

03 유의사항

유의사항 - [1/3]
- 다음과 같은 부정행위가 발각될 경우 감독관의 지시에 따라 퇴실 조치되고, 시험은 무효로 처리되며, 3년간 국가기술자격검정에 응시할 자격이 정지됩니다.
  - 시험 중 다른 수험자와 시험에 관련한 대화를 하는 행위
  - 시험 중에 다른 수험자의 문제 및 답안을 엿보고 답안지를 작성하는 행위
  - 다른 수험자를 위하여 답안을 알려주거나, 엿보게 하는 행위
  - 시험 중 시험문제 내용과 관련된 물건을 휴대하여 사용하거나 이를 주고받는 행위

유의사항 - [2/3]
- 다음과 같은 부정행위가 발각될 경우 감독관의 지시에 따라 퇴실 조치되고, 시험은 무효로 처리되며, 3년간 국가기술자격검정에 응시할 자격이 정지됩니다.
  - 시험장 내외의 자로부터 도움을 받고 답안을 작성하는 행위
  - 대리시험을 치르거나 치르게 하는 행위
  - 시험시간에 통신기기 및 전자기기를 사용하여 답안을 작성하거나 다른 수험자에게 답안을 송신하는 행위
  - 그밖에 부정 또는 불공정한 방법으로 시험을 치르는 행위

유의사항 - [3/3]
- 국가기술자격 시험문제 저작권 보호와 관련된 주요 내용
  - 국가기술자격 CBT 필기 시험문제는 저작권법상 보호되는 저작물이고, 저작권자는 한국산업인력공단입니다.
  - 국가기술자격 CBT 필기 시험문제의 일부 또는 전부를 무단 복제, 배포, (전자)출판하는 등 저작권을 침해하는 일체의 행위(영리 목적)를 금하고 있습니다.
  - 이를 위반할 경우 관계법에 의거 민/형사상의 법적 조치도 취할 수 있음을 알려드립니다.

04 메뉴 설명

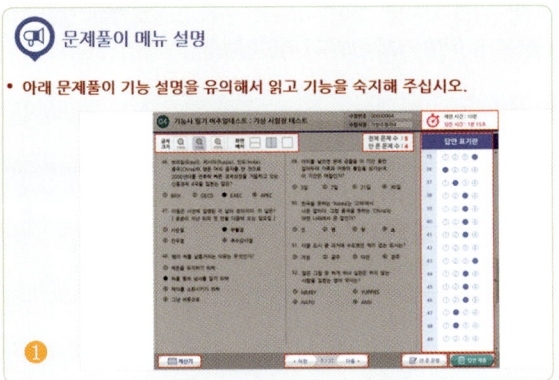
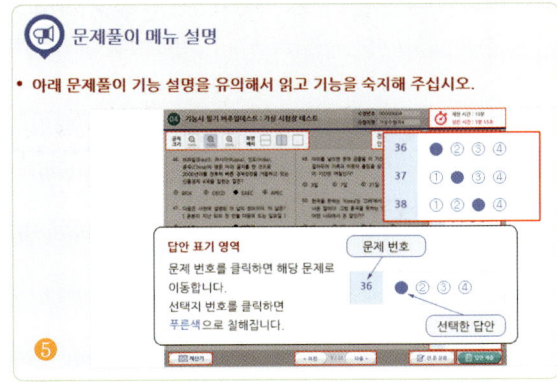
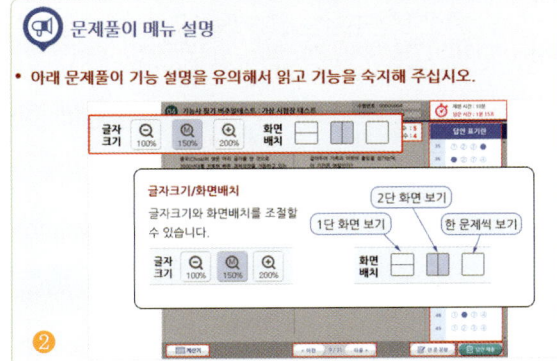
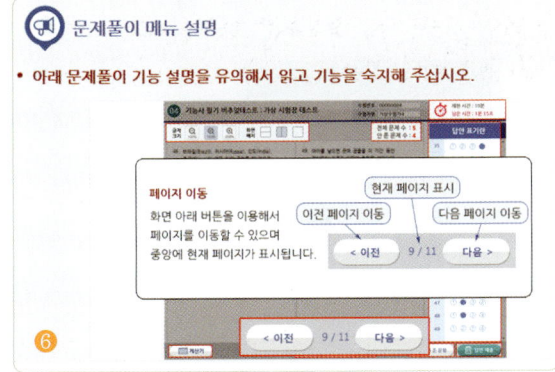
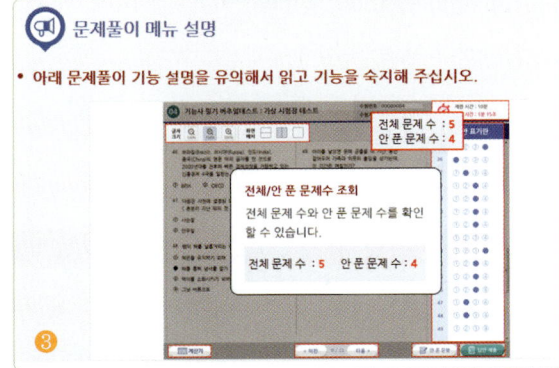
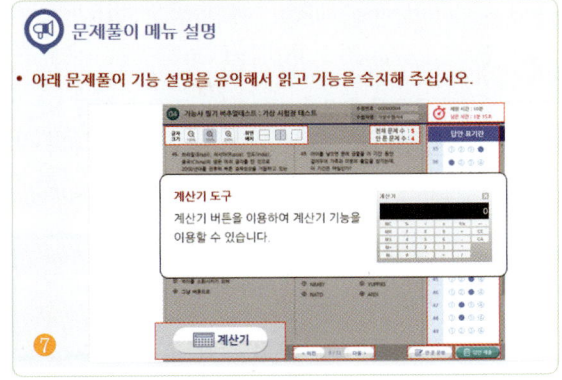
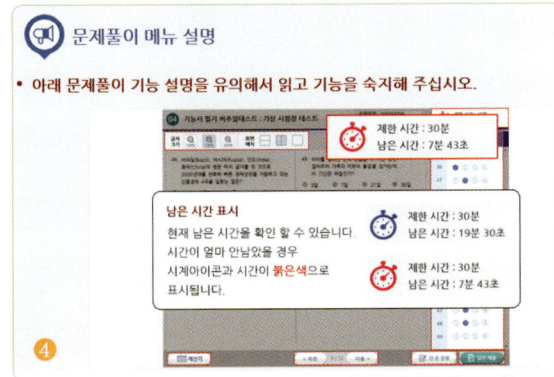
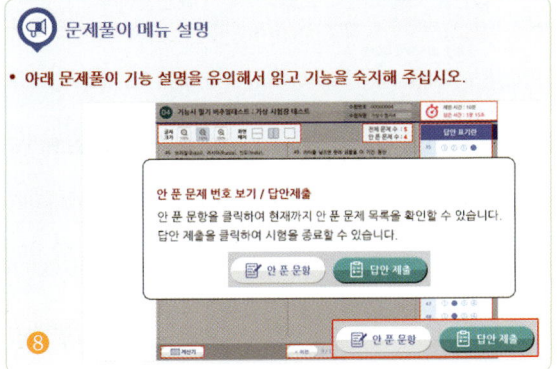

05 문제풀이 방법

수시로 현재 [안 푼 문제 수]와 [남은 시간]를 확인하여 시간 분배합니다. 또한 답안 제출 전에 [수험번호], [수험자명], [안 푼 문제 수]를 다시 한번 더 확인합니다.

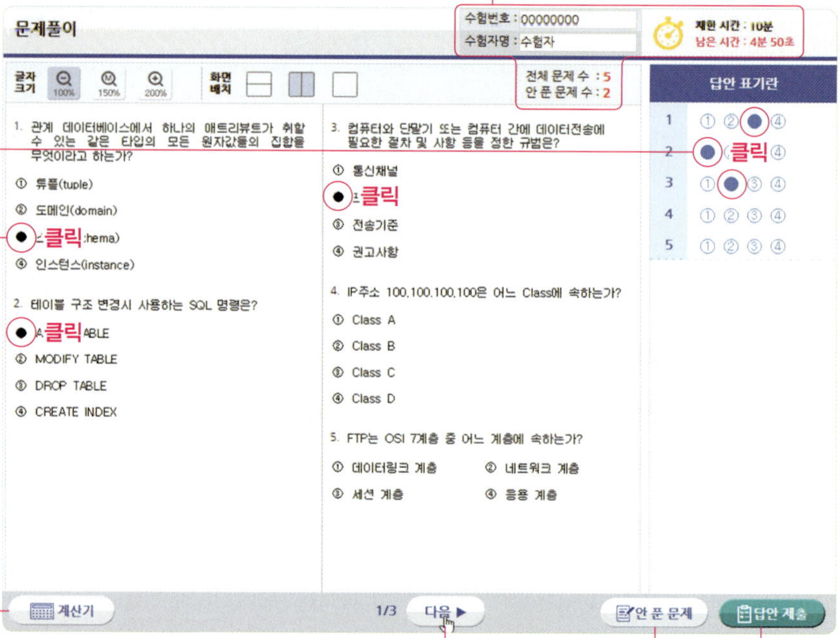

문제의 번호에 정답을 클릭하거나 답안 표기란의 번호에 정답을 클릭합니다.

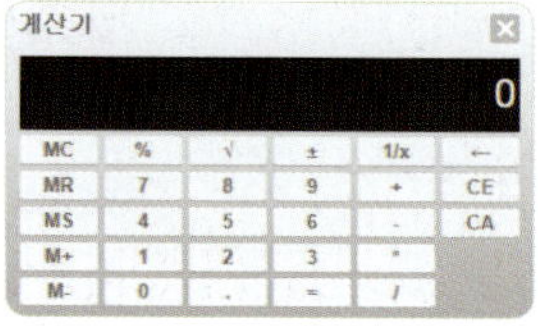

만약 계산이 필요한 문제가 나올 경우 [계산기]를 눌러 손쉽게 계산할 수 있습니다.

현재 화면의 문제의 정답을 표기한 후 다른 문제를 풀려면 화면 아래의 [다음▶]을 누릅니다.

문제를 모두 푼 후 만약 상단의 [안 푼 문제 수]를 확인하고 만약 풀지 않은 문제가 있다면 [안 푼 문제]를 누릅니다. 그러면 풀지 않은 문제번호가 나타납니다. 문제번호를 누르면 해당 화면으로 이동됩니다.

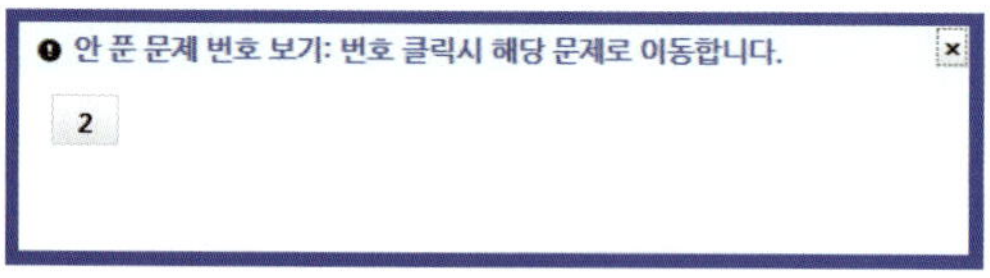

문제를 모두 푼 후 [답안 제출]을 클릭합니다. 만약 실수로 답안을 모두 체크하지 않고 제출할 수 있으므로 2회에 걸쳐 주의 화면이 나타납니다. 이상이 없다면 [예] 버튼을 누릅니다.

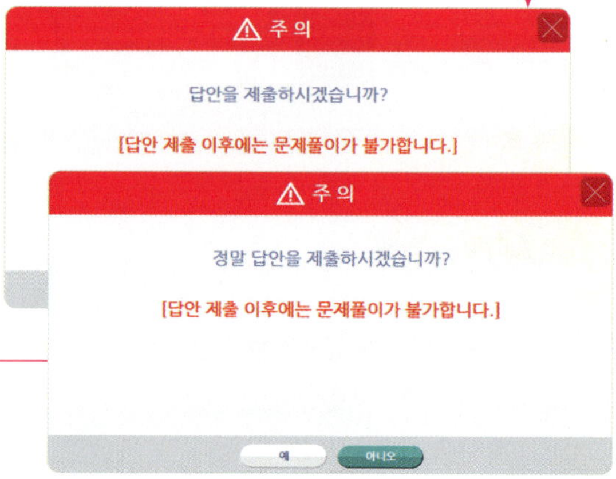

답안을 제출하면 바로 합격여부가 확인됩니다.

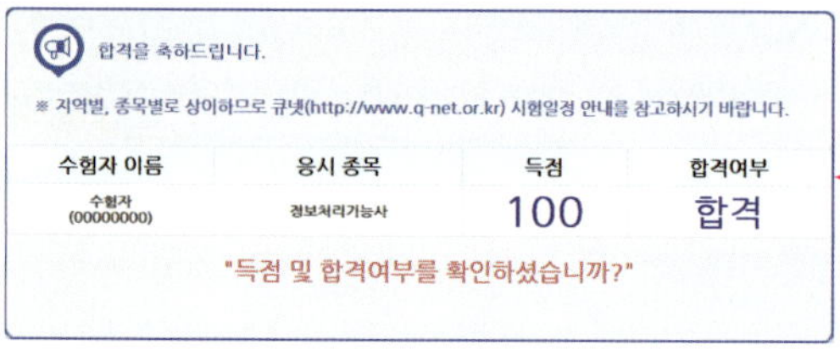

※ CBT 시험을 체험하시려면 'http://www.q-net.or.kr/cbt/viewer/viewer.html'에 접속하시기 바랍니다.

18

필기
핵심요약

CHAPTER 01 버섯의 분류

01 버섯의 개요

① 버섯은 나무의 자식이라는 의미를 지니고 있다. 즉, 나무를 분해하여 영양분을 얻어 자란다. 그러나 모든 버섯이 나무를 분해(기생)하여 자라는 것은 아니다. 양송이류는 마분(말똥) 등 똥에 기생하여 자라므로 인공 재배할 때 질소분이 많은 퇴비를 만들어 주어야 버섯이 자란다. 또한 동충하초처럼 곤충을 기주로 하여 자라는 버섯도 있다.

② 버섯의 기주체에 따른 구분

구분	특징	예
사물기생	식물이나 배설물 등 기주체(먹잇감)의 세포가 죽어 있는 곳에서 양분을 섭취하며 살아가는 방식	느타리, 양송이, 표고 등의 인공재배 버섯
활물기생	식물이나 다른 생물 등 기주체(먹잇감)의 세포가 살아 있는 곳에서 양분을 섭취하며 살아가는 방식	송이, 능이 등
반사물·반활물 기생	기주체(먹잇감)의 세포가 살아있는 곳에서 양분을 섭취하다가 기주체가 죽어도 양분을 섭취하며 살아가는 방식	자작나무시루뻔버섯 (차가버섯)

③ 영양원에 따른 구분
- 대부분이 부생균(사물기생)으로 목재, 낙엽, 볏짚 등 식물체를 영양원으로 삼아 생활하고 있다.
- 송이와 같은 균근균은 살아 있는 나무의 뿌리에 공생(또는 기생)하여 균과 뿌리가 상호간에 영양원을 주고받거나 또는 일방적으로 영양원을 주고받는 관계가 성립한다.

02 버섯의 생물학적 이해와 분류체계

1) 동물·식물·균류계의 비교

구분	세포벽	특징	역할
동물계	없음	다른 생물체를 포식하여 양분을 얻음	생태계의 소비자

구분	세포벽	특징	역할
식물계	있음	태양에너지를 광합성하여 스스로 체내에서 양분을 생산함	생태계의 생산자
균류계	있음	기주생물에 붙어 유기물을 분해하여 양분을 흡수	생태계의 분해자

2) 균류계의 특성

1. 진핵생물(핵, 미토콘드리아, 액포, 세포벽이 존재하는 생물)
2. 대부분의 버섯은 담자균류(표고, 느타리, 팽이 등)이고 일부는 자낭균류(동충하초 등)이다.
3. 가는 실 모양의 균사를 형성하고 균사가 모인것을 균사체라고 한다.
4. 균사는 기주생물에 붙어 영양분을 흡수하고 식물의 뿌리, 줄기의 역할을 하는 영양기관이다.
5. 균사에서 자실체(버섯)를 형성하며 이것은 생식기관의 역할을 한다.

3) 균류계의 구분

구분	종류	특징
변형균문	병꼴균아문 접합균아문	–
진균문	자낭균아문	• 동충하초, 곰보버섯, 주발버섯, 술잔버섯 등이 있음 • 버섯 외에 효모, 푸른곰팡이, 누룩곰팡이 등의 다수의 곰팡이 포함
진균문	담자균아문	• 이담자균강(다실담자균) : 담자기 격벽이 있음(목이 · 흰목이 등) • 동담자균강(진정담자균) : 담자기 격벽이 없음 – 구멍장이버섯목 : 불로초(영지), 구름송편버섯(구름버섯) 등 – 소나무비늘버섯목 : 목질열대구멍버섯(상황버섯) 등

※ 생물분류의 단계 : 종 < 속 < 과 < 목 < 강 < 문 < 계
※ 버섯이 먹이로 하는 기주생물과의 관계에 따라 공생(송이, 능이, 싸리 등), 기생으로 분류 후 기주생물의 상태에 따라 활물기생, 사물기생으로 분류함

03 버섯의 생활주기

일반적인 생활주기는 다음과 같은 9단계로 나눌 수 있다.

1. 발아 : 알맞은 온도 및 습도 등 적정환경이 주어지면 담자포자는 발아한다.
2. 단핵 균사(n, 1차균사) : 발아한 담자포자는 균사체로 자라며 세포 내에서 유전적으로 동질의 핵을 가지는 균사로 된다.
3. 원형질 융합 : 화합성 동형핵 균사 간의 균사 접합이 이루어진다.
4. 이핵 균사($n^+ + n^-$, 2차균사) : 균사 접합으로 한 세포 내에 이질핵이 동시에 공존하게 되는 이형이핵 균사로 되며 각 균사의 격막에는 혹과 같은 협구(꺽쇠연결체, 클램프)가 형성되며 버섯 자실체를 형성할 수 있는 임성균사(자실체를 형성할 수 있는 균사)로 된다(자웅동주성에 속하는 버섯은 다핵 균사로 되는 것도 있으며 협구를 형성하지 않는 것도 다수 있다). – 원균, 종균으로 이용

❺ 자실체 : 충분한 영양분을 지닌 균사는 알맞은 온도 및 광에 의해 원기가 유도되며 발이된다.
❻ 담자기 : 자실체가 성숙됨에 따라 자실체 내의 담자기가 성숙된다.
❼ 핵융합(2n) : 담자기 내에서 이질핵 간의 핵융합이 일어나며 일시적으로 이배체 상태가 된다.
❽ 감수분열+동형분열 : 핵융합 후 곧이어 감수분열이 일어나며 유전적으로 양친핵과 동일한 두 가지 형태와 양친핵 내의 유전자가 재조합된 새로운 형태의 핵으로 나누어지며 담자뿔을 지나 담자포자로 이동된다.
❾ 담자포자(n) : 성숙된 포자는 방출된다. 이러한 과정으로 다시 생활주기는 반복된다.

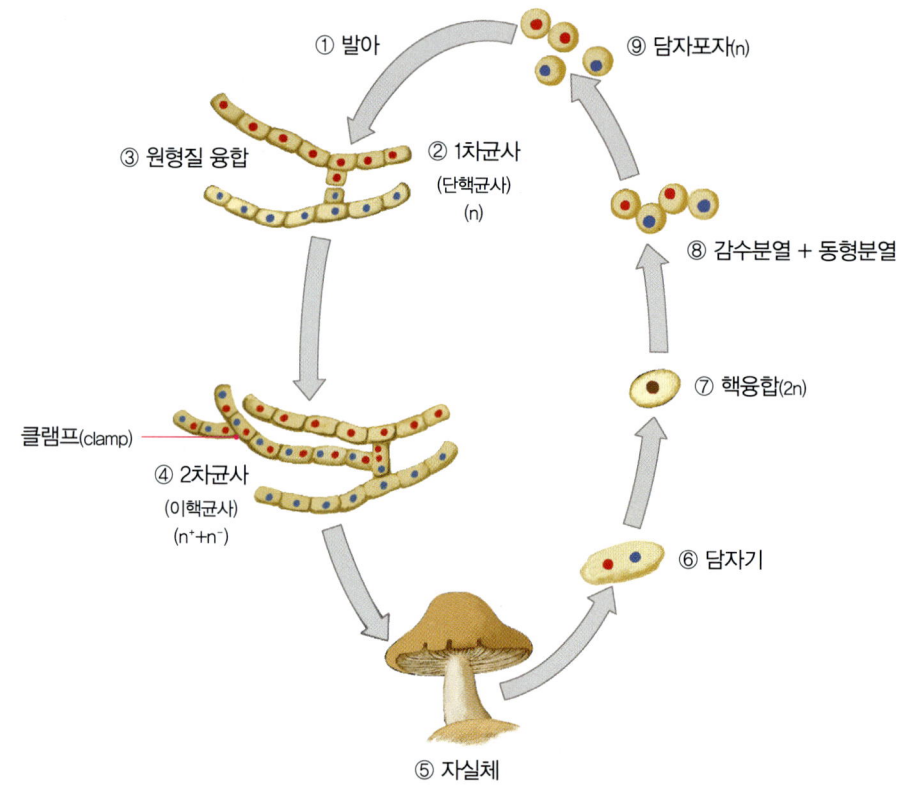

[버섯의 일반적인 생활주기]

● 담자균의 분포

담자균의 분포량 (100% 기준)	구성 요소
10%	• 자웅동주성 = 자가임성(풀버섯, 양송이)
90%	• 자웅이주성 = 자가불임성 = 타가임성 • 65% : 4극성 교배계(느타리, 표고 등) • 25% : 2극성 교배계(여름양송이, 맛버섯, 목이) ※ 2극성 : 유전자좌가 A 하나 있는 것 - A, a ※ 4극성 : 유전자좌가 A, B로 2개 있는 것 - AB, Ab, aB, ab

● 협구(꺽쇠연결체, 클램프) : 4극성 교배계 버섯의 2차균사(한 개의 세포안에 핵이 2개 있는 균사)에서 나타나는 구조, 꺽쇠 연결체가 형성되고 자실체 분화가 된다.(꺽쇠가 없는 버섯 : 풀버섯, 양송이, 신령버섯 등)

04 버섯의 형태

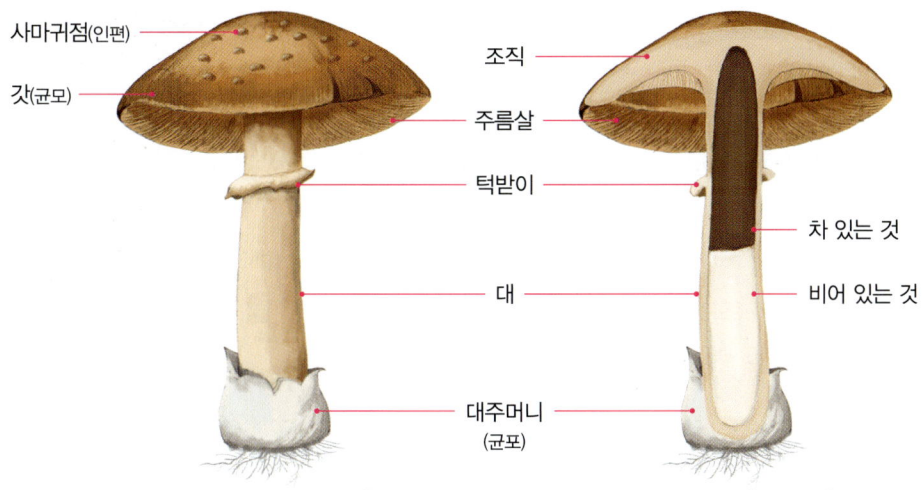

[버섯의 기본 구조]

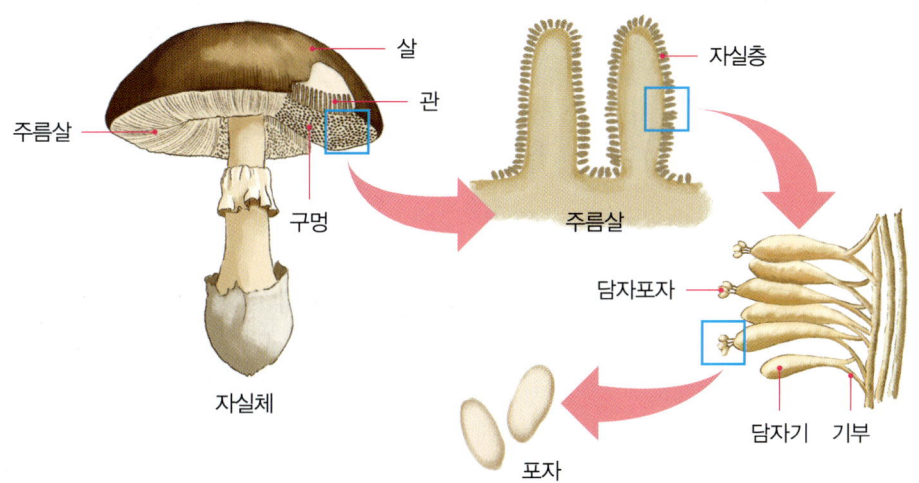

[버섯의 주름살 구조]

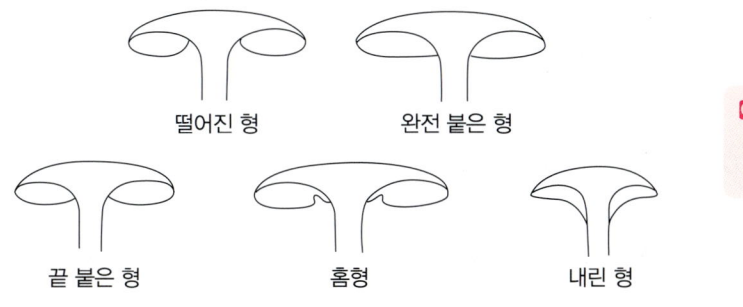

[주름살의 부착 상태]

예
- 양송이 – 떨어진 형
- 표고 – 홈 형
- 느타리 – 내린 형

05 버섯의 종류 및 특성

1) 양송이(Agaricus bisporus)

① 완전사물기생균(순사물기생균), 퇴비에서 재배
② 자웅동주성 : 교배를 하지 않아도 임성을 가질 수 있는 성질
   - 대부분의 버섯, 느타리, 표고, 영지버섯 등은 자웅이주성으로 반드시 유전적으로 서로 다른 균주 간에 교배되어야 임성(稔性)을 가진다.
③ 꺽쇠연결체 없음(꺽쇠=협구=클램프 : 핵의 이동 통로)
④ 온도
   - 균사 생장 최적온도 23~25℃
   - 자실체 생장 최적온도 15~18℃
⑤ 습도
   - 균사 생장에 알맞은 실내 습도 90~95%
   - 수확기간 중 알맞은 실내 습도 80~90%
⑥ 탄질비(C/N율) : 종균 접종 시 17(가장 낮은 버섯)
⑦ 대와 갓이 연결된 부분에 생장점 존재
⑧ 턱받이가 있음
⑨ 주름살의 색

양송이(자연산)

양송이(재배)

양송이(갈색)

미성숙	개열(갓이 열리기) 전	개열 후
백색	담홍색	암갈색, 흑갈색 (포자는 성숙하면 연한 갈색)

2) 표고(Lentinula edodes)

① 렌티난 성분 함유(항암작용)
② 주름살은 백색이며 톱니형
③ 대 또는 갓 표면에 인편(사마귀점)이 있음
④ 포자는 백색이며 멜저액에 반응시켰을때 염색되지 않음
⑤ 온도
   - 균사 생장 최대온도 22~26℃(-20~-40℃에서도 생존 가능)
   - 자실체 생장 온도 15~18℃
⑥ 광(빛)은 1,500~2,000Lux 혹은 약간의 산광이 비치는 정도로 밝게 유지

표고(자연산)

표고(재배)

3) 느타리(*Pleurotus ostreatus*)

① 대에 턱받이나 대주머니가 없음, 포자는 백색
② 온도
- 균사 생장 온도 25~30℃(20~25℃로 배양하는 것이 오염률 저하에 도움)
- 자실체 생장 온도 15~18℃

느타리(자연산)

느타리(재배)

4) 팽이버섯(*Flammulina velutipes*)

① 포자는 백색
② 온도
- 균사 생장 온도 3~34℃(최적온도 25℃ 내외)
- 자실체 생장 온도 5~18℃
- 발이 최적온도 12~15℃(저온성 버섯)
- 생육 시 6~8℃
- 종균 저장온도 1~4℃
- 억제 시 3~4℃

팽이버섯(자연산)

팽이버섯(재배)

5) 노루궁뎅이(*Hericium erinaceus*)

① 온도
- 균사 생장 온도 6~30℃, 최적온도 22~25℃ 내외
- 자실체 생장 온도 12~24℃, 최적온도 15~22℃
② 이산화탄소 농도
- 발이 유도 시 1,500~1,000ppm
- 자실체 생육 시 1,500~800ppm 유지

노루궁뎅이(자연산)

노루궁뎅이(재배)

③ 발이가 완료 되면 실내 습도를 85~90%로 하고, 균 긁기를 한 후 12일 후에는 습도를 70~75%로 낮춘다.
④ 온도가 높으면 자실체의 균침이 길어지고 흰색 육질인 자실체가 작아지며, 반대로 온도가 낮으면 균침이 짧아지고 자실체가 커짐
⑤ 참나무, 호두나무, 너도밤나무, 단풍나무, 버드나무 등 활엽수 고사목에 발생하는 목재부후균
⑥ pH 5.5 범위에서 잘 자람

6) 목이(*Auricularia auricula-judae*)

① 다실담자균(이담자균)
② 온도
- 균사 생장 온도 15~35℃(최적온도 범위 25~33℃ - 고온성 버섯으로 최적온도는 30℃ 전후)
- 자실체 생장 온도 15~30℃

목이(자연산)

목이(재배)

③ 광(빛)은 500Lux 이상 필요
④ 참나무, 밤나무 등 활엽수 고사목에 발생하는 목재부후균
⑤ 생육 pH 범위 : 4.0~7.0

7) **복령**(*Wolfiporia cocos*)
   ① 담자균문 구멍장이버섯목
   ② 백색균사가 생장하다가 서로 결합하여 단단한 덩어리의 균핵을 형성
   ③ 소나무류에 기생하는 갈색부후균

복령(자연산)

복령(재배)

8) **풀버섯**(*Volvariella volvacea*)
   ① 자웅동주성
   ② 온도
      • 균사 생장 온도 28~38℃(최적온도 35℃)
      • 자실체 생장 온도 15~30℃(최적온도 20~28℃ - 고온성 버섯)
      • 균 보존 온도 : 10~15℃
   ③ 퇴비종균 이용함

풀버섯

9) **불로초[영지]**(*Ganoderma lucidum*)
   ① 담자균문 구멍장이버섯목
   ② 온도
      • 균사 생장 온도 범위 15~35℃(최적온도 30℃ 전후)
      • 자실체 생장 온도 15~30℃(최적온도 20~28℃ - 고온성 버섯)
   ③ 광(빛)은 50~500Lux 정도 필요
   ④ 산소 요구도 높지 않음
   ⑤ 포자로 발아가 어려움
   ⑥ 상수리나무, 졸참나무 등 주로 참나무류를 이용하며 매화나무, 벚나무, 복숭아나무, 살구나무 등도 이용 가능
   ⑦ 장목재배, 단목재배(개량) 가능
   ⑧ 단목재배를 더 많이 이용 : 균사 배양 기간 4~5개월로 짧고 접종 시 당해 년에 버섯이 발생(자본 회전이 빠르고 자실체 수량이 많음)

불로초(자연산)

불로초(재배)

10) **목질열대구멍버섯[상황]**(*Tropicoporus linteus*)
    ① 담자균문 소나무비늘버섯목
    ② 뽕나무 등의 활엽수에 자생
    ③ 온도

목질열대구멍버섯(자연산)

목질열대구멍버섯(재배)

- 균사 생장 온도 15~35℃(최적온도 28~30℃ 전후)
- 자실체 생장 최적온도 25~30℃(고온성 버섯)
④ 원목 재배 : 뽕나무, 참나무류(상수리나무, 떡갈나무, 졸참나무, 굴참나무 등)
⑤ 톱밥 재배 : 배양 시 황색의 균총 형성

11) 천마(Gastrodia elata)

① 난초과의 다년생 식물로 지상부 줄기 색에 따라 홍천마, 청천마 등으로 구분
② 지하부의 구근은 고구마처럼 형성
③ 천마와 공생하는 버섯 : 뽕나무버섯, 반활물 기생균
④ 재배 장소
- 관수가 가능하고 통풍 및 통기성이 우수한 곳
- 그늘이 있는 동남향 또는 서북쪽 약간 경사진 곳
- 보수력이 양호하고, 토심이 깊고 서늘하며 습윤한 토양

천마(자연산)

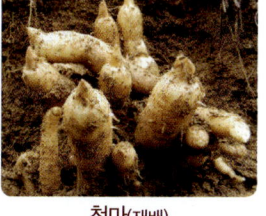
천마(재배)

12) 동충하초(Cordyceps militaris)

① 자낭균
② 밀리타린, 코디세핀 등의 생리활성 물질 함유
③ 포자액체종균 이용

동충하초(자연산)

동충하초(재배)

13) 송이(Tricholoma matsutake)

① 소나무와 공생하는 균근형성균, 꺾쇠연결체 없음
② 하마다 배지 이용(활물기주체가 필요하여 아직 인공재배 불가)
③ 토양의 산도 : pH 4~5

송이

14) 기타 버섯

① 버들송이 종균용 배지 비율 : 소나무톱밥 70% + 밀기울 30%
② 광대버섯 : 갓, 자실층, 대, 턱받이, 대주머니가 모두 있음
③ 독버섯의 예 : 광대버섯, 무당버섯, 달화경버섯 등

버들송이

광대버섯

무당버섯

달화경버섯

06 버섯 생장의 영양원

1) 목재
- ❶ 버섯의 종류에 따라 적당한 기주체가 있다.
- ❷ 탄닌성분(2.1~2.8%)을 함유한 참나무류에 적합한 버섯은 표고, 불로초(영지), 목질열대구멍버섯(상황), 목이 등이다.
- ❸ 느타리 균사 배양과 자실체 형성에는 미루나무(포플러)가 적합하다.
- ❹ 동충하초 등은 곤충을 기주체로 한다.

나무	버섯
참나무류	표고, 목이, 노루궁뎅이, 잎새버섯, 불로초(영지), 목질열대구멍버섯(상황) 등
미루나무(포플러)	느타리, 팽이, 만가닥
버드나무	만가닥버섯(느티나무도 가능)
미송	버들송이, 느타리, 팽이

2) 퇴비배지
- ❶ 주로 양송이에서 사용한다.
- ❷ 양송이는 질소(N) 함량이 다른 버섯보다 많이 요구되어 퇴비가 적합하다.

> **퇴비의 구비조건**
> 1. 균만 잘 자라야 하며 다른 잡균은 자랄 수 없어야 함
> 2. 균의 생장 및 자실체 형성에 필요한 영양분을 함유
> 3. 균의 생장에 알맞은 재료의 성질을 가지고 있어야 함
> 4. 균의 생장을 저해하는 유해물질이 없어야 함

3) 탄소원과 질소원의 비율(C/N율)
- ❶ 탄질비(C/N율) : 탄소원과 질소원의 양적 비율을 말한다. 영양생장과 생식생장의 경우 각각의 최적치가 다르지만 표고나 느타리의 경우 350~500 정도를 선호한다.
- ❷ 양송이 퇴비의 C/N율 : 퇴적 시 25~30, 종균재식 시 17 정도로 탄질비가 가장 낮다.
- ❸ 탄질비는 배지 내의 유효탄소와 유효질소 간의 비율이 중요하다.
- ❹ 질소함량(%) : 밀짚(0.6), 말똥(1.8), 볏짚(0.58), 폐면(0.65), 바나나잎(1.71), 나무(0.03~1.0)
- ❺ 탄질비는 버섯균의 생장뿐 아니라 양송이 퇴비의 경우 발효미생물의 생장에 영향을 주어 발효에 중요한 요인이 된다.
- ❻ 탄질비가 낮을수록 발효에 유용하여 발효 속도가 빠르나 오염을 주의해야 한다.

07 품종 육성

1) 개요

새로운 품종을 육성할 때는 몇 가지 조건을 꼭 갖추어야 한다. 가장 중요한 조건은 신품종의 우수성이다. 여기에는 여러 가지 형질이 해당되는데 다수성(수확량이 많은 성질), 고품질, 내병충성, 내재해성, 저장성, 가공성 등이 적당한 것이 우수성의 필수 조건이다. 특히 인건비가 점차 상승되므로 생력(노동력을 줄임) 재배 또는 기계화 재배에 알맞은 형질도 고려되어야 한다.

2) 버섯 우수 균주의 육종방법

❶ 교잡육종법은 우수한 단핵균주를 선발하여 잡종강세육종법, 단교잡법, 삼계교잡법, 복교잡법, 다계교잡법, 종속간교잡법, 포자접합법 등의 방법으로 품종을 육성한다.

육종법	방법
잡종강세육종법	유연관계(혈통의 유사성)가 먼 것 끼리 교배가 되면 유전적으로 우세한 형질이 발현되고 반대로 유전적으로 가까운 것 끼리 교배가 되면 열세한 형질이 발현 되는 것을 말함
단교잡법	2개의 계통을 교잡하는 방법 (A×B)
삼계교잡법	유전자가 A(A, a), B(B, b), C(C, c)를 교배하는 것을 말함
복교잡법	많은 품종 또는 계통에 포함되어 있는 몇 가지 형질을 한 품종에 모고자 할 때 사용한다. 또한 단교배와 같은 방법으로는 얻기 어려운 특별한 형질을 목적으로 하는 경우에도 이용 (A×B)×(C×D)
다계교잡법	[(A×B)×(C×D)]×[(E×F)×(G×H)] 또는 그보다 많은 계통을 교잡하는 방법
종속간교잡법	종간과 속간의 교배 방법 (종)속)과)목)강)문)계
포자접합법	단핵 포자들이 합해져서 이핵이 되도록 접합하는 방법

❷ 유전공학적인 방법으로는 원형질체융합법, 형질전환방법이 있으며, 그 외로는 돌연변이육종법과 도입육종법, 분리육종법, 배수성육종법들이 있다.

육종법		방법
유전공학적 육종	원형질체융합법	세포의 융합을 통한 육종 방법
	형질전환방법	유전 형질(유전적 특징)을 개량하는 방법
돌연변이 육종	돌연변이육종법 (인위적인 자극으로 DNA의 구조를 변화)	방사선 조사(X-선, 감마선, 알파선, 베타선, 자외선, 우라늄, 라디움 등), 화학물질처리, 물리적 자극(초음파, 온도처리-극고온 또는 극저온) 등의 방법을 이용하여 변화된 개체 중 우수한 개체를 선발하여 우선 생육시키고 품종으로 개발한다. 돌연변이 개체는 버섯최소배지에서 배양
기타 육종	도입육종법	외국의 원품종을 도입하여 각 나라의 환경에 맞게 육종하는 방법
	분리육종법	교배 후 우성과 열성이 일정 비율로 분리 되는 현상(F_1에서는 우성형질만 나타나지만 F_1을 자가교배하면 잡종 제 2세대, 즉 F_2가 얻어진다. 이 F_2에서는 우성과 열성의 두 형질이 일정한 비율로 분리하는데, 이 현상을 분리의 법칙이라고 한다.) 버섯은 대부분 반수체(haploid)이므로 우성과 열성이 1:1로 분리

※ 버섯최소배지: 버섯의 생장하는데 필요한 최소한의 영양 원소

3) 버섯 신품종의 퇴화 및 방지

❶ 버섯 품종의 퇴화

1. 화합성 버섯균의 혼입

버섯균의 보존 및 접종되고 배양되는 과정에 동종의 다개체 버섯에서 나오는 포자나 균사가 혼입되어 발아하거나 생육하게 되면 균사 융합이 서로 이루어져 유전조성이 변한다. 이러한 혼입은 원균일 때 미치는 효과가 크며 재배 직전의 배양종균의 혼입에서는 변화를 크게 일으킬 수 없다.

2. 돌연변이

여러 가지 물리·화학적 요인에 의해 균주는 돌연변이를 일으킬 수 있다. 저온에 보관되는 원균이 경우에 따라 고온에 놓이게 되면 돌연변이 유발원으로 작용할 수 있다. 생육 적온을 넘어선 범위에서는 항상 돌연변이를 일으킬 수 있는데 온도가 높아지거나 처리되는 시간이 짧아지면 돌연변이를 일으킬 수 있다. 또한 자연돌연변이도 10^{-6} 정도 발생되는데, 이러한 요인으로도 퇴화되며, 무균상에 설치된 자외선에 오랫동안 노출되어도 균주는 변할 수 있다.

3. 병원균의 혼입

균주를 접종하고 배양할 때에 이러한 잡균들의 포자나 균사체가 혼입되면 육안으로 관찰이 극히 어려운 경우가 많아 커다란 문제가 된다.

> **병원균 오염의 검정**
>
> 세균의 혼입은 이 균이 생육하기에 알맞은 온도인 37℃ 부근에서 균주를 계대배양 한다. 바이러스는 균주의 dsRNA(더블스트랜드알엔에이)를 분석하여 그 감염 여부를 판정할 수 있다.

4. 생리적 영향

원균을 보존하고 계대배양하면서 극히 영양원이 빈약한 배지에서 배양되거나 극히 생장에 불리한 환경에 의해 배양된 접종원으로 재배되었을 때 생산력은 감소한다.

❷ 버섯 품종의 퇴화 방지

여러 가지 복합적인 요인으로 퇴화가 일어나는 경우가 많으므로 원인을 잘 분석하여 퇴화의 경로를 차단하여야 한다.

1. 버섯균주의 보관 및 계대배양
2. 버섯균주의 접종 및 배양
3. 버섯 병원균 오염의 검정

08 버섯의 품종

1) 양송이

❶ 발생온도에 따른 분류

발생온도	품종	비고
중온성(15~18℃)	505호(백색종), 705호(갈색종)	양송이는 대부분 중온성으로 우리나라의 봄, 가을이 재배하기 적당함
중고온성(18~22℃)	510호(백색종)	–
고온성(20~25℃)	여름양송이1호	재배적기 5~9월

❷ 색상에 따른 분류 : 백색종, 갈색(brown)종, 크림종 등이 있음

2) 표고

❶ 발생온도에 따른 분류

발생온도	품종	비고
저온성(8~18℃)	산림 1, 3호, 산조 501, 502호	저온성 품종은 균사생장과 자실체 발생은 다소 늦지만 품질이 좋음
중온성(10~20℃)	산림 8, 10호, 산조 301, 302호	–
고온성(15~25℃)	산림 2, 4, 5, 7, 9호, 산조 101, 102, 103, 108, 109호	고온성 품종은 자실체의 첫 발생이 빠르고 수량이 많지만 품질이 떨어짐

❷ 재배방식에 따른 분류

재배방식	품종
원목재배용	산림 1, 2, 3, 4, 5, 7, 8호
톱밥재배용	산림 5, 6, 10호

3) 느타리

❶ 발생온도에 따른 분류

발생온도	품종	비고
저온성(8~18℃)	농기 2-1호, 원형느타리 1, 2, 3호, 치악 11호, 흑평 등	–
중온성(10~20℃)	농기 201호, 춘추 2호, 치악 5호, 한라 2호 등	–
중고온성(10~24℃)	사철느타리, 농기 202호	–
고온성(18~25℃)	여름느타리, 여름느타리 2호, 사철느타리 2호	여름느타리는 다발형성이 되지 않음
광온성	김제 5, 6호, 수한 1호, 장안 5호, 청풍 등	–

CHAPTER 02 원균의 분리 및 배양

01 균주 수집 및 원균의 분리방법

1) 자실체 포자채취 방법

① 포자를 채취할 버섯은 청결한 곳에서 발생한 것으로 자실체의 갓이 펼쳐지기 직전의 어린 버섯을 고른다.
② 자실체에서 대를 절단하고 갓 부분을 빈 페트리디쉬 또는 흰 포자는 검은 종이에, 색깔이 있는 포자는 흰 종이에 주름살이 밑으로 향하게 위치시켜 12~24시간 포자를 낙하시킨다.
③ 낙하된 포자는 포자문을 형성한다. 포자문은 접종실 또는 무균상 내에서 살균한 백금이로 이의 일부를 미리 준비해 놓은 감자한천배지 등에 이식하고 뚜껑을 덮는다.
④ 경우에 따라서는 낙하된 포자를 살균수에 희석해 한 방울을 접종하면 잡균의 혼입을 적게 할 수 있다.
⑤ 이식이 끝난 배지는 버섯의 종류에 따라 다르지만 보통 20~25℃의 항온기에 넣어두면 수 일~20일 정도 지나면 백색의 균사가 발육한다.
⑥ 이 균사가 포자로부터 발아한 것임을 현미경으로 확인하고 배지에서 충분히 증식했다면 새로 준비한 감자한천배지 등에 이식, 증식시켜 종균으로서 이용한다.
⑦ 일반적으로 포자를 배양하면 포자는 발아해서 1핵성의 1차 균사가 되어, 다른 성을 가진 2개의 1차 균사가 접합하여 2핵성의 2차 균사로 된다. 따라서 포자 배양으로 얻어진 것은 원래의 버섯과 동일한 유전조성을 가진 똑같은 버섯으로 자라게 된다고 볼 수 없다.

2) 자실체 조직분리 방법

① 자실체 조직으로부터 분리된 균은 유전적으로 자실체와 동일한 순수균을 얻을 수 있다.
② 자실체는 가능하면 어리고 신선한 것으로 하고, 날씨가 맑은 날 채집하여 사용하는 것이 좋다. 일반적으로 갓의 하측면 외피막이 터지지 않은 어린 자실체에서 갓의 일부를 분리 배양하는 방법이 가장 좋다.
③ 자실체가 작은 버섯은 갓 부분의 조직을 떼어내기가 어려우므로 갓을 대에서 분리하고 대부분의 조직을 핀셋으로 떼어 배지에 배양한다.

④ 목이와 같은 버섯은 표면을 소독한 후 표피를 제거하고 그 내부 조직을 떼어내 배지에 배양한다.
⑤ 말불버섯과 같은 복균류는 균덩어리의 내부 조직을 이용하여 분리 배양한다.

3) 골목(원목에 버섯 균사를 접종한 나무) 균사로부터의 분리 배양
① 자실체가 너무 부패하였거나, 조직이 너무 작아서 떼어내기 어려운 경우 골목으로부터 균사의 분리 배양도 가능하다.
② 분리하고자 하는 자실체가 생장하고 단일 균주의 균사가 골목 전체에 생장한 것으로 골라 수세하고, 골목 중앙부의 외피를 벗겨 살균된 칼로 내부에 있는 균사 번식 조직을 $1 \sim 2mm^3$ 잘라 준비된 한천 배지에 접종한다.

4) 균사로부터의 분리 배양
송이와 같은 균근을 형성하는 경우에는 버섯이 발생하는 토양 내의 균근을 채취해서 수세한 다음, 뿌리의 지름이 2~3mm 정도 되는 것을 골라 길이 3mm 정도로 절단하여 표피를 벗긴 후 내부 조직만 한천 배지에 이식하여 분리 배양한다.

02 균주 보존

1) 개요
① 순수 분리한 균주는 자실체의 형질이나 생리적 특성 등이 변화되거나 퇴화되는 현상을 방지하고 장기 보존하는 데 그 목적이 있다.
② 보존방법은 균주의 특성이나 성질에 따라 계대배양 보존법, 유동파라핀 봉입법, 동결건조법, 광유보존법, 물보존법, 액체질소보존법, 액상건조법, 실리카겔 보존법, 토양보존법 등이 이용되고 있다.

2) 계대배양 보존법
① 시험관이나 페트리디쉬 또는 바이엘병에 보관하고자 하는 경우에는 버섯균의 균사생장에 알맞은 배지를 넣는다.
② 액체배지는 일정량씩 주입하고, 한천이 들어 있는 고체배지는 시험관의 경우 사면을 시킨다.
③ 계대배양은 생육을 계속 유지해야 하므로 여러 번 이식하는 불편한 점이 있으나 형질의 안정성은 높다. 그러나 보존 과정 중 환경 조건의 불량이나 균체로부터 분비되는 대사 물질에 의해 본래의 특성이 변이되거나 퇴화될 위험이 있기 때문에 적기에 이식 배양을 해야 한다.
④ 버섯균의 균사생장 적온은 종류에 따라서 다소 차이가 있으나 대부분은 20~25℃이고 보존을 하기 위해서는 4~6℃가 적당하다.
⑤ 고온성 버섯(예:풀버섯)은 10~15℃ 정도에서, 저온성 버섯(예:팽이버섯) 1~4℃ 정도에서 보존하여야 한다.
⑥ 균주 보존 장소는 습도가 높으면 잡균이 오염되기 쉬우므로 가능한 밀폐된 곳을 정하여 상대 습

도가 70% 내외가 되게 유지한다.
- ❼ 균주 보존 중 빛이 있으면 버섯이 발생되기 쉽고 버섯이 발생한 후에는 잡균 오염이 잘 될 수 있으므로 냉암소에 보관한다.
- ❽ 대부분 버섯의 경우 균사를 배양한 다음 저온에서 보관할 경우에는 2~3개월마다 이식 배양하면서 보존할 수 있다(계대배양은 2~3회 정도 가능하다).

3) 유동파라핀 봉입법
- ❶ 계대배양 보존법과 마찬가지로 시험관 내 균사를 배양한 다음 공간을 유동파라핀을 넣어 배지가 건조되는 것을 방지하고 산소공급을 차단하여 호흡을 최대한으로 억제시켜 대사속도를 지연되게 하여 장기 보존하는 방법이다.
- ❷ 균이 배양된 시험관에 비중이 0.8~0.9인 백색 유동파라핀을 시험관 내 사면의 높이보다 1cm 정도 높게 넣는다.
- ❸ 유동파라핀을 넣은 후에는 보존실의 온도가 4~6℃, 습도가 70% 내외인 장소에 보관하면 1~3년간 보관이 가능하지만 안전하게 보관하기 위해서는 2년마다 교체하는 것이 좋다.

4) 동결건조법(진공냉동건조법)
- ❶ 동결건조법은 동결시킨 다음 진공상태에서 수분을 기화시켜 세포 내의 수분을 대부분 제거하여 세포가 휴면상태가 된 것을 장기 보존하는 방법이다.
- ❷ −40~0℃에서 보존하는 냉동보존법, −100~−80℃에서 보존하는 초저온 냉동건조법이 있고, −196℃의 액체질소(LN_2)를 이용하는 액체질소법이 있다.
- ❸ 액체질소법은 설치, 운영비용이 높지만 보관 안정성이 우수하다. 동결보호제로는 10% 글리세린이나 디메틸술폭시드(DMSO)를 이용한다.

5) 광유보존법
- ❶ 사면배지에서 배양된 균주에 광유(mineral oil)를 덮어 배지의 건조를 막고 산소 공급을 줄여 균주의 대사를 감소시켜 저장기간을 늘린 보존법이다.
- ❷ 광유는 순도가 높은 액체파라핀 또는 의료용파라핀을 사용한다.
- ❸ 비교적 간단한 장기보존 방법으로 특별한 장치와 기구가 필요 없으며, 응애의 오염을 막을 수 있고, 균주에 따라 상당히 오랜 기간(약 10~20년) 보존이 가능하지만, 보존 문제가 있는 균주는 5~10년에 1회 정도는 이식하여 생존을 확인하여야 한다.
- ❹ 보존 후에 균주에 따라 유전적 변이가 크다는 단점이 있다.

6) 물보존법
- ❶ 멸균한 증류수에 균사를 포함한 한천절편을 넣어 보존하는 방법이다.
- ❷ 나사식 뚜껑을 가진 시험관 등을 사용하여 밀봉한다.
- ❸ 균주는 한천의 영양분으로 일시적으로 생장하지만 밀봉한 시험관의 산소가 고갈되어 더 이상 자라지 않게 된다.

❹ 손쉽고 저렴하여 많이 이용되는 보존법으로 약 5~7년 정도 생존하는 중기 보존법이다.

7) 액체질소 보존법

❶ 극저온에서 세포 내의 물질대사를 완전하게 정지시킬 수 있는 방법으로 넓은 범위의 생물체에 적용되고 있으며, 현재도 많이 이용하는 보존법이다.

❷ 유전적인 특성이 거의 변하지 않으며 장기간(약 25년 이상) 보관할 수 있으나 시설비가 많이 소요되고 지속적으로 액체질소를 보충해 주어야 한다.

❸ 액체질소 보존에 영향을 미치는 부분은 균주에 따라 균주의 준비상태, 동결보호제, 동결속도, 저장온도, 융해속도 등이 있다.

❹ 동결보호제로 많이 사용하는 것은 10% 글리세린액(glycerol)과 5~10% 디메틸술폭시드(DMSO) 등이 있다.

03 원균의 배지제조 및 이식방법

1) 버섯 배지의 조성 (단위 : g/L)

품종 \ 배지	버섯완전배지	버섯최소배지	감자추출배지	톱밥추출배지	퇴비추출배지	맥아배지	효모맥아배지
감자			200.0				
K_2HPO_4	1.0	1.0					
KH_2PO_4	0.46	0.46					
$MgSO_4 \cdot H_2O$	0.5	0.5μ					
포도당	20.0	20.0	20.0	20.0	10.0		10.0
티아민 HCl		120μ					
DL-아스파라진		2.0					
펩톤	2.0					5.0	5.0
맥아추출물				3.0	7.0	20.0	3.0
효모추출물	2.0						3.0
양송이 건조퇴비					40.0		
톱밥				200.0			
한천	20.0	20.0	20.0	20.0	20.0	20.0	20.0

❶ 배지의 덱스트로스(dextrose) 성분은 포도당으로 대체하였다. 설탕으로 대체 가능하다.

❷ 배지는 침전이 생기지 않도록 하고 조제한 배지는 빨리 사용하는 것이 바람직하다. 보존할 경우에는 청결한 저온실이나 냉장고에 보관한다.

❸ 일반적으로 버섯원균(느타리, 표고 등)의 증식을 위한 배지는 PDA(감자추출배지)를 사용하고, 양송이의 원균 증식용으로는 퇴비추출배지, 목질열대구멍버섯(상황)과 뽕나무버섯의 증식용으로는

효모맥아추출배지, 포자발아용으로는 증류수한천배지, 돌연변이 균주용으로는 버섯최소배지를 이용한다.

2) 천연배지 제조
(1) 곡립배지
① 곡립배지 제조용 곡립(밀, 호밀 등)은 벌레가 먹거나 변질되지 않고 찰기가 적으며 잘 영근 것을 선별하여 사용한다.
② 곡립배지 제조는 밀을 1차로 물에 세척 후 이물질을 제거하고 끓는 물에 침지하거나 수증기로 쪄서 수분 함량을 45~50%로 조절하는 것이 좋다.
③ 곡립의 적정 수분함량 간이측정방법으로는 밀을 횡으로 절단하였을 때 중앙부분의 1~2mm 정도가 백색 원형으로 남아있고 주위는 수분과 열이 침투하여 익은 상태로 되었을 때를 기준하면 된다.
④ 밀의 수분 조절 시 수분 증가 비율보다는 곡립의 용적 증가 비율이 훨씬 커서 40% 이상 늘어난다.
⑤ 70kg의 밀 한 가마를 수분 조절한 후에는 110~120kg 정도가 되어 약 200~220병의 종균을 제조할 수 있다.
⑥ 곡립의 수분 함량이 지나치게 많으면 표피가 파괴되고 전분이 노출되어 균덩이가 형성되며 빨리 노화되므로 수분 함량 조절에 특히 주의해야 한다.
⑦ 곡립배지의 수분 함량이 지나치게 많은 상태가 되었을 경우에는 석고($CaSO_4$, 황산칼슘)의 첨가량을 늘리는 것이 좋다.
⑧ 수분 조절이 끝난 밀은 선풍기 등을 이용하여 유리수분을 제거한 후 곡립의 결착 방지와 물리적 성질을 개선하기 위하여 석고를 배지 무게의 0.6~2%를 첨가한다.
⑨ 배지는 산도(pH)가 6.2~6.8에서 균사생장이 양호하므로 산도 조절을 위하여 탄산칼슘($CaCO_3$, 탄산석회)을 석고량의 1/2 정도 첨가한다.
⑩ 석고와 탄산칼슘은 덩어리 없이 먼저 잘 혼합한 후 밀배지에 섞어 배합한다.
⑪ 종균병은 1,000cc 링겔병을 미리 세척하여 내부에 물이 없도록 하고, 병에 넣은 양은 무게가 454g(1파운드) 이상이어야 하며 용적으로는 배지의 수분 함량에 따라 다르나 750~800cc 정도로 한다.
⑫ 배지를 넣은 후 병의 입구는 깨끗이 닦고 면전(솜마개)을 하는데 솜마개는 이등품 이상의 솜을 사용하여 손으로 잡고 들었을 때 빠지거나 안으로 들어가지 않게 단단히 한다.

(2) 톱밥배지
① 톱밥배지는 톱밥과 미강을 주로 사용한다.
- 톱밥은 3~6개월 야적하여 페놀이나 수지성분, 유해성분 등을 제거한 뒤 사용한다.
- 느타리, 만가닥버섯, 팽이버섯은 포플러톱밥을 사용한다.
- 표고, 불로초(영지), 목이 등은 참나무톱밥에 미강을 10~20% 정도 혼합하나 약간씩 다르다. 이때 사용하는 톱밥은 3~5mm, 미강은 1.5mm 체로 쳐서 거친 것을 제거하여야 한다.

- 톱밥을 체로 치지 않으면 덩어리와 거친 부스러기 때문에 재료 혼합이 균일하지 않아서 기계화가 곤란하다.
- 미강은 고운체로 부스러진 싸래기(깨진 쌀)를 제거하여 사용함으로써 잡균 발생을 줄일 수 있다.

② 이와 같이 준비된 톱밥과 미강의 배합 비율은 톱밥량에 대해서 용량비로 10~20%의 미강을 혼합한다.

③ 미강이 다소 오래된 것을 사용할 때, 생성된 유기산이 산도를 높여 이를 중화하기 위하여 탄산칼슘을 건조 톱밥 중량의 0.2~0.5%를 첨가하지만 일반적인 톱밥종균 제조 시에는 사용하지 않아도 무방하다.

④ 종균 제조 시 재료의 배합 과정은 먼저 마른 톱밥과 미강을 일정 용기로 잘 혼합하여 배지 재료와 섞은 후 물을 뿌리면서 몇 차례 뒤집어 수분이 63~65%가 되도록 조절한다.

⑤ 보통 손에 한 줌을 쥐어 꽉 눌렀을 때 손가락 사이로 물이 약간 비치는 정도를 적당한 것으로 판단한다.

⑥ 혼합 시 재료나 물이 고루 섞이지 않을 때는 병 내부에서 균사가 균일하게 생장하지 못하므로 유의해야 한다.

⑦ 톱밥배지를 넣는 용기를 과거에는 1,000cc 링겔병을 주로 사용하여 왔으나 무겁고 파손이 잘되어 지금은 P.P병, PP필름봉지 등을 대부분 이용하고 있다.

⑧ 입병 시 배지의 충진량은 버섯 또는 용도에 따라서 약간씩 차이는 있으나 통상 1L 용기에 550~650g 정도씩 넣으며 표면은 약간 다진다.

⑨ 직경 1.5~2.0cm 막대기로 배지 상부에서 밑바닥까지 중심부에 구멍을 뚫고 가볍게 돌려 뽑아준다.

⑩ 배지를 약간 다진 후 구멍을 뚫어주는 것은 접종원이 병 하부에까지 일부 내려가서 배양 기간을 단축할 수 있고 병 내부의 공기유통을 원활하게 하기 위함이다.

⑪ 구멍 뚫기가 끝나면 병 입구 주위에 묻은 톱밥을 씻어내고 면전(솜 또는 실리스토퍼)을 한다.

솜마개

내부의 균이 호흡할 수 있도록 공기유통이 되어야하므로 솜마개를 한다. 공기는 유통되고 잡균이나 수분은 막아준다. 최근 실험실에서는 편의상 실리스토퍼를 많이 이용한다.

상대 수분함량과 절대 수분함량 공식

- 상대 수분함량(%) = $\dfrac{\text{건조 전의 재료 무게} - \text{건조 후의 재료 무게}}{\text{건조 전의 재료 무게}} \times 100$

- 절대 수분함량(%) = $\dfrac{\text{건조 전의 재료 무게} - \text{건조 후의 재료 무게}}{\text{건조 후의 재료 무게}} \times 100$

3) 원균의 이식방법

원균의 이식은 계대배양법(사면배지에서 사면배지로의 이식, 사면배지에서 평판배지로의 이식, 평판배지에서 평판배지로의 이식)을 주로 이용한다.

04 원균의 배양

원균의 배양에는 준비실, 접종실 및 배양실이 있으면 좋지만 실제로는 배양의 규모나 필요성에 따라 접종실 대신에 무균상(clean bench)을 이용하거나 배양실 대신 배양 항온기(incubator)를 사용하는 경우도 있다.

1) 준비실

준비실은 기구의 준비, 배지의 조제, 살균을 하기 위한 수도, 가스, 전기 및 실험대 등의 설치에 있어서 작업이 용이한 곳이 좋다.

2) 접종실(clean bench)

접종실은 잡균을 방지하기 위하여 균의 분리와 이식이 이루어지는 공간이다. 그러므로 청결하게 유지하여야 한다.

3) 배양실

배양실은 균 배양을 위한 적온이 되도록 조절하며 잡균이 자라지 않도록 제습하고 광(빛)이나 공기의 조절이 가능하도록 한다. 온도는 버섯의 종류에 따라 다르지만 일반적으로 18~25℃ 범위 내이다. 실내 습도는 65~70% 정도로 유지한다.

4) 배지 자재

❶ 일반적으로 원균 배양에서 시험관, 진탕배양(흔들어 배양)에는 삼각플라스크, 종균 배양에는 용량이 큰 병을 사용하는 경우가 많다.
❷ 배양용기로는 여러 가지가 있으나 대개 구경 18mm 정도의 작은 시험관을 이용한다.
❸ 배양용기의 마개에는 솜마개, 고무마개, 알루미늄 호일, 실리스토퍼(sili stopper) 등이 있다.
❹ 그 외에 배지를 만들 때 필요한 메스플라스크, 홀피펫, 메스피펫 및 메스실린더, 시약병, 비커 등이 필요하다.
❺ 배지의 산도(pH)를 조절하기 위해서는 pH메타, pH시험지 등을 이용한다.
❻ 배지의 살균은 고압증기살균기를 사용하는데 일반적으로 121℃에서 10~20분간 살균하면 되나 실제로 소요되는 온도와 시간은 배양기의 용량, 수분함량 등에 따라 다르다.
❼ 살균제로는 승홍수(소독약의 일종) 1,000배액을 사용하며, 포르말린은 35% 내외의 의산 알데히드(aldehyde)를 함유하고 있으므로 그대로 사용한다.
❽ 알코올의 경우 100%보다 70%액이 살균효과가 높다.

05 원균의 보존

원균의 보존은 균주의 보존과 동일한 계대배양 보존법, 유동파라핀 봉입법, 동결건조법 등을 사용한다.

CHAPTER 03 접종원 및 종균·배지제조법

01 접종원

① 접종원은 새로운 배지에 옮겨 놓은 균주를 말한다.
② 종균 제조 시에는 원균으로부터 직접 많은 양의 종균을 제조할 수 없기 때문에 중간단계로서 증식용 종균을 만들게 되는데, 이것을 접종원이라고 부른다.
③ 접종원은 재료 및 제조과정이 종균과 동일하나 다른 점은 원균을 새로 증식하여 균사상태가 정상적인 것만 골라서 1개의 원균으로 2~3병의 접종원을 만들며 접종원을 이용하여 종균을 제조할 수 있다.
④ 배양이 완료된 것은 접종원 검정을 하여 잡균이 없는 것만 사용하여야 한다.

02 종균

1) 개요
① 종균이란 필요로 하는 버섯균만을 곡립이나 톱밥, 액체, 종목, 퇴비 등을 이용해 순수하게 배양한 증식체로서 작물의 종자와 같은 역할을 한다.
② 종균의 재료에 따라 곡립종균, 톱밥종균, 액체종균, 퇴비종균, 종목종균 등으로 구분한다.
- 곡립종균은 양송이가 있다.
- 톱밥종균은 느타리, 표고, 불로초(영지), 뽕나무버섯이 있다.
- 액체종균의 개발은 대량으로 기계 생산하는 여러 가지 버섯재배에 이용되고 있다.
- 퇴비종균은 아열대지방의 풀버섯, 종목종균은 표고가 있다.
- 최근에는 톱밥종균을 작게 성형하여 톱밥성형종균 또는 캡슐종균이라고 한다.

2) 종균의 종류
(1) 곡립종균
① 양송이 곡립종균은 접종 6~7일 후 균사가 생장하여 곡립이 덩어리가 된다.

❷ 곡립 덩어리를 상하좌우로 흔들어 덩어리를 낱개로 분리되도록 하고 균사가 생장된 곡립이 배지 전체에 고르게 혼합되도록 섞어준다. 이 작업을 흔들기 작업이라고 한다.
❸ 맨 처음 흔들기 작업을 할 때에는 잡균에 오염된 것이 구별되므로 일찍 제거하여 인력절감과 배양실의 오염을 방지하도록 한다.
❹ 흔들기를 한 종균은 약 4~6일 후면 다시 곡립에 균사가 생장하여 엉키므로 흔들기 작업을 한다.
❺ 흔들기 작업은 균덩이 형성을 방지하고 균일하게 균이 생장하도록 하기 위한 것인데 배양기간 중 3~4회 정도 실시한다.
❻ 접종 후 19~22일이면 균이 활력 있게 자라서 곡립 표면이 균사로 완전히 덮여 백색으로 되고 종균 배양이 완료된다.

> ○ 곡립종균은 주로 밀이 사용되고 적정수분함량은 45~50%이며 양송이류 종균으로 쓰인다.

❼ 곡립종균 배양 시 발생하는 원인

구분	원인
잡균이 많이 발생하기 쉬운 원인	• 살균이 잘못되었을 때 • 오염된 접종원의 사용하였을 때 • 접종 중 무균실에서의 오염 • 배양 중 솜마개로부터 오염 • 배양실의 온도 변화가 심할 때 • 배양실 및 무균실의 습도가 높을 때
균덩이의 형성 원인	• 원균 또는 접종원이 퇴화 • 균덩이가 형성된 접종원 사용 • 곡립배지의 수분 함량이 높을 때 • 흔들기 작업의 지연 • 배지의 산도가 높을 때 등
유리수분의 생성 원인	• 곡립배지의 수분 함량이 높을 때 • 배양기간 중의 온도 변화가 심할 때 • 에어컨 또는 외부의 찬 공기가 유입될 때 • 장기간의 고온저장 • 배양 후 저장실로 바로 옮길 때 등

(2) 톱밥종균

❶ 톱밥종균은 곡립종균과 달리 배양 중에 흔들기 작업을 할 수 없어 온도가 높을 경우 상부에 균사가 먼저 자란 부분이 노화되기 쉬우므로 적당한 온도가 유지되도록 한다.
❷ 온도를 정온 상태로 유지하여 온도 변화에 의한 응결수가 형성되지 않게 한다.
❸ 실내 습도는 70% 정도로 관리하여 잡균 발생을 줄인다.
❹ 가끔 신선한 공기 주입으로 균사생장이 좋게 한다.
❺ 실내는 어둡게 관리하여 원기형성이 되지 않도록 한다.
❻ 배양실에 종균이 없을 때는 소독 및 청소를 철저히 한다.
❼ 접종 후 4~7일째부터 잡균 선별에 철저를 기한다.

❽ 배양이 완료된 종균은 바로 저장실로 옮긴다.

> 위와 같이 작업관리를 잘하였을 때 버섯 종류에 따라 다르지만 일반적으로 느타리, 팽이는 접종 후 25~30일이 경과되면 종균은 배양이 거의 완료된다.

(3) 액체종균

❶ 액체종균은 식용 버섯의 균사를 톱밥과 쌀겨를 영양원으로 하는 고체 배지에서 배양하는 톱밥 종균과 달리 포도당, 설탕, 맥아즙, 효모즙과 같이 물에 녹는 액체 배지에서 배양한 종균을 말한다.

❷ 감자추출배지와 대두박배지를 주로 이용한다.

❸ 감자추출배지는 감자 추출물에 덱스트로스(설탕, 포도당으로 대체 가능)를 첨가(PDA배지 제조 시 한천 제외)하고 안티폼(거품방지제, 식용유로 대체 가능)을 첨가한다.

❹ 감자추출배지는 pH 6.0~6.5로 조절한다.(대두박배지는 pH 5.5~6.0으로 비용이 가장 저렴하다.)

❺ 액체배지는 배양기간이 짧은 대신 한순간에 전체가 오염되기 쉬우므로 주의하여야 한다.

❻ 접종원은 삼각플라스크 등의 용기에 액체배지를 살균하고 원균을 접종하고 정치 배양과 진탕 배양한다.

정치 배양	배양액의 일정 부분에 균사를 접종하여 배양이 끝날 때까지 움직이지 않게 하는 배양 방법
진탕 배양	배양액을 흔들거나 배양액을 교반하면서 배양하는 방법으로 공기를 공급하는 방법에 따라 요동 배양법과 배양액 내부로 압축 공기를 강제로 불어넣는 통기 배양법으로 나누어진다.

❼ 팽이, 버들송이, 만가닥버섯은 산도조절이 필요하지 않지만 느타리, 큰느타리(새송이)의 경우 살균 전 배지를 pH 4.0~4.5로 조정해야 배양 시 균사생장량이 많아진다.

❽ 최근 대량 생산이 가능한 시설재배(병, 봉지)에서 액체종균을 이용하여 생산비용을 절감하는 경우가 많다.(예 : 팽이, 느타리 등)

CHAPTER 04 배지살균

01 고압살균기의 구조

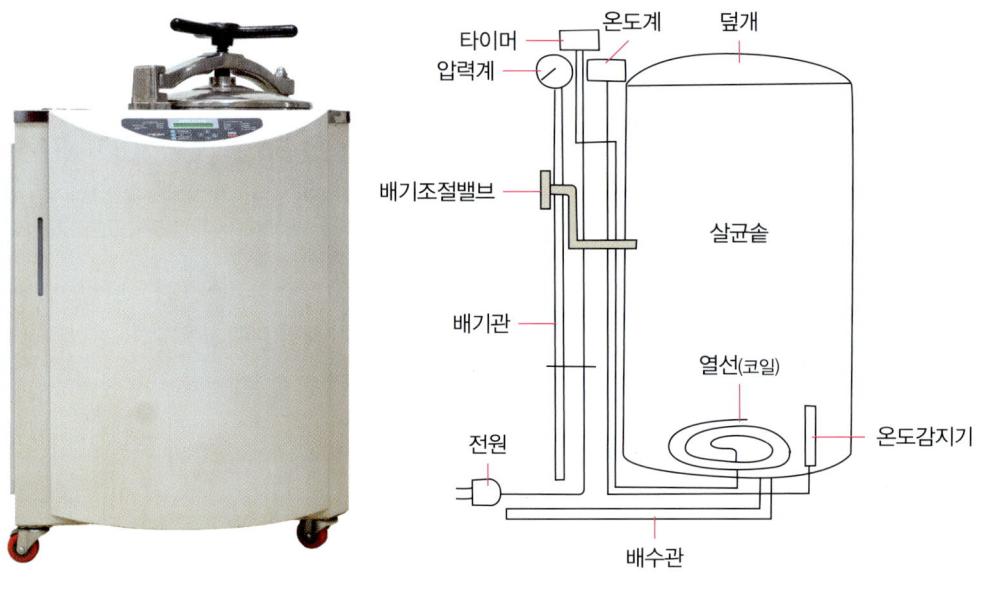

[고압살균기]

❶ 살균솥 외부 : 살균기의 외벽은 3kg 이상의 충분한 압력에 견딜 수 있도록 견고하고 이중구조로 되어 솜마개가 젖지 않고 살균의 효율이 높으며, 살균기 외측이나 스팀파이프는 반드시 보온 재료로 다시 둘러싸야 한다.

❷ 온도계 : 살균기에 부착되는 온도계는 150~200℃의 수은 온도계를 1개 이상 설치하되 감온부는 반드시 살균솥 동체 내부에 연결되어야 하고 최소한 1년에 2~3회의 정기적인 정확도 점검을 해야 한다.

❸ 압력계 : 파운드 또는 0.1kg/cm² 눈금으로 구분된 것이 사용에 편리하며 온도계와 같이 S자관으로 동체 내부나 외부의 측정용 칩에 연결되도록 한다. 압력계의 위치는 S자관의 구부러진 상단부에서 10cm 이상 넘지 말아야 한다.

④ 수증기 주입구 : 가능한 바닥에 위치하도록 하며, 주입 파이프 직경은 살균기의 크기에 따라 다르나 1.5~2.5인치, 수증기 배분관은 살균솥의 바닥을 따라 그 길이만큼 한다.
⑤ 배분관 : 수증기가 나오는 구멍(배분공)은 옆에서 본 양각이 90°가 되도록 배분관 양측에 뚫는다. 수증기 배분관에 뚫린 구멍수는 전체 구멍의 단면적이 수증기 주입구 단면적의 1.5~2배가 되도록 한다. 주입관 부근은 적고 멀리 떨어질수록 많게 뚫는다.(보일러에 스팀이 나오는 곳 주변에는 압력이 높으므로 간격을 넓게 뚫으며 스팀이 나오는 곳과 멀리 떨어진 곳은 압력이 약하므로 간격을 좁게 많이 뚫는다.)
⑥ 배기밸브 : 바닥에는 응축수가 빠질 수 있도록 밸브를 설치한다.
⑦ 배기구(페트코크, pet cock) : 수증기 주입구의 반대쪽에 위치하게 하며, 배기구는 1.5m당 1개, 2m일 경우에는 2개를 설치하되 살균솥 끝 부분으로부터 70cm 이내로 한다.

02 살균작업

① 입병 또는 입봉 작업이 완료되면 즉시 살균을 하도록 한다.
② 기온이 높을 때에는 장시간 방치되어 배지가 변질되는 일이 없도록 한다.
③ 살균을 시작하기 위한 수증기 주입은 천천히 하도록 한다.
④ 살균기 속에 들어있는 종균 배지의 열 침투는 대류작용에 의하는데, 영향을 미치는 몇 가지 주된 요인은 다음과 같다.
  - 초기 온도
  - 용기의 크기 및 종류
  - 배지의 수분 함량 및 밀도
  - 수증기 온도와 압력
  - 살균솥의 크기나 형태
⑤ 각종 배지의 살균시간을 결정할 때에는 위와 같은 여러 요인을 참작함으로써 안전하고 경제적인 살균을 할 수 있다.
⑥ 작업이 정상적으로 이루어질 때 살균기 내의 공기 온도가 121℃에 도달되었다 하여도 배지 내의 온도는 약 40분 정도가 지난 후에야 비로소 121℃에 도달하기 때문에 이 온도가 최소한 20분 이상 유지되어야 살균이 된다. (60~90분)
⑦ 일반적으로 겨울철에는 살균을 시작할 때의 초기 온도가 0℃에 가까우며, P.P병은 유리병보다 열 전도율이 떨어지므로 살균시간을 연장해야 한다.
⑧ 배지의 충진량이 많아 가비중(무게를 그 부피로 나눈 값)이 무거울 때는 가벼운 것보다 초기의 온도 상승이 빠르나 110℃ 이상에서 오히려 늦어지고 배지의 수분 함량은 많을수록 빨리 올라간다.
⑨ 살균과정 중 가장 중요한 것은 배기로 종균병 및 살균기 내의 60~80% 공기를 수증기로 완전히 대체함으로써 살균의 효과를 충분히 올리게 된다.
⑩ 배기가 불충분하면 압력이 높아도 배지 내의 온도가 121℃에 도달하지 못하는 경우가 많다.

- 배기는 살균과정 중 가장 중요한 작업이므로 살균기 내부 온도가 108℃에 도달할 때까지 계속하거나 108℃에서 8~10분간 배기를 하며, 살균이 되는 동안에도 계속 배기밸브를 조금씩 열어 수증기와 함께 혼입되는 공기를 제거한다.
- 배기가 충분한 경우에는 압력과 살균기 내의 온도가 비례하여 상승하며 살균시간은 압력 15파운드(약 1.1kg/cm²), 온도가 121℃에 도달한 시간부터 계산하여 60~90분간 실시한다.
- 살균이 끝난 후에는 자연적으로 배기가 되도록 하는 것이 가장 좋다.

⑪ 곡립배지는 꺼낼 때 흔들어서 덩어리가 형성되지 않도록 하고 톱밥배지는 흔들지 않고 청결하게 소독된 냉각실로 옮겨 서서히 식게 한 후 무균실(접종실)로 이동시킨다.

⑫ 고압스팀살균은 살균기(autoclave)를 이용하여 수증기를 발생시키거나 외부에서 주입하여 1.1kg/cm²의 압력으로 121℃에서 15~20분간(원균, 액체, 시험관 등) 또는 60~90분간(배양병, 톱밥배지, 곡립배지 등) 살균한다.

- 살균기 내의 공기가 완전히 제거되고 뜨거운 수증기로 대체되어야 온도가 압력에 비례하여 높아진다.
- 배기가 충분하지 못할 때는 기포 또는 공기주머니(air pocket)가 생기며 이 공기는 살균실의 온도를 천천히 오르게 하므로 살균실의 온도가 압력에 비해 낮아진다.
- 스크류 캡병에 배지를 넣어 살균할 때는 액체의 양을 병 용적의 90% 이상 넣지 말고 뚜껑을 약간 열어 내부의 공기가 빠져 나오도록 하여 파열을 방지한 후 살균한다.
- 알루미늄 호일 등에 물체를 싸서 살균할 때는 스팀 통과를 원활히 하기 위하여 약간 느슨하게 싼다.

⑬ 살균이 완료된 후에는 압력을 천천히 낮추어 충격으로 인한 유리제품의 파열을 막아야 한다.

⑭ 살균이 완료된 후 용액의 오염을 방지하기 위해 뚜껑을 잘 막고 2차 오염 방지를 위해 무균상에 보관해야 한다.

살균법의 종류
- 살균기를 이용한 종균의 살균은 고압증기살균법, 상압살균법이 있지만 주로 고압증기살균법을 이용한다.
- 고압살균의 경우 121℃, 1.1kg/cm²(15파운드)에서 살균하며, 배지 종류와 양에 따라 시간을 조절한다.
- 상압살균의 경우 상압살균기를 이용하며 100℃일 때부터 계산하여 연속 5~8시간 증기소독한다.

CHAPTER 05 접종 및 배양

01 무균실 관리방법

❶ 종균을 접종하는 무균실의 조건
 • 온도 15℃, 실내 습도 70% 이하로 유지하고 청결하게 관리한다.
❷ 소독약제로는 에틸알코올(70%), 승홍수(0.1%), 석탄산액(4%) 중 하나로 벽, 천정, 바닥 등에 공중살포를 하여 실내가 살균상태가 되도록 소독하고 2~3시간 정도 지난 후 작업에 들어간다.
❸ 요즘 무균실에서 작업하는 데는 자주 소독하기도 불편하고 약제 냄새도 좋지 않기 때문에 무균상(clean bench)을 구비하여 여과된 무균상태의 공기 흐름 속에서 작업하는 것이 훨씬 편리하고 잡균 발생률도 낮아 주로 사용되고 있다.

02 배양실 관리방법

❶ 임의로 온도 조절이 가능하도록 항온장치 및 에어컨을 설치해야 하고 습도는 70% 정도로 조절해야 한다.
❷ 버섯 종류별 배양 최적온도인 15~25℃ 내외가 유지되도록 하는데 보통 균사 자체의 호흡열이 있어 적온보다 약간 낮게 유지하는 것이 좋다.
❸ 배양실 내 선반과 선반 사이의 높이는 종균병을 넣고 윗부분에 7~10cm 정도 공간을 주어 공기가 순환이 될 수 있도록 한다.
❹ 배양실은 배양용 종균을 넣기 전 청소 및 무균실 소독과 동일한 방법으로 약제소독을 하여야 한다.
❺ 온도가 높은 배양실에 배양용 종균을 넣을 때는 병과 병 사이를 5~10mm 정도 띄어 놓아 고온 피해가 없도록 한다.
❻ 배양 중 균사생장이 부진하거나 오염된 종균을 조기에 선별하여 고압 살균 후 폐기한다.

03 우량 종균과 불량 종균

1) 우량 종균의 조건

① 순수한 종균으로서 우량계통이며 버섯 특유의 신선한 냄새와 윤택한 색깔을 지니고, 적당한 수분을 함유하고 있으며 잡균 오염이 없음
② 종균이 국립종자원에 등록된 품종일 경우 허가된 종균배양소에서 구입하고, 재배 특성이 우수한 것을 구입
③ 종균이 최고의 활성을 보이는 시기에 배양이 완료된 것(균사에 따라 차이가 있지만 일반적으로 1개월 이내로 기간이 짧을수록 활력이 좋음)
④ 양송이, 느타리 등의 균사 색깔은 백색, 목질열대구멍버섯(상황)의 균사 색깔은 황색 또는 갈색인 것
⑤ 스트로마(stroma, 양송이 재배 시 균덩이 뭉침현상)가 생성되지 않고 육안으로 이상이 없는 것
⑥ 톱밥 종균은 부수면 적당한 탄력이 있고, 곡립종균은 덩어리지지 않은 것

2) 불량 종균이란

① 버섯 특유의 냄새가 아닌 쉰 냄새, 술 냄새, 악취 등이 나는 것
② 배양기간이 오래되었거나 저장이 오래되어 균이 노화되고 활력이 적은 것
③ 톱밥종균을 부수면 부석하거나 덩어리진 곡립종균
④ 병 하부에 물이 고인 것
⑤ 육안으로 보기에 균사에 초록색 균총이 보이거나 붉은색, 갈색, 균사가 희미하거나 얼룩진 것

우량 종균

미숙 종균

잡균발생 종균

04 종균 접종

① 종균 접종 시 접종량은 링겔병 1L 당 2스푼씩 약 5~10g 정도이며 접종원 한 병으로 80~100병의 접종이 가능하다.

❷ 종균접종이 완료된 병을 배양실로 옮길 때 접종원이 속으로 들어가도록 곡립종균은 한 번 섞어주고, 톱밥종균의 일부는 구멍 속으로 넣고 일부는 상단부의 표면에 덮이도록 한다.

05 종균 검사

1) 육안검사(간이검사)

균사의 발육상태, 잡균의 오염 여부, 유리수분의 형성 여부, 균덩이의 형성 여부, 종균의 변질 여부

노화종균	• 종균의 상부에 자실체 또는 버섯 원기(pinhead)가 형성 • 균사의 밀도가 옅고 부수면 응집력이 약하여 쉽게 부서짐 • 배양된 지 오래된 것은 분해수인 붉은색 물이 고임
오염종균	• 품종 고유의 색택이 아닌 붉은색, 검정색, 푸른색 등이 나타남 • 줄무늬 또는 경계선이 나타남 • 균사의 색택이 옅어서 마개를 열면 쉰 냄새나 술 냄새가 남

2) 실내검사

잡균의 오염 여부, 종균의 중량, 수분 함량, 균사 발육 상태, 품질 표시

3) 생물학적 검사(정밀검사)

곰팡이검사	• 25℃에서 선발된 균을 배양하여 현미경으로 관찰하여 오염 여부를 판정 • 버섯은 대부분 협구를 가지고 있지만 오염균은 없음(양송이균은 협구가 없어 균사체에서 포자가 형성되지 않지만 오염균들의 대부분은 균사체에서 포자가 잘 형성된다.) • 배양접시 위에 종균을 접종한 다음 균사의 색택이나 균사의 생장 속도를 보고 선발
세균검사	• 세균이 감염되면 버섯균사의 밀도는 낮고 쉰 냄새가 나며 얼룩진 띠가 형성 • 배양접시 위에 종균을 접종한 다음 37℃에서 5~7일간 배양하면 버섯균사는 사멸하지만 세균은 증식
바이러스검사	• 바이러스 검정용 특이 primer를 이용하여 RT-PCR법으로 검사 • 버섯의 바이러스는 세포 내에서 대부분 게놈이 더블스트랜드알엔에이(dsRNA)로 존재함

CHAPTER 06 종균의 저장 관리

01 종균의 저장 및 관리

① 배양이 완료된 종균은 즉시 심는 것이 가장 좋으나 농가의 종균 재식 준비가 불충분하거나 대량으로 배양할 경우에는 저장을 해야 한다.
② 저장 시 고온성 버섯을 저온으로 장기 저장 시는 활력이 저하되는 경우가 있으므로 풀버섯, 신령버섯 등은 실온(15℃)에 저장하며 최적 온도는 버섯의 종류와 품종의 특징을 고려하여 조절한다.
③ 표고 등은 햇볕에 조사되면 발이되는 경우가 많으므로 반드시 냉암소에 보관한다.
④ 곡립종균은 저장기간이 길어지며 5℃ 이상에서는 약간의 생육이 가능하여 균사체가 엉키므로 흔들어주어 종균의 균덩이 형성 및 노화예방에 주의해야 한다.
⑤ 저장기간은 30일 이내로 하여 사용하는 것이 좋다.

● 버섯별 종균 저장 온도

품명	종균 저장 온도
팽이	1~4℃
양송이, 표고, 느타리	5~10℃
불로초(영지)	10~15℃
풀버섯	10~15℃

CHAPTER 07 배지 제조

01 양송이 퇴비 배지 제조

1) 퇴비배지의 구비 요건
① 양송이균만 잘 자라고 다른 생물들은 자랄 수 없어야 한다.
② 양송이균의 생장 및 자실체 형성에 알맞은 영양분을 함유해야 한다.
③ 양송이균의 생장에 알맞은 물리적 성질을 갖추어야 한다.
④ 양송이균의 생장을 저해하는 유해 물질이 없어야 한다.
⑤ 양송이균의 생장을 저해하는 병원균, 잡균 및 해충이 없어야 한다.

2) 퇴비 배지 발효의 원리
① 양송이 퇴비는 볏짚, 밀짚, 보릿짚 등 탄소원, 닭똥, 깻묵, 쌀겨 등 유기태 영양원과 요소와 같은 무기태 영양원 등을 배합한 재료를 미생물에 의한 호기성 발효를 통해서 만들게 된다.
② 양송이 퇴비 배지를 만들 때는 재료를 배합하고 수분을 가하여 야외 퇴적과 후발효를 실시한다.

3) 퇴비배지 재료
① 주 재료 : 볏짚(보릿짚, 밀짚)
② 첨가 재료

유기태 영양원	• 종류 : 계분(닭똥), 쌀겨(그외 마분, 면실박, 폐당밀, 맥주박 등) • 유기태공급원은 볏짚의 3% 이상 첨가해야 효과가 잘 나타남 • 한 가지 재료만 사용하는 것보다 두 가지 이상 재료의 혼합하는 것이 좋음
무기태 영양원	• 요소(그 외 유안, 황산암모늄, 석회질소, 질산암모니아 등)
보조 재료	• 종류 : 석고, 탄산석회 등 • 퇴비의 물리성 개선, pH 조절 등을 위하여 첨가

③ 성질별 재료 분류

산성	석고, 유안, 과인산석회, 미강, 깻묵, 장유박, 조미료폐비 등
중성	볏짚, 요소

	알칼리성	계분, 석회질소, 소석회 등

※ 퇴비의 pH가 산성이나 알칼리성일 때는 양송이의 균사 생장이 부진, 잡균발생 증가
※ 석고의 역할 : 퇴비표면의 교질화(콜로이드)를 방지하고 끈기 제거, 볏짚 내부까지 공기와 수분이 잘 침투, 과습에 의한 퇴비의 악변을 방지, 칼슘을 공급하여 퇴비의 발효 촉진, 유기물질 해독작용

4) 배합 비율(%)

재배 시기	볏짚	닭똥	쌀겨	요소	석고
봄 재배	100	10	5	1.2	1
가을 재배	100	10	-	1.5	1

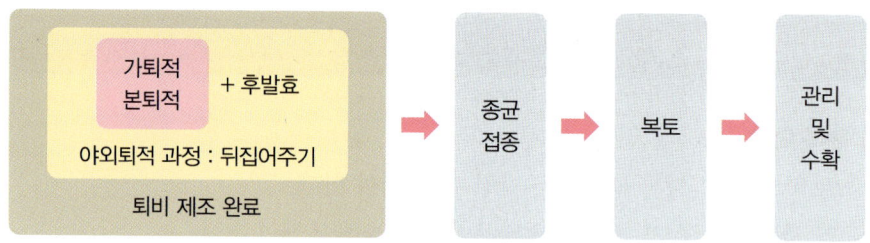

※ 볏짚 1,000kg을 퇴비로 만들어 말리면 250kg이 됨

[양송이 재배 과정]

5) 야외퇴적 및 발효과정

❶ 퇴비의 야외퇴적은 가퇴적과 본퇴적으로 이루어지고, 과정 중 4~6회의 뒤집기 작업으로 이어짐
❷ 야외퇴적 기간 중 적산온도(기간 중 0℃ 이상의 일평균 기온을 합산) : 900~1,000℃
❸ 볏짚 내부의 수분이 너무 높거나, 뒤집기 작업이 지연되면 볏짚 내부에 산소 공급이 원활하지 않아 혐기성 발효의 원인이 됨
❹ 외부 기온이 15℃ 이하일 때는 발효가 어려움
❺ 최상부 온도가 60℃ 이상이 되면 비닐을 걷고 뒤집어 쌓아줌

(1) 가퇴적

① 봄 재배는 2~3일, 가을 재배는 1~2일
② 보통 볏짚 100kg당 소요되는 물은 370L 정도(물의 전체 공급량의 70% 이상은 가퇴적 때 공급하며 나머지는 본퇴적 때 공급)
③ 퇴비의 수분 첨가량은 봄보다는 가을이 많아야 함

> **가퇴적의 목적**
> ○ 주재료에 충분한 수분을 공급, 수분 흡수 촉진
> ○ 짚을 부드럽게 함(연화, 軟化)
> ○ 발효 촉진 및 미생물 생장 촉진
> ○ 볏짚 재료의 균일화

(2) **본퇴적**(수분 보충, 양분 첨가하는 과정)
   ① 가퇴적 후(봄 2~3일, 가을 1~2일) 퇴비 더미의 온도가 올라가지 않더라도 본퇴적을 하여야 함
   ② 건조한 부분에 충분히 물을 뿌려주며 유기태 영양원과 무기태 영양원, 보조재료를 뿌림

공급원	재료 및 방법
유기태 영양원	• 계분(닭똥), 미강(쌀겨), 밀기울, 깻묵(질소 함량 가장 높은 재료), 장유박(대두박=콩 찌꺼기: 질소 함량 두 번째로 높은 재료) 등
무기태 영양원	• 요소(1/3씩 나누어 뿌림(분시, 分施)) • 분해 속도가 빨라서 공기중으로 방출되기 때문에 나누어 뿌려야 하며, 암모니아 농도가 급격히 증가하면 미생물의 활동이 감소함
보조재료	• 석고(마지막 뒤집기 때 첨가)

   ● 야외 퇴적 시 냄새가 나는 이유

비린내가 나는 경우	• 온도가 낮은 상태에서 발효되거나, 볏짚 온도 50℃ 이하에서 3~4일간 장기간 유지된 경우 • 중·저온성 균이 활성화되어 혐기성 발효가 되어 변질된 경우
구린내가 나는 경우	• 뒤집기 작업이 늦어진 경우 • 볏짚 내부에서 혐기성 발효된 것

(3) **후발효**
   ① 입상 후 실시(입상 : 야외에 있던 퇴비를 실내 재배사로 가져와 균상에 채워 넣는 과정)
   ② 재배사 균상은 4단, 단과 단 사이는 60cm 정도로 유지(느타리 균상 동일)
   ③ 목적
      ● 야외퇴적 중 유발된 각종 유해물질, 병해충 사멸(정열의 목적)
      ● 발효의 완성, 영양분 합성 극대화
      ● 퇴비 중 암모니아태 질소 제거
      ● 퇴비 물리성 개선
   ④ 입상 시 적정 수분 함량 : 70~72%
   ⑤ 적정 산도 : pH 7.5~8.0
   ⑥ 입상량 : 125kg/3.3m², 1평 기준으로 150kg 이상
   ⑦ 과정
      ● 정열 60℃, 6시간(밀폐) → 55~58℃에서 1~2일 → 50~55℃에서 2~3일 → 48~50℃에서 1~2일간 발효 후 45℃ 내외에서 퇴비 상태를 확인하여 발효를 종료
   ⑧ 미생물 생육 순서
      ● 고온성 세균(55℃) → 고온성 방사상균(50℃) → 중·고온성 사상균(45℃)으로 전환되며 영영분을 축적하며 암모니아를 감소
   ⑨ 환기 : 10~15분 이내로 짧게 자주해야 함
   ⑩ 후발효 후 좋은 퇴비가 되었을 때 조건
      ● 암모니아 냄새가 없어야 함
      ● 퇴비의 백화현상(사멸된 방사상균이 짙은 백색 분말로 나타남)이 있어야 함

- 암모니아 함량이 0.015~0.03%(150~300ppm) 정도 되어야 함(300ppm이 넘으면 균사 생장이 억제되고 수확량 감소)
- 끈기가 없이 부드럽고 탄력성이 높음

⑪ 퇴비 온도에 따른 변화

60℃ 이상	• 퇴비 내의 고온 호기성 미생물 사멸, 초고온성 미생물 발생으로 혐기성 발효가 일어남 • 올리브곰팡이병(고온, 혐기성) 발생
50℃ 이하	• 혐기성 발효가 되어 악취가 발생 • 먹물버섯 발생

02 표고, 느타리 원목재배용 재료의 선택과 관리

1) 원목의 종류

❶ 표고 : 참나무류(상수리 15~20년생, 굴참나무, 졸참나무, 물참나무, 떡갈나무, 신갈나무 등), 자작나무, 서어나무, 밤나무 등이 적당(참나무류 탄닌 함량 2.1~2.8%가 가장 적합)

❷ 느타리 : 포플러, 참나무 등의 활엽수가 적당(소나무, 잣나무 등 침엽수는 적합하지 않음)

[표고 원목재배]

2) 벌채 시기 및 준비 과정

❶ 벌채의 최적기는 나무 전체의 30~70% 단풍이 들고, 영양분이 최대이며, 수액 유동이 정지된 시기인 11월에서 이듬해 2월 정도까지 가능

❷ 맑은 날이 며칠 지속된 후 수피가 벗겨지지 않은 나무가 적당

❸ 벌채 후 나무의 세포가 죽기까지 1~2개월 건조를 해야하며, 직사광선을 피하고 통풍이 원활한 곳에 보관

❹ 벌채한 절단면에 2/3 정도 갈라진 틈이 생길 때 토막치기 함

3) 벌채 방법 및 토막치기

❶ 직경은 6~25cm가 적당하며, 원목을 절단하는 길이에 따라 장목재배(100~120cm), 단목재배(약 20cm)로 구분

직경 12cm 미만 소경목	• 버섯 발생이 빠르지만 품질이 낮은 편 • 골목 수명 5~7년 • 2~3년차 최대수량 수확
직경 12cm 이상 대경목	• 버섯 발생이 늦지만 품질이 좋은 편 • 골목 수명 약 10년 • 3~4년차 최대수량 수확

❷ 불시재배(시설재배)에 적합한 나무 직경은 10cm 정도로 봄과 가을에 생산하는 적기재배가 아닌 여름, 겨울 혹은 연중 생산할 수 있는 재배 방법
❸ 경제적으로 알맞은 굵기 : 15cm
❹ 표고 재배에 적당한 굵기 : 10~15cm
❺ 원목의 수분 함량 : 벌채 당시는 약 45% 전후이며, 종균을 접종할 때는 38~42%가 적당

03 느타리 폐면배지용 재료의 선택과 관리

❶ 솜의 종류 : 깍지솜, 방울솜, 백솜
❷ 폐면은 단섬유가 많아야 하며, 건조상태가 양호하며 깨끗한 것
❸ 폐면은 지방질이 많고 왁스층이 있어서 다른 재료에 비해 수분 조절이 가장 어려움
❹ 수분은 65~75% 정도로 조절(솜 터는 기계로 털면서 동시에 물을 뿌려 고루 분사되도록 함)
❺ 야외 발효 : 55~60℃에서 2~4일간 발효한다. 생략하는 경우도 많지만 가을 재배 시 외부의 기온이 높을 때에는 효과적이다. 물을 많이 먹여 하룻밤 두고 잔류물질을 제거하고 몇 번 뒤집기 후 보온 덮개나 비닐을 덮어 온도가 60℃로 발열하면 환기를 시킨다. 2~4일 발효 후 입상(겨울철 발열을 위하여 담배 가루 폐기물 2~5% 혼합하면 효과적)한다.
❻ 입상 : 폐면은 3.3m²당 55~65kg이 적당하며, 입상한 폐면은 호기성발효가 될 수 있게 관리해야 하고 균일하게 수분을 공급해야 한다.
❼ 살균 및 후발효 : 살균은 60~65℃에서 6~14시간하며, 후발효는 50~55℃에서 2~4일간 한다.

04 봉지, 병재배용 톱밥배지

❶ 톱밥의 종류

톱밥 종류	재배버섯
포플러톱밥	느타리, 큰느타리, 팽이버섯, 만가닥버섯 등
참나무톱밥	표고, 목이, 노루궁뎅이, 잎새버섯, 불로초(영지) 등
미송톱밥	버들송이, 느타리, 큰느타리, 팽이 등
버드나무톱밥	만가닥버섯 등

❷ 기본 재료 : 톱밥 + 콘코브(또는 비트펄프, 면실박, 밀기울, 대두박, 미강 등)를 다양한 비율로 제조
❸ 배지 조제 후 수분 함량 : 약 65%
  • 참나무톱밥은 졸참나무, 갈참나무, 상수리나무, 굴참나무, 신갈나무, 떡갈나무 등의 원목을 이용한다.
  • 참나무에는 탄닌산이 2.1~2.8% 정도 함유되어 표고의 균은 잘 자라고, 잡균은 억제한다.
❹ 표고 종균 또는 생육배지 수분 함량 : 55~58%

[톱밥배지에서 버섯 발생 중인 표고]

CHAPTER 08 종균 접종

01 접종하기

1) 균상재배

(1) 양송이

종균 접종(재식) – 접종이 편리한 곡립 종균을 이용하고, 종균의 접종량은 평당 6~8파운드를 사용한다.

❶ 표면접종
- 퇴비 표층에만 종균을 접종
- 작업이 간편하고 표면의 잡균의 오염 방지
- 균사 생장이 길며 하층으로부터 잡균의 피해가 우려됨

❷ 혼합접종법
- 기계화 작업이 가능한 곳에서 주로 이용
- 기계로 퇴비와 종균 혼합
- 퇴비의 질이 좋을 경우에만 가능

❸ 층별접종법
- 층별로 퇴비량과 종균량이 다름 : 표층 〉 상층 〉 하층 〉 중층 순
- 표층에 가장 많이 접종하는 이유 : 균사를 최대한 빨리 생장시켜 외부로부터 잡균 침입 방지, 퇴비 표면을 균사로 피복 하여 수분증발 억제
- 계통이 다른 종균을 혼합하여 접종할 경우 수량이 감소
  ※ 접종 시 유의점 : 퇴비의 온도가 23~25℃일 때 곡립종균을 소독한 그릇에 쏟아 잘 섞어서 접종

균상재배

(2) 느타리

❶ 볏짚배지
- 종균을 콩알 크기로 부수어 배지 전체에 골고루 혼합 접종한 후 구멍이 뚫린 비닐을 덮음
- 실내 온도를 조절하여 배지 내 온도가 25~30℃ 정도 되도록 조절
- 배지 내 균사가 2/3 정도 자라면 온도를 약간 낮추고 낮에 자연광을 조사

- 균사배양이 다 된 후에도 5~7일 더 유지
② 폐면배지
- 종균접종 직후, 초기 1주일간은 재발열 방지를 위해 저온으로 유지하고 점차 23~25℃로 올려 배양 관리
- 접종 및 배양에 걸리는 기간은 20~25일 정도

2) 원목재배

(1) 표고

표고의 원목재배는 원목의 수분 함량이 40% 전후의 것을 사용한다.

원목재배

① 접종 시기
- 2~3월(벚꽃 개화시기에 맞추어 접종, 4월 중순 이전 완료)
- 조기 접종 : 1~2월(버섯의 발생 시기 촉진, 병해충 예방 목적)

② 접종 방법
- 접종 전 작업장 소독
- 종균을 오랜 시간 직사광선을 쬐거나 개봉 방치하면 안 되며 천공 직후 바로 접종

③ 접종 배열
- 줄과 줄 사이는 지그재그로 천공(구멍)을 하며, 천공 사이는 10~15cm, 줄 간격은 4~5cm가 적당
- 천공(구멍)의 직경은 1.2cm, 깊이는 2.5cm(형성층 깊이)
- 일반적으로 12×120cm 규격목의 경우 구멍수는 86개 정도

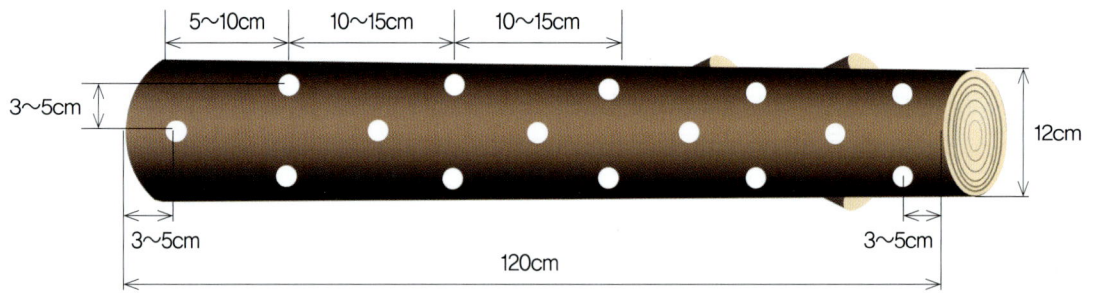

[접종 배열]

- 성형종균은 형성층 깊이까지 심어주고, 균사가 목질부로 생장, 뻗어감
- 버섯균사는 변재부가 많고 심재부가 적은 원목에서 생육이 좋음
- 상처 부위, 벌레 먹은 부위, 옹이 주변에는 추가로 천공

표지(수피)
변재부
심재부
형성층

(2) 느타리

① 접종 시기 : 3~4월

② 접종 방법
- 단목재배(단면접종)
- 종균을 콩알 정도 크기로 부셔서 사용
- 토막치기 한 원목 단면에 종균을 고르게 바르고 다시 원목을 올리는 방식으로 5단 정도 쌓음
- 종균 2~3파운드(병)이면 10년생 한 그루 접종
- 종균 1파운드로 직경 15~20cm인 단목 30~40개 접종

3) 봉지, 병재배 접종

① 접종 준비
- 무균실을 알코올(70%), 승홍수(0.1%), 석탄산액(4%) 등으로 소독 후 2~3시간 후 접종 가능
- 살균이 끝난 후 25℃ 이하로 냉각된 배지에 접종

② 접종 방법
- 봉지재배 : 10~20g 정도를 접종
- 병재배 : 재배병 100mL당 0.8~1g 정도를 접종
- 일반적으로 종균 접종기를 이용, 클린 부스 내에 설치함

봉지재배

병재배

CHAPTER 09 버섯재배 생육관리

01 균상재배

1) 양송이

(1) 복토 : 퇴비층 위에 종균 접종 후 2~3cm 두께로 흙을 덮어주는 작업

목적	• 자실체 발생 유도 • 자실체 형성 및 지지(支持) • 자실체가 퇴비에 있는 양분을 흡수하도록 도움을 줌 • 퇴비 수분 공급과 건조 방지
재료	• 식양토 100% 또는 식양토 80% + 토탄(연탄재) 20% • 입자 : 2~9mm • 공극률 : 75~80% • pH 7.5(소석회나 탄산석회로 산도 교정함) • 가벼울 것(가비중 0.5~0.7g/mL〈낮음 = 가벼움〉) • 수분 함량 : 65% • 유기물 함량 : 4~9% • 공기순환이 양호하고 보수력, 보비력(비료를 유지하는 능력) 양호한 것 • 무균한 토양(80℃ 1시간 살균 후 이용 / 약제 소독 : 포르말린, 크로로피크린, 밧사미드 이용, 약제 소독 시 기온 15℃ 이상에서 가능)

(2) 자실체 관리

접종 후 관리	• 3~5일간 실내 온도 23~25℃ 유지 → 6~7일경 실내 온도 20℃ 하온
	  * 하온의 이유 : 균사 자체 발열이 일어나 재발열 가능성이 높아짐
	  – 온도가 높으면 : 균사 생장이 억제되거나 사멸하며, 먹물버섯, 푸른곰팡이가 발생, 선충, 응애, 버섯파리 등 각종 병해충 피해가 커짐
	  – 온도가 낮으면 : 균사 생장이 지연

재식 후 관리	• 약 15일 정도 온도와 습도 관리를 하여 퇴비에서 70~80% 정도 균사가 생장하였을 때 복토
복토 후 관리	• 실내 온도를 23~25℃ 유지하고 약 7~9일 후 복토층에 60~70% 균사가 나타나면(균사 부상) 버섯 발생 * 복토시기가 늦으면 균사 노화로 수확량 감소

02 원목재배

1) 표고 원목재배

임시눕히기 (가눕히기, 임시쌓기)	• 접종목에 균사 활착과 만연을 돕는 기간 • 접종목을 바닥에 바로 놓지 않고 벽돌 등을 깔아 공간을 두어 통풍이 원활하게 하여 건조를 방지하고 직사광선에 노출되지 않도록 방지 • 쌓는 높이 : 하우스 내에는 1m 정도, 노지는 50cm 이하가 적당 • 쌓는 방법 : 소경목(직경 12cm 미만), 건조가 심한 원목, 바닥이 건조한 경우의 장작쌓기(눕허쌓기)로 하며 보통은 우물정자(井)쌓기가 일반적임 • 종균 접종 후 40~50일간 관리 • 살수 방법 : 접종목의 수피가 충분히 젖을 정도로 5~10일 간격으로 2~4시간 정도 살수 • 접종 후 1주일 후부터 수시로 접종구의 스티로폼 마개를 열어보아 백색 균사의 활착 정도를 확인(백색이 아닌 청색, 초록색인 경우는 잡균의 오염임) • 기온이 20℃까지 보온 덮개 피복 • 5~6월경 절단면에 흰 균사 무늬가 갈색으로 변하고 실금이 가면 보온 덮개 제거
본눕히기	• 시기 : 절단면에 2/3 정도 균사가 보이거나 접종 구멍 주위로 지름 4~5cm 정도 종균 생장했을 경우 • 흐린 날 작업 • 쌓는 방법 – 베갯목쌓기 : 습하지 않은 재배장, 가장자리는 대경목(직경 15cm 이상), 가운데는 소경목으로 쌓으며 베갯목 1개당 5본 이하로 쌓음(재배장 습도에 따라 세우는 각도 조절, 습할수록 큰 각도로 세움) – 우물정자(井)쌓기 : 습하고 통풍이 불량한 재배지 • 장소 : 통풍과 배수가 원활하고 공중 습도가 70% 정도 유지 가능한 곳, 남향 또는 동남향(북서향, 음습한 곳은 좋지 않음), 양지바른 곳, 10~15°의 경사지, 90~95% 차광망이 설치 가능한 곳, 직사광선은 막아주고 산광이 가능한 곳
뒤집기 작업	• 임시눕히기, 본눕히기 과정 중에 골목을 위, 아래로 뒤집어 주는 작업 ＊골목(骨木) : 종균을 접종하고 자실체를 수확할 수 있는 나무 • 위, 아래 습도의 균일화와 균사의 고른 생장 유도하며 잡균 발생 억제 • 접종 당해 년에는 최소한 2~3회 뒤집기가 필요함
골목 쓰러트리기	• 물리적 충격을 유도하기 위하여 실시하며 균배양이 완료되어 하얀 균사가 노출 되었을 때 실시
세우기	• 자실체가 발생되기 직전에 세우기 작업 실시 • 자실체 발생과 채취가 용이한 곳으로 선정(자연림·혼효림, 완경사지)

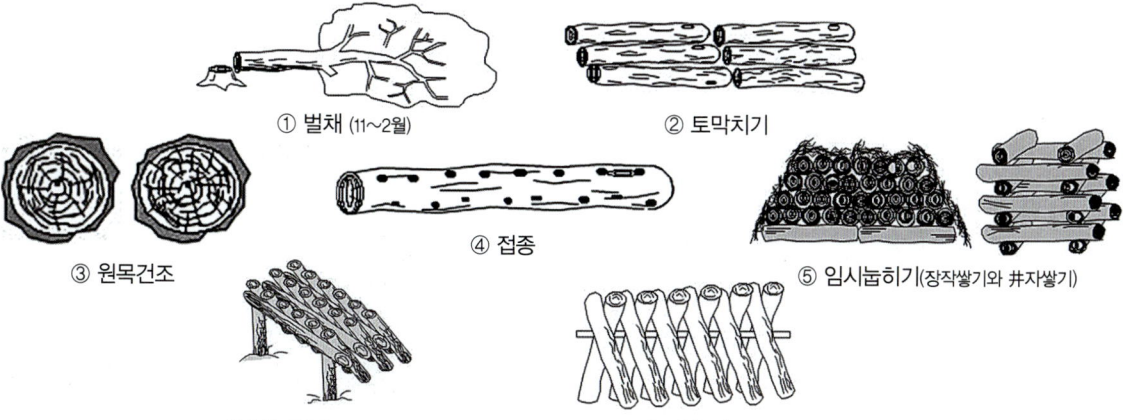

[표고 원목재배 과정]

2) 느타리 원목재배

종균 접종 후 토막 쌓기	• 장소 : 배수가 잘 되며 보수력이 있고 통풍이 양호하고 관수가 가능한 곳 • 배양온도 : 20~30℃ 정도 • 관리 : 습도는 90%, 접종 1개월 후부터 1주일에 1회 정도 관수를 하며 습도와 온도 유지를 위한 보온덮개, 비닐 등으로 피복, 내부온도 25℃ 이상 상승 시 피복 제거 후 차광 • 기간 : 2~3개월, 원목에 균사가 만연하게 관리

매몰	• 시기 : 8월
	• 장소 : 배수가 양호하고 보수력 좋은 양토에 매몰, 토양이 건조해지지 않도록 주기적으로 관수
	• 방법
	  – 원목 길이의 80~90% 정도 매몰시키며, 땅 위로 2~3cm 가량 나오도록 매몰
	  – 토막 사이의 간격은 3~4cm 정도로 하며, 차광막을 설치

03 봉지재배와 병재배

1) 표고 봉지재배

① 입봉 : 봉지에 넣고 배지 가운데 밑바닥까지 구멍을 뚫어줌

② 살균 : 고압살균(121℃, 1.1kg/cm², 60~90분)

③ 접종

④ 암배양 : 실내 기온 25℃ 미만으로 60일 내외로 배양

⑤ 명배양(갈변단계) : 암배양 단계에서 균사배양이 완료된 후 표면을 갈변시키는 단계로 온도는 20~25℃, 광(빛)은 50~500Lux 환경을 만들어 주어야 한다. 표면이 갈색 또는 암갈색으로 변하며 나무의 겉껍질 같이 되어 내부를 충격과 건조, 오염으로부터 보호하는 효과를 가지게 되며 버섯의 품질이 좋아지고 배지의 수명 늘어난다. 40~50일 내외로 배양한다.

봉지재배

- 톱밥배지는 갈변하지만 종균은 갈변하면 안 됨
- 표고 종균의 갈변 이유는 장기간 저장 때문

2) 병재배

① 내열성 플라스틱 P.P 재질로 만든 850~1,400cc 병 모양 용기에 여러 가지 재료를 적정한 비율로 혼합하여 입병, 살균, 접종, 배양, 생육 등 여러 단계를 자동화 기계 작업으로 수행하는 방법

병재배

3) 시설(봉지, 병)재배의 장·단점

장점	• 기계화·자동화로 품질 균일 • 연중 안정하게 계획생산 가능 • 생산량 조절 가능 • 인력이 적게 필요 • 자본의 회전이 빠르고 기술습득 용이
단점	• 시설투자 비용이 높음 • 배지재료 공급처 확보 필요 • 연중재배로 인한 주변지역 오염

04 자실체의 재배 환경조건

1) 온도

① 저온성 버섯 : 팽이

② 고온성 버섯 : 불로초(영지), 목질열대구멍버섯(상황), 풀버섯, 신령버섯(아가리쿠스), 목이

버섯 \ 온도	균사생장온도(℃)	균사생장적온(℃)	자실체발생온도(℃)	자실체생장적온(℃)
느타리	5~32	25~30	5~25	15~18
사철, 여름, 노랑느타리	5~28	25~30	노랑느타리 18~20	15~25 노랑느타리 20 전후
표고	5~32	22~26	10~25	15~18
양송이	8~27	23~25	8~18	15~18
여름양송이	25~30	25~30	20~25	20~25
신령버섯	15~40	25~30	22~28	25~30
팽이	3~34	20~25	5~18	6~8
목이	15~35	30 전후	15~30	20~28
불로초(영지)	15~35	30	15~30	20~28
목질열대구멍버섯(상황)	15~35	28~30	25~32	25~30
노루궁뎅이	6~30	22~25	12~24	15~22
풀버섯	23~38	35	15~30	20~28

- 일반적으로 균사 생장 적온은 25℃ 전후, 자실체 생장 적온은 15~18℃에 분포한다.
- 균사 배양이 완료되어 생식생장기로 전환할 경우 저온 충격을 주고 하온시키는 것이 자실체 발생에 도움을 준다.

2) 습도

① 일반적으로 버섯은 습도가 높은 환경에서 잘 성장하지만, 실내 재배사에서 관리하는 경우 습도가 높으면 잡균 발생의 원인이 되므로 주의한다.

❷ 균사 생장 시 병재배, 봉지재배의 경우 배양실은 65~70% 정도로 관리하고, 자실체 생장 시 80~90% 정도로 관리한다.
❸ 버섯 생육 중 습도가 가장 높아야 되는 시기는 발이 단계로 90~95%로, 그 이후는 점차 낮게 관리하여 80%로 낮춘다.

3) 환기(탄산가스 농도)

❶ 균사 생장 시기에는 크게 영향을 주지 않지만 자실체 생장 시기에는 중요한 요인이 된다.
❷ 대기 중 탄산가스 농도는 0.03%인데, 자실체 생장에 적합한 탄산가스 농도는 0.03~0.1%(300~1,000ppm) 범위이다.(배양실 2,000ppm 이하, 생육실 1,000ppm 이하)

  * ppm(part per million) : 백만분의 1(%는 백분의 1)

❸ 탄산가스가 전혀 존재하지 않거나 범위 이상으로 농도가 높은 경우- 균사생장 및 자실체 형성에 영향을 끼치고 특히 갓의 생장에 문제가 된다.
❹ 밀폐되어 환기가 안 된 경우, 배양병의 본수가 과도한 경우 등이 원인이다.
❺ 느타리의 경우 환기불량 시 대가 길어지고, 갓이 발달되지 않아 기형버섯이 된다.

4) 산도(pH)

대부분의 식용버섯 균사 생장은 약산성 부근에서 가장 좋다.

버섯	표고	느타리	노루궁뎅이	풀버섯	양송이	목이	송이	잎새버섯
적정 pH	4.5~6.0	5.0~6.0	5.5	5.0~6.0	6.8~7.0 (퇴비, 복토 7.5)	6.2~7.0	4.5~5.0	4.0~4.5

❶ 약산성인 경우 : 표고, 느타리, 노루궁뎅이, 풀버섯
❷ 산도가 높은 경우 : 양송이, 목이
❸ 산도가 낮은 경우 : 송이, 잎새버섯

5) 광(빛)

❶ 대부분의 버섯은 균사배양 시 광은 필요 없고 자실체 형성 시 필수요소이다.
❷ 균사배양 시 광이 있으면 생식 생장기로 전환되어 자실체가 형성된다.
❸ 보통의 경우 100~500Lux 정도로 신문을 읽을 수 있는 정도면 충분하고 직사광선은 차광한다.
❹ 양송이의 자실체 생장에는 광이 거의 필요 없다.
❺ 표고 재배의 경우 최근에는 1,500Lux 정도까지 산광이 가능하다.
❻ 목이, 영지 등은 다른 버섯에 비해 광량이 높은 편으로 영지는 50~500Lux 범위에 있다.
❼ 신령버섯의 경우 광에 의해 균사생장이 촉진되는 특성이 있고, 표고 톱밥배지의 경우 30일가량의 암배양 후, 60일가량 명배양하여 배지 표면을 갈변화시킴으로써 원목의 수피와 같이 내부를 보호하는 역할을 하게 된다.
❽ 느타리는 빛을 조사하면 갓의 색깔이 진하게 되어 상품성을 높이기도 한다.

6) 재배사

① 재배사의 유형은 영구 재배사와 보온 덮개식 간이 재배사로 나눌 수 있다. 영구 재배사는 시멘트 블록으로 된 재배사와 아이소패널 재배사가 있다.

② 간이 재배사는 단열이 불충분하여 버섯 재배 시 적정 온도를 유지하기가 어렵고, 실내 습도 유지는 더욱 어렵다. 바닥이 흙으로 된 재배사의 경우 병의 발생이 심해지는 등 여러 가지 문제점이 있다.

③ 영구 재배사를 짓는 것이 단열관리가 용이하고 연중 안정생산이 가능하다. 아이소패널 재배사의 경우 시설비가 저렴하고 청소가 용이하여 관리하기가 편하다.

④ 위치는 주거지와 근접하고 노동력 확보가 가능하며 용수나 전기를 이용하는 데 제약을 받지 않아야 한다.

⑤ 교통이 편리하거나 판매 가능한 시장이 인접해 있으면 더욱 좋다.

⑥ 2열 4단의 균상이 가장 많다.

⑦ 균상재배의 경우 전업농은 최소한 200~400평 정도의 규모 확보가 필요하며, 병재배의 경우 1일 입병량에 따라 재배 규모를 결정할 수 있다.

⑧ 병재배를 위한 재배사는 1일 입병량을 기준으로 건축해야 하고, 냉각실, 종균접종실, 배양실, 균긁기실, 생육실, 배지의 혼합·입병·살균 등에 필요한 작업실 등이 필요하다.

⑨ 자동 제어 장치 및 관련 장비
- 냉난방기 : 콘덴싱 유니트(냉난방용 실외기)와 실외 응축기로 구성
- 가습장치
- 환기장치 : 환기용 팬[시로코 팬(sirocco fan), 송풍기(multiblade fan)]
- 공기 여과 장치 : 헤파 필터 등

05 자실체 생육

1) 양송이 균상재배

① 발생 관리 및 수확
- 종균 재식 후 초발이 소요 일수는 28~30일 정도

② 초발이(1주기) : 발생 작업 후 10~15일경 수확
- 재배사 온도는 16~17℃ 정도로 하온
- 실내 습도는 90~95% 정도로 관리
- 환기는 시간당 3~4회(※ 어린 버섯일 때 탄산가스 방출량 최대, 1,000ppm 이하)

③ 관수 : 버섯이 어릴 때보다 커지면서 관수량을 늘림
- 갓의 직경이 2cm일 때 관수량이 가장 많음
- 관수 후에는 반드시 환기하여 버섯 표면에 물 맺혀있지 않게 관리해야 함(병해의 원인)

❹ 2~3주기 관리 : 1주기보다 생장속도가 빨라져서 품질이 저하되므로 실내 온도를 낮게 유지해야 하며 특히 3주기에 가장 낮춰줘야 함

> ○ 자실체 발생량은 많고 품질이 저하되는 원인 : 복토의 건조

❺ 자실체 생장 단계
- 핀헤드(pinhead) : 발생 초기이며 갓과 대의 구분 없음
- 버튼(button) : 갓과 대의 구분이 뚜렷하지만 갓이 피기 전으로 내부 주름살은 담홍색이며 현재 상태일 때 수확을 함
- 컵(cup) : 갓이 반쯤 피거나 갓과 대가 분리됨, 포자가 성숙하여 주름살이 갈색
- 플랫(flat) : 버섯의 갓이 활짝 펼쳐져 갓과 대가 T자 형대가 됨

2) 표고 원목재배

❶ 버섯 발생
- 고온성 품종이 저온성 품종보다, 소경목이 대경목보다, 종균 접종량이 많고 수피가 얇을수록 발생이 빠름
- 외부 온도 10~15℃가 적당하며 여름에 버섯을 발생시키려면 냉수를 살수하며 온도차를 크게 주면서 작업
- 침수, 타목, 쓰러뜨리기, 물끓기 등의 충격으로 발생을 유도 – 골목의 수령이 많을수록 큰 자극 필요(버섯 발생 작업)

> ○ 침수타목의 효과 : 자실체 발생을 위해 수분 공급, 균사의 일부 절단으로 자실체 형성을 위한 분화작용 촉진, 냉수에 담가 온도변화를 주어 분화 촉진, 발생량 증대
> ○ 버섯 발생을 위한 살수 또는 침수 작업 후 골목 함수율 50%

❷ 수확 : 갓이 60~70% 정도 개열된 시기
❸ 표고의 품질 : 화고 – 동고 – 향고 – 향신
❹ 휴양기간 : 수확 후 다음 버섯 발생까지 25~40일 정도 회복 기간이 필요함

화고　　　　　향고

3) 표고 봉지재배

❶ 버섯 발생
- 실내 온도 15~23℃ 내외, 습도 80~90%
- 자실체 원기형성에 빛이 필요함

❷ 발이된 후에는 살수를 하지 않아야 고품질 버섯을 수확한다.

4) 느타리 균상재배

(1) 원기 형성 유도 조건

❶ 균사 생장이 정지되어야 한다.
❷ 저온 충격과 변온 필요 – 원기가 형성되기 시작하면 10℃ 부근으로 온도를 낮춰 병해에 저항성을 높여준다.

③ 충분한 자연광이 장기간 필요 – 실내에서 신문을 읽을 수 있는 정도인 80~150Lux 밝기의 전등을 이용하고 낮에는 전등을 켜주고 저녁에 소등한다.
④ 충분한 습도 – 95% 이상
⑤ 환기 필요 – 이산화탄소(CO_2) 농도 1,000~1,500ppm까지 양호

(2) 자실체 생육관리
① 자실체가 성숙하면 온도와 환기를 조절하며 관수량을 점차 늘려준다.
② 관수 시 조금씩 자주 공급하며 관수 후 환기가 필요하다.
③ 물이 고여 있을 때 세균성갈변병에 취약하다.
④ 갓 직경이 4cm일 때 관수량이 가장 많이 필요하다.

5) 느타리 병·봉지재배
(1) 선별 및 균 긁기
병재배 시 균 긁기 목적 : 노화된 균을 제거하고 균사에 상처를 주어 자실체 발생을 촉진

(2) 발이 유기
온도 15~18℃ 하온, 습도 95%, 환기 소량, 이산화탄소 농도 1,000~1,500ppm(0.1~0.15%), 광 30~300Lux, 발이 유기 후 자실체 발생까지의 기간은 약 4~5일 정도 소요된다.

(3) 자실체 생육
① 자실체의 생육은 일반적으로 온도 13~16℃, 습도 85% 전후, 광 50~500Lux가 필요하고 수확까지의 기간은 약 5~7일이 소요된다.(농장의 여건에 따라 약간의 차이가 있다.)
② 자실체 생육 시 환기가 부족하면 기형버섯 발생
③ 버섯의 대가 길어지는 요인 : 온도(적온보다 높을 때), 탄산가스(농도 높을 때), 광(부족할 때)
④ 수확 : 갓의 직경이 5~7cm일 때 수확한다.

06 기타 버섯의 재배

1) 팽이버섯(Flammulina velutipes)
(1) 톱밥 병 재배
① 재료 준비 및 혼합
- 활엽수, 미루나무 톱밥, 미송톱밥(6개월 이상 야적 후 이용) 80% + 쌀겨 20%
- 톱밥배지 수분 함량 63~65%

② 입병 작업 – 가운데 구멍을 바닥까지 뚫어줌
③ 살균 및 냉각
- 살균 : 121℃, 1.1kg/cm², 60~90분
- 냉각 : 배지 온도 18~20℃

④ 접종 작업 : 6~10g/병[톱밥종균, 최근에는 액체종균(대량생산, 기계화)을 많이 이용하는 추세]

❺ 배양 : 온도 20℃, 실내 습도 70%, 배양 일수 20~25일
❻ 균긁기(느타리 병재배 참조)
❼ 발이 : 온도 12~15℃, 실내 습도 90%, 발이 소요 일수 7~9일
❽ 억제 : 온도 3~4℃, 실내 습도 80~85%, 억제 일수 12~15일
- 자실체 길이가 3~4mm일 때
- 온도와 빛과 바람으로 억제 : 4±1℃, 습도 80~85%, 이산화탄소 농도 1,000ppm, 광 50~500Lux, 바람 15~20cm/sec
- 빛 : 대의 생장억제와 갓의 생장촉진
- 바람 : 버섯발생 유도, 먼저 발생된 버섯의 생육을 억제, 물버섯(수분을 과도하게 머금은 버섯) 방지
- 대의 길이 1~2cm, 갓의 지름 2mm 정도 자라면 억제를 마침
- 억제 이유 : 한 병 안의 버섯이 균일하게 생육하도록 먼저 발생된 버섯의 생육을 억제

❾ 생육 : 온도 6~8℃, 실내 습도 75~80%, 생육 일수 8~10일
- 병 윗부분부터 길이가 2~4cm일 때 팽이버섯 다발이 벌어지는 것을 방지, 대의 길이생장 촉진 : 자실체 부분에 봉지 씌우기

❿ 수확 : 길이 12~14cm 정도일 때

단계	온도(℃)	습도(%)	소요일수(일)
(균)배양	20 전후	70	20~25
(버섯)발이	12~15	90	7~9
억제	3~4	80~85	12~15
생육	6~8	75~80	8~10

(2) 생육 장해 및 대책

❶ 생육 장해 : 버섯을 재배하면서 균사 배양 중 산소 부족 시, pH 부적당 시, 잡균 감염 시 등의 상황에 다양한 생리적 장해 증상이 있다. 발이 후에는 영양제 과다 사용, 배지 수분 과다 시, 입병량 과다 시, 균긁기 후 주수(자실체 발생 수량) 과다 등의 이유로 생육 중 장해현상이 나타난다.

❷ 종합적 대책
- 우량종균 사용
- 적정한 배지 제조
- 적정한 입병량과 입병 높이 유지
- 완전한 살균(접종실 등은 70% 에탄올로 소독)
- 각 작업실의 청결 유지와 환기, 공기 유통 원활하게 유지
- 버섯 생장 상태의 세밀한 관찰에 따른 환경 제어
- 공조 설비 기기의 정기적 점검 및 재배사 내외 청결 유지

2) 불로초[영지](Ganoderma lucidum)

(1) 단목 재배

① 원목과 종균 준비
② 접종 3~4월, 조기접종 1~2월
③ 토막쌓기 및 배양
④ 매몰(땅에 묻기) : 매몰은 5월 초~8월 초가 적당하며, 원목은 15~20cm 간격을 두고 매몰을 하고, 토양은 사양토가 적당하다.
⑤ 버섯 발생기 관리 : 실내 습도 90~95%, 실내 온도 26~32℃ 유지
⑥ 갓 형성기 : 환기 관리 및 과습 주의(과습 시 버섯 표면의 굴곡 심해짐)
⑦ 건고기(갓의 두께를 키우기 위해 건조하게 관리하는 기간) : 자실체의 갓 생장 후 가장자리 백색 생장점이 줄어들면 관수를 중지하고, 실내 습도는 30~40%로 감소시키고, 환기를 실시한다. 실내 온도는 24~32℃ 범위에서 변화를 주어 갓이 두꺼워지게 10~15일 정도 관리해 준다.
⑧ 수확 : 버섯 뒷면이 노란색일 때 수확해야 함

(2) 톱밥 재배

재료 배합 및 수분 첨가(참나무 톱밥 70~80% + 미강 20~30%, 수분 65%) → 살균 → 접종 → 배양 자실체 생장 → 수확

3) 노루궁뎅이(Hericium erinaceus)

① 톱밥재배 : 참나무톱밥 40% + 포플러톱밥 40% + 미강 20%
② 단목재배 : 참나무, 버드나무 이용

4) 목이(Auricularia auricula-judae)

① 톱밥재배 : 톱밥 85% + 쌀겨 15%
② 톱밥 : 포플러나무 75% + 참나무 25%

5) 복령(Poria cocos) - 원목 매몰 재배법

① 원목 : 적송 또는 낙엽송
② 재배 장소 : 토양은 사양토로 배수가 잘되고 부드러운 것을 사용하고 토양에 큰 모래나 자갈이 너무 많으면 품질이 좋지 않다. 토양의 산도는 pH 4~6 정도가 좋으며 유기질이 적은 곳이 좋다. 위치는 동남향으로 약간 경사진 곳이 좋다.

6) 신령버섯(Agaricus)

① 복토 : 균상 표면을 평평하게 고른 다음 이랑형으로 높이는 2.5cm, 고랑의 넓이는 10cm로 하고, 두둑의 폭은 4~5cm, 높이는 2~3cm로 한다.

CHAPTER 10 버섯의 병해충 예방·방제

01 병해충 관리

1) 양송이

(1) 병해

양송이에만 발생하는 병해 : 마이코곤병, 미이라병, 괴균병(퇴비배지에서 발생), 대속괴사병

- 마이코곤병, 세균성 갈반병 : 직접 기생
- 괴균병 : 직접 기생하지 않음
- 대속괴사병 : 대의 중앙에 암갈색 증상이 나타나며 조직이 붕괴됨

병해의 종류	특징
마이코곤병 (wet bubble)	• 자실체의 갓, 대에 발생, 갈색의 물이 나오고 부패하여 악취가 나게 됨, 대와 갓의 구별이 없는 기형버섯 발생 • 전염경로 : 복토, 작업자, 작업도구, 버섯파리, 폐상퇴비
세균성 갈반병 (bacterial blotch)	• 자실체의 갓에 발생, 일교차가 심한 봄 재배 초기, 가을재배 후기에 건조, 과습 시 발생, 갓에 황갈색의 무늬가 점차 심해져 움푹 파이게 됨 • 전염경로 : 물, 버섯파리, 응애, 작업자 등 매개체에 의해 옮겨짐 • 방제법 : 이병버섯 제거, 버섯이 없는 복토에 스트렙토마이신, 카나마이신, 브라마이신, 아그렙토 살포
괴균병(균덩이병, false trubble)	• 퇴비에 발생하여 발병한 퇴비 부위에서는 버섯이 발생하지 못하거나 발생한 버섯이 사멸 • 복토 흙 증기소독 80℃에서 1시간 이상(소독해도 사멸이 어려움)
푸른곰팡이병 (green mold)	• 배지나 종균에서 발생 시작, 버섯 자실체에 기생하는 것이 아닌 배지 재료에 기생하는 사물기생균, 흰색의 균사가 자라기 시작하는 초기에 육안으로 식별이 어렵지만 황록색의 균총을 형성하여 점차 푸른색의 포자가 보이게 됨 • 전염경로 : 매개체(물, 버섯파리, 응애, 작업자, 작업도구 등)에 의해 옮겨짐, 공기 중 포자 이동, 오염된 종균, 배지 이용 • 발병조건 : 재배사의 온도가 높거나, 과습, 퇴비배지의 상태가 나쁠 때, 복토의 유기물 함량이 높을 때 발생, 약산성에서 활발하게 생장(퇴비배지, 복토 pH 7.5로 유지하여 예방) • 푸른곰팡이병은 버섯 자실체에 기생하는 병이 아니므로 모든 종류의 버섯을 재배하는데 가장 주의가 필요함 • 벤레이트수화제(베노밀), 프로클로라즈망가니즈수화제(스포르곤) 약제 처리

병해의 종류	특징
미이라병 (mummy disease)	• 자실체가 0.5~2cm일 때 생장이 멈춤 • 갈변, 고사
바이러스병 (virus)	• 발생한 버섯이 갓이 작고 대는 비대하여 굵게 자라거나 대가 길게 자라면서 밑 부분이 비대하기도 하며, 대에 갈색 줄무늬가 나타나는 경우도 있음 • 갓이 일찍 피고 뿌리가 연약하여 쉽게 뽑힘
올리브곰팡이병	• 고온, 환기부족 시 발생

(2) 충해

❶ 버섯파리(통조림 100g당 유충 20마리 이상 불가)

충해의 종류	특징
세시드 (Cecid)	• 유충이 2mm, 오렌지색, 황색, 백색 • 유충이 버섯균사를 식해, 자실체에 병해를 옮겨 오염시킴 • 유충이 번데기, 성충의 단계를 거치치 않고 유충이 유충을 낳는 유태생이 가능하여 번식이 빠름
마이세토필 (Mycetophil)	• 성충은 6~7mm, 버섯파리 중 가장 크고 다리가 길어 모기와 비슷함 • 유충이 거미줄과 같은 실로 집을 짓고 버섯을 가해함
시아리드 (Sciarid)	• 균사가 배양되지 않는 배지 선호 • 터널을 만들어 자실체 식해
포리드 (Phorid)	• 유충이 균사를 섭식, 성충은 버섯을 가해하지 않음 • 2℃ 이하에서 활동하고 둔함

- 발생원인 : 성충이 버섯 또는 균사 냄새에 유인됨
- 방제 : 디밀린수화제를 종균재식 직후, 하온시에 균상에 뿌림, 더스반입제 종균에 혼합하여 접종, DDVP는 폐상 후 균상 위에 살포, 24메시 이상의 그물망으로 유입 차단

❷ 응애(통조림 100g 당 75마리 이상 불가)
- 분류와 형태 : 거미강의 응애목(곤충이 아님), 거미와 유사한 모양, 0.5mm
- 특징 : 번식력이 매우 강하고 빠름, 불량한 환경에서 6개월 동안 먹지 않고도 생존, 약제에 대한 저항성이 강함
- 침입경로 : 매개충, 배지재료, 토양(습도가 높고 따뜻한 장소 선호함)
- 피해 : 균사와 자실체를 섭식, 작업자의 가려움증 유발
- 방제법 : 토양 살균, 폐상 후 재배사 소독, 매개충 차단

버섯파리

❸ 선충
- 형태 : 0.25~0.2mm 정도의 실 모양
- 침입경로 : 출입자의 신발이나 배지재료에 붙어서 전염
- 방제 : 복토살균, 재배사 바닥 청결 관리

응애

2) 표고

(1) 병해

① 주로 원목재배 시 수피에 자라는 목재부후균, 표고 균사와 경쟁하면서 증식
② 골목의 수피가 벗겨졌을 때, 직사광선에 노출되거나, 과습 혹은 건조할 때 발생
③ 골목장 청결히 할 것, 낙엽이나 하초(바닥의 잡풀) 정리하기

병해의 종류	특징
고무버섯	• 장마, 고온다습한 환경에서 발생
검은혹버섯	• 골목 수피에 황록색의 곰팡이가 발생하여 검은색 혹 모양의 자실체가 나타남 • 골목의 직사광선 노출 시 발생
검은단추버섯	• 중앙부 연녹색, 가장자리는 흰색 곰팡이, 자실체는 갈색에서 흑색으로 변하며 나타남 • 골목의 직사광선 노출, 골목내 수분함량 높을 때 발생
주홍꼬리버섯	• 주홍색의 균덩어리, 자실체는 회갈색에서 흑갈색으로 변함 • 골목의 직사광선 노출, 골목 내 수분함량 부족 시 발생
치마버섯	• 골목 수분함량 부족 시 발생
아교버섯	• 고온다습 시 발생
푸른곰팡이병	• 종균 접종 후 뚜껑을 열어봤을 때 초록색, 청록색 보이면 즉시 격리 • 고온다습한 환경에서 발생

고무버섯   검은단추버섯   주홍꼬리버섯

치마버섯   아교버섯   푸른곰팡이병

(2) 충해

충해의 종류	특징
골목해충	• 원목을 벌채하여 종균 접종 후 균사생장 전 시기에 발생 • 표고 골목의 목질부를 식해하는 천공성 해충 • 잡균을 옮김, 골목의 수명 단축, 균사의 활착 지연 • 털두꺼비 하늘소 : 특히 피해가 큰 대표적 해충, 접종 전 건조원목에 산란, 유충이 목질부를 식해, 구멍 주변에 톱밥 배설물 • 종류 : 하늘소류, 나무좀류, 풍뎅이류, 표고나방
생버섯 해충	• 종류 : 민달팽이, 톡토기, 큰무늬벌레
건버섯 해충	• 열풍건조 후 밀봉, 냉암소 저온저장할 것 • 종류 : 곡식좀나방(표고나방), 큰무늬벌레

나무좀

민달팽이

버섯나방류

털꺼비하늘소

3) 느타리

(1) **병충해**(양송이 참조)

① 세균성갈반병 : 재배사 내의 주야간 온도 차이에 의한 결로 주의

② 푸른곰팡이병 : 균상 표면의 과습, 건조 방지, 볏짚다발배지는 살균 전 균상 표면에 베노밀수화제 살포

③ 버섯파리(버섯혹파리, 긴수염버섯파리, 버섯벼룩파리 등), 응애, 선충(특히 균상재배 시 주의)

CHAPTER 11 버섯의 수확 후 관리

01 건조

1) 표고 건조 방법

① 일반적으로 열풍순환가열 방식
② 예비(초기)건조 : 30~35℃에서 1~4시간 실시하고 배기구를 완전히 개방한다.
③ 본건조 : 시간당 1~2℃씩 서서히 상승시켜 55℃까지 도달시킨 후 10~12시간 건조하고 배기구는 2/3 개방한다.
④ 후기 건조 : 55℃에서 3시간 실시하고 배기구는 1/3 개방한다.
⑤ 마지막 건조 : 60℃에서 1시간 실시하고 배기구는 밀폐 시킨다.

표고 건조기

2) 불로초(영지) 건조 방법

40~45℃에서 건조를 시작하여 온도를 서서히 1~2℃씩 상승시켜 60℃까지 올리는 방법으로 한다.

3) 천마 건조 방법

① 깨끗이 씻어 10~20분간 찌고 냉수로 냉각 후 건조한다.
② 찐 천마를 약 30℃에서 서서히 온도를 상승한 후 40~50℃에서 3~4일간 유지한 후 70~80℃에서 7~8시간 정도 건조한다.

4) 목이 건조 방법

45~50℃에서 4~6시간 건조 후 60~70℃에서 4~6시간 정도 더 건조한다.

건조한 표고

건조한 불로초(영지)

건조한 천마

건조한 목이

02 예냉 및 저장

1) 예냉
좋은 품질을 유지하기 위하여 버섯 수확 즉시 급속냉감함(0~4℃)

2) 저장
- ❶ 저장 조건 : 온도 0~4℃, 습도 85~90%, 이산화탄소 농도 5~10%
- ❷ 저장 방법
    - 저온 저장법
    - CA 저장법(Controlled atmosphere stroage) : 산소 농도↓ 탄산가스 농도↑ 호흡억제 – 저장고 속의 대기가스를 인공적으로 조정해 버섯의 원형에 가깝게 저장하는 기법
    - PVC(Polyvinyl chloride, 폴리염화비닐) 필름 저장법 : PVC필름으로 밀봉하여 포장 내부의 가스를 조절

CHAPTER 12 재배시설의 이해

01 재배형태별 시설

버섯재배의 형태는 자연 노지 재배와 비가림 설비를 한 간이식 하우스 재배가 있다.

1) 하우스 시설재배

재배형태	시설 및 형태
원목 재배용	원목 재배는 계절적인 기상조건을 이용하여 자연 재배로 버섯을 생산할 수 있는 간이식 하우스 재배 방법이다. 원목 재배용 시설로는 차광시설, 살수시설, 환기시설, 개폐시설, 배수시설과 충분한 관정 시설을 갖추어야 한다.
톱밥 재배용	톱밥 재배용 하우스의 시설 설비는 기본 원목 재배시설과 유사하나 균사 배양이나 자실체 발생 및 생육에 적당한 환경조건을 유지시킬 수 있는 공조시설이 필요하다.
균상 재배용	균상 재배용 하우스는 일반적으로 하우스 골조시설에 부직포 등 단열재로 피복된 상태에서 바닥 면적이 165~200m²(50~60평) 정도의 규모로 폭 7.0~8.0m × 길이 24.0~25.0m × 높이 3.5~4.0m 규격으로 설비 되어야 한다.

2) 자동화 시설재배

내·외부의 온도 편차를 최소화 하고 환경조건을 감지하여 센서에 의해 자동으로 조절이 되도록 한다. 입병실, 살균실, 냉각실, 접종실, 배양실, 생육실, 탈병실 등으로 이루어져 있다.

시설	구성 및 형태
가습장치	재배사의 가습시설은 원목재배와 균상재배, 자동화 병재배 등 재배 방법에 따라 설비와 종류에 차이가 있다.
냉·난방설비	실외기와 실내기로 구분되며 압축기, 증발기, 응축기, 팽창밸브 등으로 이루어져 있다.
컨트롤 판넬	온도, 습도, 이산화탄소(CO_2) 농도, 환기타이머, 광조절용 센서 등의 조건을 실시간으로 표시되도록 설비한다.

02 자동화를 위한 기계시설 장비

장비	시설 및 역할
에어콤프레샤	종류는 스크류식과 피스톤식으로 나뉘며, 용량도 다양하게 생산되고 있다.
에어샤워	종균관리를 포함하여 예냉실, 냉각실, 접종실의 출입전 작업자의 위생과 청결 및 소독을 유지시킨다.
혼합기	혼합기의 크기에 따라 소형(3,000병 이하), 중형(5,000병 이상), 대형(10,000병 이상)으로 구분한다.
콘베어 시스템	배지재료가 빠져 나오면서 입병기까지 배지배료를 이송해주는 역할을 한다.
입병기	입병기는 유압 실린더에 의한 피스톤식과 스크류식, 블록식, 턴테이블식 등이 있다. 입병기는 시간당 10,000병 이하 규모의 경우 스크류식이나 피스톤식 및 턴테이블식의 입병기를 설비하고, 시간당 10,000병 이상의 규모는 블록식 입병기를 주로 사용한다.
마개 닫기	시간당 작업 능률과 생산규모에 따라 성능과 규모에 차이가 있다. 소형농가의 경우는 시간당 작업능력이 3,000~10,000병, 기업형 농가의 경우는 20,000~100,000병 규모가 적당하다.
대차 적재기	입병이 완료된 바구니를 살균기에 들어가는 대차 적재기에 이동·안착시키는 방법으로 사용한다.
살균기	상압용 살균기와 고압용 살균기가 있으며, 원형살균기와 사각형살균기로 구분된다.
보일러 및 연수기	일반적으로 입형 수관식 보일러나 다관식 소형관류 보일러를 많이 사용하지만 연료비의 증가로 최근에는 전기보일러와 펠렛보일러의 사용이 많아지고 있다. 보일러 배관에 석회질과 철분 등의 이물질에 의해 보일러의 성능이 저하되기 때문에 연수기를 설치해야 한다.
예냉 및 냉각장치	외부에서 흡입되는 공기가 헤파 필터를 통하여 무균적으로 여과되어 예냉실이나 냉각실로 공급되어지고 공급된 양만큼 배기구를 통하여 배기될 수 있는 양압 상태의 공조시스템이 설비되어야 한다. 냉각실의 냉각 능력은 살균하는 양에 비례하여 빠른 시간에 냉각시킬 수 있는 냉각 용량을 선택해야 한다.
종균 접종기	병재배는 톱밥종균 접종과 액체종균 접종이 사용된다. 접종실의 공조시설은 냉각실의 공조시설과 동일하여야 한다. • 표고 – 성형종균, 톱밥종균, 종목종균 • 느타리 – 균상재배의 경우는 톱밥혼합접종 • 양송이 – 곡립종균을 만들어 양송이 퇴비배지 위에 뿌려 접종
액체종균 배양 및 종균 접종시설	• 에어콤프레샤 에어라인 시설 : 오일프리 콤프레샤, 리시브 탱크, 에프터 쿨러, 에어드라이어, 흡착식 에어드라이어, 에어필터, 에어파이프 라인 등의 시설장비가 필요하다. • 액체배지 배양실 : 실내온도는 20~25℃ 정도로 조절이 가능하도록 냉·난방시설이 설비되어야 한다.
배양시설	실내온도를 조절할 수 있는 냉·난방시설, 실내공기를 교체할 수 있는 환기 공조시설, 배양된 상태를 관찰할 수 있는 광조절 시설, 실내습도를 조절할 수 있는 가습시설 등이 설비 되어야 한다.
균긁기	배양 완료된 균을 일정하게 긁어주는 작업으로 노화균 제거와 버섯 발생을 위한 충격효과를 주기 위해서 설비되어야 한다.
탈병기	수확이 완료된 용기를 재활용하기 위해 배지재료인 톱밥재료 등을 자동으로 제거하는 작업이다.

CHAPTER 13 버섯 및 종균에 관한 법령

01 산림자원의 조성 및 관리에 관한 법률

1) 종묘생산업자의 등록(제16조)

① 산림청장이 정하여 고시하는 산림용 종자와 산림용 묘목을 판매할 목적으로 생산하려는 자는 대통령령으로 정하는 기준을 갖추어 특별자치시장·특별자치도지사·시장·군수·구청장에게 등록하여야 한다. 등록한 사항 중 대통령령으로 정하는 중요 사항을 변경하려는 경우에도 또한 같다.

② 제1항에 따라 등록한 자(이하 "종묘생산업자"라 한다)는 산림용 종자나 산림용 묘목을 출하(出荷)하려는 경우에는 농림축산식품부령으로 정하는 바에 따라 해당 종자나 묘목의 생산지 및 규격 등의 품질표시를 하여야 한다.

③ 특별자치시장·특별자치도지사·시장·군수·구청장은 종묘생산업자가 다음 각 호의 어느 하나에 해당하면 그 등록을 취소하거나 2년 이내의 기간을 정하여 업무정지를 명할 수 있다. 다만, 제1호나 제2호에 해당하면 그 등록을 취소하여야 한다.

1. 거짓이나 그 밖의 부정한 방법으로 등록한 경우
2. 업무정지명령을 받은 기간 중에 종묘생산업을 한 경우
3. 정당한 사유 없이 등록을 한 날부터 1년 이내에 사업을 시작하지 아니하거나 1년 이상 계속하여 휴업한 경우
4. 제1항에 따른 등록기준을 갖추지 못한 경우
5. 제2항을 위반하여 품질표시를 하지 아니한 경우
6. 제67조제2항에 따른 출하금지명령 또는 소독·폐기 등의 명령을 이행하지 아니한 경우

④ 제3항에 따라 등록이 취소된 후 3년이 지나지 아니한 자는 제1항에 따른 등록을 할 수 없다.

⑤ 제3항에 따른 행정처분의 세부적인 기준은 위반행위의 종류와 위반 정도 등을 고려하여 농림축산식품부령으로 정한다.

2) 종묘생산업자의 자격 등(시행령 제12조)

1. 법 제16조제1항 전단에 따른 종묘생산업자의 자격은 다음 각 호의 어느 하나에 해당하는 자로 한다. 다만, 버섯종균생산업자로 등록하려는 자는 살균실·접종실 등 농림축산식품부령으로 정하는 시설을 보유하여야 한다.
2. 버섯종균생산업자의 등록자격
   가. 「국가기술자격법」에 따른 버섯종균기능사 이상의 자격을 가진 자
   나. 대학(전문대학을 포함한다)의 농업분야 학과·생물학과 또는 미생물학과를 졸업한 자로서 버섯종균 제조업무에 3년 이상 종사한 자
   다. 외국의 버섯종균관계 기술교육기관 또는 연구기관에서 1년 이상 연수한 자로서 해당기관에서 발급하는 수료증 또는 자격증을 받은 후 버섯종균 제조업무에 3년 이상 종사한 자
   라. 농업계고등학교를 졸업한 자로서 버섯종균 제조업계에서 7년 이상 종사한 자
   마. 가목부터 라목까지의 규정에 해당하는 자를 상시 고용하고 있는 개인 또는 법인

3) 종묘생산업자의 등록 등(시행규칙 제13조)

① 법 제16조제1항에 따른 종묘생산업의 등록신청은 별지 제6호서식에 따른 신청서에 다음 각 호의 서류를 첨부하여 등록하여야 한다.
   1. 영 제12조에 따른 자격을 증명할 수 있는 서류 1부
   2. 종균배양시설 보유현황 1부(버섯종균생산업에 한함)
② 제1항에 따른 신청서(법인만 해당한다)를 제출받은 시장·군수·구청장은 「전자정부법」 제36조제1항에 따른 행정정보의 공동이용을 통하여 법인 등기사항증명서를 확인하여야 한다.
③ 영 제12조제1항에서 "살균실·접종실 등 농림축산식품부령이 정하는 시설"이라 함은 별표 6의 시설을 말한다.
④ 영 제12조제2항에 따른 종묘생산업등록증은 별지 제7호서식에 따른다.
⑤ 영 제13조제2항에 따라 등록사항의 변경을 신고하려는 자는 별지 제8호서식에 따른 신고서에 다음 각 호의 서류를 첨부하여 시장·군수·구청장에게 제출하여야 한다.
   1. 종묘생산업등록증
   2. 변경사항을 증명하는 서류 1부.
⑥ 제5항에 따른 변경신고를 받은 시장·군수·구청장은 그 사실 여부를 확인한 후 종묘생산업등록증을 정정하여 교부하여야 한다.
⑦ 종묘생산업등록증을 잃어버리거나 헐어 못쓰게 되어 재교부를 받으려는 자는 별지 제9호서식에 따른 종묘생산업등록증재교부신청서를 시장·군수·구청장에게 제출하여야 한다.

4) 버섯종균생산업의 시설기준(별표 6)

(단위 : m²)

시설명		종균배양 규모	시설별 최소면적 및 설치요건				기계기구 설치요건
			25,000kg 미만	50,000kg 미만	100,000kg 미만	100,000kg 이상	
실험실			16.5 이상	16.5 이상	23.1 이상	30.0 이상	1. 현미경 1대(1,000배 이상) 2. 냉장고 1대(200L 이상) 3. 항온기 2대 4. 건열기 1대 5. PH 메타 6. 화학천평 1대(감도 0.1g) 7. 오토크레이브
준비실			33.0 이상	49.5 이상	66.0 이상	72.6 이상	1. 수도시설 2. 세척탱크 3. 배지주입기
살균실	최소면적		23.1 이상	33.0 이상	49.5 이상	56.1 이상	
	고압 살균기	압력	15~20파운드				
		규모	150kg 이상	300kg 이상	500kg 이상	600kg 이상	
	보일러		0.3m/T 이상	0.5m/T 이상	1.0m/T 이상	1.0m/T 이상	
냉각실			16.5 이상	23.1 이상	33.0 이상	33.0 이상	
접종실			6.6 이상	13.2 이상	19.8 이상	26.4 이상	1. 무균상태를 유지할 수 있는 내부시설 2. 소독기구 설치 3. 접종대는 대리석 또는 스테인레스판으로 설치
배양실			99.0 이상	198.0 이상	297.0 이상	363.0 이상	1. 실온 20~25℃로 조절할 수 있는 항온장치 2. 1개 배양실당 종균배양능력 5,000kg 미만의 시설
저장실			33.0 이상	66.0 이상	99.0 이상	132.0 이상	실온 1~5℃로 조절할 수 있는 냉장장치

5) 버섯종균 품질표시

버섯의 종류					
품종					
중량	용기		배양일	종균	유효기간
생산자	성명				
	상호 또는 법인명				
	주소				
	등록번호				

품종의 특성			
종균의 보관 및 취급 방법			
접종 및 재배 방법			
검사	기관명	검사일	검사자
			(인)

6) 임산물의 유통 제한 등(법률 제40조)

① 산림청장은 임산물의 수급 조절, 유통 질서 확립 및 안전성 확보를 위하여 필요하다고 인정하는 경우에는 대통령령으로 정하는 임산물의 유통이나 생산 또는 사용을 제한할 수 있다. 이 경우 미리 제한 사유와 그 내용을 고시하여야 한다.

02 종자산업법

1) 정의(제2조)

이 법에서 사용하는 용어의 뜻은 다음과 같다.

1. "종자"란 증식용 또는 재배용으로 쓰이는 씨앗, 버섯 종균(種菌), 묘목(苗木), 포자(胞子) 또는 영양체(營養體)인 잎·줄기·뿌리 등을 말한다.

1의2. "묘"(苗)란 재배용으로 쓰이는 씨앗을 뿌려 발아시킨 어린식물체와 그 어린식물체를 서로 접목(接木)시킨 어린식물체를 말한다.

2. "종자산업"이란 종자와 묘를 연구개발·육성·증식·생산·가공·유통·수출·수입 또는 전시 등을 하거나 이와 관련된 산업을 말한다.

3. "작물"이란 농산물 또는 임산물의 생산을 위하여 재배되는 모든 식물을 말한다.

4. "품종"이란 「식물신품종 보호법」 제2조제2호의 품종을 말한다.

5. "품종성능"이란 품종이 이 법에서 정하는 일정 수준 이상의 재배 및 이용상의 가치를 생산하는 능력을 말한다.

6. "보증종자"란 이 법에 따라 해당 품종의 진위성(眞僞性)과 해당 품종 종자의 품질이 보증된 채종(採種) 단계별 종자를 말한다.

7. "종자관리사"란 이 법에 따른 자격을 갖춘 사람으로서 종자업자가 생산하여 판매·수출하거나 수입하려는 종자를 보증하는 사람을 말한다.

8. "종자업"이란 종자를 생산·가공 또는 다시 포장(包裝)하여 판매하는 행위를 업(業)으로 하는 것을 말한다.

8의2. "육묘업"이란 묘를 생산하여 판매하는 행위를 업으로 하는 것을 말한다.

9. "종자업자"란 이 법에 따라 종자업을 경영하는 자를 말한다.

10. "육묘업자"란 이 법에 따라 육묘업을 경영하는 자를 말한다.

2) 종자관리사의 자격기준(시행령 제12조)

종자관리사는 법 제27조제1항에 따라 다음 각 호의 어느 하나에 해당하는 사람으로 한다.

1. 「국가기술자격법」에 따른 종자기술사 자격을 취득한 사람
2. 「국가기술자격법」에 따른 종자기사 자격을 취득한 사람으로서 자격 취득 전후의 기간을 포함하여 종자업무 또는 이와 유사한 업무에 1년 이상 종사한 사람
3. 「국가기술자격법」에 따른 종자산업기사 자격을 취득한 사람으로서 자격 취득 전후의 기간을 포함하여 종자업무 또는 이와 유사한 업무에 2년 이상 종사한 사람
4. 「국가기술자격법」에 따른 종자기능사 자격을 취득한 사람으로서 자격 취득 전후의 기간을 포함하여 종자업무 또는 이와 유사한 업무에 3년 이상 종사한 사람
5. 「국가기술자격법」에 따른 버섯종균기능사 자격을 취득한 사람으로서 자격 취득 전후의 기간을 포함하여 버섯 종균업무 또는 이와 유사한 업무에 3년 이상 종사한 사람(버섯 종균을 보증하는 경우만 해당한다)

3) 종자업의 시설기기준(시행령 제13조 별표 5)

1. 공통기준

시설	• 개별기준의 시설에 대하여 소유권이나 5년 이상의 임차권 등의 사용권을 확보할 것. 다만, 종자를 가공하여 판매만 하거나 종자를 다시 포장(包裝)하여 판매만 하는 경우에는 개별기준의 시설을 갖추지 않을 수 있다.
장비	• 개별기준의 장비에 대하여 소유권이나 임차권 등의 사용권을 확보할 것. 다만, 묘목 및 영양체만을 생산하는 경우에는 개별기준의 장비를 갖추지 않을 수 있다.

2. 개별기준(버섯)

시설	1) 실험실: 16.5m² 이상일 것 2) 준비실: 49.5m² 이상이며, 수도시설이 설치되어 있을 것 3) 살균실: 23.0m² 이상일 것 4) 냉각실: 16.5m² 이상이며, 에어컨시설 또는 냉각시설이 설치되어 있을 것 5) 접종실: 13.2m² 이상이며, 무균상태를 지속할 수 있는 시설 및 자외선 등이 설치되어 있을 것 6) 배양실: 165.0m² 이상이며, 실온을 20~25℃로 조정할 수 있는 항온 장치시설이 설치되어 있을 것 7) 저장실: 33.0m² 이상이며, 실온을 1~5℃로 조절할 수 있는 냉각시설이 설치되어 있을 것
장비	1) 실험실: 현미경(1,000배 이상) 1대, 냉장고(200L 이상) 1대, 소형 고압살균기 1대, 항온기 2대, 건열 살균기 1대 이상일 것 2) 준비실: 입병기 1대, 배합기 1대, 자숙솥 1대(양송이 생산자만 해당한다) 3) 살균실: 고압 살균기(압력: 15~20LPS, 규모: 1회 600병 이상일 것), 보일러(0.4톤 이상일 것)

4) 종자관리사 보유의 예외(시행령 제15조)

1. 버섯류(양송이 · 느타리 · 뽕나무버섯 · 영지버섯 · 만가닥버섯 · 잎새버섯 · 목이 · 팽이버섯 · 복령 · 버들송이 및 표고는 제외한다)

5) 종자의 보증

(1) 보증표시 등(제31조)

① 제28조에 따른 포장검사에 합격하여 제30조에 따른 종자검사를 받은 보증종자를 판매하거나 보급하려는 자는 해당 보증종자에 대하여 보증표시를 하여야 한다.

② 제1항에 따라 보증종자를 판매하거나 보급하려는 자는 종자의 보증과 관련된 검사서류를 작성일부터 3년(묘목에 관련된 검사서류는 5년) 동안 보관하여야 한다.

③ 제1항에 따른 보증표시 및 작물별 보증의 유효기간 등에 관한 사항은 농림축산식품부령으로 정한다.

(2) 보증의 유효기간(시행규칙 제21조)

법 제31조제3항에 따른 작물별 보증의 유효기간은 다음 각 호와 같고, 그 기산일(起算日)은 각 보증종자를 포장(包裝)한 날로 한다. 다만, 농림축산식품부장관이 따로 정하여 고시하거나 종자관리사가 따로 정하는 경우에는 그에 따른다.

1. 채소: 2년
2. 버섯: 1개월
3. 감자·고구마: 2개월
4. 맥류·콩: 6개월
5. 그 밖의 작물: 1년

6) 수입적응성시험(제41조)

① 농림축산식품부장관이 정하여 고시하는 작물의 종자로서 국내에 처음으로 수입되는 품종의 종자를 판매하거나 보급하기 위하여 수입하려는 자는 그 품종의 종자에 대하여 농림축산식품부장관이 실시하는 수입적응성시험을 받아야 한다.

② 농림축산식품부장관은 제1항에 따라 실시한 수입적응성시험 결과가 농림축산식품부령으로 정하는 심사기준에 미치지 못할 때에는 해당 품종 종자의 국내 유통을 제한할 수 있다.

③ 제2항에 따른 심사의 방법 및 절차 등은 농림축산식품부령으로 정한다.

7) 유통 종자 및 묘의 품질표시(제43조)

① 국가보증 대상이 아닌 종자나 자체보증을 받지 아니한 종자를 판매하거나 보급하려는 자는 종자의 용기나 포장에 다음 각 호의 사항이 모두 포함된 품질표시를 하여야 한다.

1. 종자의 생산 연도 또는 포장 연월
2. 종자의 발아(發芽) 보증시한(발아율을 표시할 수 없는 종자는 제외한다)
3. 제37조제1항 및 제38조에 따른 등록 및 신고에 관한 사항 등 그 밖에 농림축산식품부령으로 정하는 사항

② 묘를 판매하거나 보급하려는 자는 묘의 용기나 포장에 다음 각 호의 사항이 모두 포함된 품질표시를 하여야 한다.

1. 묘의 품종명, 파종일

2. 제37조의2제1항에 따른 등록에 관한 사항 등 농림축산식품부령으로 정하는 사항

8) 유통 종자 및 묘의 품질표시(시행규칙 제34조)

① 법 제43조제1항제3호에서 "농림축산식품부령으로 정하는 사항"이란 다음 각 호의 사항을 말한다.
1. 품종의 명칭
2. 종자의 발아율(버섯종균의 경우에는 종균 접종일)
3. 종자의 포장당 무게 또는 낱알 개수
4. 수입 연월 및 수입자명(수입종자의 경우만 해당하며, 국내에서 육성된 품종의 종자를 해외에서 채종하여 수입하는 경우는 제외한다)
5. 재배 시 특히 주의할 사항
6. 종자업 등록번호(종자업자의 경우만 해당한다)
7. 품종보호 출원공개번호(「식물신품종 보호법」 제37조에 따라 출원공개된 품종의 경우만 해당한다) 또는 품종보호 등록번호(「식물신품종 보호법」 제2조제6호에 따른 보호품종으로서 품종보호권의 존속기간이 남아 있는 경우만 해당한다)
8. 품종 생산·수입 판매 신고번호(법 제38조제1항에 따른 생산·수입 판매 신고 품종의 경우만 해당한다)
9. 규격묘 표시(묘목의 경우만 해당하며, 규격묘의 규격기준 및 표시방법은 농림축산식품부장관이 정하여 고시한다)
10. 유전자변형종자 표시(유전자변형종자의 경우만 해당하고, 표시방법은 「유전자변형생물체의 국가간 이동 등에 관한 법률 시행령」 제24조에 따른다)

② 법 제43조제2항제2호에서 "농림축산식품부령으로 정하는 사항"이란 다음 각 호의 사항을 말한다.
1. 작물명
2. 생산자명
3. 육묘업 등록번호

9) 버섯품종 출원 및 소속기관

(1) 국립종자원 : 양송이, 느타리, 영지, 팽이, 잎새버섯, 큰느타리, 버들송이, 만가닥버섯, 눈꽃동충하초, 상황버섯, 왕송이버섯, 노루궁뎅이, 꽃송이, 검은비늘버섯, 번데기동충하초, 차신고버섯, 산느타리, 맛버섯, 노랑다발동충하초, 동충하초, 아위느타리, 노랑느타리 등

(2) 국립산림품종관리센터 : 표고, 뽕나무버섯, 목이, 잣버섯, 소나무잔나비버섯, 장수버섯, 털목이, 꽃송이, 참바늘버섯, 곤봉뽕나무버섯 등

10) 수입적응성시험 대상작물(버섯 11종)

양송이, 느타리, 영지, 팽이, 표고, 잎새, 목이, 버들송이, 만가닥버섯, 복령, 상황버섯

11) 종자피해 보상의 범위 및 기준(시행령 제8조 및 제9조제3항)

1. 파종 전 피해가 종자의 결함으로 확인된 경우

피해 유형	보상 범위	보상기준
가. 무게, 종자 수(數) 미달 나. 이물 혼입 다. 부패, 변질	가. 종자 교환 나. 종자대금 환불	종자대금은 법 제22조에 따라 생산한 종자를 공급한 해의 가격으로 한다.

2. 종자의 파종 또는 육묘(育苗) 상태에서 피해가 종자의 결함으로 확인된 경우

피해 유형	보상 범위	보상기준
가. 발아 불량 나. 다른 품종 혼입 다. 생육 장애	가. 종자 교환 나. 종자대금 환불 다. 인건비, 자재비	가. 종자대금은 법 제22조에 따라 생산한 종자를 공급한 해의 가격으로 한다. 나. 인건비 및 자재비는 「통계법」 제3조제3호에 따른 통계작성기관이 매년 조사·발표하는 농산물 생산비 또는 소득조사 관련 통계를 종합적으로 고려하여 결정한다. 다. 나목의 통계자료가 없는 경우에는 관련 통계자료와 직접 조사한 자료를 종합적으로 고려하여 결정한다.

3. 그 밖에 농림축산식품부장관이 종자피해로 인정하는 경우: 제2호의 보상기준을 적용한다.
4. 종자피해의 판정기준 등에 관하여 필요한 사항은 농림축산식품부장관이 정하여 고시한다.

12) 분쟁대상 종자 및 묘의 시험·분석 등(제47조)

① 종자 또는 묘에 관하여 분쟁이 발생한 경우에는 그 분쟁당사자는 농림축산식품부장관에게 해당 분쟁대상 종자 또는 묘에 대하여 필요한 시험·분석을 신청할 수 있다.

② 분쟁당사자가 제1항에 따라 시험·분석을 신청할 때에는 분쟁당사자가 공동으로 분쟁대상 종자의 시료 또는 묘의 시료를 채취하여 확인한 후 그 종자의 시료 또는 묘의 시료를 밀봉하여 농림축산식품부장관에게 제출하여야 한다.

③ 분쟁당사자는 제2항에 따른 공동 시료채취가 분쟁당사자 어느 한쪽의 비협조 등 대통령령으로 정하는 사유로 이루어지지 아니할 경우에는 농림축산식품부장관에게 그 시료의 채취를 신청할 수 있다. 이 경우 제1항에 따른 시험·분석의 신청이 있는 것으로 본다.

④ 농림축산식품부장관은 제3항에 따른 시료채취의 신청을 받은 경우 7일 이내에 관계 공무원으로 하여금 그 시료를 채취하게 하여야 한다. 이 경우 분쟁당사자는 시료채취에 협조하여야 한다.

⑤ 농림축산식품부장관은 제1항 또는 제3항 후단에 따른 시험·분석의 신청을 받은 경우에는 시험·분석을 한 후 지체 없이 그 결과를 분쟁당사자에게 알려야 한다.

⑥ 농림축산식품부장관은 제1항에 따른 분쟁당사자에게 제5항에 따른 시험·분석에 필요한 자료를 제출하게 할 수 있다.

⑦ 분쟁대상 종자 또는 묘와 관련한 피해가 종자 또는 묘의 결함으로 인하여 발생한 경우에는 피해자는 종자업자 또는 육묘업자에게 농림축산식품부령으로 정하는 바에 따라 그 보상을 청구할 수 있다.

⑧ 육묘업자는 분쟁이 발생한 경우 그 원인 규명이 가능하도록 구입한 종자에 대한 정보와 투입된 자재의 사용 명세, 자재구입 증명자료 등을 보관하여야 한다.

⑨ 제8항에 따른 보관 대상 항목과 보관 기간, 절차 및 방법 등에 필요한 사항은 농림축산식품부령

으로 정한다.

13) 과태료(제56조)

① 다음 각 호의 어느 하나에 해당하는 자에게는 1천만 원 이하의 과태료를 부과한다.
  1. 제16조제2항 또는 제38조제3항을 위반하여 등재되거나 신고되지 아니한 품종명칭을 사용하여 종자를 판매하거나 보급한 자
  2. 제31조제2항을 위반하여 종자의 보증과 관련된 검사서류를 보관하지 아니한 자
  3. 제43조를 위반하여 유통 종자 또는 묘의 품질표시를 하지 아니하거나 거짓으로 표시하여 종자 또는 묘를 판매하거나 보급한 자
  4. 제45조제1항에 따른 출입, 조사·검사 또는 수거를 거부·방해 또는 기피한 자
  5. 제47조제8항을 위반하여 구입한 종자에 대한 정보와 투입된 자재의 사용 명세, 자재구입 증명자료 등을 보관하지 아니한 자

② 제44조(품질표시를 하지 아니한 종자 또는 묘, 발아 보증시한이 지난 종자)를 위반하여 같은 조 각 호(그 밖에 이 법을 위반하여 그 유통을 금지할 필요가 있다고 인정되는 종자)의 종자 또는 묘를 진열·보관한 자에게는 200만 원 이하의 과태료를 부과한다.

③ 제1항과 제2항에 따른 과태료는 대통령령으로 정하는 바에 따라 농림축산식품부장관 또는 시·도지사가 부과·징수한다.

- 과태료의 부과기준(별표 6)

위반행위	근거 법조문	과태료 (단위: 만 원)				
		1회 위반	2회 위반	3회 위반	4회 위반	5회 이상 위반
가. 법 제16조제2항을 위반하여 등재되지 않은 품종명칭을 사용하여 종자를 판매하거나 보급한 경우	법 제56조 제1항제1호	100	300	500	700	1,000
나. 법 제31조제2항을 위반하여 종자의 보증과 관련된 검사서류를 보관하지 않은 경우	법 제56조 제1항제2호	100	300	500	700	1,000
다. 법 제38조제3항을 위반하여 신고되지 않은 품종명칭을 사용하여 종자를 판매하거나 보급한 경우	법 제56조 제1항제1호	100	300	500	700	1,000
라. 법 제43조를 위반하여 유통종자의 품질표시를 하지 아니하거나 거짓으로 표시하여 종자를 판매하거나 보급한 경우	법 제56조 제1항제3호	100	300	500	700	1,000
마. 법 제44조를 위반하여 같은 조 각 호의 종자를 진열·보관한 경우	법 제56조 제2항	10	30	50	70	100
바. 법 제45조제1항에 따른 출입, 조사·검사 또는 수거를 거부·방해 또는 기피한 경우	법 제56조 제1항제4호	100	300	500	700	1,000
사. 법 제47조제8항을 위반하여 구입한 종자에 대한 정보와 투입된 자재의 사용명세, 자재구입 증명자료 등을 보관하지 않은 경우	법 제56조 제1항제5호	100	300	500	700	1,000

03 식물신품종 보호법

1) 정의(제2조)

이 법에서 사용하는 용어의 뜻은 다음과 같다.
1. "종자"란 「종자산업법」 제2조제1호에 따른 종자 및 「수산종자산업육성법」 제2조제3호에 따른 수산식물종자를 말한다.
2. "품종"이란 식물학에서 통용되는 최저분류 단위의 식물군으로서 제16조(품종보호 요건 : 1. 신규성 / 2. 구별성 / 3. 균일성 / 4. 안정성 / 5. 품종명칭)에 따른 품종보호 요건을 갖추었는지와 관계없이 유전적으로 나타나는 특성 중 한 가지 이상의 특성이 다른 식물군과 구별되고 변함없이 증식될 수 있는 것을 말한다.
3. "육성자"란 품종을 육성한 자나 이를 발견하여 개발한 자를 말한다.
4. "품종보호권"이란 이 법에 따라 품종보호를 받을 수 있는 권리를 가진 자에게 주는 권리를 말한다.
5. "품종보호권자"란 품종보호권을 가진 자를 말한다.
6. "보호품종"이란 이 법에 따른 품종보호 요건을 갖추어 품종보호권이 주어진 품종을 말한다.
7. "실시"란 보호품종의 종자를 증식·생산·조제(調製)·양도·대여·수출 또는 수입하거나 양도 또는 대여의 청약(양도 또는 대여를 위한 전시를 포함한다. 이하 같다)을 하는 행위를 말한다.

2) 품종보호권의 존속기간(제55조)

품종보호권의 존속기간은 품종보호권이 설정등록된 날부터 20년으로 한다. 다만, 과수와 임목의 경우에는 25년으로 한다.

3) 침해죄 등(제131조)

① 다음 각 호의 어느 하나에 해당하는 자는 7년 이하의 징역 또는 1억 원 이하의 벌금에 처한다.
  1. 품종보호권 또는 전용실시권을 침해한 자
  2. 제38조(임시보호의 권리)제1항(품종보호 출원인은 출원공개일부터 업(業)으로서 그 출원품종을 실시할 권리를 독점한다.)에 따른 권리를 침해한 자. 다만, 해당 품종보호권의 설정등록이 되어 있는 경우만 해당한다.
  3. 거짓이나 그 밖의 부정한 방법으로 품종보호결정 또는 심결을 받은 자
② 제1항제1호 또는 제2호에 따른 죄는 고소가 있어야 공소를 제기할 수 있다.

4) 위증죄(제132조)

① 제98조에 따라 준용되는 「특허법」 제154조 또는 제157조에 따라 선서한 증인, 감정인 또는 통역인이 심판위원회에 대하여 거짓으로 진술, 감정 또는 통역을 하였을 때에는 5년 이하의 징역 또는 1천만 원 이하의 벌금에 처한다.
② 제1항에 따른 죄를 지은 사람이 그 사건의 결정 또는 심결 확정 전에 자수하였을 때에는 그 형을

감경하거나 면제할 수 있다.

5) 거짓표시의 죄(제133조)

제89조(거짓표시의 금지)를 위반한 자는 3년 이하의 징역 또는 2천만 원 이하의 벌금에 처한다.

6) 비밀누설죄 등(제134조)

농림축산식품부·해양수산부 직원(제129조에 따라 권한이 위임된 경우에는 그 위임받은 기관의 직원을 포함한다), 심판위원회 직원 또는 그 직위에 있었던 사람이 직무상 알게 된 품종보호 출원 중인 품종에 관하여 비밀을 누설하거나 도용하였을 때에는 5년 이하의 징역 또는 5천만 원 이하의 벌금에 처한다.

실기
(작업형)

01 일반 실험의 실험기구 명칭 및 사용법

[버섯균의 배양에 필요한 기구]

❶ 현미경 : 미세한 물체나 미생물 등을 크게 확대
❷ 고압살균기 : 배지를 완전살균
❸ 무균작업대 : 균을 무균적으로 접종
❹ 배양기 : 접종된 균을 배양
❺ 저온 보관고 또는 냉장고 : 균을 보관
❻ 진탕기와 교반기 : 액체배지를 증식배양
❼ 균질기(호모게나이저 homogenizer) 등
❽ 초자류(유리제품) : 샤레(페트리디쉬 petri dish), 백금구, 메스실린더, 삼각플라스크, 비이커 등

1) 현미경(microscope)

현미경은 인간의 눈으로 직접 관찰할 수 없는 미세한 물체나 미생물 등을 크게 확대하여 보는 기구이다.

(1) 현미경의 구조와 기능

❶ 접안 렌즈 : 눈으로 직접 들여다보는 렌즈로 대물 렌즈를 통해 확대된 것을 보며 길이가 길어질수록 배율이 낮아진다.

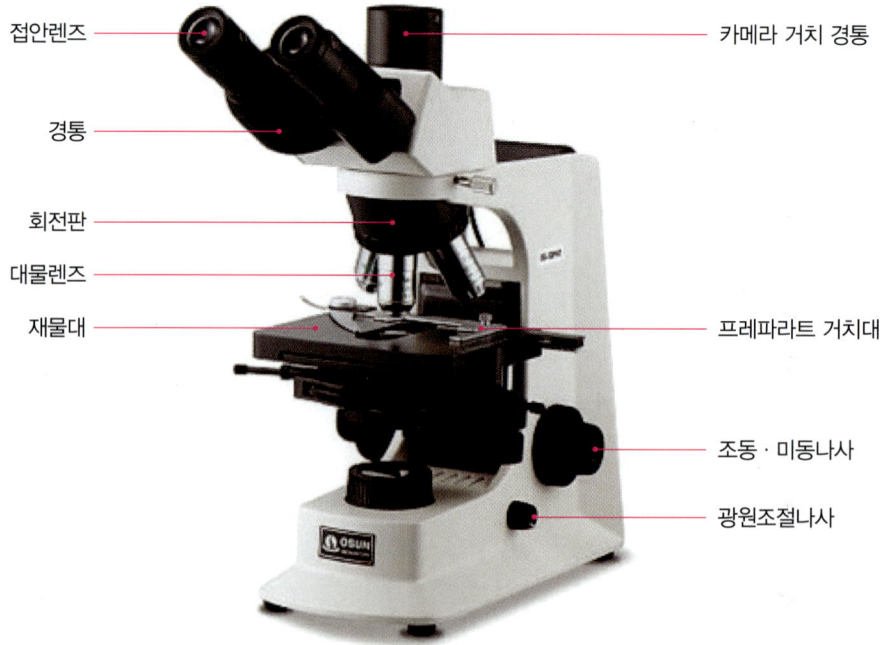

[현미경]

❷ 대물 렌즈 : 관측 대상물을 향하여 있는 렌즈로 빛을 모아 상을 맺히게 하며 회전판을 돌려 다른 배율의 렌즈로 교체할 수 있다.
❸ 경통 : 대물 렌즈에 맺힌 상을 접안 렌즈로 보내는 통로
❹ 회전판 : 서로 다른 배율의 대물 렌즈가 고정되어 있으며 회전시켜 배율을 바꿀 수 있다.
❺ 재물대 : 관측 대상물을 올려놓는 받침대로 빛이 지나갈 수 있게 중앙에 구멍이 있다.
❻ 광원조절나사 : 빛의 양을 조절한다.
❼ 조동나사 : 재물대를 상하로 움직이게 하며 대물 렌즈와 재물대 간의 거리를 조절한다.
❽ 미동나사 : 관측 대상물과 대물 렌즈의 거리를 미세하게 움직여 초점을 정확하게 맞춰준다.

2) 고압살균기(autoclave)

고압살균기는 증기를 이용하여 압력을 만들어 내고 온도를 121℃까지 올려 배지 내에 있는 내열성 포자 및 잡균을 모두 사멸하게 만드는 장치이다. 살균솥 중앙부 밑에 설치된 코일은 전기에 의해 열을 발산하게 되고 살균솥 밑에 부어진 증류수를 데우므로 온도 상승과 증기 발생을 통한 압력의 증가를 일으키게 된다.

(1) 취급 시 주의사항

❶ 고압살균기의 살균솥은 스테인리스로 되어 있으나 일반 수돗물을 사용할 경우 부식이 일어날 수 있기 때문에 증기 발생용 물은 증류수를 이용해야 한다.
❷ 고압살균기의 용량을 초과하여 살균하게 되면 위 덮개가 잘 덮이지 않아 살균이 제대로 되지 않을 수 있다.
❸ 위 덮개는 안전장치가 되어 있으나, 증기압이 완전히 빠지지 않은 상태에서 덮개를 열게 될 경우 순간적으로 증기가 빠져 나와 실험자가 화상을 입을 수 있으며 살균솥 안의 배지도 갑작스런 압력의 저하로 인해 분출되는 경우가 발생하므로 살균솥 안의 증기압이 다 빠져 나올 때까지는 절대 열어서는 안 된다(증기압이 완전히 빠진 경우는 압력계의 수치가 0이거나 온도계의 수치가 90℃ 이하인 경우이다).
❹ 살균하고자 하는 내용물에 따라 온도 및 시간의 설정이 각기 다르기 때문에 내용물의 충분한 살균 시간을 확인한 후에 살균해야 오염이 생기지 않는다.

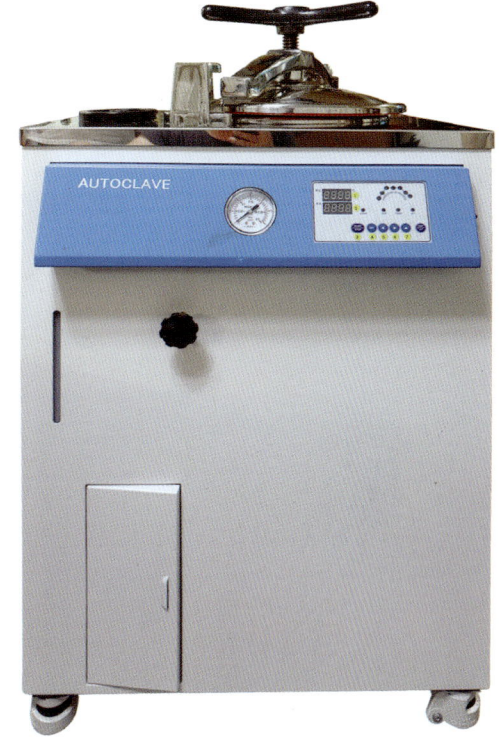

[고압살균기]

3) 무균작업대(클린벤치, clean bench)

무균작업대(clean bench)는 시설하는 데 무균실보다 값이 적게 들고 사용하기가 편리하다. 물론 무균실에 무균작업대를 놓으면 좋으나 장시간 일을 하는 경우는 보통 실험실에 두는 것이 편리하다. 무균작업대를 사용할 경우 다음과 같은 점에 주의한다.

1. 사용하기 전에 창을 닫은 후, 여름에는 에어컨이나 선풍기를 끄고 실내 공기의 흐름을 억제한다.
2. 각각의 균에 무균조작을 시작하기 전에 반드시 무균작업대를 비운 채로 운전한다.
3. 무균작업대는 항상 무균조작을 하는 곳이기 때문에 무균작업대는 항상 청결하여야 하며 물건을 방치해서는 안 된다. 무균상태는 필터를 통한 공기만 보증할 수 있다는 것을 잊어서는 안 된다.
4. 헤파 필터(HEPA-filter)는 일정기간 넘어서 사용하게 되면 필터의 기능을 상실하게 되므로 적정기간 사용 후 교체해 주어야 한다.

4) 배양기(BOD Incubator)

1. 인큐베이터는 보통 항온기를 말한다. 강제 순환식은 오염이 일어나기 쉽다. 자연대류식이 좋으며 가격도 싸다.
2. 배양기 내에 대량의 배양 시험관, 배양병을 넣어두면 습도가 높아져 잡균이 발생하기 쉽다.
3. 느타리, 잎새버섯, 불로초(영지) 등은 공중균사가 심하게 뻗어 면전(솜 또는 실리스토퍼)을 밀어내는 경우도 있으므로 주의한다.
4. 항온기 내에서 배양을 2개월 이상 하게 되면 균사의 활력이 떨어지거나 균사 세력이 약한 균이 죽는 경우도 있으므로 항온기에서 배양은 2개월이 넘지 않도록 한다.
5. 여름철 사용 시에는 항온기 내의 냉각기 부근에 성애가 발생하기 쉬우므로 성애가 발생되었는지 확인해 제거해야 한다.

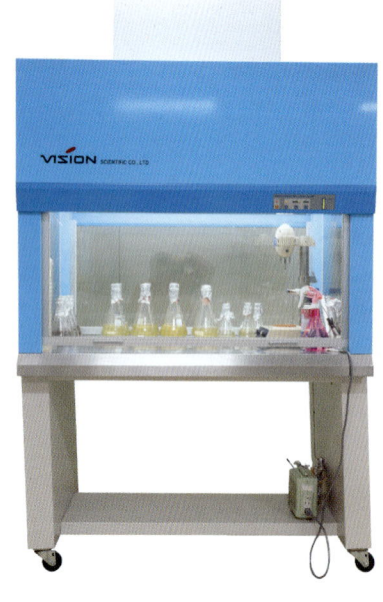

[무균작업대]

[배양기]

5) 워링브랜더(waring blender)와 호모게나이저(homogenizer)

워링브랜더와 호모게나이저는 믹서기와 비슷한 것으로 살균이 가능하며, 무균적으로 균을 갈아주어 균의 크기를 같게 하는 기기로 액체로 배양할 때 또는 접종으로 사용되는 버섯균을 제조할 때 사용된다.

6) 배양기구

① 시험관(test tube) : 균주의 배양 및 보존에 사용되는 내열성 유리로 된 것으로 버섯균 보존 및 증식을 위해서는 18~180mm가 주로 사용된다. 시험관 뚜껑은 미생물의 오염을 막고 공기 유통을 원활히 하여 균사가 생육할 수 있도록 솜으로 면전을 하였으나 시간과 노력이 많이 들어가므로 요즘에는 실리콘마개(실리스토퍼)를 사용하고 있으며 스크루 캡 시험관도 이용된다.

② 샤레(페트리디쉬 petri dish) : 버섯균의 평면 배양에 사용되는 유리 뚜껑이 있는 접시로 보통 중형의 크기(직경 9~11cm)가 많이 사용되며 건열 살균하여 사용한다. 한번 사용한 후에는 끓여서 세척을 해야 하기 때문에 최근에는 1회용 플라스틱 샤레를 많이 쓰고 있다.

③ 이식기구 : 백금선(needle), 백금구(hook), 백금이(loof) 등 3가지 종류가 있는데 백금구는 곰팡이를 취급할 때 쓰이고 백금선과 백금이는 효모, 세균의 이식이나 배양할 때 쓴다.

④ 피펫(pipet) : 접종용 피펫은 가능한 한 끝이 넓은 피펫을 사용하며, 워링브랜더나 호모게나이저로 잡균이 없는 상태로 곱게 갈아진 균을 살균된 피펫을 이용하여 액체 배양할 때 사용된다.

[호모게나이저]

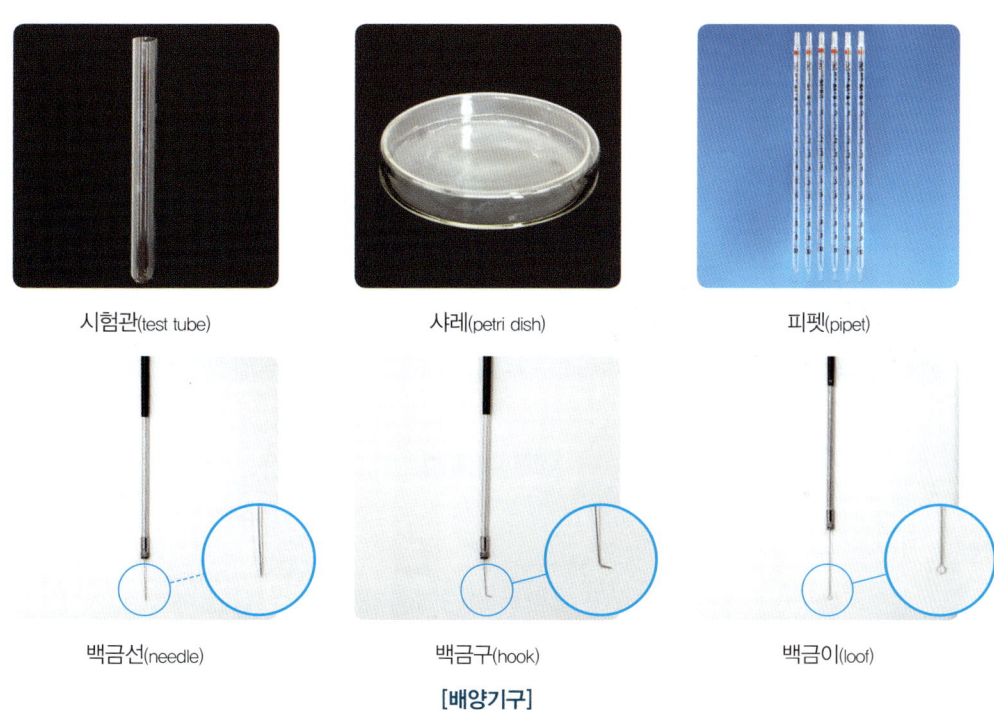

[배양기구]

7) 진탕기(교반기)

진탕기(교반기)는 버섯균을 액체배지에 배양을 할 때 액체배지를 자동으로 흔들어줌으로써 균사가 생장할 때 필요한 산소를 공급해 주는 장치이다. 균주에 따라 회전속도가 다르다.

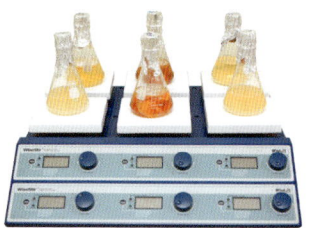
[교반기]

8) 건열 살균기(dry oven)

초자(유리)기구, 금속기구 등의 살균 목적으로 300℃까지 온도를 조절할 수 있는 기기로 최근에 나온 기기는 온도, 살균 시간 등이 전자 조절되는 것이 이용된다.

02 실험기구 살균법

1) 건열살균

건열살균은 무거운 유리기구나 초자류 살균 시에 주로 사용하게 되며 온도는 살균할 양이나 종류에 따라 다르지만 유리제품은 종이로 한번 싼 후에 130~140℃에서 3~4시간 또는 160~180℃에서 30분~1시간 유지하므로 유리제품 실험기구를 살균할 수 있으며 싼 종이나 면전이 옅은 갈색으로 변하는 것을 지표로 삼는다. 건열살균기 속에 대량으로 물건을 넣게 되면 완전히 살균되지 않은 기구가 나오게 되므로 되도록 살균기의 용량에 따라 사용한다.

5개씩 1조는 역 방향으로 하여 신문지에 쌓아 살균함
[샤레 건열살균]

2) 습열살균

습열살균에는 고압증기살균과 간헐살균, 상압살균 3가지가 있다. 시험관 배양기, 살균수, 각종 식용균 배양기 등을 습열살균한다. 동일한 온도 조건하에서 습열살균이 건열살균보다 살균 효과가 더 좋다. 그것은 증기가 침투성이 강할 뿐만 아니라 전도성도 강하기 때문이다.

(1) 고압증기살균

① 배양배지 살균을 할 때 주로 쓰이며 고무류, 금속, 복잡한 유리기구 세트로 된 여과기 등도 이 방법으로 한다. 고압살균기를 사용하여 121℃에서 15~30분 정도면 살균이 완료된다.

② 사용방법은 기계 개개의 취급설명서에 따르면 된다. 톱밥과 퇴비는 살균시간이 길게 걸린다. 그러므로 배지의 양과 종류에 따라 살균시간을 조절해야 한다. 살균이 완료된 후에는 급하게 배기하면 안 된다.

③ 급배기 시 살균솥 안의 압력이 급격히 떨어지면서 배지용기 내로 외부공기가 들어가면서 배지가 오염이 될 수 있다. 냉각시간은 길게 하는 것이 좋다. 그 이유는 냉각시간이 짧을 경우 배지의 급격한 수축에 의해 마개가 빠져 배지를 망치거나 오염물질이 들어가 오염되는 경우가 발생하기 때문이다.

(2) 상압살균

보통 살균기에 용기를 놓고 찌되 물이 끓는 온도(100℃)부터 시간을 계산하여 연속 5~8시간 증기소독하면 살균 목적에 도달할 수 있다.

3) 약품에 의한 살균

약품에 의한 살균은 역성비누, 70% 에탄올은 접종 전 손의 소독, 실험기구 소독에 이용된다. 완전살균이 되지 않는다는 점에 주의해야 한다. 에탄올은 접종구(침)를 화염살균할 때 사용하면 편리하다.

4) 화염살균

접종침, 접종스푼, 핀세트, 시험관 입구 등을 알코올 램프 불꽃에 달궈 살균하는데 이런 것을 화염살균이라 한다.

5) 자외선 살균

자외선 살균은 공기, 물, 기구표면 등을 살균하는 방법이다. 일반적으로 자외선 램프로 하룻밤 점등하면 좋다. 실험실에서 무균상(clean bench)을 사용하지 않을 때 자외선 램프를 점등하여 놓는 것이 좋다. 재배사에서는 냉각실, 접종실에 자외선 등을 설치하여 냉각 및 접종을 하지 않는 시기에 살균하면 좋다.

[백금구의 화염살균]

그러나 자외선 살균은 세균의 살균에는 상당히 유효하나 포자와 사상균의 포자에 대해서는 살균력이 상당히 떨어진다. 청소 후 자외선 살균을 실시하는 것이 중요하다.

03 천연배지 제조법

① 감자를 씻어 껍질을 벗긴다. 감자 눈을 잘 도려내고 대략 사방 1cm로 잘라 200g/L가 되도록 한다.

② 삼각플라스크나 용기에 증류수 또는 수돗물 1,000mL를 채우고 ①번의 감자를 넣은 후 30분~1시

간 정도 열을 가하여 전분을 추출한다.
❸ 가아제(형겁, 거즈)를 2~3매 겹치거나 광목천 등으로 여과하여 별도 용기에 붓는다.
❹ 여과된 액이 1,000mL가 되도록 증류수나 수돗물로 보충하여 채우고 덱스트로스(dextrose) 또는 설탕 20g과 한천 20g을 넣는다.
❺ 여과액과 첨가물을 넣은 후 다시 끓여 한천이 완전히 녹을 때까지 가열한다.
❻ 한천이 완전히 녹은 후 분주기로 시험관에 적당량(10~15mL) 분주한다.
❼ 고압살균(121℃, 15~20분간) 후 굳기 전(50℃ 이하에서 굳음)에 시험관인 경우 비스듬하게(15° 정도) 눕혀 사면시킨다.

① 감자의 씨눈제거

② 약 1cm³ 정도로 자름

③ 1시간 정도 약한 불로 끓임

④ 여과

⑤ 1L가 되도록 물 보충

⑥ 한천과 설탕을 넣고 녹을 때까지 끓임

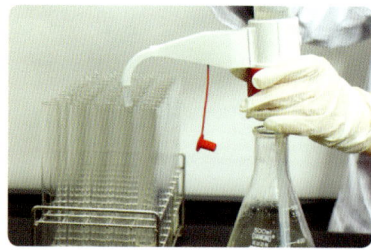
⑦ 분주

⑧ 면전(솜 또는 실리스토퍼)

⑨ 시험관 바구니에 넣어 알루미늄 호일로 덮는다.

⑩ 살균(121℃, 15분)

⑪ 비스듬하게(15° 정도) 각도를 주어 사면

[천연배지 제조법]

병원균 오염의 검정

- 감자 외에 당근, 귀리(oat meal), 볏짚의 추출액도 같은 방법으로 만든다. 양송이는 재배용 퇴비 추출액을 이용하여도 상당히 균사 생장이 좋다.
- 시험관이나 샤레(petri dish)에 분주할 때에는 배지액이 입구에 묻지 않도록 할 것. 정확하게 일정량을 분주하려면 연속분주기를 사용하는 것이 편리하다.
- 고압살균기를 너무 빨리 열면 면전이 빠지면서 배지가 분출되는 일이 있다. 이러한 경우 그 시험관은 사용해서는 안 된다. 분주 후 사면을 하려고 할 때는 배지가 면전에 묻지 않도록 주의한다. 배지가 면전에 묻을 경우에도 그 시험관은 사용해서는 안 된다.

04 합성배지 제조법

배지 제조 시 일부는 맥아 추출액 등 천연물의 추출물을 이용한 반 합성배지와 약품만을 혼합하는 합성배지가 있다. 어느 것이나 배지 조제 순서는 동일하다. 감자한천배지 PDA는 39g/L, 증류수한천배지 한천(Agar)은 15~20g/L, 감자액체배지 PDB는 24g/L 기준으로 계량한다. (PDA-Potato Dextrose Agar, PDB-Potato Dextrose Broth)

1. 만들고자 하는 배지의 시약을 준비하여 저울에 계량한다. 계량할 때는 저울 위에 유산지(황산지, Parchment paper)를 놓고 시약을 계량하고 실험용기(삼각플라스크, 평저플라스크, 비이커 등)에 넣어준다.
2. 목적하는 용량에 맞게 증류수를 메스실린더를 이용하여 계량하고 용기에 넣어준다.
3. 합성배지 시약과 증류수를 혼합하여 시약스푼이나 유리막대 등으로 저어준다.
4. 핫플레이트(hot plate), 전자레인지 등을 이용하여 가열하고 녹여준다.
5. 시간은 용량, 기기의 출력에 따라 다를 수 있고, 배지가 완전히 용해되어 투명해지면 멈춘다.
6. 분주기를 이용하여 시험관 또는 샤레에 적당량 분주한다. 시험관 상부의 면전할 부분에 배지가 묻지 않도록 주의한다. 만일 묻었을 때에는 즉시 닦아낸다.
7. 시험관에 면전(솜 또는 실리스토퍼)을 한다.
8. 고압살균기로 121℃, 15~20분간 살균한다(살균기에 넣기 전, 시험관 상단은 알루미늄 호일로 씌운다).
9. 살균 완료 후, 시험관의 경우는 1~1.5cm 높이의 나무나 유리봉을 놓고 경사지게 냉각시키면서 굳혀 사면배지를 만든다. 샤레의 경우는 책상 등에 수평으로 나란히 두어 냉각해 평면배지를 만든다.

- 버섯 배지의 조성(단위 : g/L)

성분 \ 배지종류	버섯완전배지	버섯최소배지	감자배지	톱밥추출배지	퇴비추출배지	맥아배지	효모맥아배지
감자			200.0				
K_2HPO_4	1.0	1.0					
KH_2PO_4	0.46	0.46					

성분 \ 배지종류	버섯완전배지	버섯최소배지	감자배지	톱밥추출배지	퇴비추출배지	맥아배지	효모맥아배지
$MgSO_4 \cdot H_2O$	0.5	0.5㎍					
포도당	20.0	20.0	20.0	20.0	10.0		10.0
티아민 HCl		120㎍					
DL-아스파라진		2.0					
펩톤	2.0					5.0	5.0
맥아추출물				3.0	7.0	20.0	3.0
효모추출물	2.0						3.0
양송이 건조퇴비					40.0		
톱밥				200.0			
한천	20.0	20.0	20.0	20.0	20.0	20.0	20.0

※ 배지의 덱스트로스(Dextrose) 성분은 포도당으로 대체하였다. 설탕으로 대체 가능하다.
※ 배지는 침전이 생기지 않도록 하고 조제한 배지는 빨리 사용하는 것이 바람직하다. 보존할 경우는 청결한 저온실이나 냉장고에 보관한다.
※ 일반적으로 버섯원균(느타리, 표고 등)의 증식을 위한 배지는 PDA, 양송이의 원균 증식용으로는 퇴비추출배지, 포자발아용으로는 증류수한천배지, 돌연변이 균주용으로는 버섯최소배지를 이용한다.

① 증류수를 메스실린더로 계량하여 넣는다.

② 유산지를 이용하여 계량한 배지성분을 넣는다.

③ 가열 교반하면서 완전히 녹인다.

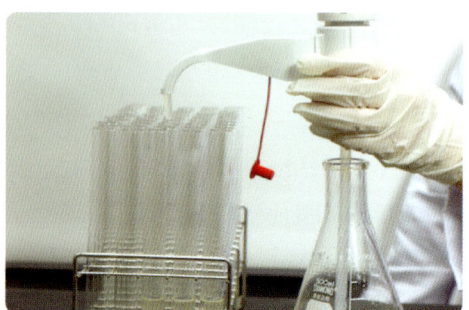

④ 분주

⑤ 면전(솜 또는 실리스토퍼)

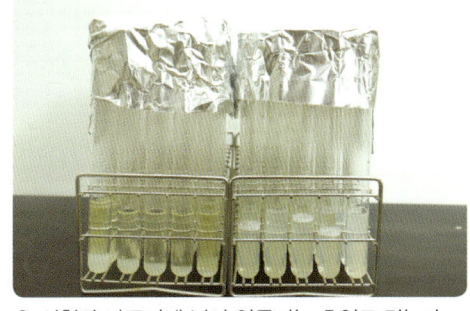

⑥ 시험관 바구니에 넣어 알루미늄 호일로 덮는다.

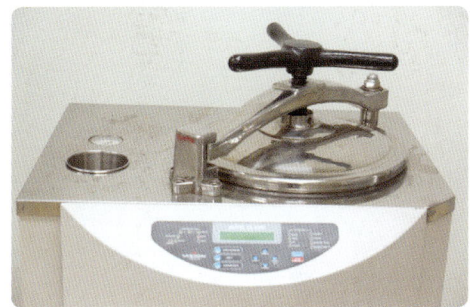

⑦ 살균(121℃, 15분)

⑧ 비스듬하게(15° 정도) 각도를 주어 사면

[합성배지 제조 및 살균법]

05 액체배지 제조법

❶ 배양용기 및 마그네틱 스터러(stirer)를 준비한다.
❷ 메스실린더에 증류수를 정확하게 측정하여 배양용기에 넣는다.
❸ 증류수가 들어 있는 배양 용기를 교반기 위에 올려놓고 회전자를 넣어 서서히 회전시킨다.
❹ 배지성분을 정확히 측정하여 배양 용기에 넣어 용해시킨다. 넣을 때 시약이 배양 용기 내에 묻지 않도록 주의한다. 시약은 배지조성표에 따라 앞에 것을 완전히 용해시킨 후 다음 시약을 넣어 녹인다.
❺ pH를 측정하여 필요한 pH를 1N의 염산 또는 수산화나트륨을 떨어뜨려 조정한다.
❻ 분주기 또는 메스실린더 등으로 일정량 측정하여 배양 용기에 분주한다. 분주량은 시험목적과 용기의 크기에 따라 다르나 1,000mL 삼각플라스크에 600mL, 500mL 삼각플라스크에 300mL 정도로 용기의 60% 정도 분주한다.
❼ 면전(솜 또는 실리스토퍼)을 한다.
❽ 고압살균기(autoclave)로 121℃로, 15~20분간 살균한다. 진탕배양용 플라스크의 용량이 큰 것은 5~10분 정도 살균시간을 연장한다.
❾ 살균완료 후 꺼내어 냉각한다.

⑩ 배지조성은 액체배지라고 특별한 것은 아니다. 천연배지와 합성배지에 한천을 가하지 않고 조제하면 그것이 액체배지가 된다. 액체배지는 배지성분에 따라 투명한 것과 콩가루나 밀가루 같은 배지를 사용할 때처럼 불투명한 것이 있는데 불투명한 것은 균을 접종한 후 오염 여부를 잘 관찰해야 한다.

⑪ 배지조성 중 여러 성분과 함께 가열하면 배지의 성질이 변할 수 있는데 이 경우 각 성분을 별도로 가열하거나 녹여 혼합하여 사용한다. 가열에 의해서 배지의 성질이 변할 경우 필터로 여과 살균한다. 이때 배양 용기는 마개를 하여 건열 또는 고압살균을 해두고 그 후 여과 살균한 배지를 클린벤치 내 무균한 환경에서 분주한다.

① 증류수를 메스실린더로 계량하여 넣는다.

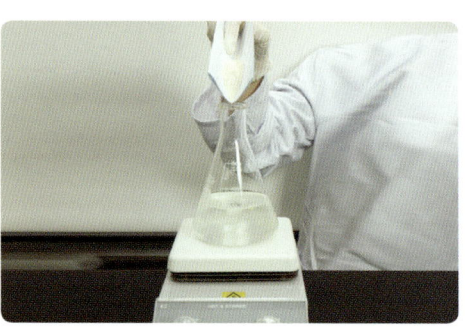

② 배지성분을 넣어 가열 교반하면서 용해

③ 배양 용기에 분주

④ 면전(솜 또는 실리스토퍼)

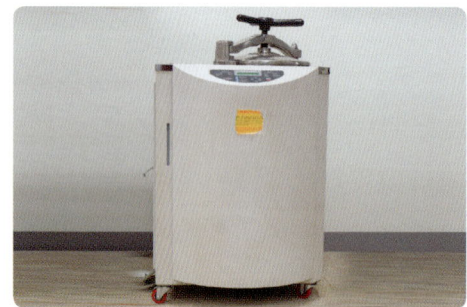

⑤ 살균(121℃, 15분)

⑥ 비타민과 같은 열에 약한 영양원 첨가

[액체배지 제조 과정]

06 톱밥배지 제조법

① 단일 수종의 톱밥을 퇴적

② 메쉬체로 분리

③ 용적률 계산(톱밥:영양원 = 8:2)

④ 물을 첨가하여 혼합(65%)

⑤ 배지의 밀도가 균일하도록 다져가며 채운다.

⑥ 바닥까지 구멍을 만들어 준다.

⑦ 삼각플라스크 주변의 부착된 배지를 씻어주고 면전(솜 또는 실리스토퍼)

[톱밥배지 제조 과정]

❶ 단일 수종 톱밥을 준비한다.
❷ 메쉬체로 분류하여 입자 크기를 정리한다. 입자 크기는 시험목적에 따라 다르나 20~30메쉬가 좋다.
❸ 첨가 영양원을 준비한다. 일반적으로 영양원으로서 미강, 밀기울, 콩비지 등이 많이 이용된다.
❹ 톱밥과 영양원을 혼합한다. 혼합비율은 부피비로 톱밥 8에 대하여 영양원을 2의 비율로 한다.
❺ 물을 첨가하여 충분히 섞는다. 함수율이 65% 정도가 되도록 조절한다. 손으로 배지를 꽉 쥐어 손가락 사이로 물이 스며 나오면 적당하다.
❻ 삼각플라스크(500mL)에 1/3 정도 채울 때마다 약간씩 다져줘서 배지의 상하 밀도가 균일하고 동일하도록 한다.
❼ 직경 1.5~2cm 천공막대를 이용하여 가운데 부분에 바닥까지 구멍을 만들어준다.
❽ 삼각플라스크의 입구 주변에 부착된 배지를 물로 깨끗이 씻어준다. 배지에 물이 들어가지 않도록 주의한다.
❾ 면전 등으로 마개를 하고 고압살균기를 사용해서 121℃에서 40~60분간 살균한다.
❿ 톱밥은 미생물 약품류 등에 오염되어 있지 않은 것이 좋으며 벌채 직후 톱밥은 약 1개월 방치하여 페놀성분을 방산(放散)시키는 것이 좋다.
⓫ 톱밥의 수종은 포플러과에 속하는 활엽수톱밥이 적당하나 삼나무, 소나무류 등의 침엽수 톱밥도 사용된다. 특히 침엽수톱밥은 반년~1년간 실외에 퇴적하여 휘발성 물질을 방산시켜서 사용하는 것이 좋다.
⓬ 시험목적에 따라 산도(pH) 조절을 위해 탄산칼슘을 용량비로 약 1% 첨가하고 기질로서 톱밥 이외에 보수성 다공질 소재(perlite)도 사용될 수 있다.

포플러톱밥　　참나무톱밥　　콘코브

비트펄프　　밀기울　　면실피

| 솜 | 미강 | 미송톱밥 |

[배지재료의 구분]

07 균의 순수분리

1) 포자수집법

자실체에 생기는 담자포자, 자낭포자의 유성포자를 수집하는 방법이다. 자실체는 신선하고 약간 어린 것을 선택한다.

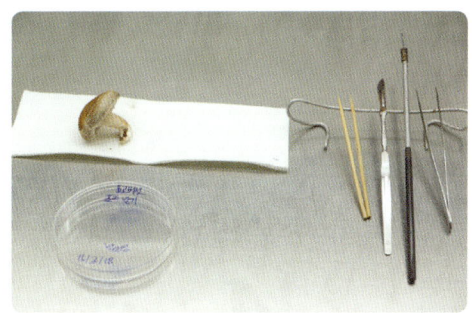

① 재료 준비

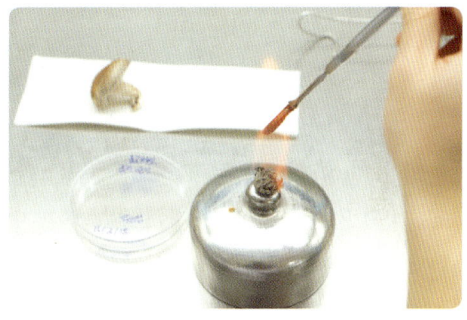

② 도구 화염살균

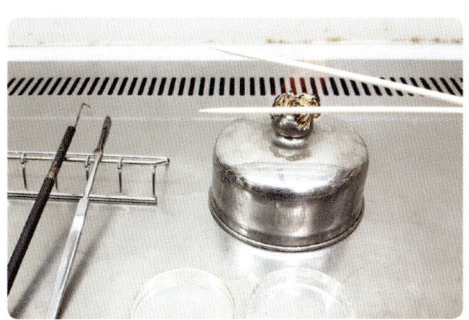

③ 거치대를 화염살균한다.

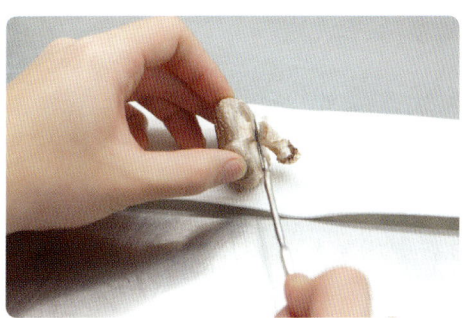

④ 갓과 대의 접합부를 자른다.

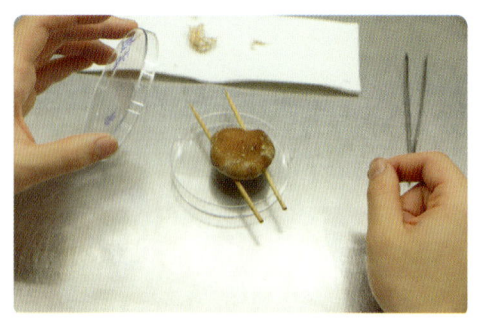 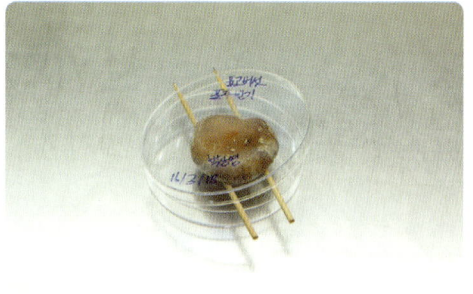

⑤ 거치대 위에 대를 잘라낸 버섯갓을 올려둔다.　　⑥ 바람의 영향을 받지 않도록 뚜껑을 덮어준다.

[포자수집 방법]

❶ 살균된 샤레의 뚜껑을 열고 이쑤시개나 철사를 살균하여 11자로 거치한다.
❷ 버섯의 갓과 대를 메스를 이용하여 절단한다. 이때 버섯갓을 바닥에 내려놓지 않도록 주의한다.
❸ 11자 거치대 위에 절단한 버섯갓을 주름살이 아래로 향하도록 올려놓고 바람에 방해받지 않도록 뚜껑을 덮는다. 경우에 따라 뚜껑 위에 종이로 만든 고깔을 씌우기도 한다.
❹ 바람이 없고 오염 가능성이 없는 곳에 잘 두고 포자를 낙하시킨다(온도 15~20℃에서 6~15시간가량).

2) 조직 분리법

자실체 조직에서 분리된 균은 유전적으로 순수한 균주를 얻을 수 있고 또 조직 내부는 잡균에 오염되어 있는 부분이 적기 때문에 극히 유리하다. 대부분의 버섯은 조직 분리가 가능하나 인공적인 배지에 균사 증식이 어려운 것도 있어 분리할 수 없는 것도 있다.

❶ 자실체는 어리고 신선하며, 청결한 것을 채집한다. 비 오는 날 채집한 것과 수분이 많은 것은 실패하는 경우가 많다.
❷ 시험관의 시험관 사면배지 또는 샤레 평판배지를 준비한다.
❸ 자실체에 부착한 먼지 등을 제거하고 무균상(clean bench) 내에서 자실체 표면을 살균한 다음 메스를 이용하여, 세로로 잘라 2개로 나눈다.
❹ 갓과 대가 만나는 부위의 조직을 사방 3~5mm, 두께 2~3mm로 절단한다.
❺ 분리한 조직을 살균한 백금구나 핀셋 등의 도구를 이용하여 준비한 배지의 중앙부위에 접종한다.
❻ 시험관은 마개를 막고, 샤레는 파라필름 등으로 밀봉하여 상단에 작업일, 균주 이름을 기록한다.
❼ 조직에서 분리한 균사가 자라면 잡균오염이 없는 것을 선택하여 새로운 한천배지에 재분리한다. 그 조작은 2~3회 반복하는 것이 안전하다.
❽ 팽이버섯 등 자실체가 작은 종류는 갓부분에서 조직을 떼어내기가 어렵기 때문에 핀셋으로 갓 하부를 찝어 갓을 제거하고 잘린 부분에 위로 돌출하는 대의 내부조직을 핀셋이나 백금이로 떼어내어 사면배지에 분리한다. 목이나 주발버섯처럼 육질이 얇은 것은 양면을 70% 에탄올로 표면을 살균해서 메스로 표피를 걷어내고 내부조직을 백금이로 사면배지에 분리한다. 복균류는 어린 균덩어리에서 조직을 채취한다.
❾ 균사 생장이 아주 느린 균근류는 분리 후 한천배지의 건조에 주의한다. 액체배지 시험관에 조직

을 넣어 배양하면 2~3개월 후에 균사가 재생하는 것도 있다.
❿ 분리한 균사가 목적으로 한 균주와 다른 경우가 있는데 송이에 그 예가 많다. 균주 보존기관으로부터 균주를 분양받은 후에는 목적하는 균주라는 것을 확인한다.

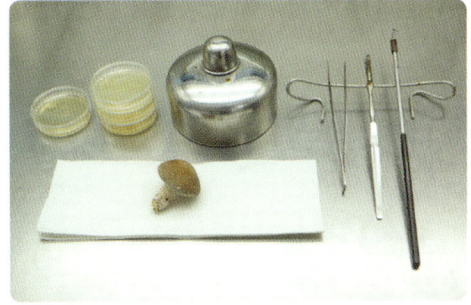

① 재료 준비

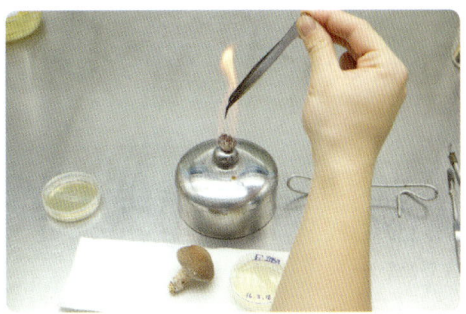

② 도구 화염살균

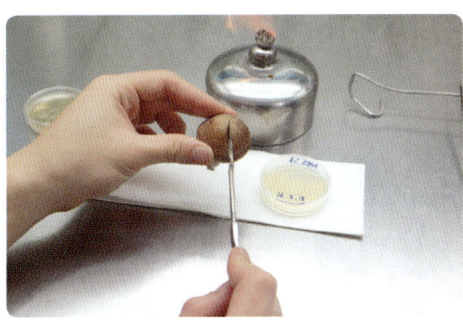

③ 버섯을 세로로 칼집을 낸다.

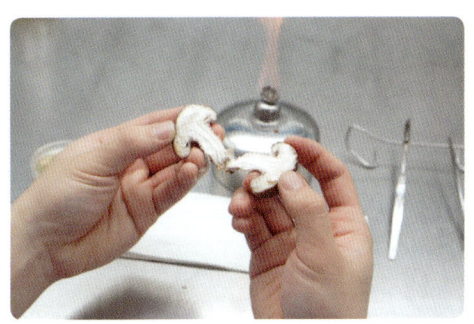

④ 버섯을 세로로 가른다.

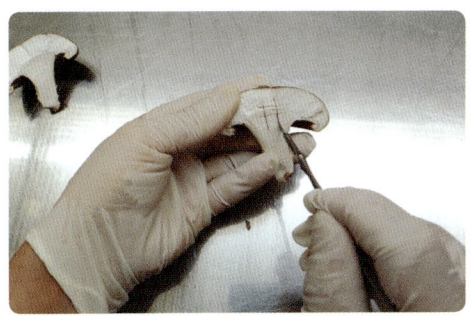

⑤ 갓과 대가 만나는 부위의 내부조직을 자른다.

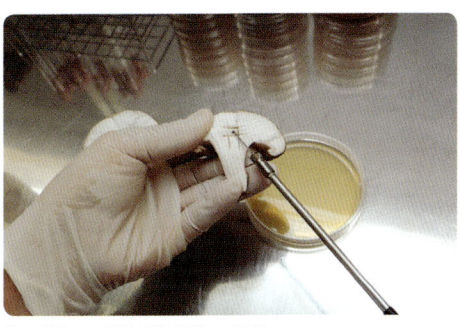

⑥ 자른 조직을 백금구로 옮긴다.

⑦ 조직을 샤레 중앙부위에 놓는다.

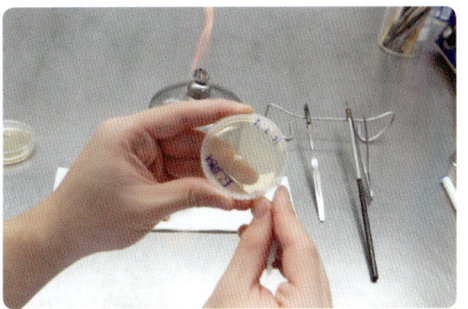

⑧ 조직이 움직이지 않게 수평을 유지하며 밀봉한다.

[버섯 조직 분리 방법]

08 균의 접종 및 배양법

분리 균주의 계대 배양 : 생장한 균사체 소편을 취해 새로운 배지에 이식한다. 이 경우 몇 개소에서 균사체를 취하고 이식한다. 배양하여 오염 발생이 있으면 제거한다. 균주마다 현미경으로 검정하여 협구가 있는지 없는지를 확인한다.

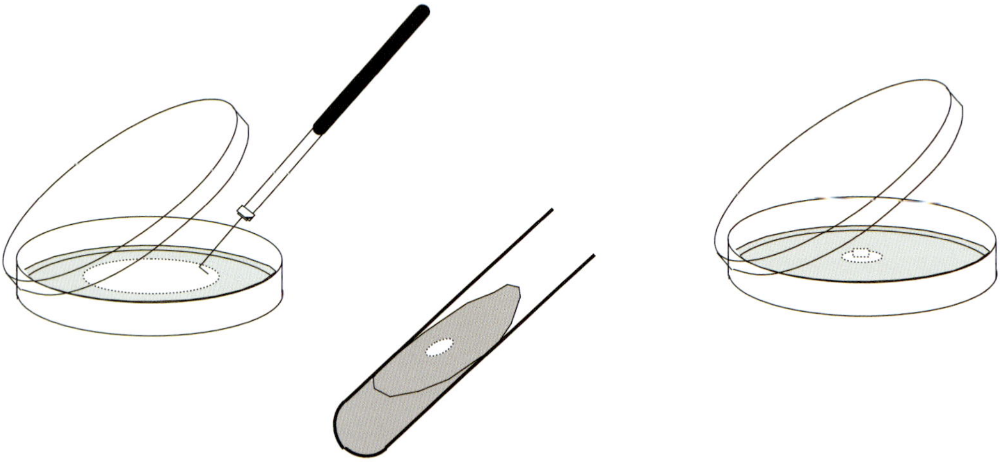

생장한 균사체 소편을 새로운 배지에 이식

[분리균주의 계대 배양]

균사 생장 부진균　　　　정상균　　　　오염균

[우량균 선별]

1) 사면배지에서 사면배지로 접종

① 왼손에 균이 자란 사면배지와 새로운 사면배지를 잡고 입구부분을 화염살균하여 오른손 새끼손가락과 약지를 이용하여 마개를 비틀어서 뺀다. (왼손에서 새끼손가락 방향으로는 균이 자란 배지, 엄지 방향으로는 새로운 배지를 잡는다. 마개를 뺄 때는 급하게 뽑으면 용기 내부의 압력이 낮아져 외기가 시험관 안으로 직접 들어오기 때문에 열 때 뻥 소리가 나지 않게 한다.)

② 사면배지는 마개를 열고 다시 입구부분을 화염살균한다.

③ 백금구를 화염살균한다.

④ 백금구로 배양된 균사체의 선단 1~2cm 이내에서 2mm 정도 균사절편을 떼어내어 새로운 배지 중앙부위에 이식한다.

⑤ 유리관 입구와 마개를 화염살균하여 면전한다. 곧이어 시험관에 필요한 사항(균주번호, 접종일자, 처리내용 등)을 유성펜으로 써서 배양실 또는 항온기로 옮긴다.

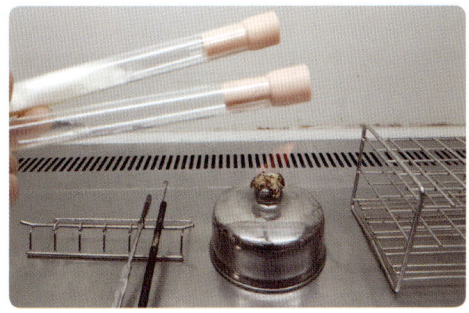

① 시험관 입구를 열기 전에 화염살균한다.

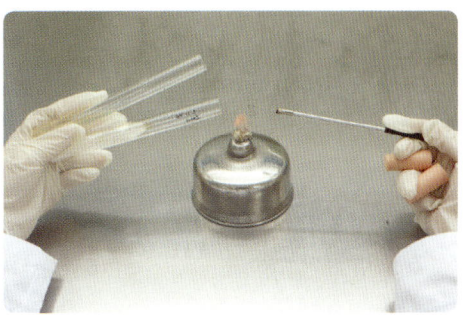

② 시험관 입구와 백금구를 화염살균한다.

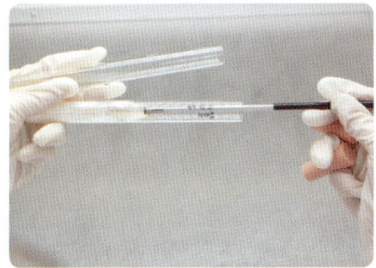
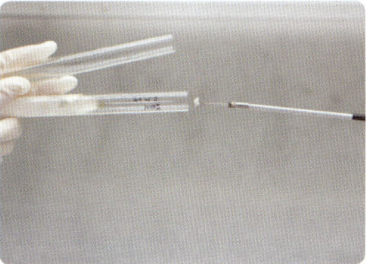
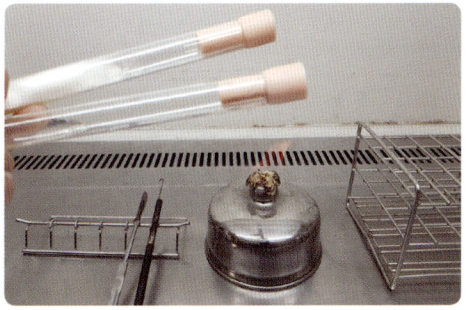

③ 배양된 균을 새로운 배지에 이식한다.

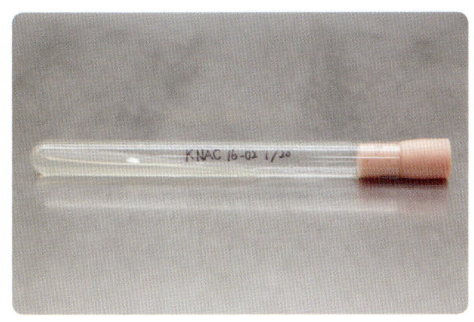

④ 유리관 입구와 마개를 화염살균하며 면전한다.

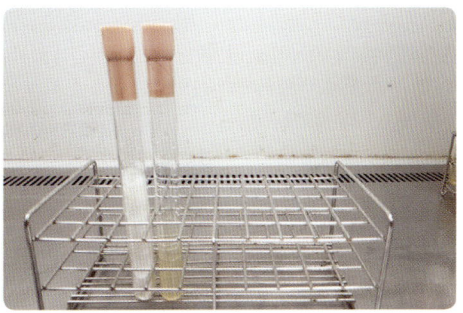

⑤ 균주번호와 계대배양 날짜를 기록하여 랙에 거치한다.

[사면배지에 접종]

2) 사면배지에서 평판배지로 접종

균이 있는 사면배지에서 균이 없는 평판배지로 접종을 하는 경우, 사면배지 즉 시험관은 열기 전·후 화염살균 과정이 같다. 백금구로 조직을 절단하여 평판배지의 중앙부위에 이식하고 시험관은 살균 후 다시 밀봉한다. 평판배지 역시 밀봉하고 균 이식 정보를 기록하고 배양하는 과정은 앞서 조직 분리에서 본 것과 같다.

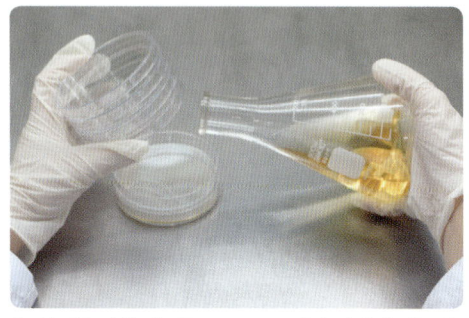

① 살균을 마친 배지를 40~50℃에서 샤레에 넣는다.

② 샤레의 윗 뚜껑에 물방울이 생기지 않도록 한다.

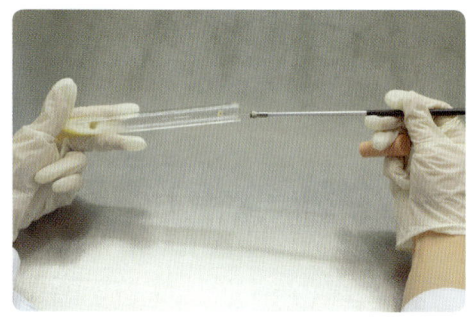

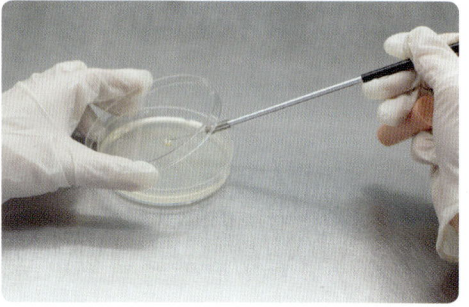

③ 원균을 평판배지에 이식할 때 샤레 위 뚜껑의 개폐는 최소한으로 한다.

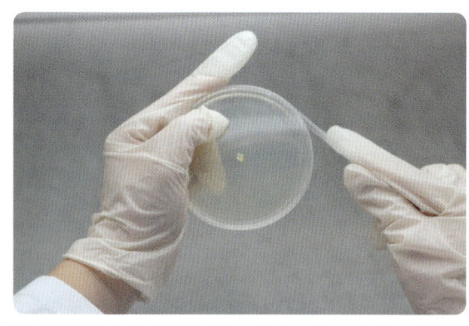

④ 평판배지에 이식이 끝난 후 균주번호와 접종일자를 적은 후 파라필름으로 밀봉한다.

⑤ 배양 중에는 샤레의 상하를 반대로 한다.

[평판배지에 접종과 배양]

[우량 종균 선별]

우량 종균 | 미숙 종균 | 잡균발생 종균

09 배지의 살균

입병작업이 완료되면 즉시 살균하도록 하며 특히 온도가 높을 때에는 장시간 방치되어 배지가 변질되는 일이 없도록 하고 살균을 시작하기 위한 수증기 주입은 천천히 하도록 한다.

살균기 속에 들어 있는 종균배지의 열 침투에 영향을 미치는 주된 요인으로 초기온도, 용기의 크기 및 종류, 배지의 수분함량 및 밀도, 수증기 온도와 압력, 살균기의 크기나 형태 등이다.

1) 살균 시 숙지할 점

① 작업이 정상적으로 이루어져서 살균기 내의 공기온도가 121℃에 도달되었다 하여도 배지 내의 온도는 약 40분 정도가 지난 후에야 비로소 121℃에 도달되게 되며 이 온도가 최소한 20분 이상 유지되어야 살균이 된다.

② 일반적으로 겨울철에는 살균을 시작할 때의 초기온도가 0℃에 가까우며, P.P병은 유리병보다 열전도율이 떨어지므로 살균시간을 연장해야 한다.

③ 배지 넣는 양이 많아 가비중이 무거울 때는 가벼울 때보다 초기의 온도 상승이 빠르나 110℃ 이상에서 오히려 늦어지고 배지의 수분함량은 많을수록 빨리 올라간다.

④ 살균 과정 중 가장 중요한 것은 배기로 종균병 및 살균기 내의 60~80% 공기를 수증기로 완전히 바꾸므로 살균의 효과를 충분히 올리게 된다.

2) 살균 과정

① 고압살균기의 뚜껑을 열고 솥 안의 열선이 물에 잠겨있는지 확인한다(일반 수돗물이 아닌 증류수를 이용하여야 한다).

① 주전원을 켠다.

② 바닥에 증류수가 있는지 확인한다.

③ 증류수를 넣는다.

④ 시료의 입구는 알루미늄 호일로 덮고 바구니에 넣어서 살균기에 넣는다.

⑤ 뚜껑을 닫는다.

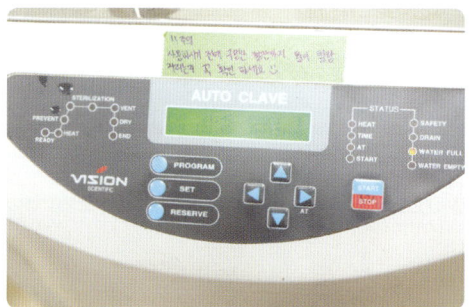
⑥ 온도와 시간을 조작한 계기판

[살균기 조작 방법]

❷ 배기밸브를 확인하여 잠근다.
❸ 기기를 조작하여 살균온도 121℃, 시간은 시료별로 다르게 설정한다(원균용 액체배지·감자 한천배지 등은 15~20분, 버섯재배용 곡립·톱밥배지 등은 40~90분).
❹ 시료를 살균기 내에 넣고 뚜껑을 닫는다(시료의 입구부분은 알루미늄 호일로 덮어준다).
❺ 살균을 시작한다.
❻ 최근의 고압살균기(autoclave)들은 자동으로 배기가 되지만 그렇지 않은 경우, 배기는 중요하다. 배기가 충분하지 않으면 압력이 높아도 배지 내의 온도는 121℃에 도달하지 못하는 경우가 많다. 이와 같이 배기는 살균 과정 중 가장 중요한 작업이므로 살균기 내부 온도가 108℃에서 8~10분간 배기를 하며, 살균이 되는 동안에도 계속 배기 밸브를 조금씩 열어 수증기와 함께 들어가는 공기를 제거한다.

❼ 배기가 충분한 경우에는 압력과 살균기 내의 온도가 비례하여 상승하며 살균시간은 압력 15파운드(약 1.1kg/cm²), 온도가 121℃에 도달한 시간부터 계산하여 실시한다.

❽ 살균이 끝난 후에는 자연적으로 배기가 되도록 하는 것이 가장 좋으며, 곡립배지는 꺼낼 때 흔들어서 덩어리가 형성되지 않도록 하고 톱밥배지는 흔들지 않고 청결하게 소독된 냉각실로 옮겨 서서히 식은 후 접종실로 이동시킨다.

10 피펫 휠러(pipet filler)를 이용한 사면배지 만들기

감자한천배지 PDA는 39g/L, 증류수한천배지 한천(Agar)은 15~20g/L, 감자액체배지 PDB는 24g/L 기준으로 계량하여 합성배지를 만든다(PDA-Potato Dextrose Agar, PDB-Potato Dextrose Broth). 합성배지를 만든 후 피펫 휠러를 이용하여 시험관에 분주한다. 외경 Ø18 × 높이 180mm - 용량 30mL 인 시험관에는 부피비로 1/4인 7.5mL를 분주한다.

분주가 완료되면 솜 또는 실리스토퍼를 이용하여 면전을 한다. 면전을 한 시험관은 바구니에 넣어 알루미늄 호일로 덮은 후 121℃에서 15~20분간 고압살균을 실시한다. 살균이 완료된 시험관은 비스듬하게 각도를 주어 사면을 시킨다.

1) 스포이드식 피펫 휠러 사용법

❶ 피펫을 휠러의 밑 부분에 끼운다. 너무 꽉 끼우거나 헐겁게 끼우면 정확한 양의 용액을 담기 어려우므로 주의한다.

❷ 위 쪽에 (A)라고 표시된 부분을 누른 채 중간의 풍선처럼 볼록하게 부푼 부위를 눌러준다.

❸ 용액에 피펫을 담고 목 부위에 (S)라고 쓰인 부분을 천천히 눌러주면 용액이 빨려 올라온다.

❹ 정확한 부피만큼 채워진 후 (E)라고 쓰인 부위를 눌러 용액을 배출한다.

❺ 피펫의 모세관 현상으로 용액이 일부 피펫에 잔류가 되어 있는 것을 제거하기 위해서 (E)라고 쓰인 부분 끝에 구멍을 손으로 막고 누르면 마지막 방울까지 나오게 된다.

- E : Empty(Delivery)
- S : Sampling(Suction)
- A : Air(Release air)

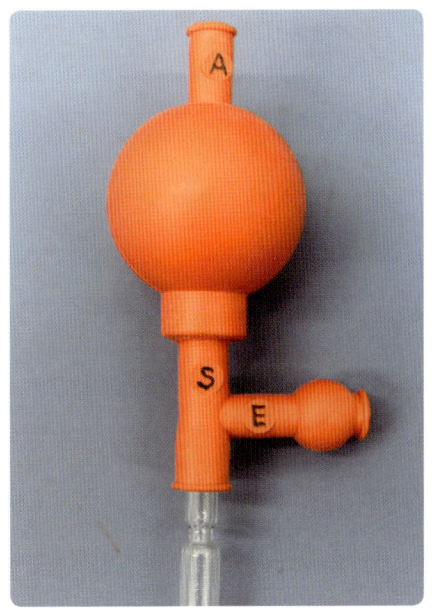

[스포이드식 피펫 휠러]

2) 슬라이드식 피펫 휠러 사용법

❶ 휠러의 (A)가 완전히 들어가 있는 상태로 준비한다.

❷ (D)에 피펫을 끼운다. 너무 꽉 끼우거나 헐겁게 끼우면 정확한 양의 용액을 채우기 어려우므로 주의한다.

❸ 용액에 피펫을 담그고 (B)를 화살표 방향(위에서 아래로)으로 천천히 돌려주면 용액이 빨려 올라온다.

❹ 정확한 부피만큼 용액이 채워지면 (C)를 눌러 용액을 배출한다.

❺ 피펫에 남아있는 용액을 모두 제거하고 싶다면 (A)를 눌러주면 된다.

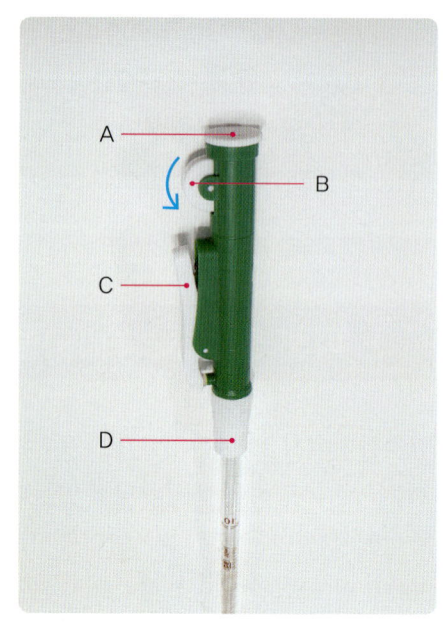

[슬라이드식 피펫 휠러]

[버섯의 종류]

111

[버섯종균기능사 실기시험문제 예시 1]

자격종목	버섯종균기능사	과제명	종균제조
비번호		시험일시	시험장명

※ 시험시간 : 60분

◎ 요구사항

1. 다음 사항에 따라 주어진 재료를 사용하여 종균배지를 제조하기 (25분)
   1) 톱밥종균배지를 제조하기
      가) 배지 재료를 섞기 전에 적정량을 비커에 각각 담기
      나) 배지 재료를 섞어 적정 수분이 되도록 만들기
      다) 제시된 용기 1개에 적정량의 배지를 넣어 완성하기
   2) 곡립종균배지를 제조하시오.
      가) 배지 재료를 섞기 전에 적정량을 비커에 각각 담기
      나) 제시된 용기 1개에 적정량의 배지를 넣어 곡립종균배지를 완성하기
   ※ 작업 단계마다 계량 결과 값을 감독위원이 확인한 후 다음 단계 작업을 수행하되 곡립을 삶는 과정과 살균 작업은 생략

2. 다음 사항에 따라 주어진 재료를 사용하여 사면배지를 제조하기 (25분)
   1) 메스실린더를 이용하여 물을 (   )mL 계량 후 비이커 2개에 담기
   2) 적정량의 물한천배지와 감자한천배지를 제조하기
   3) 시험관에 물한천배지와 감자한천배지를 (   )mL 씩 분주하여, 각각의 사면배지 1개씩 총 2개를 완성하기
   ※ 작업 단계마다 계량 결과 값을 감독위원이 확인한 후 다음 단계 작업을 수행하되 배지를 녹이는 과정과 살균 작업은 생략

3. 제시된 배지재료에 맞는 재료 번호를 기재하시오. (5분)

4. 제시된 종균 사진을 보고 '정상, 미숙, 노화, 잡균발생'을 선별하여 번호를 모두 기재하시오. (5분)

[버섯종균기능사 실기시험문제 예시 2]

자격종목	버섯종균기능사	과제명	종균제조
비번호		시험일시	시험장명

※ 시험시간 : 60분

◎ 요구사항

1. 주어진 재료를 사용하여 클린벤치 사용방법에 따라 다음 작업 수행하기

   (원균이 오염되지 않도록 진행)

   1) 포자수집 작업(5분)
   2) 조직분리 작업(5분)
   3) 시험관에서 시험관으로 원균 이식 작업(5분)
   4) 시험관 분주 작업(5분)
   ※ 작업 과정 중 원균이 오염되었다고 판단되면 해당 과제는 0점 처리됨

2. 주어진 재료 및 기구를 사용하여 배지를 제조하고 살균하기

   1) 톱밥배지 제조하기(10분)
      ※ 작업 중간에 재료를 계량한 후 시험위원의 확인을 받고 제조할 것
   2) 제조한 톱밥배지를 가장 적합한 방법으로 살균하기(10분)

3. 제시된 배지재료에 정식 명칭을 한글로 기재하기 (10분)

4. 제시된 버섯 사진을 보고 품목의 정식 명칭을 한글로 기재하기 (10분)

[버섯의 명칭 및 분류체계]

No.	기존 버섯명	새로운 버섯명	학명	분류체계
1	구름버섯	구름송편버섯	*Trametes versicolor*	담자균문 / 주름버섯강 / 구멍장이버섯목 / 구멍장이버섯과 / 송편버섯속
2	노루궁뎅이	좌동	*Hericium erinaceus*	담자균문 / 주름버섯강 / 무당버섯목 / 노루궁뎅이과 / 산호침버섯속
3	느타리	좌동	*Pleurotus ostreatus*	담자균문 / 주름버섯강 / 주름버섯목 / 느타리과 / 느타리속
4	능이	좌동	*Sarcodon imbricatus*	담자균문 / 주름버섯강 / 사마귀버섯목 / 노루털버섯과 / 능이속
5	동충하초	좌동	*Cordyceps militaris*	자낭균문 / 동충하초강 / 동충하초목 / 동충하초과 / 동충하초속
6	먹물버섯	좌동	*Coprinus comatus*	담자균문 / 주름버섯강 / 주름버섯목 / 주름버섯과 / 먹물버섯속
7	목이	좌동	*Auricularia auricula-judae*	담자균문 / 주름버섯강 / 목이목 / 목이과 / 목이속
8	복령	좌동	*Wolfiporia cocos*	담자균문 / 주름버섯강 / 구멍장이버섯목 / 구멍장이버섯과 / 구멍버섯속
9	뽕나무버섯	좌동	*Armillaria mellea*	담자균문 / 주름버섯강 / 주름버섯목 / 뽕나무버섯과 / 뽕나무버섯속
10	상황버섯	목질열대구멍버섯	*Tropicoporus linteus*	담자균문 / 주름버섯강 / 소나무비늘버섯목 / 소나무비늘버섯과 / 열대구멍버섯속
11	송이	좌동	*Tricholoma matsutake*	담자균문 / 주름버섯강 / 주름버섯목 / 송이과 / 송이속
12	신령버섯	신령주름버섯	*Agaricus blazei*	담자균문 / 주름버섯강 / 주름버섯목 / 주름버섯과 / 주름버섯속
13	양송이	좌동	*Agaricus bisporus*	담자균문 / 주름버섯강 / 주름버섯목 / 주름버섯과 / 주름버섯속
14	영지	불로초	*Ganoderma lucidum*	담자균문 / 주름버섯강 / 구멍장이버섯목 / 불로초과 / 불로초속
15	팽이버섯	팽나무버섯	*Flammulina velutipes*	담자균문 / 주름버섯강 / 주름버섯목 / 뽕나무버섯과 / 팽나무버섯속
16	표고	좌동	*Lentinula edodes*	담자균문 / 주름버섯강 / 주름버섯목 / 화경버섯과 / 표고속
17	풀버섯	좌동	*Volvariella volvacea*	담자균문 / 주름버섯강 / 주름버섯목 / 난버섯과 / 비단털버섯속
18	천마	좌동	*Gastrodia elata*	버섯이 아닌 난초과의 식물로 뽕나무버섯과 공생한다.

2023 **버섯종균**기능사

필기시험 기출문제 및 해설

2006~2016년

2006년 버섯종균기능사 필기시험

01 종균 배양시설 중 접종실에 꼭 있어야 될 것은?
① 현미경　② 배지 주입기
③ 살균기　④ 무균실

02 곡립종균에서 유리수분이 생성되는 가장 중요한 원인은?
① 곡립배지의 수분 함량이 낮을 때
② 배양실의 온도가 항온으로 유지될 때
③ 외부의 따뜻한 공기가 유입될 때
④ 장기간 고온저장을 하였을 때

03 버섯균을 배양하기 위해서 필요한 시험기구는?
① 천평
② 진공냉동건조기
③ 비색계
④ 항온기

04 팽나무버섯(팽이)의 접종원이 유전적으로 퇴화하여 수량 감소의 원인이 아닌 것은?
① 병원균의 감염
② 화합성균의 혼입
③ 탈이핵화(단핵화)
④ 해충의 감염

05 버섯종균 제조 시 톱밥배지 살균은 다음 중 어느 살균기를 사용하는가?
① 건열살균기
② 고압증기살균기
③ 건열순간살균기
④ 습열순간살균기

06 버섯 종균 배양 중 가장 많이 발생하는 잡균은?
① 세균
② 푸른곰팡이
③ 누룩곰팡이
④ 거미줄곰팡이

07 버섯 원균의 증식 및 보존용 배지로 가장 많이 사용하는 배지는?
① 톱밥배지
② 곡립배지
③ 퇴비배지
④ 감자한천배지

08 곡립종균 제조용 배지 재료로 적당하지 못한 것은?
① 밀　② 호밀
③ 수수　④ 벼

09 1핵균사가 임성을 갖는 자웅동주성 버섯은?
① 느타리
② 표고
③ 팽이버섯
④ 풀버섯

10 고압스팀살균 시 살균 시간을 계산하기 시작하는 때는?
① 압력이 약 $1.1kg/cm^2$, 121℃
② 압력이 약 $1.1kg/cm^2$, 115℃
③ 압력이 약 $1.5kg/cm^2$, 121℃
④ 압력이 약 $1.5kg/cm^2$, 115℃

11 양송이 곡립종균 제조 시 벌레먹은 밀을 그대로 사용하였을 때 오는 문제점은?

① 밀이 터져 전분이 노출된다.
② 구멍이 메워지느라고 터지지는 않는다.
③ 양송이 균의 발육이 늦어진다.
④ 양송이 수량이 많아진다.

12 양송이 종균의 가장 알맞은 저장온도는?

① 5~10℃ ② 15~20℃
③ 25~30℃ ④ 35~40℃

13 종균배지의 살균 시 열침투에 영향을 미치는 요인이 아닌 것은?

① 배지의 초기 온도
② 증기 압력
③ 실내 습도
④ 배지 밀도

14 종균병 마개의 솜마개 부분이 12mm 이상이 되어야 하는 이유와 관계가 깊은 것은?

① 배지의 수분 함량
② 배지의 산도 변화
③ 잡균의 오염 방지
④ 병 내부의 산소 공급

15 종균의 육안 검사와 관계없는 것은?

① 수분 함량
② 면전 상태
③ 균사의 발육 상태
④ 잡균의 유무

16 저온에 보존하기 위한 버섯균사는 시험관 배지 면적의 몇 % 정도 생장한 것이 가장 알맞은가?

① 90~100% ② 70~80%
③ 50~60% ④ 30~40%

17 살균력이 가장 강한 알코올의 농도는?

① 100% ② 90%
③ 80% ④ 70%

18 살균기 내 수증기 배분관의 구멍(배분공)은 옆에서 본 양각이 몇 도가 되어야 하는가?

① 30° ② 60°
③ 90° ④ 120°

19 양송이 종균을 심을 때 퇴비량에 비하여 종균 재식량이 가장 적은 부분은?

① 표층 ② 상층
③ 중층 ④ 하층

20 살균이 끝난 후 살균기에서 꺼낼 때 병의 면전이 많이 빠지는 이유는?

① 면전을 허술하게 하였을 때
② 면전을 너무 단단하게 하였을 때
③ 배기를 갑자기 심하게 하였을 때
④ 배기를 너무 적게 하였을 때

21 버섯종균 재료 중 미강을 저장할 때 성분 변화로 균사 생장을 억제하는 것은?

① 인산 ② 비타민 B군
③ 지방산 ④ 탄수화물

22 다음 중 독버섯이 아닌 것은?

① 말불버섯
② 광대버섯
③ 달화경버섯
④ 무당버섯

23 느타리 톱밥 종균을 저장하는 데 가장 알맞은 온도는?

① −20℃ ② −190℃
③ 5℃ ④ 30℃

24 양송이 곡립종균 제조 시 1차 흔들기 작업에 가장 적합한 시기는?

① 균 접종 직후 흔들어준다.
② 균 접종 후 1~2일 배양 후 흔들어준다.
③ 균 접종 후 5~7일 배양 후 흔들어준다.
④ 균 접종 후 10~12일 배양 후 흔들어준다.

25 표고균사의 생장 최적 온도는?

① 10~14℃ ② 16~20℃
③ 22~26℃ ④ 29~33℃

26 2차균사 중 협구(clamp connection)가 형성되지 않는 버섯균은?

① 느타리
② 먹물버섯
③ 양송이
④ 표고

27 감자추출한천배지(PDA)를 제조할 때 1L당 한천은 몇 %를 넣는 것이 적당한가?

① 2% ② 4%
③ 6% ④ 8%

28 버섯으로부터 조직분리를 할 때 절편의 크기는 몇 mm가 가장 적당한가?

① 1~3mm ② 6mm
③ 9mm ④ 12mm

29 팽나무버섯(팽이) 균사의 가장 알맞은 배양 온도는?

① 13~18℃ ② 20~25℃
③ 27~32℃ ④ 35℃ 이상

30 솜마개 요령 중 잘못된 것은?

① 좋은 솜을 사용한다.
② 빠지지 않게 단단히 한다.
③ 표면이 둥글게 한다.
④ 길게 하여 깊이 틀어막는다.

31 느타리버섯 재배 시 주간과 야간의 온도 차이가 심할 때 자실체에 많이 발생하는 병은?

① 푸른곰팡이병
② 붉은빵곰팡이병
③ 세균성갈변병
④ 균덩이병

32 표고 원목재배 시 종균 활착이 안 된 경우는?

① 마개가 밀착해 있는 것
② 접종 구멍 상하의 수피를 눌러보면 탄력이 있는 것
③ 원목의 상하 단면의 형성층 부분에 백색균사가 보이는 것
④ 접종 구멍이 청록색으로 변한 것

33 다음 버섯 중 생육 시 가장 고온을 요구하는 버섯은?

① 표고버섯
② 영지버섯
③ 느타리버섯
④ 양송이

34 표고버섯 원기형성 속도는 수피 두께에 따라서 차이가 있다. 다음 중 옳게 설명한 것은?

① 원기형성은 수피가 얇은 골목은 빠르고 두꺼운 골목은 형성이 늦다.
② 원기형성은 수피가 얇으면 늦고 두꺼우면 빠르다.
③ 원기형성은 수피 두께와는 관계가 없다.
④ 원기형성은 수피 두께보다 건조 조건에서 더 영향을 받는다.

35 버섯균주의 온도가 저온(5℃ 이하)보다 상온(20℃ 정도)에서 보존하기에 적당한 버섯은?

① 양송이
② 표고버섯
③ 풀버섯
④ 느타리버섯

36 양송이 재배 면적 규모의 결정 요인과 가장 거리가 먼 것은?

① 노동력 동원 능력
② 용수량
③ 볏짚 절단기
④ 생산 재료의 공급 유무

37 표고버섯 골목의 본 눕혀두기 장소로 적당하지 않은 곳은?

① 배수와 통풍이 잘되는 곳
② 북향 또는 서향의 지형
③ 10~15°의 경사지
④ 공기 중의 습도는 70~80%를 유지할 수 있는 곳

38 미생물 배양이 끝난 배지 또는 기구의 처리가 가장 바르게 된 것은?

① 비누로 세척한다.
② 알코올로 소독한다.
③ 멸균 후 배지를 버리고 세척한다.
④ 건열 살균기로 멸균한다.

39 직사광선 및 건조에 의해 발생되는 표고 원목 해균이 아닌 것은?

① 검은단추버섯
② 고무버섯
③ 치마버섯
④ 주홍꼬리버섯

40 신령버섯 균사 생장 시 간접광선의 영향으로 맞는 것은?

① 균사 생장 시 어두운 상태와 밝은 상태가 교차되어야만 생장이 촉진된다.
② 균사 생장 시에는 어두운 상태에서 생장이 촉진된다.
③ 균사 생장 시에는 간접광선이 아무런 영향을 미치지 못한다.
④ 균사 생장 시 간접광선은 생장을 촉진하는 특성이 있다.

41 느타리버섯 볏짚 배지 살균 온도로 가장 적당한 것은?

① 20℃   ② 40℃
③ 60℃   ④ 80℃

42 양송이의 품질과 관계가 가장 적은 것은?

① 복토의 산도   ② 복토 재료
③ 퇴비의 질   ④ 퇴비의 양

43 야외 퇴비 발효 시 구린내가 나는 이유는?

① 퇴비의 온도가 높아서
② 계분이 과다하여
③ 뒤집는 시기가 늦어서
④ 수분이 부족하여

44 표고버섯 품질이 저하되는 원인에 해당되는 것은?

① 원목에 구멍을 크게 뚫는다.
② 골목을 자주 뒤집어 준다.
③ 골목의 수분이 부족한 건조상태이다.
④ 원목의 크기가 너무 크다.

45 다음 수종(樹種) 중 팽이버섯 재배에 부적당한 톱밥은?

① 버드나무
② 오동나무
③ 오리나무
④ 느티나무

46 표고 원목재배 시 가눕히기를 할 장소로 가장 먼저 고려하여야 할 점은?

① 보습
② 보온
③ 통풍
④ 차광

47 느타리버섯 볏짚재배에 있어서 가을재배의 수확기 관리 중 기형버섯 방지를 위해 실시하는 가장 중요한 작업은?

① 환기
② 온도
③ 관수
④ 광조사

48 양송이 종균의 접종 방법 중 틀린 것은?

① 퇴비의 수분 함량은 70~75% 정도가 되도록 조절한다.
② 퇴비의 온도가 23~25℃일 때 실시한다.
③ 곡립종균은 소독한 그릇에 쏟아 잘 섞어서 심는다.
④ 계통이 다른 종균을 섞어 심어도 된다.

49 영지버섯 원목(단목)배지 매몰 시 배지 간의 적정 간격은?

① 5~10cm
② 10~15cm
③ 15~20cm
④ 20~25cm

50 표고 종균 접종 요령으로 부적당한 것은?

① 종균은 입수하는 즉시 접종한다.
② 접종할 때는 나무 그늘이나 실내에서 한다.
③ 접종 구멍 속에 종균을 덩어리로 떼어 넣는다.
④ 종균이 부족하면 약간씩만 접종한다.

51 양송이 곡립종균의 접종 방법 중 혼합재식법에 대한 설명으로 옳은 것은?

① 종균을 표면에 뿌린다.
② 10cm 간격으로 접종한다.
③ 퇴비배지에 층별로 심는다.
④ 퇴비배지와 섞는다.

52 표고균상 재배 시 필요한 기자재가 아닌 것은?

① 톱밥제조기
② 혼합기
③ 천공기
④ 살균기

53 생표고버섯에서 발생하는 해충이 아닌 것은?
① 큰무늬버섯벌레
② 곡식좀나방
③ 톡토기
④ 버섯파리

54 유태생으로 생식하는 버섯파리는?
① 시아리드   ② 포리드
③ 세시드   ④ 가스가미드

55 버섯균사 배양 시 사용되는 기기 중 화염살균을 하는 것은?
① 피펫
② 진탕기
③ 워링 브랜더
④ 백금구

56 양송이 재배과정 중 환기량이 가장 많이 요구되는 시기는?
① 균사 생장기
② 복토 직후
③ 1~3주기
④ 6~8주기

57 표고버섯에서 사용하지 않는 종균은?
① 종목종균
② 톱밥종균
③ 톱밥성형종균(캡슐종균)
④ 곡립종균

58 양송이 마이코곤병의 전염원이 아닌 것은?
① 종균   ② 복토
③ 작업 도구 ④ 폐상 퇴비

59 뽕나무버섯균에 대하여 옳게 설명한 것은?
① 목재 부후균으로서 균사속을 형성하여 천마와 접촉하면서 공생관계를 유지한다.
② 목재에 공생하는 균으로서 천마에서 기생하면서 상호번식한다.
③ 목재 부후균이지만 참나무에서는 생육이 잘 안 된다.
④ 목재 부후균으로서 소나무에서 잘 번식한다.

60 표고재배 원목으로 적당한 수종이 아닌 것은?
① 굴참나무   ② 졸참나무
③ 밤나무   ④ 상수리나무

정답 및 해설 — 2006년 버섯종균기능사 필기시험

01	02	03	04	05	06	07	08	09	10	11	12	13	14	15	16	17	18	19	20
④	③	④	②	②	②	④	④	④	①	①	①	①	④	①	②	④	③	③	③

21	22	23	24	25	26	27	28	29	30	31	32	33	34	35	36	37	38	39	40
③	①	④	③	③	①	①	②	④	④	③	④	②	①	③	③	③	③	②	④

41	42	43	44	45	46	47	48	49	50	51	52	53	54	55	56	57	58	59	60
④	④	③	③	②	①	①	④	③	④	④	③	②	③	④	①	④	①	①	③

01 접종실은 온도 15℃, 습도 70% 이하로 유지해야 한다. 무균실은 필수이다.

02 외부의 따뜻한 공기가 유입되면 온도차에 의해 곡립종균에 유리수분이 생성된다.

03 일정한 온도를 유지하는 항온기로 버섯균 배양에 적합한 온도는 25℃ 전후이다.

04 동질핵과 이질핵이 있는데 이질핵이 화합성균이며 동질핵은 불화합성균이다. 혼입은 유전적인 퇴화원인이 아니다.

05 버섯종균 제조 시 톱밥배지의 살균은 고압증기살균기를 이용한다. 종균은 반드시 고압살균기를 사용해야 하며 압력과 수증기의 온도가 비례하여 상승(1.1kg/cm² 15파운드, 온도 121℃)

06 버섯 종균 배양 중에는 푸른곰팡이나 세균성갈변병이 많이 발병되나 푸른곰팡이 병이 더 많이 발생한다.

07 버섯원균의 증식 및 보존용 배지로는 감자한천배지(PDA)가 가장 많이 사용된다.

08 곡립종균 제조용 배지 재료로는 호밀, 밀, 수수가 주로 사용된다.

09 • 풀버섯 : 1차 자웅동주성, 꺽쇠 연결체 없음
  • 양송이 : 2차 자웅동주성
  • 느타리, 표고, 팽이 : 4극성 자웅이주성
  ※ 일반적으로 균류는 자웅동주이나 버섯의 경우 균류지만 자웅이주이다. 자웅동주는 10%이며, 나머지 90%는 자웅이주이다. 그 중 25%는 2극성이고 65%는 4극성이다.

10 살균기의 압력과 수증기의 온도는 비례하여 상승한다. 계산시기는 압력 1.1kg/cm²(15파운드), 온도 121℃이다.

11 벌레먹은 밀을 그대로 사용하면 밀이 터져 전분이 노출되어 균덩이가 형성되고 종균이 빨리 노화된다.

12 양송이 종균의 적정 저장 온도는 5~10℃이다.
  ※ 대부분의 종균 저장온도는 5~10℃이나 풀버섯, 신령버섯 등은 15℃ 정도의 상온에서 보관한다.

13 배지의 초기온도는 종균배지의 살균 시 열침투에 영향을 미치지 않는다.

14 종균병 마개의 솜마개 부분이 12mm 이상이 되어야 병 내부의 산소 공급이 원활하다.

15 수분 함량은 종균의 육안 검사와 관계가 없다.

16 저온에 보존하기 위한 버섯균사는 시험관 배지 면적의 70~80% 성장한 것이 가장 알맞다.

17 살균력이 가장 강한 알코올의 농도는 70%이다.

18 살균기 내 수증기 배분관의 구멍은 옆에서 본 양각이 90° 되어야 한다.

19 종균재식량이 가장 많은 부분은 표층부분이고 가장 적은 부분은 중층이고 종균의 종류, 접종시기 및 배지량에 따라 달라지나 퇴비량이 125kg/3.3m²에 약 1.5kg의 종균을 기준으로 하여 접종한다.
  ※ 하층을 가장 적게 하는 것이 관행이지만 상대적으로 중층면적이 넓은데 비해 종균을 적게 넣는다는 의미이므로 논란의 여지가 있다. 기출문제에는 중층에 가장 적게 넣어야 한다는 것이 정답으로 간주하였다. 따라서 해당 문제의 정답은 '중층'으로 택해야 한다.

20 살균이 끝난 후 배기를 갑자기 심하게 하면 병의 면전이 빠지기 쉽다.

21 미강에는 보통 2~3%의 유리지방산이 포함되지만 하루가 지나 지방분해효소의 작용으로 유리지방산이 10%로 증가하며 이러한 산패는 온도와 습도가 높을수록 더 빨리 진행한다.

22 말불버섯의 자실체 높이는 4~6cm로 머리 부분은 둥글게 부풀었고 그 속에 포자가 생긴다. 표면은 백색이나 후에 회갈색으로 되며 뾰족한 알맹이 모양의 돌기가 많이 있다. 어릴 때는 식용한다.

23 느타리 톱밥종균의 적정 저장 온도는 4~5℃이다.

24 양송이 곡립종균의 제조 시 1차 흔들기 작업은 균 접종 후

5~7일 배양 후 실시한다.

25 표고균사의 생장가능 온도는 5~32℃이고, 적온은 22~27℃이다.

26 일반 담자균류는 포자가 발아하면 1차 균사를 만들고 1차 균사 상호간에 접합이 되어 생성된 2차 균사가 생장하여 자실체를 형성하는 것이 보통이나 양송이 포자는 배수성의 핵을 가지고 있어서 발아하는 즉시 2차균사와 같은 성질을 가진 균사이므로 단포자에서 발아된 균사도 자실체를 형성할 수 있다. 그러므로 화합성인 1차균사간에 접합된 2차균사에서 볼수 있는 핵의 이동 흔적기관인 협구(Clamp connection)가 생기지 않는다.

27 감자추출한천배지를 제조할 때 1L당 한천은 2%(20g) 첨가하는 것이 적당하다.

28 버섯의 조직 분리 시 절편의 크기는 1~3mm가 적당하다.

29 배양실의 배양 병의 개수(수량)에 따라 배양 온도가 조절되지만 일반적으로 팽나무버섯(팽이) 균사 배양실의 실내온도는 13~18℃, 배양 적온은 20~25℃이다.

30 솜마개를 길게 하여 깊이 틀어 막는 것은 올바른 사용법이 아니다.

31 주간과 야간의 온도차가 심할 때에는 주로 세균성갈반병이 많이 발생한다.

32 접종 구멍이 청록색으로 변한 것은 푸른곰팡이 등의 잡균에 오염된 것이다.

33 영지의 자실체 발생 및 생육 시 최적 온도는 27~32℃이다.

34 표고의 원기형성은 수피가 얇은 골목은 빠르고 두꺼운 골목은 느리다.

35 풀버섯과 같은 고온성 버섯균이 상온(15~20℃)에서 보존하기에 적당하다.

36 볏짚절단기는 양송이 재배 면적 규모의 결정 요인과는 거리가 멀다.

37 표고 본눕히기는 동향 또는 남향의 지형이 적당하다.

38 미생물 배양이 끝난 배지 또는 기구는 멸균 후 배지를 버리고 세척한다.

39 고무버섯은 원목 벌채 후 건조가 충분히 이루어지지 않는 경우에 발생하므로, 원목의 벌채를 적기에 하고 충분히 건조하여 원목의 수분 함량이 38~42%가 되도록 하며, 발생된 다음에는 표고 균의 활력을 찾을 수 있도록 통풍에 의하여 충분히 건조한다.

40 신령버섯 균사 생장 시 간접광선은 생장을 촉진하는 특성이 있다.

41 후발효 과정을 거치지 않고 살균한 때는 80℃로 약 4~6시간하고 후발효 시에는 저온살균하므로 60~65℃로 6~14시간이 적당하다.

42 퇴비의 양은 양송이의 수량과 비례관계가 있다.

43 야외 퇴비 발효 시 뒤집기 시기가 늦어지면 암모니아에 의해 구린내가 난다.

44 표고골목의 수분이 부족하여 건조 상태가 되면 표고버섯의 품질이 저하된다.

45 오동나무 톱밥은 독성이 있어 팽이버섯 재배에 부적합하다.

46 표고 원목재배 시 가눕히기(임시눕히기) 장소로 가장 먼저 고려해야 할 점은 보습이다.

47 기형버섯 방지를 위해서는 환기가 가장 중요하다.

48 계통이 다른 종균을 혼종해서는 안 된다.

49 영지의 원목(단목)배지 매몰 시 배지간의 적정 간격은 15~20cm이다.

50 종균은 배지가 500g 이상일 때 10~15g(cc)의 양을 접종해야 한다.

51 양송이 곡립종균의 접종 방법 중 혼합재식법은 퇴비배지와 섞는 것을 말한다.

52 천공기는 표고 원목재배에 구멍을 뚫을 때 쓴다.

53 곡식좀나방류, 바구미류 등은 저장 건조 버섯에 발생하는 해충으로 수확 후 일광 건조한 버섯에서 잘 발생하며, 다량의 해충이 발생하는 경우 버섯을 식해하여 그 피해가 대단히 심하다.

54 세시드 : 보통 완전변태를 하나 환경조건이 좋으면 유태생을 함으로 번식이 빠르다. 유태생에 적당한 온도는 23~33℃이고 1세대 기간은 6일 정도이고 어미유충 1마리가 약 6~8개의 어린 유충을 낳는다.

55 백금구는 열전도가 빠르기 때문에 화염살균 후 빨리 식혀지기 때문에 사용한다.

56 양송이 재배과정 중 환기 요구량은 균사 생장기에 호흡을 하므로 가장 많다.

57 곡립종균은 양송이버섯 재배에 주로 사용된다.

58 마이코곤병은 주로 양송이에 발병하며 기온이 높은 봄 재배 후기와 가을재배 초기, 백색종을 재배할 때, 복토를 소독하지 않은 경우 피해가 심하게 나타난다. 종균은 전염원이 아니다.

59 뽕나무버섯균은 목재부후균으로서 균사속을 형성하여 천마와 접촉하면서 공생관계를 유지한다.

60 밤나무는 심재부가 많고 변재부가 적어서 표고골목으로서 수명이 짧고, 직사광선을 쐬면 껍질이 벗겨지기 쉬우므로 표고재배 원목으로 적당하지 않다.

2007년 버섯종균기능사 필기시험

01 곡립종균 균덩이 형성 방지대책으로 옳지 않은 것은?

① 원균의 선별 사용
② 곡립배지의 적절한 수분 조절
③ 탄산석회의 사용량 증가
④ 호밀은 표피를 약간 도정하여 사용

02 배지의 살균이 끝난 후 꺼낼 때 흔들지 않고, 청결하게 소독된 냉각실로 옮겨 서서히 식혀야 하는 배지는?

① 액체 배지   ② 톱밥배지
③ 곡립 배지   ④ 한천배지

03 양송이나 느타리버섯 등의 자실체를 조직분리하여 균주를 수집할 때 지속적으로 감염되기 쉬운 질병은?

① 세균성갈변병   ② 푸른곰팡이병
③ 바이러스병   ④ 흑회색융단곰팡이병

04 포자 분리 방법에서 낙하시킨 포자의 단기간 냉장고 보관 온도는?

① 1~5℃ 정도   ② 10~15℃ 정도
③ 15~20℃ 정도   ④ 25℃ 이상

05 액체종균 배양 시 거품의 방지를 위하여 배지에 첨가하는 것은?

① 감자   ② 하이포넥스
③ 비타민   ④ 안티폼 또는 식용유

06 식용버섯의 조직을 분리할 때 시료 채취에 가장 적당한 것은?

① 자실체가 노쇠한 것을 택한다.
② 자실체가 병약한 것도 무방하다.
③ 자실체가 비정상적인 것을 택한다.
④ 자실체는 해충의 피해를 받지 않은 것을 택한다.

07 느타리버섯 종균 제조 시 사용되는 톱밥배지로 부적당한 것은?

① 포플러톱밥+미강 20% 사용
② 야외에서 3~6개월간 야적하여 수지 및 유해물질 제거 후 건조하여 사용
③ 가마니 등에 생톱밥을 건조 후 담아두고 사용
④ 톱밥에 미강을 혼합하여 1~2일 야적한 후에 사용

08 양송이 균주를 수집하고자 포자 발아 시 촉진방법이 아닌 것은?

① 발아용 포자 근처에 균사체 접종
② 유기산 처리
③ 영양 물질 첨가
④ 자외선 장시간 조사

09 다음 중 무균실용으로 부적당한 것은?

① 자외선 램프   ② 에틸알코올
③ 무균 필터(Filter) ④ 스트렙토 마이신

10 버섯 배지 접종작업을 할 때 수시로 뿌려주는 소독약제로 적합한 것은?
   ① 70% 공업용 에탄올
   ② 70% 공업용 메탄올
   ③ 0.1% 승홍수
   ④ 4% 석탄산

11 느타리버섯과 표고버섯의 균사 배양에 알맞은 배지의 pH는?
   ① 4
   ② 6
   ③ 8
   ④ 10

12 식용버섯 종균 배양 시 잡균 발생 원인이 아닌 것은?
   ① 살균이 완전하지 못한 것
   ② 오염된 접종원 사용
   ③ 무균실 소독의 불충분
   ④ 퇴화된 접종원 사용

13 곡립배지 조제 시 수분 함량이 과습 상태일 때 수분을 조절할 수 있는 첨가제로 주로 이용되는 것은?
   ① 염산(HCl)
   ② 탄산석회($CaCO_3$)
   ③ 황산칼슘($CaSO_4$)
   ④ 황산마그네슘($MgSO_4$)

14 양송이의 조직분리 배양 방법 중 가장 적당한 것은?
   ① 뿌리 부분의 균사를 분리 접종한다.
   ② 균사 절편이면 어느 것이나 가능하다.
   ③ 갓과 대의 접합 부분의 육질을 분리 접종한다.
   ④ 대에서 분리하면 실패한다.

15 다음 중 팽이버섯의 원균 보존에 가장 적합한 온도는?
   ① 약 4℃
   ② 약 10℃
   ③ 약 15℃
   ④ 약 20℃

16 원균을 이식할 때 쓰이는 것이 아닌 것은?
   ① 백금선
   ② 시험관 배지
   ③ 알코올램프
   ④ 버섯

17 감자추출배지의 살균 방법으로 가장 적합한 것은?
   ① 자외선 살균
   ② 건열살균
   ③ 여과
   ④ 고압증기살균

18 일반적으로 버섯종균 제조용 접종원 계대 배양 한계는?
   ① 2회 정도는 허용된다.
   ② 횟수와 관계없다.
   ③ 1회 이상은 절대 안된다.
   ④ 10회까지는 허용된다.

19 양송이 종균의 배지 재료로 가장 적합한 것은?
   ① 포플러 톱밥
   ② 오리나무 톱밥
   ③ 참나무 톱밥
   ④ 밀

20 느타리버섯과 표고버섯의 단포자의 핵은 일반적으로 어느 상태인가?
   ① n
   ② 2n
   ③ 3n
   ④ 4n

21 배지를 121℃로 고압살균할 때 1cm²당 압력은?
   ① 0.8~1.0kg
   ② 1.1~1.2kg
   ③ 1.3~1.5kg
   ④ 1.6~2.0kg

22 버섯균사 중 2핵균사(제2차균사)에서 나타내는 것은?

① 1핵 균사체
② 엽록소
③ 꺽쇠 연결체
④ 단포자

23 양송이 및 느타리버섯의 원균 보존방법이 아닌 것은?

① 유동파라핀 침전법
② -60℃에서 보존
③ 진공냉동 보존법
④ 배양 적온에 보존

24 대부분의 식용버섯은 분류학적으로 어디에 속하는가?

① 조균류
② 접합균류
③ 담자균류
④ 불완전균류

25 톱밥배지의 입병 작업이 완료되면 즉시 살균 처리하도록 하는 주된 이유는?

① 장시간 방치하면 배지가 변질되기 때문
② 장시간 방치하면 배지 산도가 높아지기 때문
③ 장시간 방치하면 배지의 유기산이 높아지기 때문
④ 장시간 방치하면 탄수화물량이 높아지기 때문

26 종균 배양실의 환경조건 중 균사 생장에 가장 큰 영향을 미치는 것은?

① 온도
② 습도
③ 빛
④ 환기

27 다음 양송이 종균 배양 시 발생되는 잡균 중 가장 발생률이 높은 것은?

① Bacteria
② *Penicillium* sp.
③ *Mucor* sp.
④ *Neurospora* sp.

28 종균 배양 중 균사 생장이 부진한 원인이 아닌 것은?

① 온도가 낮은 배지에 접종원을 접종할 때
② 퇴화된 접종원을 사용할 때
③ 배지의 산도가 너무 낮을 때
④ 배양실의 온도가 너무 낮을 때

29 톱밥추출배지 1L에 들어가는 한천의 일반적인 양은?

① 약 10g
② 약 20g
③ 약 30g
④ 약 40g

30 주름버섯 목(目)으로만 이루어진 것은?

① 양송이, 느타리, 목이
② 영지, 표고, 복령
③ 영지, 구름송편버섯, 표고
④ 느타리, 표고, 팽이버섯

31 표고버섯의 종균 접종 적기로 가장 옳은 것은?

① 3~4월
② 5~6월
③ 7~8월
④ 9~10월

32 표고 원목재배 시 눕히기의 설명으로 틀린 것은?

① 골목의 간격은 6~9cm로 한다.
② 각 단은 5본 정도로 한다.
③ 바깥쪽은 가는 것, 가운데는 굵은 것으로 한다.
④ 전체 높이를 60~90cm

33 양송이 복토재료로서 가장 알맞은 토성은?
① 식양토 ② 양토
③ 사양토 ④ 사토

34 표고버섯 재배 시 관리를 위한 측면에서 원목의 직경은 몇 cm가 가장 적당한가?
① 10~15 ② 20~25
③ 30~35 ④ 40~45

35 버섯 재배 시 환경요인의 허용 범위가 좁아서 정확한 관리가 요구되는 시기는?
① 균사 생장기
② 버섯 수확 시기
③ 버섯 발생 시기
④ 종균 재식 시기

36 털목이버섯 톱밥배지 제조 시 알맞은 미강의 첨가량은?
① 0% ② 15%
③ 30% ④ 60%

37 다음 중 버섯의 모양이 다른 3종과 다른 것은?
① 송이버섯 ② 양송이
③ 싸리버섯 ④ 표고버섯

38 팽이버섯 재배 시 생육에 알맞은 온도와 상대습도는?
① 온도 20~25℃, 상대습도 60~70%
② 온도 7~8℃, 상대습도 70~75%
③ 온도 12~15℃, 상대습도 90~95%
④ 온도 4~5℃, 상대습도 80~85%

39 양송이 2~3 주기에 핀 형성이 과다하게 많으며 품질이 불량한 이유는?
① 복토가 건조하였기 때문
② 균상 정리를 못했기 때문
③ 1주기 수확량이 많았기 때문
④ 괴균병이 발생하였기 때문

40 표고 종균에서 가장 많이 발생하는 병원균은?
① 푸른곰팡이 ② 구름송편버섯
③ 주홍꼬리버섯 ④ 치마버섯

41 팽이버섯 자실체 생육 시 재배사 내의 밝기에 대한 설명 중 가장 적합한 것은?
① 광선이 필요하지 않으므로 어두운 상태도 된다.
② 광선이 반드시 필요하므로 짧은 시간에 500룩스의 직사광선을 비춘다.
③ 많은 양의 광선이 필요하므로 1000룩스 이상으로 밝아야 한다.
④ 낮에는 자연 직사광선만 있으면 된다.

42 원목에 표고 종균의 접종이 끝나면 먼저 해야 할 작업은?
① 임시 세워주기 ② 본 세워두기
③ 임시 눕혀두기 ④ 본 눕혀두기

43 느타리버섯 재배 시 환기 불량의 증상이 아닌 것은?
① 대가 길어진다.
② 갓이 발달되지 않는다.
③ 수확이 지연된다.
④ 갓이 잉크색으로 변한다.

44 양송이 재배용 퇴비 제조 시 첨가하는 무기태 질소급원으로 적당한 비료 종류는?

① 유안
② 요소
③ 석회질소
④ 복합비료

45 2~3주기 양송이 수확 시 적당한 재배사의 온도는?

① 30℃
② 25℃
③ 20℃
④ 15℃

46 양송이 복토 재료의 조건으로 부적당한 것은?

① 공극량이 많은 것
② 보수력이 높을 것
③ 가비중이 무거울 것
④ 유기물이 많을 것

47 양송이 퇴비의 구비조건으로 적합하지 않은 것은?

① 양송이 균이 잘 자랄 수 있는 선택성 배지
② 70% 정도의 수분 함량
③ 300ppm 이상의 암모니아 함량
④ 2% 이상의 유기질소 함량

48 느타리버섯의 품종이 고온성으로만 조합을 이루고 있는 것은?

① 사철느타리2호, 여름느타리
② 사철느타리2호, 원형느타리3호
③ 여름느타리버섯, 원형느타리3호
④ 원형느타리1호, 농기2-1호

49 표고 골목의 눕혀두는 장소 선택 시 고려되어야 할 조건이 아닌 것은?

① 토질과 지형
② 일광과 피음
③ 통풍
④ 경치

50 다음 중 표고 원목재배 시 장마로 고온다습할 때 발생하는 병원으로 특히 원목 건조가 잘 되지 않은 상태일 때 주로 발생되는 병은?

① 고무버섯
② 주홍꼬리버섯
③ 치마버섯
④ 검은단추버섯

51 표고 자목의 균사 활착 양부 판별과 관련이 없는 것은?

① 접종 구멍 주위에 탄력이 있다.
② 절단면에 백색 균사가 형성되는 수가 있다.
③ 골목 자체의 무게에 변화가 없다.
④ 접종 구멍 주위에 백색 균사가 나타날 수 있다.

52 느타리버섯 볏짚재배용 배지의 주재료로 적당한 것은?

① 볏짚
② 미강
③ 밀기울
④ 옥수숫대

53 영지버섯 재배용 수종으로 가장 좋은 나무는?

① 매화나무
② 감나무
③ 벚나무
④ 갈참나무

54 표고버섯의 품종 중 고온성으로만 조합을 이룬 것은?
   ① 산림1호, 산림2호
   ② 산림2호, 산조501호
   ③ 산림2호, 산조101호
   ④ 산림1호, 산조502호

55 버섯의 질병 중 양송이에서만 발생하는 병은?
   ① 마이코곤병
   ② 세균성갈변병
   ③ 푸른곰팡이병
   ④ 하이포크레아

56 느타리버섯 재배 시 발생하는 푸른곰팡이병의 방제 약제는?
   ① 크로르피리포스 유제(더스반)
   ② 빈크로졸린 입상수화제(놀란)
   ③ 농용신 수화제(부라마이신)
   ④ 베노밀 수화제(벤레이트)

57 C/N율과 양송이 퇴비 발효와 관계를 설명한 것 중 옳은 것은?
   ① 전체의 C/N율보다는 유효 탄소와 유효 질소 간의 비율이 더 중요하다.
   ② C/N율이 높을 때 발효가 빠르다.
   ③ C/N율과 발효와는 무관하다.
   ④ C와 N이 모두 많아야 한다.

58 표고 종균을 접종하는 당년에 골목에 산란을 하며, 유충이 골목을 가해하는 해충은?
   ① 나무좀
   ② 딱정벌레
   ③ 털두꺼비하늘소
   ④ 표고버섯나방

59 다음 중 양송이 퇴비의 후발효 목적이 아닌 것은?
   ① 퇴비의 영양분 합성
   ② 암모니아태질소 제거
   ③ 병해충 사멸
   ④ 퇴비의 탄력성 증가

60 표고 톱밥재배 배지의 수분 함량으로 적당한 것은?
   ① 40%   ② 50%
   ③ 55%   ④ 65%

정답 및 해설 — 2007년 버섯종균기능사 필기시험

01	02	03	04	05	06	07	08	09	10	11	12	13	14	15	16	17	18	19	20
④	②	③	①	④	④	④	④	④	①	②	④	③	③	①	④	④	①	④	①

21	22	23	24	25	26	27	28	29	30	31	32	33	34	35	36	37	38	39	40
②	③	④	④	①	①	①	②	④	④	①	③	①	④	③	②	③	②	①	①

41	42	43	44	45	46	47	48	49	50	51	52	53	54	55	56	57	58	59	60
①	③	④	②	④	③	③	①	④	①	③	①	④	③	①	④	①	③	④	④

01 양송이 곡립종균의 균덩이 형성은 호밀의 표피를 도정하면 껍질이 벗겨져 균덩이 형성을 유도한다.

02 톱밥배지는 배지의 살균이 끝난 후 꺼낼 때 흔들지 않고, 청결하게 소독된 냉각실로 옮겨 서서히 식혀야 한다.

03 양송이나 느타리 등의 자실체를 조직 분리하여 균주를 수집할 때 바이러스병은 생체전염을 하므로 감염되기 쉽다.

04 낙하된 포자의 단기간 냉장고 보관 적온은 1~5℃이다.

05 액체종균 배양 시 거품의 방지를 위하여 안티폼 또는 식용유를 배지에 첨가한다.

06 식용버섯의 조직을 분리할 때 시료는 자실체가 해충의 피해를 받지 않은 것을 채취한다.

07 톱밥에 미강을 혼합하여 1~2일 야적을 하면 배지가 산패된다.

08 양송이 균주에 장시간 자외선에 조사되면 균사가 사멸되어 포자를 발아시킬 수 없다.

09 스트렙토마이신은 항생제이며, 무균실에 필요치 않다.

10 100%보다는 70% 에탄올이 살균효과가 높아 소독제로 주로 사용한다.

11 느타리와 표고의 균사 배양에 알맞은 산도는 약 pH 6이다. (일반적으로 버섯을 포함한 곰팡이류는 약산성을 좋아하고 박테리아는 약알칼리성을 좋아한다.)

12 퇴화된 접종원 사용은 잡균 발생 원인과는 거리가 멀다. (퇴화는 균의 활력이 떨어진 상태를 말하는 것이지 오염이 된 것은 아니다.)

13 곡립배지 조제 시 과습 상태일 때 황산칼슘(석고)을 첨가하여 수분을 조절할 수 있다.

14 양송이의 조직분리는 갓과 대의 접합 부분이 세포분화가 잘 되며 깨끗한 조직이므로 육질 분리 시 주로 사용한다.

15 팽이버섯의 원균은 4℃ 범위의 냉장고에 보관해야 하며 빛에 노출시키지 않는 것이 좋다.

16 원균을 이식할 때에는 균사를 이식하는 것이므로 버섯이 사용되지 않는다. 버섯자실체는 조직분리 등에 쓰인다.

17 고압증기살균(온도 121℃, 압력 1.1kg/cm²), 15~20분

18 버섯종균 제조용 접종원 계대배양은 2회 정도 허용된다. 여러 번 계대를 하는 것보다 다시 원균을 만들어 사용하는 것이 좋다.

19 양송이 종균은 주로 곡립을 사용하는데 밀, 호밀, 수수 등이 적당하며 그 이유는 곡립을 뿌리면서 접종해야 하기 때문이다.

20 느타리와 표고의 단포자 핵은 n상태이다.

21 고압증기살균(온도 121℃, 압력 1.1kg/cm²)

22 담자균류에는 균사에 꺽쇠 형태의 세포를 갖고 있다. 식용버섯 중 꺽쇠가 없는 버섯은 양송이, 풀버섯 등이 대표적이다. 꺽쇠 연결이 있는 세포에 핵을 2개 가지고 있기 때문에, 육종 작업에서 이 특징을 이용하여 1핵 균사인지 2핵 균사인지를 구분한다. 단핵균사에는 꺽쇠 연결이 없다.

23 균사의 배양 적온은 25℃ 전후이고 원균의 보존은 5℃ 전후가 알맞다.

24 느타리, 표고, 양송이, 팽이버섯 등의 대부분의 식용버섯은 담자균아문에 속한다. 자낭균 아문에 속하는 버섯은 동충하초, 곰보버섯, 안장버섯 등이 있으며 그 이외의 버섯은 대부분 담자균류이다.

25 톱밥배지의 입병이 완료되면 즉시 살균을 해야 한다. 장시간 입병된 배지를 방치하면 배지가 변질된다.

26 종균배양실의 환경조건 중 온도는 균사 생장에 가장 큰 영향을 미친다.

27 양송이 종균 배양 시 발생되는 잡균 중 세균(박테리아)의 발생률이 가장 높다.

28 온도가 낮은 배지에 접종원을 접종하면 잡균의 오염이 줄어든다. (잡균은 고온다습을 좋아하며 저온건조에서는 잘 자라지 않는다.)

29 톱밥추출배지 1L에 들어가는 한천의 일반적인 양은 20g이다.

30 • 주름버섯목 : 느타리, 표고, 팽이버섯, 양송이
   • 목이목 : 목이
   • 구멍장이버섯목 : 구름송편버섯, 복령

31 표고의 원목 재배의 경우 종균접종 적기는 3~4월이다.

32 바깥쪽은 건조하기 쉽기 때문에 굵은 것을 쓰고 가운데는 건조가 잘 되지 않기 때문에 가는 것을 쓴다.

33 양송이 복토재료로서는 식양토가 가장 알맞다. 식양토는 점토분이 많은 식토와 점토분이 비교적 적은 양토의 중간 성질을 가지는데 접착력이 크고 양토보다는 경작이 곤란하지만 양분, 특히 보수력이 좋다.

34 표고 원목 재배 시 관리를 위한 측면에서 원목의 직경을 10~15cm를 사용하는 것이 가장 적당하다.

35 버섯 재배 시 버섯 발생시기는 환경요인의 허용 범위가 좁아서 정확한 관리가 요구된다.

36 털목이버섯 톱밥배지 제조 시 미강의 첨가량은 15~20%가 적당하다.

37 송이, 표고, 양송이는 주름살이 있는 버섯이고 싸리버섯은 주름살이 없는 버섯이다.

38 • 팽이버섯 배양 20℃ 전후, 70%, 20~25일
   • 발이 12℃±2℃, 90%, 7~9일
   • 억제 3~4℃, 75%. 12~15일
   • 생육 6~8℃, 70~75%, 8~10일

39 복토가 건조해지면 2~3주기에 핀형성이 과다하게 많으며 품질이 불량해진다.

40 표고 종균에서 가장 많이 발생하는 병원균은 푸른곰팡이병이다. 버섯 종균 배양 중에는 푸른곰팡이가 가장 많이 발생된다.

41 팽이버섯 자실체 생육 시에는 재배사 내의 광선이 필요하지 않으므로 어두운 상태에서도 재배가 된다. 팽이버섯의 발이를 억제할 경우 광선이 필요하다.

42 종균을 접종한 3~4월 초순에는 밤의 온도가 낮고 대기 중의 습도가 낮아 표고균사의 생장에 적합지 못하다. 또 원목에 접종된 종균은 일시적으로 균사의 활력이 저하되어 잡균이 발생하기 쉬우므로 원목의 형성층 내에 균사가 빨리 활착되도록 온습도 관리가 편리한 장소에 임시눕혀두기를 한다.

43 갓이 잉크색으로 변하는 것은 온도가 낮기 때문이다.

44 무기태질소원인 요소는 퇴비의 뒤집기 작업 시 나누어 넣어주는 것이 가장 효과적이다.

45 양송이 2~3주기에는 버섯의 생장 속도가 빠르고 품질이 저하되므로 1주기보다 재배사 온도를 낮게(15℃) 유지하여 버섯의 생장을 지연시킬 필요가 있다.

46 양송이 복토 재료는 가비중이 0.5~0.7g/mL 정도로 가벼워야 한다.

47 암모니아가 양송이 균사의 생장에 유해하며, 그 한계 농도는 150~300ppm(0.015~0.03%)이다.

48 • 고온성 품종 : 여름느타리, 사철느타리 2호, 여름느타리 2호
   • 저온성 품종 : 농기2-1호, 원형느타리, 원형느타리2호, 원형느타리3호
   • 중온성 품종 : 농기201호
   • 중고온성 품종 : 사철느타리, 농기202호

49 표고 골목의 눕혀두는 장소 선택 시 경치는 고려대상이 아니다.

50 고무버섯은 고온다습 시 발생한다. 주홍꼬리버섯은 고온건조에서 발생한다.

51 표고 자목은 균사 활착 양부의 판별과 골목 자체의 무게 변화는 관련이 없다.

52 느타리 볏짚재배용 배지의 주재료로는 볏짚을 사용한다.

53 원목은 가능한 한 변재부가 많고 심재부가 적으며, 수분과 균사를 보호할 수 있는 표피층이 있는 원목을 선택해야 한다. 영지 재배에 가장 알맞은 수종은 참나무과 중에서 상수리나무, 졸참나무, 갈참나무이다.

54 • 산림2호 : 원목재배용 고온성 품종
   • 산림1호 : 원목재배용 저온성 품종
   • 산조501호 : 저온성품종
   • 산조502호 : 저온성품종
   • 산조101호 : 고온성품종

55 마이코곤병은 주로 양송이에 발병하며 기온이 높은 봄 재배 후기와 가을재배 초기, 백색종을 재배할 때, 복토를 소독하지 않은 경우 피해가 심하다.

56 푸른곰팡이병의 방제를 위해서 벤레이트, 판마쉬, 스포르곤 등을 사용한다.

57 전체의 C/N율보다는 유효 탄소와 유효 질소간의 비율이 더 중요하다. 양송이 퇴비의 알맞은 C/N율은 퇴적 시 25 내외, 종균 접종 시 17 정도이다.

58 털두꺼비하늘소는 성충이 생목과 균사가 생장한 골목에는 산란하지 않으며, 종균을 접종하기 위하여 준비한 건조 원목에만 산란을 한다. 성충의 비래시기는 4~5월로 주로 가는 원목에 산란한다. 산란되어 부화한 유충은 1마리당 12cm^3 정도의 수피 내부층과 목질부 표피층을 식해하므로, 이것에 의해 균사의 활력과 생장의 저지는 물론, 잡균의 발생을 조장하여 피해를 가중시킨다.

59 양송이 후발효의 목적은 퇴비의 영양분 합성, 암모니아태 질소 제거, 병해충 사멸 등이다. 퇴비의 탄력성 증가보다 물리성을 개선시켜준다.

60 표고톱밥재배 배지의 수분 함량은 65%가 적당하다. (원목의 경우 40%, 곡립은 45%)

2008년 버섯종균기능사 필기시험

01 비타민이나 항생물질의 살균 방법으로 가장 적합한 것은?
① 여과
② 자외선살균
③ 고압스팀살균
④ 건열살균

02 고압살균의 원리를 가장 잘 설명한 것은?
① 살균기 내의 승화열을 이용한다.
② 수증기의 온도가 압력에 비례하여 높아진다.
③ 공기의 온도가 압력에 비례하여 낮아진다.
④ 살균기 내의 온도는 주입한 물의 양에 따라 높아진다.

03 곡립종균 배양 중에 발생되는 잡균 중 가장 많은 것은?
① Bacteria
② Mucor
③ Aspergillus
④ Penicillium

04 양송이의 사물기생질병은?
① 푸른곰팡이
② 마이코곤병
③ 갈반병
④ 세균성갈변병

05 다음 중 종균 배양용 배지의 살균이 끝난 후 배기를 서서히 식히는 이유로서 가장 올바른 것은?
① 병의 파손을 방지
② 병마개가 느슨해짐을 방지
③ 양분의 파괴 방지
④ 산도 변화 방지

06 일반적으로 버섯의 포자 발아용 배지로 가장 널리 이용되는 것은?
① 맥아 배지
② 증류수 한천 배지
③ 감자추출 배지
④ 퇴비추출 배지

07 종균의 바이러스 감염 검정법으로 가장 정확한 것은?
① 15℃에서 배양 후 육안 검정
② 25℃에서 배양 후 육안 검정
③ 37℃에서 배양 후 육안 검정
④ 균사체 배양 후 더블스트랜드알엔에이 (dsRNA) 검정

08 종균 배양 시에 배양실 온도 변화가 심하였을 때의 현상이 아닌 것은?
① 잡균 발생이 심하다.
② 병의 위 내부 공간 부위에 결로가 생긴다.
③ 배양기간이 길어진다.
④ 버섯 형성이 촉진된다.

09 초자기구, 금속기구 및 습열로 살균할 수 없는 재료를 살균하기에 적당한 것은?
① 무균상
② 건열살균기
③ 고압살균기
④ 상압살균기

10 느타리버섯 자실체를 버섯 완전 배지에 조직배양하면 무엇으로 생장하게 되는가?
① 갓
② 대
③ 균사체
④ 포자

11 느타리버섯은 1개의 담자기에서 몇 개의 포자를 형성하는가?
① 2개
② 4개
③ 6개
④ 8개

12 목이버섯의 균사 생장 최적 산도는?
① pH 3.5~4.5
② pH 4.6~5.5
③ pH 6.0~7.0
④ pH 8.0~9.5

13 버섯의 포자는 대부분 어디에 부착되어 있는가?
① 균사
② 대(줄기)
③ 대주머니
④ 갓

14 영지버섯 종균제조용 배지 재료로 탄닌 함량이 2.1~2.8% 정도로 가장 적당한 것은?
① 소나무류
② 현사시나무
③ 전나무
④ 참나무류

15 종균 배양실의 관리 방법으로 틀린 것은?
① 종균을 넣기 전 청소 및 약제소독을 한다.
② 습도는 70% 이하로 유지한다.
③ 온도는 23~25℃ 정도를 유지한다.
④ 전등을 항상 켜서 균사 생장을 촉진한다.

16 다음 중 종균의 세균 감염 여부를 검정하는 방법으로 가장 알맞은 것은?
① 종균을 배양용 고체 배지에 접종 후 10℃에서 배양하여 육안 검정
② 종균을 배양용 고체 배지에 접종 후 25℃에서 배양하여 육안 검정
③ 종균을 배양용 고체 배지에 접종 후 37℃에서 배양하여 육안 검정
④ 종균을 버섯 완전 액체 배지에 접종 후 25℃에서 배양하여 육안 검정

17 무균실 소독용 알코올의 일반적인 사용 농도는?
① 10%
② 50%
③ 70%
④ 100%

18 버섯균주의 액체질소를 이용한 장기보존 시 사용하는 보존제로 알맞은 것은?
① 암모니아
② 질소
③ 알코올
④ 글리세린

19 곡립배지 제조 시 배지의 pH를 조절하기 위하여 주로 사용하는 재료는?
① 쌀겨
② 탄산칼슘
③ 키토산
④ 밀기울

20 감자한천배지(PSA)의 재료 조성으로 가장 적합한 것은?
① 감자 100g, 포도당 20g, 한천 10g, 물 1L
② 감자 200g, 전분 20g, 한천 10g, 물 1L
③ 감자 100g, 전분 20g, 한천 20g, 물 1L
④ 감자 200g, 포도당 20g, 한천 20g, 물 1L

21 버섯의 진정한 생식기관으로서 포자를 만드는 영양체로 종(種)이나 속(屬)에 따라 고유의 형태를 가지는 것은?
① 자실체 ② 균사
③ 턱받이 ④ 협구

22 양송이 종균 배양 시 흔들기 작업을 하는 목적으로 틀린 것은?
① 균일한 생장 유도
② 균덩이 형성 방지
③ 배양기간 단축
④ 잡균 발생 억제

23 클린벤치(무균상)에서 원균을 이식할 때 쓰이는 기구가 아닌 것은?
① 백금선 ② 시험관 배지
③ 알코올 램프 ④ 건열살균기

24 양송이 포자의 발아 촉진을 위한 처리로 부적당한 것은?
① 저급지방산 처리
② 자외선 처리
③ 배지의 산도 조절
④ 균사 절편의 이식 접종

25 버섯의 일반적인 특징이 아닌 것은?
① 고등식물이다.
② 엽록소가 없다.
③ 기생생활을 한다.
④ 광합성을 못한다.

26 양송이 재배 시 복토 재료로서 적당한 것은?
① 식토 ② 식양토
③ 토탄 ④ 부식토

27 누에에 누에동충하초 균을 접종할 때 주로 이용되는 종균은?
① 포자 액체종균
② 톱밥종균
③ 곡립종균
④ 종목종균

28 표고에 대한 설명으로 틀린 것은?
① 사물기생균이다.
② 활물기생균이다.
③ 목재부후균이다.
④ 학명은 *Lentinus edodes*이다.

29 다음 중 버섯의 2핵 균사에 꺽쇠(clamp connection)가 관찰되지 않는 것은?
① 느타리버섯 ② 표고버섯
③ 양송이 ④ 팽이버섯

30 식용버섯인 표고와 양송이는 분류학상 어느 것에 해당되는가?
① 자낭균 ② 불완전균
③ 담자균 ④ 조상균

31 버섯종균의 선택방법으로 틀린 것은?
① 적당한 수분을 보유하고 있는 것
② 버섯 냄새가 나지 않는 것
③ 병원에 오염되지 않은 것
④ 허가된 종균 배양소에서 구입한 것

32 팽이버섯 재배용 톱밥에 대한 설명으로 옳은 것은?
① 수지 성분이 많은 것
② 탄닌 성분이 많은 것
③ 보수력이 높은 것
④ 혐기성 발효가 된 것

33 팽이버섯 재배 과정 중 생육 억제란?

① 관수를 하지 않고 버섯을 약간 건조시켜 자라지 못하게 하는 작업이다.
② 환기를 시키지 않고 버섯 대를 길게 만드는 과정이다.
③ 빛을 밝게 하여 버섯이 많이 발생하게 하는 과정이다.
④ 온도를 낮게 하여 갓과 줄기를 균일하고 충실하게 하는 과정이다.

34 양송이 퇴비의 첨가재료 중 뒤집기를 할 때 나누어 넣어야 효과가 높은 것은?

① 요소　　② 계분
③ 미강　　④ 탄산석회

35 양송이의 품종이 아닌 것은?

① 505호　　② 703호
③ 705호　　④ 202호

36 양송이 퇴비배지 제조 시 가퇴적의 목적과 거리가 먼 것은?

① 볏짚의 수분 흡수 촉진
② 볏짚 재료의 균일화
③ 퇴비의 발효 촉진
④ 퇴적노임 절감

37 다음 중 흑목이 톱밥재배 시 최적 톱밥의 종류는?

① 포플러 톱밥 100%
② 참나무 톱밥 100%
③ 포플러 톱밥 50% + 참나무 톱밥 50%
④ 포플러 톱밥 75% + 참나무 톱밥 25%

38 양송이 복토의 클로르피크린 약제 소독 시 토양 온도로 적합하지 않은 것은?

① 12℃　　② 17℃
③ 22℃　　④ 25℃

39 느타리버섯의 푸른곰팡이병(*Trichoderma* spp.)에 사용하는 약제로서 배지 살균 전에 처리하는 것은?

① 파미드 유제
② 카보설판 입제
③ 카나마이신
④ 프로클로라즈망가니즈 수화제(스포르곤)

40 고온성 표고 품종은?

① 산림2호　　② 산조501호(임협2호)
③ 산림1호　　④ 산조502호(임협5호)

41 양송이 균은 다음 중 어느 것에 속하는가?

① 순활물 기생균
② 순사물 기생균
③ 반활물 기생균
④ 반사물 기생균

42 자연조건 하에서 표고버섯의 동고가 가장 많이 발생하는 시기는?

① 3~4월　　② 7~8월
③ 10~11월　　④ 12~2월

43 양송이 재배장소로 가장 거리가 먼 것은?

① 복토원이 풍부한 곳
② 지하수 수온이 낮은 곳
③ 재료 구입이 용이한 곳
④ 노동력이 풍부한 곳

44 표고버섯의 열풍건조 단계 중 배기구를 완전히 닫아도 좋은 시기는?
① 후기 건조
② 본 건조
③ 마지막 건조
④ 예비 건조

45 표고 골목의 버섯 발생 작업과정이 아닌 것은?
① 타목
② 침수
③ 물떼기
④ 가눕히기

46 복령의 재배장소에 대한 설명으로 옳은 것은?
① 흙이 부드럽고 유기물 함량이 높은 곳이 좋다.
② 참나무 산림지대가 좋으며 자갈이 많은 것이 좋다.
③ 배수가 양호한 사양토에서 유기물이 적은 곳이 좋다.
④ 습기가 많은 경작지 토양이 좋다.

47 양송이 종균을 심을 때 퇴비량에 비하여 종균재식량이 가장 많은 부분은?
① 표층
② 상층
③ 중층
④ 하층

48 곡립종균의 사용이 적합한 버섯은?
① 양송이
② 느타리버섯
③ 표고버섯
④ 뽕나무버섯

49 생표고를 주로 가해하는 해충의 종류로만 묶인 것은?
① 하늘소, 나무좀
② 하늘소, 톡토기
③ 민달팽이, 곡식좀나방
④ 민달팽이, 톡토기

50 양송이 퇴비를 후발효하는 목적으로 틀린 것은?
① 양송이 영양분의 합성 및 조절
② 퇴비의 소독
③ 퇴비 수분 조절
④ 퇴비 중의 유해성분 제거

51 표고 골목 해충의 예방법이 아닌 것은?
① 조기 종균접종으로 표고균사를 빨리 만연시킨다.
② 방충망을 씌운다.
③ 재배장의 폐골목 및 낙엽 등을 제거한다.
④ 해충이 발생하면 약제처리를 한다.

52 영지버섯 톱밥배지 제조 시 톱밥량에 대해 몇 %의 미강을 첨가하는 것이 수량을 높이는 데 효과적인가?
① 약 5~10%
② 약 15~20%
③ 약 30~35%
④ 약 60~65%

53 양송이 퇴비 후발효 중 먹물버섯이 가장 잘 발생하는 온도는?
① 20~30℃
② 45~55℃
③ 60~70℃
④ 75~85℃

54 영지버섯의 자실체 발생에 가장 알맞은 온도는?
① 12~15℃
② 16~19℃
③ 21~24℃
④ 28~32℃

55 천마와 공생하는 버섯으로 천마재배 시 꼭 필요한 것은?
① 목이버섯
② 잣버섯
③ 뽕나무버섯
④ 상황버섯

56 다음 중 자실체 발생 시 온도가 가장 낮은 버섯 종류는?

① 팽이버섯
② 목이버섯
③ 영지버섯
④ 느타리버섯

57 표고버섯 골목관리 시 직사광선에 의해 발생하기 쉬운 해균으로 불완전 세대에는 골목 표피나 절단면에 황록색의 작은 균총을 형성하는 것은?

① 검은혹버섯
② 톱밥버섯
③ 고무버섯
④ 푸른곰팡이

58 종균의 저장온도가 가장 낮은 버섯 종류는?

① 양송이 ② 느타리버섯
③ 표고버섯 ④ 팽이버섯

59 표고 원목재배 시 노지눕히기를 하는 방법으로 틀린 것은?

① 통풍이 잘 되는 곳을 선정한다.
② 가급적 원목과 그늘망의 밀착을 유도한다.
③ 대경목은 지표에서 60°, 소경목은 30°로 눕힌다.
④ 물이 잘 빠지는 곳을 선정한다.

60 영지버섯 재배에 알맞은 재배사 내의 광도(조도)는?

① 20~100룩스
② 50~400룩스
③ 500~700룩스
④ 800~1,200룩스

정답 및 해설 — 2008년 버섯종균기능사 필기시험

01	02	03	04	05	06	07	08	09	10	11	12	13	14	15	16	17	18	19	20
①	②	①	③	①	④	④	②	③	②	②	③	④	④	④	③	③	④	②	④

21	22	23	24	25	26	27	28	29	30	31	32	33	34	35	36	37	38	39	40
①	④	②	④	②	①	②	③	③	②	③	④	①	④	④	④	①	④	①

41	42	43	44	45	46	47	48	49	50	51	52	53	54	55	56	57	58	59	60
②	④	②	③	④	③	①	①	④	③	④	②	②	④	③	①	④	④	②	②

01 살균방법에는 스팀, 건조, 여과, 화염, 화학 살균 방법이 있다. 비타민이나 항생제는 내열성이 약하여 살균 시 파괴되므로 여과 살균을 한다.
  - 고압스팀살균 : 버섯배지 및 PDA, PDB배지 등
  - 건열살균 : 백금이, 백금구, 등의 실험 기자재

02 살균기의 압력과 수증기의 온도가 비례하여 상승(1.1kg/cm^2 15파운드, 온도 121℃)

03 곡립종균 배양 중 가장 많은 잡균은 세균(박테리아)이다.

04 푸른곰팡이병은 재배사의 온도가 높을 때, 특히 종균 접종 초기에 고온일 때 심하고, 습도가 높고 환기가 부족한 환경에서도 많이 발생한다. 산성배지나 복토에서 발생이 심하다.

05 살균이 끝난 후 급격한 배기를 하면 압력의 급격한 변화로 인하여 병의 뚜껑이 열리고 병이 파손될 수 있다.

06 버섯의 포자 발아용 배지로는 영양분이 없는 한천 배지가 오염이 잘 되지 않으므로 적당하며 영양분이 많은 배지는 오염이 잘 된다.

07 바이러스는 균주의 dsRNA를 분석하여 그 감염 여부를 판정할 수 있다. 진균류인 효모나 사상균류는 배양온도가 버섯균주와 비슷하여 정확한 규명은 어려우나 감염부근의 균사색택, 균사체의 덩이짐, 버섯고유의 물질이 아닌 색다른 물질의 분비 등으로 구분할 수 있다.

08 배양실 온도변화가 심하면 응결수가 생겨서 잡균발생이 증가하고 병의 내부에 결로 현상이 생기며, 배양기간이 길어진다. 따라서 종균 배양 시 배양실의 온도 변화는 최소화시켜야 한다.

09 초자(유리)기구, 금속기구는 건열 살균기를 이용한다. 160~170℃에서 1~2시간 살균하거나 140℃에서 3~4시간 살균한다.

10 느타리의 자실체를 조직배양하면 균사체로 생장하게 된다. 균사체가 어느 정도 생장하면 계대배양 등을 통해 균사체를 보존 및 생장시킨다.

11 느타리균은 자웅이주이고 4극성(tetrapolar)이기 때문에, 한 담자기에 형성된 4개의 포자에서 유래한 1차 균사는 융합하여 2차 균사를 형성하는데, 유전에 관여하는 유전형질은 각각 다른 4개의 복대립 유전자로 되어 있다.

12 목이의 균사 생장 최적 산도는 약산성인 pH 6.0~7.0이다.

13 버섯의 포자는 대부분 갓의 뒷 부분에 부착되어 있다.

14 참나무류의 탄닌 함량은 2.1~2.8%로 영지, 표고버섯 등의 종균제조용으로 가장 적합하다.

15 대부분의 종균은 암배양을 실시해야 한다. 명배양을 실시하면 생식생장으로 유도되어 종균의 생장이 좋지 못하며 자실체가 발생될 수 있다.

16 종균의 세균감염 판별 방법은 고체배지에 접종하여 37℃에 배양을 하여 육안으로 검정하는 방법이 가장 일반적이다.

17 무균실, 접종실 등의 소독용으로 사용하는 알코올의 농도는 70%가 가장 효과가 좋다.

18 버섯균주를 오랫동안 형질 변화 없이 보존하고자 할 때 가장 좋은 방법이 액체질소를 이용한 보존방법이다. 이때 보존제로는 10% 글리세린을 사용한다.

19 곡립배지의 pH조절은 탄산칼슘을 주로 사용한다.

20 감자한천배지(PSA 혹은 PDA) 배지조성 비율은 물 1L에 감자 200g, 포도당 20g, 한천 20g을 넣는다.

21 자실체는 버섯의 진정한 생식기관으로서 포자를 만드는 영양체로 종(種)이나 속(屬)에 따라 고유의 형태를 가진다.

22 양송이 종균 배양 시 흔들기 작업을 하면, 균일한 균사생장과 균덩이 형성을 방지하고, 균사의 배양기간을 단축한다.

23 건열살균기는 초자(유리)기구 등의 살균에 사용된다.

24 자외선 처리는 세균 살균을 위한 것이며 돌연변이 유기를 할 때도 사용한다. 양송이 포자 발아 촉진을 위한 방법으로 부적당하다.

25 버섯은 고등식물이 아닌 균류에 속한다.

26 복토재료로는 식양토나 미사질 식양토 또는 토탄에 석회

27 누에에 누에동충하초균을 접종할 때 주로 포자 액체종균을 이용한다.

28 활물기생(살아있는 생물이 다른 동식물에 기생)균은 송이, 능이, 싸리버섯 등이 있다.

29 담자균류에는 균사에 꺽쇠 형태의 세포를 갖고 있다. 식용버섯 중 꺽쇠가 없는 버섯은 양송이, 풀버섯이 대표적이다. 꺽쇠 연결이 있는 세포에 핵이 2개가 있어 육종 작업에서 이 특징을 이용하여 1핵 균사인지 2핵 균사인지를 구분한다. 단핵균사에는 꺽쇠연결이 없다.

30 표고와 양송이는 담자균류에 속한다. 담자균류는 유성생식한 결과로 담자기에서 포자를 만드는 균류이다.

31 활력이 좋은 버섯종균은 특유의 버섯 냄새가 난다.

32 톱밥의 보수력(수분 보관 능력)은 팽이버섯의 수확량 등에 영향을 미친다. 그러므로 보수력이 높은 톱밥을 선택해야 한다.

33 팽이버섯 생육억제는 온도 3~4℃, 습도 80~85%에서 3~4일 실시한다. 갓과 줄기를 균일하고 충실하게 하는 과정이다.

34 분해속도가 빨라서 공기중으로 방출되기 때문에 본퇴적시 나누어 넣는다. 이는 암모니아 농도가 급격히 증가하면 미생물의 활동이 감소하기 때문이다.

35 양송이 505호, 703호, 705호는 농업기술연구소에서 육종한 품종이다. (양송이 500단위의 품종은 흰색이고 700단위는 갈색이다.)

36 양송이 퇴비배지의 가퇴적 목적은 볏짚의 수분흡수의 촉진과 퇴비의 발효촉진, 재료의 균일화를 위함이다.

37 흑목이는 표고와 마찬가지로 탄닌 성분이 함유된 참나무류와 밤나무 등의 톱밥이 가장 양호하다. 특히 참나무류의 톱밥은 탄닌 성분이 2.0~2.8%로 들어 있어서 재배 시 잡균을 억제시킬 수 있다. 그러나 최근에는 포플러톱밥 75%, 참나무톱밥 25%를 혼합하여 사용한다. 이는 참나무톱밥은 탄닌 성분이 많고 포플러톱밥은 보습력이 높은 장점을 최대한 살릴 수 있다.

38 15℃ 이하일 때 약제의 침투 확산이 느려져서 약제 효과가 떨어지고 잔존가스 방출이 억제되어 약해를 받기 쉽다.

39 푸른곰팡이병의 방제를 위해서 벤레이트, 판마쉬, 스포르곤 등을 사용한다.

40 • 산림2호 : 원목재배용 고온성품종
 • 산림1호 : 원목재배용 저온성 품종
 • 산조501호 : 저온성품종
 • 산조502호 : 저온성품종

41 양송이는 순사물기생균의 일종으로서 식물 잔해나 생물체가 분해되어 만들어진 유기물로부터 영양분을 흡수하여 균사가 생장하고 자실체를 형성한다.

42 온도가 낮고 습도가 낮은 12월~2월에 동고가 가장 많이 발생한다.
 • 표고의 품질등급 : 화고-동고-향고-향신

43 양송이 재배장소로 지하수의 수온이 높고 낮음은 관련이 없다.

44 예비건조, 본건조, 후기건조 시에 배기구를 완전히 닫으면 건조가 제대로 이뤄지지 않는다.

45 접종된 버섯목을 1~2개월간 임시로 적당한 장소에 모아서 쌓아두어 관리한다. 이는 바람에 의한 건조 방지, 버섯목 내에 충분한 습기 보존으로 표고균사의 활착과 만연을 순조롭게 해주기 위해서 가눕히기를 한다.

46 복령은 목재부후균으로 목재를 분해하여 영양분을 흡수한다. 배수가 양호한 사양토에 유기물이 적은 곳이 좋다.

47 종균재식량이 가장 많은 부분은 표층부분이고 가장 적은 부분은 중층이고 종균의 종류, 접종시기 및 배지량에 따라서 달라지나 퇴비량이 125kg/3.3m²에 약 1.5kg의 종균을 기준으로 하여 접종한다.

48 곡립종균은 양송이, 신령버섯 등에 주로 사용된다.

49 생버섯을 가해하는 해충류에는 큰무늬버섯벌레, 톡토기류, 딱정벌레류, 민달팽이류 등이 있다.

50 양송이 퇴비 배지는 후발효 과정을 통하여 발효가 완성되어 영양성분의 합성이 극대화하고 퇴비 중에 남아있는 암모니아태질소가 제거된다. 또한 각종 유해물질과 유해 미생물이 제거되고 각종 병해충이 사멸되며 퇴비의 물리성이 개선된다. 선충 응애류 등 각종 해충과 바이러스 마이코곤 등 병원균의 오염은 후발효 과정을 통해 가장 확실하고 손쉽게 제거할 수 있다.

51 해충이 발생하여 약제처리를 하면 버섯자실체에 약제가 묻어날 수 있다.

52 영지버섯 톱밥배지의 미강 첨가량은 약 15~20% 가장 적당하다. 30% 가능하지만 균사생장속도가 느려지고 잡균의 오염이 높아짐

53 먹물버섯은 종균의 접종량이 과다할 경우나 균사 활착 시 호흡열이 과다하면 온도가 상승하여 발생한다. 주로 45~55℃에서 가장 잘 발생하기에 후발효 시 실내온도와 배지 온도의 관리가 매우 중요하다.

54 영지의 자실체 발생은 습도 90~95%, 온도 28~32℃가 가장 적당하다.

55 천마와 공생하는 균은 뽕나무버섯균이다.

56 팽이버섯 발이 습도 90~95%, 온도 13~15℃, 이산화탄소 1,000ppm 정도를 유지해 준다.

57 표고의 골목관리 시 직사광선에 의하여 발생하기 쉬운 해균은 푸른곰팡이다.

58 팽이버섯의 균주는 4℃ 범위의 냉장고에 보관해야 하며 빛에 노출을 피하는 것이 좋다.

59 원목과 그늘망이 밀착되는 것은 적당한 방법이 아니다.

60 영지의 재배사 광도는 50~500룩스가 적당하다.

2009년 버섯종균기능사 필기시험

01 종균의 저장 온도가 가장 낮은 버섯은?
① 양송이버섯 ② 느타리버섯
③ 표고버섯 ④ 팽이버섯

02 양송이 곡립종균 제조 시 균덩이 형성 방지책과 가장 거리가 먼 것은?
① 흔들기를 자주하되 과도하게 하지 말 것
② 고온 저장을 피할 것
③ 장기 저장을 피할 것
④ 호밀은 박피할 것

03 느타리버섯 원균 증식용 배지 조제 시 불필요한 것은?
① 양송이 퇴비 ② 감자
③ 설탕 ④ 한천

04 느타리버섯의 원목재배에 적합한 수종으로 거리가 먼 것은?
① 낙엽송 ② 버드나무
③ 현사시나무 ④ 오리나무

05 버섯종균 생산에서 배지조제(곡립배지, 톱밥배지) 시 산도 조절용으로 사용하는 첨가제는?
① 황산마그네슘 ② 탄산석회
③ 인산염 ④ 아스파라긴

06 활물기생 또는 반활물기생이 가능한 것은?
① 뽕나무버섯 ② 양송이
③ 참부채버섯 ④ 표고버섯

07 양송이의 균사 배양 시 적합 조건이 아닌 것은?
① 온도는 23~25℃
② 습도는 90~95%
③ 충분한 산소 공급
④ 배지의 pH 8 이상

08 양송이 자실체로부터 포자를 채취하여 원균을 제조하고자 한다. 다음 중 포자 채취에 가장 알맞은 것은?
① 갓이 완전히 벌어진 것을 채취한다.
② 갓이 벌어져 포자가 많이 나르는 것을 채취한다.
③ 갓이 벌어지기 직전의 것을 채취한다.
④ 버섯의 모양이 갖추어진 상태일 때 채취한다.

09 종균 배지(톱밥 배지) 제조 시 입병 용기가 1,000mL일 경우 일반적으로 배지 주입량으로 가장 적합한 것은?
① 550~650g ② 660~750g
③ 760~800g ④ 850~900g

10 양송이 균의 특성이 아닌 것은?
① 균사는 격막이 있고, 꺽쇠 연결은 없다.
② 염색체는 다소 차이가 있으나 n=9개이다.
③ 균사체를 구성하는 세포 내에 다핵 상태로 균사 내에서 핵융합이 일어난다.
④ 대의 갓이 연결되는 부분에 생장점이 있다.

11 버섯 균사를 접종(이식)할 때 주로 사용하는 기구는?
   ① 백금선   ② 백금구
   ③ 백금이   ④ 백금망

12 균주 보존에서 자실체 형성이나 균의 생리적 특성이 변화되는 현상을 방지하기 위한 일반적인 보존방법은?
   ① 계면 활성 보존법   ② 계대 배양 보존법
   ③ 활면 배양 보존법   ④ 고온 처리 보존법

13 버섯 원균의 분리 및 배양 시 반드시 필요한 기기인 것은?
   ① 항온기   ② 냉동건조기
   ③ 아미노산 분석기   ④ 초저온냉동기

14 접종실(무균실)의 습도는 몇 % 이하로 유지하여야 좋은가?
   ① 70%   ② 80%
   ③ 90%   ④ 100%

15 열에 민감하여 한계 온도 이상의 열처리 시 변성될 가능성이 있는 비타민, 항생제 등의 성분들에 사용하는 멸균법은?
   ① 가스멸균   ② 여과멸균
   ③ 자외선멸균   ④ 화염멸균

16 식용버섯의 원균 보존 방법으로 적합하지 않은 것은?
   ① 유동 파라핀 봉입법
   ② 동결 건조법
   ③ 진공 냉동 건조법
   ④ 상온 장기 저장법

17 주름버섯목으로만 이루어진 것은?
   ① 양송이, 느타리버섯, 목이버섯
   ② 영지버섯, 표고버섯, 복령
   ③ 영지버섯, 구름송편버섯, 표고버섯
   ④ 느타리버섯, 표고버섯, 팽이버섯

18 일반적인 버섯의 특징이 아닌 것은?
   ① 버섯균은 고등균류에 속하는 생물군이다.
   ② 버섯 세포는 전형적인 세포벽으로 싸여 있다.
   ③ 버섯은 생태계 중 유기물 생산자이다.
   ④ 버섯의 균사체는 진핵세포로 구성되어 있다.

19 주로 양송이를 재배할 때 사용되는 종균은?
   ① 곡립종균   ② 톱밥종균
   ③ 퇴비종균   ④ 종목종균

20 버섯의 분류학적 위치에서 느타리버섯, 표고버섯, 양송이, 팽이버섯은 분류학상 생물계의 어디에 속하는가?
   ① 담자균아문   ② 불안전균아문
   ③ 자낭균아문   ④ 편모균아문

21 표고버섯의 포자 색깔은?
   ① 회색   ② 백색
   ③ 흑색   ④ 갈색

22 버섯의 돌연변이 균주를 찾기 위하여 사용하는 배지 종류로 가장 적합한 것은?
   ① 버섯최소배지   ② 퇴비추출 배지
   ③ 하마다 배지   ④ 맥아배지

23 유성생식 과정에서 두 개의 반수체 핵이 핵융합을 하여 형성하는 것은?
① 반수체
② 2핵체
③ 4핵체
④ 2배체

24 식용이 가능한 버섯은?
① 말불버섯
② 비탈광대버섯
③ 달화경버섯
④ 애기무당버섯

25 곡립종균배지 살균 시간 결정에 관계가 없는 것은?
① 보일러 재질
② 종균 병의 크기
③ 배지의 수분 함량
④ 살균기의 크기

26 양송이의 주름살의 색상에 대한 설명으로 옳은 것은?
① 생육 단계에 상관없이 백색이다.
② 담홍색으로부터 차차 갈색, 암갈색으로 변한다.
③ 초기에는 흑색이나 후기에 백색으로 연하게 된다.
④ 초기에 백색이나 후기에 노란색으로 된다.

27 감자추출배지(PDA) 1L를 제조할 때 사용하는 감자의 무게는 약 몇 g이 가장 적당한가?
① 10
② 50
③ 100
④ 200

28 표고버섯의 불량 종균에 대한 설명으로 틀린 것은?
① 종균 표면에 푸른색이 보이는 것
② 종균병 속에 갈색 물이 고인 것
③ 종균병 속의 표면이 흰색으로 만연된 것
④ 종균 표면에 붉은색을 보이는 것

29 대주머니가 있는 버섯은?
① 양송이
② 광대버섯
③ 느타리버섯
④ 팽이버섯

30 표고버섯 품종 중 톱밥재배용 품종은?
① 산림 2호
② 산림 4호
③ 산림 7호
④ 산림 10호

31 자실체에서 버섯균을 분리할 때 세균의 오염을 피하기 위해서 첨가하는 항생제가 아닌 것은?
① 베노밀
② 스트렙토마이신
③ 크로람페니콜
④ 페니실린

32 표고버섯의 자실체 발육에 가장 적합한 공중 습도는?
① 15~30%
② 40~60%
③ 80~90%
④ 100% 이상

33 느타리버섯 볏짚배지 살균 시 온도계 설치 위치로 가장 바른 것은?
① 재배사 내 최상단의 볏짚 내부
② 재배사 내 상단의 볏짚 표면
③ 재배사 내 중간단의 볏짚 내부
④ 재배사 내 최하단의 볏짚 내부

34 재배사의 바닥을 흙으로 할 때 가장 문제 되는 점은?

① 온도 관리
② 습도 관리
③ 살균 및 후발효 관리
④ 병해 관리

35 버섯 발생 시 광도(조도)의 영향이 가장 적은 버섯은?

① 표고버섯
② 느타리버섯
③ 양송이
④ 영지버섯

36 양송이 재배 시 호흡에 의한 이산화탄소의 방출량이 가장 많은 생장 단계는?

① 개열 직전의 큰 버섯
② 중간 크기의 버섯
③ 어린 버섯
④ 균사 생장

37 양송이나 느타리버섯 재배 시 재배사 내에 탄산가스가 축적되는 주 원인은?

① 복토에서 발생
② 퇴비에서 발생
③ 외부 공기로부터 혼입
④ 농약 살포로 발생

38 느타리 원목재배 시 땅에 묻는 작업 중 묻는 장소의 선정으로 적합하지 않은 곳은?

① 수확이 편리한 곳
② 관수시설이 편리한 곳
③ 배수가 양호한 곳
④ 진흙이 많은 곳

39 표고 원목재배 시 본 눕혀두기 작업에 대한 설명으로 틀린 것은?

① 뒤집기 작업이 필요없다.
② 보온·보습이 잘되게 관리한다.
③ 본 눕혀두기 방법은 임시 눕혀두기와 같이 하거나 베갯목 쌓기를 한다.
④ 직사광선을 막아주고 광도가 2000~3000 룩스인 곳이 눕히는 장소로 적합하다.

40 버섯 재배용 배지를 발효시킬 때 밀도가 가장 높아야 하는 미생물균은?

① 고온성, 호기성균
② 고온성, 혐기성균
③ 중온성, 호기성균
④ 중온성, 혐기성균

41 느타리버섯 재배 시 볏짚단의 야외발효에 관한 설명으로 옳은 것은?

① 고온, 혐기성 발효가 되도록 한다.
② 볏짚이 충분히 부숙되도록 발효시킨다.
③ 발효가 진행될수록 볏짚더미를 크게 쌓는다.
④ 볏짚더미의 상부가 60℃일 때 뒤집기를 한다.

42 표고버섯의 불시재배 시 표고 발생을 위한 골목의 살수 또는 침수 시 골목의 수분 함량으로 가장 적당한 것은?

① 15%   ② 35%
③ 50%   ④ 75%

43 0℃ 이하에서 원균을 보존할 때 사용하는 동결보호제로 가장 적당한 것은?

① 살균수   ② 유동 파라핀
③ 10% 글리세린   ④ 70% 에탄올

44 우수농산물관리제도(GAP)로 버섯 병해충 방제를 할 때 가장 유의해야 하는 방제 방법은?

① 생물학적 방제법
② 재배적 방제법
③ 물리적 방제법
④ 화학적 방제법

45 양송이 종균 접종 후 실내온도를 낮게 유지하기 시작할 시기는?

① 종균 재식 2일 후
② 종균 재식 7일 후
③ 복토 직전
④ 종균 재식 직후

46 아래 설명하는 〈보기〉의 용어로 가장 적합한 것은?

〈보기〉
분류학상 동일종에 속하면서 형태 또는 생리적으로 다른 본질을 갖는 계통으로 육성된 것

① 균주　　② 원균
③ 종균　　④ 품종

47 일반적으로 양송이의 밀 곡립종균의 최적 수분 함량은?

① 35~40%
② 45~50%
③ 55~60%
④ 65~70%

48 느타리버섯 재배 중 자실체 원기 유도 시 저온 처리가 필요없는 것은?

① 느타리(*Pleurotus ostreatus*)
② 노랑느타리(*Pleurotus cornucopiae*)
③ 양송이(*Agaricus bisporus*)
④ 큰느타리(*Pleurotus eryngii*)

49 유태생으로 생식하는 버섯파리는?

① 시아리드
② 포리드
③ 세시드
④ 가스가이드

50 느타리버섯 재배용 볏짚의 수분 조절 방법 중 야외에서 실시할 때 가장 적합한 방법은?

① 물탱크를 이용하여 물에 담그는 방법
② 입상 후 살수하는 방법
③ 1차 침지 후 살수하는 방법
④ 살수 후 담그는 방법

51 표고버섯 원목에서 주홍꼬리버섯이 발생되는 주 원인은?

① 원목에 수분이 적고 직사광선을 받았을 때
② 원목에 수분이 많고 그늘진 곳에서 재배 시
③ 표고 재배 시 지하수가 불량할 때
④ 골목집에 잡초가 무성할 때

52 팽이버섯 재배 시 온도가 가장 높게 유지되어야 하는 곳은?

① 배지 배양실
② 억제실
③ 발이실
④ 생육실

53 버섯 재배사 내의 이산화탄소 농도가 5000ppm 이면 % 농도로는 얼마인가?

① 0.005　　② 0.05
③ 0.5　　　④ 5

54 양송이 곡립종균을 5℃에서 저장 시 수량에 지장이 없는 허용 한도 저장기간으로 가장 적합한 것은?

① 30일　　② 60일
③ 80일　　④ 90일

55 푸른곰팡이병의 발생 원인으로 틀린 것은?

① 재배사의 온도가 높을 때
② 복토의 유기물이 많을 때
③ 복토가 알칼리성일 때
④ 후발효가 부적당할 때

56 양송이 및 느타리버섯 재배 시 균상의 단과 단 사이의 간격으로 가장 알맞은 것은?

① 10cm　　② 30cm
③ 60cm　　④ 90cm

57 표고버섯 종균 증식 과정의 하나로 보기 어려운 것은?

① 원균 분양
② 원균 증식
③ 접종원 제조
④ 품질검사

58 느타리버섯 병재배 시설에 필요없는 것은?

① 배양실
② 배지냉각실
③ 생육실
④ 억제실

59 톱밥배지의 상압살균 온도로 가장 적합한 것은?

① 약 60℃　　② 약 100℃
③ 약 121℃　　④ 약 150℃

60 종균배양실의 환경 조건에 대한 설명으로 부적합한 것은?

① 환기를 실시하여 신선한 공기를 유지한다.
② 실내습도를 70% 이하로 낮게 하여 잡균 발생을 줄인다.
③ 항상 일정한 온도를 유지하여 응결수 형성을 억제한다.
④ 100Lux 정도의 밝기로 유지하여 자실체 원기 형성을 유도한다.

정답 및 해설

2009년 버섯종균기능사 필기시험

01	02	03	04	05	06	07	08	09	10	11	12	13	14	15	16	17	18	19	20
④	④	①	①	②	①	④	③	①	③	②	②	①	①	②	④	④	③	①	①

21	22	23	24	25	26	27	28	29	30	31	32	33	34	35	36	37	38	39	40
②	②	①	①	②	④	③	②	④	①	③	④	④	③	③	②	④	①	①

41	42	43	44	45	46	47	48	49	50	51	52	53	54	55	56	57	58	59	60
④	③	③	④	②	④	②	②	③	①	①	①	③	①	③	③	④	④	②	④

01 팽이버섯의 균주는 1~4℃ 범위의 냉장고에 보관해야 하며 빛에 노출되지 않는 것이 좋다.

02 박피는 겉껍질을 벗기는 것이므로 해야하고 표피를 도정하여 속껍질을 벗기면 균덩이 형성을 유도하므로 금지된다.

03 느타리의 원균증식용 배지 : PDA배지(감자, 한천, 설탕) (Potato Dextrose Agar)

04 느타리의 원목재배는 포플러나무 등의 활엽수가 적당하다. 낙엽송은 침엽수이다.

05 버섯종균용 배지제조에서 탄산석회는 산도 조절용으로 사용한다[석고(황산칼슘)는 물리적 개선을 위해 쓴다].

06 뽕나무버섯은 살아있는 나무에 기생을 하면 그 나무의 병원균으로 작용을 하여 나무에 병이 발생된다.

07 양송이 배지의 산도는 pH 7.5~8.0 적당하다.

08 양송이의 포자 채취는 갓이 벌어지기 직전의 것을 채취한다.

09 입병용기의 부피가 1,000mL일 경우 일반적인 배지 주입량은 550~650g이다.

10 양송이 균사체를 구성하는 세포내에는 다핵상태가 아니며 핵융합이 일어나지 않는다.

11 버섯균사를 접종(이식)할 때는 주로 백금구를 사용한다.

12 가장 일반적인 균주보존 방법은 계대배양 보존법이다.

13 원균의 분리 및 배양 시 일정온도를 유지해 주는 항온기가 꼭 필요하다.

14 접종실의 습도가 70% 이상이 되면 잡균에 오염될 가능성이 높아진다.

15 항생제, 비타민 등은 내열성이 약하여 여과멸균을 한다.

16 원균을 상온에 장기 보존하면 자실체 발생 및 잡균 오염이 발생한다.

17 • 목이 : 목이목
  • 영지, 복령 : 구멍장이버섯목

18 버섯은 생태계의 구성원으로서 분해자, 재활용자, 협력자, 생명을 주는자의 기능을 한다.

19 양송이는 곡립종균을 사용한다.

20 느타리, 표고, 양송이, 팽이버섯 등의 대부분의 식용버섯은 담자균아문에 속한다.

21 표고의 포자는 백색이다.

22 버섯 돌연변이 균주를 찾기 위해서는 버섯 최소배지(MMM)가 적합하다.

23 유성생식 시 서로 다른 교배형의 균사가 융합하여 2배체 단계를 거쳐 핵융합이 일어난다.

24 비탈광대버섯, 달화경버섯, 애기무당버섯은 독버섯이다.

25 보일러 재질은 살균시간 결정에 관계가 없다.

26 양송이의 주름살은 담홍색으로부터 차차 갈색, 암갈색으로 변한다.

27 감자추출배지(PDA) : 물 1L에 감자 200g, 한천 20g, 설탕 20g을 넣는다.

28 종균병 속의 표면이 흰색으로 만연된 것은 정상적인 표고 균사가 생장한 것이다.

29 양송이, 느타리, 팽이버섯은 대주머니가 없다.

30 산림 2호, 산림 4호, 산림 7호는 원목재배용 고온성 품종이다.

31 베노밀은 살균제 농약으로 카바메이트계 침투성 살균제로 첨가해서는 안 된다.

32 표고의 자실체 발육에 있어 온도는 15~23℃, 습도는 80~90%가 적합하다.

33 살균 시 뜨거운 공기가 위로 올라가므로 재배사 내 최하단의 볏짚내부에 온도계를 설치해야 한다.

34 재배사의 바닥이 흙으로 되어있으면 각종 병해충에 취약하다.

35 양송이는 버섯발생 시 광도의 영향이 가장 적다.

36 양송이는 어린버섯일 때 호흡량과 이산화탄소 배출량이

가장 많다.

37 재배사 내의 탄산가스 축적은 퇴비에서 발생한다.

38 진흙이 많은 곳은 물빠짐이 불량하고 관수시설 등의 편리성이 떨어진다.

39 본눕히기 시기에도 뒤집기 작업이 필요하다.

40 버섯 재배용 배지의 발효 시 고온성, 호기성균의 밀도가 높아야 발효가 잘된 배지이다.

41 볏짚단의 야외발효는 고온, 호기성 발효가 되어야하고, 볏짚더미의 상부가 60℃일 때 뒤집기를 한다.

42 표고 발생을 위한 골목의 살수 또는 침수 시 골목의 수분 함량은 50% 정도가 된다. 골목이란 원목에 균사가 활착된 것

43 원균의 동결 보존 방법으로는 액체질소와 초저온 냉동고에 의한 방법이 이용된다. 초저온 냉동고는 −50~−85℃의 기능을 가지고 있는 것이 좋다. 보호제로는 10% 글리세린이나 10% 포도당을 이용한다.

44 GAP로 병해충 방제를 할 때는 화학적 방제법을 가장 유의해야 한다.

45 종균을 접종하면 처음에는 종균 자체의 영양분으로 자라기 시작하고, 2~3일 지나면 퇴비배지에 활착되어 종균과 퇴비의 영양분을 흡수하여 이용하며, 5~7일 후부터는 퇴비 속의 영양분을 흡수하여 급속히 신장하게 된다. 실내 온도를 낮게 유지하기 시작할 시기는 종균 재식 7일 후가 가장 적당하다.

46 품종 : 분류학상 동일종에 속하면서 형태 또는 생리적으로 다른 본질을 갖는 계통으로 육성된 것

47 양송이 밀 곡립종균의 수분은 45~50%가 적당하다.

48 노랑느타리의 버섯발생에 적합한 온도는 23℃로 발생 소요 기간이 짧고, 발생 상태가 양호한 편이다.

49 세시드 : 보통 완전변태를 하나 환경조건이 좋으면 유태생을 하여 번식이 빠르다. 유태생에 적당한 온도는 23~33℃이고 1세대 기간은 6일 정도이고 어미유충 1마리가 약 6~8개의 어린 유충을 낳는다.

50 볏짚 침수 방법은 입상하기 전에 야외에서 고정식 물탱크나 간이 침수장을 설치하여 수분 함량을 조절한다.

51 주홍꼬리버섯은 원목에 수분이 적고 직사광선을 받았을 때 발생한다.

52 팽이버섯의 온도조건
 • 배지배양실 : 20~25℃
 • 억제실 : 4~5℃
 • 발이실 : 12~15℃
 • 생육실 : 6~8℃

53 5,000ppm=0.5% (ppm은 1/1,000,000)

54 양송이 곡립종균을 5℃에서 저장 시 30일이 지나면 수확량이 떨어진다.

55 복토나 배지가 산성일 때 푸른곰팡이병의 발생이 심하다.

56 균상의 단과 단사이의 간격은 60cm가 알맞다.

57 종균 증식 과정으로는 원균분양, 원균증식, 접종원 제조 등이 있다.

58 억제실은 팽이버섯 재배시설에 필요하다.

59 톱밥배지의 상압살균은 100℃가 적당하고 고압살균은 121℃가 적합하다.

60 종균배양실은 광을 최대한 억제하여 자실체 원기 형성을 방지해야 한다(단, 표고는 갈변을 위하여 명배양을 한다).

2010년 버섯종균기능사 필기시험

01 4극성 교배형을 가진 버섯으로만 이루어진 것은?
① 풀버섯, 양송이
② 느타리, 표고
③ 여름양송이, 표고
④ 팽이버섯, 여름양송이

02 버섯 종균 생산업자가 갖추어야 하는 시설 기자재로 거리가 먼 것은?
① 현미경
② 항온기
③ 고압살균기
④ 분광광도계

03 느타리 톱밥종균의 가장 알맞은 수분함량은?
① 35% ② 45%
③ 55% ④ 65%

04 자실체 조직에서 분리된 조직 절편은 시험관내 배지상 어느 부위에 이식하는 것이 균사생장을 관찰하기에 적당한가?
① 배지 하단부위
② 배지 중앙부위
③ 배지 상단부위
④ 배지부위에 관계없음

05 대부분의 식용버섯은 분류학적으로 어디에 속하는가?
① 조균류 ② 접합균류
③ 담자균류 ④ 불완전균류

06 곡립종균 배양관리에서 배양기간 중 몇 회 정도 흔들어 주는 작업을 실시하는가?
① 3~4회 ② 7~8회
③ 10~12회 ④ 14~16회

07 표고버섯의 원목재배 시 종균을 접종하기에 가장 적당한 원목의 함수율은?
① 10% 내외
② 40% 내외
③ 70% 내외
④ 90% 내외

08 느타리버섯의 자실체에서 생성되는 포자는?
① 자낭포자
② 담자포자
③ 무성포자
④ 분열자

09 양송이와 느타리버섯의 원균을 냉장고에 저온으로 저장(보존)하는 이상적인 기간은?
① 1개월 미만
② 6개월
③ 10개월
④ 1년 이상

10 양송이 곡립종균에 첨가하는 석고는 배지무게의 얼마를 넣는 것이 가장 적당한가?
① 0.1% ② 1.0%
③ 5.0% ④ 10.0%

11 특히 외기가 낮았을 때, 살균을 끝내고 살균솥 문을 열었을 때 배지병의 밑부위가 금이 가 깨지는 경우가 있다. 그 이유로 가장 적합한 것은?
① 고압살균하기 때문
② 살균완료 후 너무 오래 방치하였기 때문
③ 살균솥에서 증기가 많이 새었기 때문
④ 배기 후 살균기 내부온도가 높은 상태에서 문을 열었기 때문

12 노루궁뎅이버섯의 균을 배양하는 주재료로 가장 양호한 나무 종류는?
① 참나무
② 오리나무
③ 아카시나무
④ 소나무

13 버섯 접종실의 소독약제로 사용하지 않는 것은?
① 70% 알코올
② 0.1% 승홍수
③ 4% 석탄산
④ 0.1% 탄산칼슘

14 곡립종균 배양 시 유리수분 생성원인과 관계가 적은 것은?
① 배지수분 과다
② 배양기간 중 극심한 온도변화
③ 에어콘 또는 외부의 찬 공기 주입
④ 정온 상태 유지

15 배지의 살균은 배지의 용량에 따라 다소 차이가 있으나 일반적으로 양송이 곡립종균 제조 시 가장 적당한 고압살균(1.1kg/cm², 121℃) 시간은?
① 20분
② 40분
③ 90분
④ 120분

16 톱밥배지의 입병 작업이 완료되면 즉시 살균 처리하도록 하는 주된 이유는?
① 장시간 방치하면 배지가 변질되기 때문
② 장시간 방치하면 배지 산소가 높아지기 때문
③ 장시간 방치하면 배지의 유기산이 높아지기 때문
④ 장시간 방치하면 탄수화물량이 높아지기 때문

17 다음 중 가장 낮은 온도에서도 균사생장을 하는 버섯은?
① 느타리
② 표고
③ 영지
④ 팽이버섯

18 느타리버섯의 균사가 고온 장해로 생장이 중지되는 온도는?
① 26℃
② 30℃
③ 36℃
④ 45℃

19 표고 종균제조에 관한 설명으로 틀린 것은?
① 종균배양실의 온도는 보통 25℃ 정도이다.
② 종균배양실의 습도는 보통 90% 이상이다.
③ 배양이 완료되면 판매전에 반드시 종균검사를 받아야 한다.
④ 배양이 완료된 종균의 저장은 1개월 미만으로 한다.

20 양송이의 복토 표면에 발생한 버섯이 0.5~2cm일 때 생장이 완전히 정지되면서 갈변, 고사하고 그 균상에서는 버섯발생이 되지 않는 병은?
① 미라병
② 바이러스병
③ 괴균병
④ 세균성갈변병

21 95%의 알코올을 이용하여 75%의 알코올 100mL를 만들려고 한다. 95%의 알코올의 첨가량은 약 얼마인가?
① 59.35mL
② 69.35mL
③ 78.95mL
④ 89.35mL

22 곡립배지 제조 시 배지의 pH를 조절하기 위하여 주로 사용하는 재료는?
① 쌀겨
② 탄산칼슘
③ 키토산
④ 밀기울

23 버섯의 담자포자가 생기는 부분은?
① 갓
② 균사
③ 대
④ 대주머니

24 종균의 육안검사와 관계가 없는 것은?
① 수분함량
② 면전상태
③ 균사의 발육상태
④ 잡균의 유무

25 접종원 1병(1L)으로 몇 병을 접종하는 것이 가장 적당한가?
① 8
② 80
③ 800
④ 8000

26 곡립종균 배양 중에 가장 많이 발생하는 잡균의 종류는?
① 뮤코(Mucor)
② 박테리아(Bacteria)
③ 페니실리움(Penicillium)
④ 아스퍼길러스(Aspergillus)

27 버섯종균 제조 시 톱밥배지 살균은 주로 어느 살균기를 사용하는가?
① 건열살균기
② 고압증기살균기
③ 건열순간살균기
④ 습열순간살균기

28 버섯으로부터 조직분리를 할 때 절편의 크기는 몇 mm가 가장 적당한가?
① 1×3mm
② 1×10mm
③ 1×20mm
④ 1×30mm

29 골목 균사로부터 균사의 분리배양이 되지 않는 버섯은?
① 표고
② 느타리
③ 팽이버섯
④ 송이

30 자낭균류에 속하는 버섯은?
① 목이
② 복령
③ 줄그물버섯
④ 요강주발버섯

31 팽이버섯 재배사 신축 시 재배면적 규모 결정에 가장 중요하게 고려해야 하는 사항은?
① 1일 입병량
② 재배 품종
③ 재배 인력
④ 냉난방 능력

32 주로 건표고를 가해하는 해충으로 건표고의 주름살에 산란하며, 유충은 버섯육질내부를 식해하고 갓 주름살 표면에 소립의 배설물을 분비하는 해충은?
① 털두꺼비하늘소
② 가시범하늘소
③ 민달팽이
④ 곡식좀나방

33 천마에 대한 설명으로 틀린 것은?
① 버섯이다.
② 난과 식물이다.
③ 뽕나무버섯 균사와 공생한다.
④ 씨앗으로 번식이 어렵다.

34 팽이버섯 자실체 발생 시 약한 광선의 영향은?
① 자실체 발생에서 야생종은 촉진하고 재배종은 지연시킨다.
② 자실체 발생에는 아무런 영향이 없다.
③ 야생종과 재배종에서 자실체 발생을 촉진한다.
④ 자실체 발생에서 재배종은 촉진하고 야생종은 지연시킨다.

35 자실층이 관공으로 되어 있지 않은 버섯은?
① 팽이버섯
② 구름송편버섯
③ 영지버섯
④ 둘레그물버섯

36 느타리버섯의 균사생장에 알맞은 온도는?
① 5℃
② 15℃
③ 25℃
④ 35℃

37 영지버섯 톱밥배지 제조 시 톱밥량에 대해 몇 %의 미강을 첨가하는 것이 수량을 높이는 데 효과적인가?
① 약 5%
② 약 15%
③ 약 30%
④ 약 60%

38 버섯의 생활사 중 이배체핵(2n, diploid)을 형성하는 시기는?
① 단핵균사체
② 이핵균사체
③ 담자기
④ 담자포자

39 표고 원목재배 시 병원균 예방법으로 틀린 것은?
① 골목이 직사광선을 받도록 한다.
② 실외 재배 시 3월말까지 종균접종을 마친다.
③ 낙엽이나 하초를 제거한다.
④ 원목의 수피에 상처를 내지 않는다.

40 영지버섯 열풍건조 방법으로 옳은 것은?
① 열풍건조 시에는 습도를 높이면서 60℃ 정도에서 건조시켜야 한다.
② 열풍건조 시 40~45℃로 1~2시간 유지 후 1~2℃씩 상승시키면서 12시간 동안에 60℃에 이르면 2시간 후에 완료시킨다.
③ 열풍건조 시 초기에는 50~55℃로 하고 마지막에는 60~70℃로 장기간 건조시킨다.
④ 열풍건조 시 예비건조 없이 60~70℃로 장기간 건조시킨다.

41 표고 원목재배 시 많이 발생하는 해균이 아닌 것은?
① 트리코더마 균류
② 꽃구름송편버섯균
③ 검은혹버섯균
④ 마이코곤병균

42 표고 재배 시 원목의 수분함량 부족으로 발생하는 병해는?
① 치마버섯
② 고무버섯
③ 기계충 버섯
④ 구름송편버섯

43 표고 원목재배 시 종균 활착과정에서 잡균발생이 없는 경우는?
① 접종구멍이 청색으로 변한다.
② 접종구멍의 부위가 건조되었다.
③ 원목의 표피가 떨어져 나간다.
④ 접종구멍의 종균에 수분이 있고 백색을 보인다.

44 느타리버섯 재배 시 환기불량의 증상이 아닌 것은?
① 대가 길어진다.
② 갓이 발달되지 않는다.
③ 수확이 지연된다.
④ 갓이 잉크색으로 변한다.

45 느타리 버섯파리 중 유충의 크기가 가장 크며, 유충이 균상 표면과 어린 버섯에 거미줄과 같은 실을 분비하여 집을 짓고 가해하는 것은?
① 세시드
② 포리드
③ 시아리드
④ 마이세토필

46 표고의 불시 재배에 가장 적당한 원목의 굵기는?
① 2~5cm
② 6~10cm
③ 14~20cm
④ 20~25cm

47 수화제 농약을 1000배로 희석하여 살포할 때 물 20L에 들어가는 농약의 양은?
① 20g
② 10g
③ 2g
④ 1g

48 목적하는 미생물을 생장하기에 가장 적당한 배지에 넣고 적당한 조건하에서 배양함으로써 다른 미생물보다 우선적으로 생육시켜 분리하는 배양법은?
① 집적배양
② 혼합배양
③ 평판배양
④ 소적배양

49 팽이버섯의 자실체 발생 및 생육 온도로 가장 적합한 것은?
① 발생 10~12℃, 생육 5~8℃
② 발생 5~8℃, 생육 5~8℃
③ 발생 12~15℃, 생육 15~18℃
④ 발생 15~18℃, 생육 12~15℃

50 버섯파리는 주로 무엇에 의하여 재배사 내로 유인되는가?
① 입상된 배지 냄새
② 퇴비 냄새
③ 버섯 색깔
④ 버섯 또는 균사 냄새

51 느타리버섯 재배용 볏짚배지에서 잡균을 제거할 수 있는 최저 살균온도 및 시간은?
① 60℃, 8시간
② 80℃, 4시간
③ 80℃, 8시간
④ 100℃, 2시간

52 표고 톱밥재배용으로 가장 적합한 품종은?
① 산림1호
② 산조501호(임협2호)
③ 산림5호
④ 산조103호(임협7호)

53 느타리 버섯종균을 접종하고자 한다. 탈병 시기로 가장 알맞은 것은?

① 종균재식 1일 전
② 종균재식 당일
③ 종균재식 7일 전에 하여 저장
④ 관계없음

54 영지버섯 발생 및 생육 시 필요한 환경요인이 아닌 것은?

① 광조사
② 저온처리
③ 환기
④ 가습

55 경제적인 면과 수량을 고려할 때 느타리버섯 원목재배에 가장 알맞은 원목의 굵기는?

① 5cm 내외
② 10cm 내외
③ 15cm 내외
④ 25cm 내외

56 느타리버섯의 우량종균 선택 요령으로 틀린 것은?

① 우량계통일 것
② 배양일자가 오래되지 않고 배양 후 1개월 이내일 것
③ 솜마개가 쉽게 빠질 것
④ 잡균의 오염이 없는 것

57 양송이의 상품적 가치를 저하시키는 해충과 거리가 먼 것은?

① 버섯파리   ② 멸구
③ 톡토기   ④ 응애

58 양송이 퇴비의 후발효 중 환기방법으로 가장 적절한 것은?

① 물을 계속 열어서 실시
② 문을 많이 열고 장기간 환기
③ 문을 적게 열고 장기간 환기
④ 문을 많이 열고 단기간 환기

59 표고버섯 자목으로 가장 적합한 것은?

① 변재부가 많은 것
② 심재부가 많은 것
③ 다른 균사가 자란 자목
④ 나무껍질(木質皮)이 벗겨진 것

60 표고 원목재배 시 눕히기의 설명으로 틀린 것은?

① 골목의 간격은 6~9cm로 한다.
② 각 단은 5본 정도로 한다.
③ 바깥쪽은 가는 것 가운데는 굵은 것으로 한다.
④ 전체 높이를 60~90cm로 한다.

정답 및 해설

2010년 버섯종균기능사 필기시험

01	02	03	04	05	06	07	08	09	10	11	12	13	14	15	16	17	18	19	20
②	④	④	④	③	①	②	②	①	②	④	①	④	④	③	①	④	③	②	①
21	22	23	24	25	26	27	28	29	30	31	32	33	34	35	36	37	38	39	40
③	②	①	①	②	②	②	①	④	④	①	④	③	①	③	③	③	③	①	②
41	42	43	44	45	46	47	48	49	50	51	52	53	54	55	56	57	58	59	60
④	①	④	④	④	②	①	①	①	④	①	③	②	②	③	③	②	④	①	③

01 사극성 교배계를 가진 느타리, 팽이버섯, 표고, 영지 등은 교배형이 4개이고 유전자좌가 2개이다. 이 교배형은 자식(자체교배)을 통해 분석하여 다른 계통과 교잡 시 모두 교잡친으로 사용한다.

02 분광광도계는 종균생산업자가 갖추어야 하는 시설에 속하지 않는다.

03 느타리 톱밥종균의 수분은 65%(톱밥을 주먹으로 쥐었을 때 물이 1~2방울 떨어지는 정도)가 가장 적당하다.

04 자실체 조직 절편을 분리한 후 시험관 배지 중앙부위에 이식하는 것이 관찰하기에 가장 적당하다.

05 대부분의 식용버섯은 담자균류에 속한다.

06 흔들기 작업은 균덩어리 형성을 방지하고 균일하게 균이 생장하도록 하기 위한 것이며, 배양기간 중 3~4회 정도 실시한다.

07 표고 원목재배에서 접종 시 원목의 함수율은 40% 내외가 가장 적당하다.

08 느타리는 담자균류에 속한다. 자실체에서 생성되는 포자는 담자포자이다.

09 양송이와 느타리의 원균을 저온 저장하는 가장 이상적인 기간은 1개월 미만이다.

10 결착방지를 위해 첨가하는 석고는 배지 무게의 1.0%를 사용한다.

11 배기 후 살균기 내부온도가 높은 상태에서 문을 열면 외부와의 온도와 압력차에 의해서 병의 밑부분이 깨지기도 한다.

12 노루궁뎅이의 균은 참나무를 주재료로 사용하는 것이 가장 양호하다.

13 접종실의 소독제로는 70% 알코올, 0.1% 승홍수(소독약), 4% 석탄산 등을 사용한다. 이 중 70% 농도의 알코올을 가장 많이 사용한다.

14 온도가 일정할 때에는 유리수분이 생성되지 않는다.

15 양송이 곡립종균 살균 : 121℃, 1.1kg/cm²에서 90분이 가장 적당하다.

16 톱밥 배지를 입병한 후 바로 살균을 하지 않고 방치하면 배지가 산폐되어 균사가 잘 자라지 못한다. 특히 온도가 높은 여름철에는 산폐가 빨리된다.

17 팽이버섯의 균사 생육 온도 범위는 4~35℃이고 최적 온도는 25℃ 내외이다.

18 느타리의 균사는 36℃ 이상이 되면 생장이 중지된다. 배양실의 온도가 높아져 고온 장해를 입지 않도록 주의해야 한다.

19 표고 종균 배양실의 습도는 70% 이하가 적당하다.

20 미라병에 감염되면 복토 표면에 발생한 버섯이 0.5~2cm 일 때 생장이 완전히 정지하면서 갈변, 고사하고, 그 균상에서는 버섯이 발생되지 않는다. 이병 버섯은 대와 갓이 휘어져 한쪽으로 기운다. 발생부위는 1일 30cm 이상 확대되나 대개 10~15cm에서 멈춘다.

21 78.95mL

풀이 : 95   75 − 0 = 75(95%의 알코올량)

0   95 − 75 = 20(물의 양)

즉, 95%의 알코올을 75mL 취하고 거기에 물 20mL를 가하면 75%의 알코올을 얻을 수 있다.

22 탄산칼슘은 pH 조절에 쓰이고, 결착방지를 위해서는 석고를 쓴다.

23 버섯의 담자포자는 갓에서 생긴다.

24 수분함량은 종균의 육안검사와 관련이 없다.

25 접종원 1병(1L)은 약 800g이므로 10g 내외를 접종할 경우 약 80병을 접종할 수 있다.

26 곡립종균 배양 중에는 박테리아가 가장 많이 발생한다.

27 톱밥배지의 살균은 주로 고압증기살균기를 이용한다. (121℃, 1.1kg/cm²)에서 60~90분 이상 살균한다.

28 버섯의 조직분리를 할 때 절편은 1×3mm가 적당하다.
29 송이는 균근성버섯으로 골목균사로부터 균사의 분리배양이 되지 않는다.
30 자낭균류는 요강주발버섯, 곰보버섯, 동충하초 등이 있으며 그 이외에는 대부분 담자균류이다.
31 병재배의 경우 규모를 측정할 때 1일 입병량으로 계산한다. 재배사의 규모와 설비 등 규모를 결정하는 가장 중요한 요소이다.
32 건식좀나방은 주로 건표고를 가해하는 해충이다. 건조 및 관리가 불량한 건표고에 심각한 피해를 주므로 보관 시 습기가 우려되면 다시 건조시킨 후 보관해야 한다.
33 천마는 뽕나무버섯 균사와 공생하는 난과식물이다.
34 광선은 팽이버섯 자실체 발생을 촉진시킨다.
35 팽이버섯 자실층은 올린주름살이고 백색 또는 갈색이며 성기다.
36 느타리의 균사생장에 알맞은 온도는 25℃ 내외가 적당하다.
37 영지의 톱밥배지 제조 시 미강의 첨가는 톱밥량의 20~30%가 가장 효과적이다.
38 이배체핵(2n diploid)을 형성하는 시기는 담자기이다.
39 병원균을 예방하기 위해서는 골목이 직사광선을 받지 않도록 해야 한다.
40 영지의 열풍건조는 40~45℃로 1~2시간 유지 후 1~2℃씩 상승시키면서 12시간 동안에 60℃에 이르면 2시간 후에 완료시킨다.
41 마이코곤병은 주로 양송이에 발병하며 기온이 높은 봄재배 후기와 가을재배 초기, 백색종을 재배할 때, 복토를 소독하지 않은 경우 피해가 심하다.
42 표고 원목의 수분 함량이 부족하면 치마버섯이 발생한다.
43 접종 구멍의 종균에 수분이 있고 백색을 보이면 정상적으로 종균이 활착되어진 것이다.
44 느타리 재배 시 환기가 불량하면 대가 길어지고, 갓이 발달하지 않고, 수확이 지연된다.
45 세시드는 버섯의 대에 구멍을 만들지 못하고 대의 표면이나 갓 부분에 육안으로 구분하기 어려운 작은 구멍을 만들며 주름살에도 침입한다.
포리드는 유충의 길이는 4mm 정도이며, 두부에 흑색의 각피가 없다. 유충은 주로 균상의 균사를 섭식한다.
시아리드는 유충의 두부에 흑색의 각피를 지니고 있으며, 배지 내의 균사를 식해하거나 버섯 대의 기부에 주름살 부위까지 구멍을 만들면서 식해한다.
마이세토필의 성충은 모기와 비슷한 모양을 하고 있으며, 유충은 길이가 15~20mm로 회갈색이다. 유충은 균상 표면과 어린버섯에 거미줄과 같은 실을 분비하여 집을 짓고 버섯을 가해하면서 생활한다.
46 표고불시재배 시 원목 굵기는 6~10cm가 적당하다. 불시재배란 때를 가리지 않고 재배를 하는 것을 의미하는 말로 시설재배를 뜻한다.
47 1,000배라는 의미는 농약에 대한 물의 양을 의미한다.
48 집적배양은 목적하는 미생물을 생장하기에 가장 적당한 배지에 넣고 적당한 조건하에서 배양함으로써 다른 미생물보다 우선적으로 생육시켜 분리하는 것이다.
49 팽이버섯 자실체 발생온도 12±2℃, 생육온도 6~8℃이다.
50 버섯파리는 버섯 또는 균사냄새로 인하여 재배사로 유인된다.
51 느타리 볏짚배지의 최저 살균온도는 60~65℃에서 6~14시간이다.
52 산림1호, 산조501호, 산조103호는 원목재배용
53 느타리 종균을 접종할 때는 종균재식 당일에 종균을 탈병해야 한다.
54 영지의 자실체 발생 및 생육 시 최적 온도는 27~32℃이다.
55 느타리 원목재배에 가장 알맞은 원목 굵기는 15cm 내외이다.
56 솜마개가 쉽게 빠지면 잡균의 오염 확률이 높다.
57 양송이의 상품가치를 하락시키는 해충은 버섯파리, 응애, 선충, 톡토기 등이 있다.
58 양송이 퇴비의 후발효 중 환기는 문을 많이 열고 단기간에 환기를 실시해야 한다.
59 표고 자목은 변재부가 많은 것이 좋다. 표고균은 변재부의 영양을 흡수 이용한다. 변재부는 나무에 필요한 수분을 뿌리로부터 물을 올리는 장과 같은 역할을 한다.
60 바깥 쪽은 건조하기 쉽기 때문에 굵은 것을 쓰고 가운데는 건조가 잘되지 않기 때문에 가는 것을 쓴다.

2011년 버섯종균기능사 필기시험

01 버섯의 균사를 새로운 배지에 이식할 때 사용하는 백금구의 살균방법으로 적당한 것은?
① 알코올소독 ② 고압살균
③ 화염살균   ④ 자외선살균

02 식용버섯 신품종 육성방법 중 돌연변이 유발 방법으로 거리가 먼 것은?
① α, β, γ 선의 방사선 조사
② 우라늄, 라디움 등의 방사성 동위원소 이용
③ 초음파, 온도처리 등의 물리적 자극
④ 자실체로부터 조직분리 또는 포자발아

03 양송이는 일반적으로 담자기에 몇 개의 포자가 착생하는가?
① 1개   ② 2개
③ 4개   ④ 8개

04 느타리버섯 자실체를 버섯완전배지에 조직배양하면 무엇으로 생장하게 되는가?
① 갓   ② 대
③ 균사체 ④ 포자

05 표고 및 느타리의 접종원 제조 시 톱밥배지의 적합한 수분함량은?
① 55%   ② 65%
③ 75%   ④ 85%

06 버섯의 균사세포를 구성하는 세포 소기관이 아닌 것은?
① 미토콘드리아 ② 엽록체
③ 리보솜   ④ 핵

07 버섯의 포자는 대부분 어디에 부착되어 있는가?
① 균사   ② 대(줄기)
③ 대주머니 ④ 갓

08 표고균사의 최적배양 온도는?
① 15℃   ② 25℃
③ 35℃   ④ 45℃

09 액체종균 접종원의 균사를 마쇄할 때 주로 사용되는 기구는?
① 코르크 보러(cork borer)
② 인큐베이터(incubator)
③ 균질기(homogenizer)
④ 핀셋(pincette)

10 팽이버섯이나 느타리의 재배용 배지에 접종원으로 사용되는 종균의 종류는?
① 퇴비배양종균
② 곡립배양종균
③ 톱밥배양종균
④ 목편배양종균

11 버섯의 2핵균사 판별 방법은?
① 격막의 유무 ② 꺽쇠의 유무
③ 균사의 길이 ④ 균사의 개수

12 다음 중 상대적으로 포자 발아가 가장 어려운 것은?
① 양송이 ② 영지
③ 느타리 ④ 표고

13 종균접종용 톱밥배지의 고압살균 시 도달하여야 하는 온도는?

① 101℃ ② 111℃
③ 121℃ ④ 131℃

14 버섯 재배에서 복토과정을 필요로 하는 것은?

① 새송이 ② 영지
③ 팽이버섯 ④ 양송이

15 느타리 포자의 색깔로 옳은 것은?

① 흰색 ② 갈색
③ 적색 ④ 흑색

16 양송이나 신령버섯의 원균을 느타리와 구별할 수 있는 가장 정확한 방법은?

① 균총 색깔
② 균사생장속도
③ 꺾쇠연결체(클램프) 유무
④ 담자포자 모양

17 버섯균주의 계대배양에 의한 보존방법으로 틀린 것은?

① 온도는 일반적으로 4~6℃가 적당하다.
② 보존 장소의 상대습도를 50% 내외로 유지한다.
③ 냉암소에 보관한다.
④ 보존 중에는 균사의 생장이 가능한 억제되도록 한다.

18 느타리의 균사가 고온 장해로 생장이 중지되는 온도는?

① 26℃ ② 30℃
③ 36℃ ④ 45℃

19 버섯 원균의 균총과 종균이 다소 황갈색을 띠는 버섯은?

① 느타리
② 목질열대구멍버섯
③ 표고
④ 신령버섯

20 표고 종균배양실의 환경조건으로 틀린 것은?

① 항온 ② 습도
③ 직사광선 ④ 청결

21 팽이버섯의 학명은?

① *Lentinus edodes*
② *Pleurotus ostreatus*
③ *Stropharia rugoso-annulata*
④ *Flammulina velutipes*

22 느타리와 표고의 단포자의 핵은 일반적으로 어느 상태인가?

① n ② 2n
③ 3n ④ 4n

23 종균의 저장온도가 가장 낮은 버섯은?

① 양송이 ② 느타리
③ 표고 ④ 팽이버섯

24 백색부후균인 느타리 담자포자의 발아 시 오염균으로 추정되는 다른 백색부후균과의 구별을 위해 느타리교배형(검정친) 4균주와 오염균의 교배 결과는?

① 1개 교배형과 교배된다.
② 2개 교배형과 교배된다.
③ 3개 교배형과 교배된다.
④ 4개 교배형 모두 교배되지 않는다.

25 버섯의 형태적 특징에서 버섯의 부분명칭이 갓, 자실층, 대, 턱받이, 대주머니의 다섯 부분으로 나누어진 버섯은?

① 풀버섯
② 광대버섯
③ 싸리버섯
④ 뽕나무버섯

26 양송이 자실체로부터 포자를 채취하여 원균을 제조하고자 한다. 다음 중 포자 채취에 가장 알맞은 것은?

① 갓이 완전히 벌어진 것을 채취한다.
② 갓이 벌어져 포자가 많이 나르는 것을 채취한다.
③ 갓이 벌어지기 직전의 것을 채취한다.
④ 버섯의 모양이 갖추어진 상태일 때 채취한다.

27 우리나라에서 주로 재배되는 양송이 품종의 색상별 분류로 거리가 먼 것은?

① 백색종   ② 브라운종
③ 회색종   ④ 크림종

28 느타리 및 표고의 포자가 발아하면 어느 것이 되는가?

① 1차 균사
② 2차 균사
③ 3차 균사
④ 2차와 3차 균사

29 사물기생을 하지 않는 버섯은?

① 느타리   ② 팽이버섯
③ 송이   ④ 표고

30 양송이 곡립 종균 제조 시 균덩이 형성 원인과 관계가 없는 것은?

① 배양실 온도가 높을 때
② 곡립 배지의 산도가 높을 때
③ 흔들기를 자주 하지 않을 때
④ 곡립배지의 수분함량이 낮을 때

31 표고의 원목재배에서 원목의 벌채 또는 접종에 대한 설명으로 틀린 것은?

① 버섯 재배에 사용될 원목 벌채와 접종 시기는 언제나 한가한 시기를 잘 활용하면 된다.
② 나무를 벌채한 즉시 재배할 버섯 종균을 접종하면 세포가 살아 있기 때문에 균사가 자라지 못한다.
③ 나무에 단풍이 30~70% 들어 있는 시기에 벌채하는 것이 원목에 영양분이 풍부하여 좋다.
④ 종균 접종 시 원목의 최적 수분 함량은 38~42% 정도이다.

32 느타리 종균의 균사배양이 완성된 후 기간이 오래되어 나타나는 특징으로 틀린 것은?

① 느타리 종균이 담긴 병 하부에 물이 생긴다.
② 오래되어 노화되거나 사멸된 균사가 있다.
③ 균사 축적이 증가된다.
④ 종균의 활성이 낮아 종균으로 사용하였을 때 균사 활착이 나쁘다.

33 원목에 표고 종균의 접종이 끝나고 먼저 해야 할 작업은?

① 임시 세워두기   ② 본 세워두기
③ 임시 눕혀두기   ④ 본 눕혀두기

34 표고 원목재배 시 종균접종 6개월 후의 현상 중 문제가 발생한 것은?

① 골목의 절단면에 하얀 균사가 V자 형으로 보인다.
② 골목을 두드렸을 때 탁음이 난다.
③ 접종구멍을 열어 보았을 때 초록색이 보인다.
④ 접종구멍을 열어 보았을 때 갈색이 보인다.

35 표고 재배장의 입지 조건으로 적합하지 않은 것은?

① 침엽수 및 활엽수 혼효림
② 동남향 온화지
③ 경사도 20% 미만
④ 음습한 계곡

36 표고 재배용 원목의 길이는 어느 정도가 가장 적합한가?

① 40~60cm   ② 80~100cm
③ 100~120cm   ④ 120~140cm

37 버섯 종균 제조 및 재배를 위한 톱밥배지 배합에 대한 설명으로 틀린 것은?

① 주재료인 톱밥은 70~80%, 영양원인 쌀겨나 밀기울은 20~30%로 배합하는 것이 표준이다.
② 톱밥배지를 배합할 때 적정 수분 함량은 65% 전후가 적당하다.
③ 톱밥배지를 배합하여 수분함량 첨가 후 4~5일간 발효를 거쳐 용기에 담아 살균하는 것이 좋다.
④ 쌀겨 또는 밀기울의 배지 배합 비율이 30% 이상 되면 오염률이 높아지며 균사 생장 속도가 늦어지는 경향이 있다.

38 표고종균의 접종시기로 가장 알맞은 것은?

① 1~2월   ② 3~4월
③ 5~6월   ④ 7~8월

39 표고 우량종균의 선별에 직접 관련이 없는 사항은?

① 종균을 제조한 곳의 신용도
② 종균의 유효 기간
③ 종균 용기 안에 고인 액체의 유무
④ 종균의 무게

40 팽이버섯 재배용 톱밥으로 가장 적합한 것은?

① 수지성분이 많은 것
② 탄닌성분이 많은 것
③ 보수력이 높은 것
④ 혐기성 발효가 된 것

41 버섯 병의 발생 및 전염경로에 대한 설명으로 적합하지 않은 것은?

① 병 발생은 버섯과 병원체가 접촉하지 않고 상호작용을 하지 않을 때 발병이 가능하다.
② 병의 발병을 위해서는 적당한 환경조건이 필요하다.
③ 병원성 세균은 물에 의해서 쉽게 전파되고, 곤충 또는 도구에 의해서도 감염된다.
④ 병원성 진균의 포자는 공기 또는 매개체에 의해서 전파된다.

42 다음 중 느타리 재배 시 관수량을 가장 많이 해야 할 시기는?

① 갓직경 2mm   ② 갓직경 10mm
③ 갓직경 20mm   ④ 갓직경 40mm

43 표고 발생기간 중에 버섯을 발생시킨 표고골목은 다음 발생작업까지 어느 정도의 휴양기간이 필요한가?

① 약 30~40일　　② 약 60~70일
③ 약 80~100일　　④ 약 120~140일

44 양송이 재배사 균상의 단과 단 사이의 간격은 몇 cm 정도가 가장 적당한가?

① 40　　② 60
③ 80　　④ 100

45 양송이 퇴비의 유기태 급원으로 전질소 함량이 다음 중 가장 많은 것은?

① 계분　　② 미강
③ 장유박　　④ 잠분

46 톱밥종균 제조 시 포플러톱밥이 가장 적당한 버섯은?

① 느타리　　② 표고
③ 영지　　④ 뽕나무버섯

47 야생 팽이버섯은 갓이 황갈색이나 재배 생산되고 있는 품종은 순백색이다. 순백색 품종의 육성 경위는?

① 변이체 선발 육종
② 단포자 순계 교배 육종
③ 형질전환에 의한 육종
④ 원형질체 융합에 의한 육종

48 우수농산물관리제도(GAP)로 버섯 병해충 방제를 할 때 가장 유의해야 하는 방제 방법은?

① 생물학적 방제법
② 재배적 방제법
③ 물리적 방제법
④ 화학적 방제법

49 팽이버섯의 생육단계별 적정 온도, 습도, 소요일수로 가장 적합한 것은?

① 배양 : 15℃ 전후, 65%, 15~20일
　발이 : 7±2℃, 85%, 4~6일
　억제 : 3~4℃, 70%, 7~10일
　생육 : 6~8℃, 65%, 5~7일
② 배양 : 20℃ 전후, 70%, 20~25일
　발이 : 12±2℃, 90%, 7~9일
　억제 : 3~4℃, 75%, 12~15일
　생육 : 6~8℃, 70%, 8~10일
③ 배양 : 25℃ 전후, 80%, 25~30일
　발이 : 17±2℃, 95%, 12~14일
　억제 : 10℃, 85%, 17~20일
　생육 : 11~13℃, 80%, 13~15일
④ 배양 : 30℃ 전후, 90%, 30~35일
　발이 : 22±2℃, 95%, 17~19일
　억제 : 13~14℃, 95%, 22~25일
　생육 : 10~18℃, 85%, 18~20일

50 톱밥을 이용하여 버섯을 시설 병(용기)재배 할 때의 장점이 아닌 것은?

① 인력으로 노약자 등의 활용이 가능하다.
② 시설투자 비용이 적게 든다.
③ 기계화에 의해 품질이 균일하다.
④ 연간 계획성 있는 안정생산이 가능하다.

51 양송이 종균 재식 시 재배용 퇴비의 암모니아 함량은 몇 % 이내가 가장 적당한가?

① 0.03
② 0.3
③ 3
④ 30

52 양송이나 느타리 재배 시 재배사 내에 탄산가스가 축적되는 주 원인은?

① 복토에서 발생
② 퇴비에서 발생
③ 외부공기로부터 혼입
④ 농약 살포로 발생

53 표고버섯 톱밥배양배지 조제에 가장 적당한 것은?

① 참나무류의 변재부
② 소나무의 변재부
③ 라왕의 심재부
④ 낙엽송의 심재부

54 표고균사가 골목 내에서 생존할 수 있는 대기 중의 최저온도는?

① −5℃
② −10℃
③ −15℃
④ −20℃

55 느타리 재배사와 양송이 재배사의 시설에 있어서의 차이점은?

① 재배사의 벽과 천정
② 균상시설
③ 채광시설
④ 환기시설

56 표고 골목해충의 설명으로 틀린 것은?

① 대부분 표고균사를 먹는다.
② 천공성 해충이 많다.
③ 해균을 전파시킨다.
④ 수피와 목질부를 식해한다.

57 경제적인 면과 수량을 고려할 때 느타리 원목재배에 가장 알맞은 원목의 굵기는?

① 5cm 내외
② 10cm 내외
③ 15cm 내외
④ 25cm 내외

58 양송이의 병원균과 방제 방법의 연결로 틀린 것은?

① 마이코곤병(Wet bubble) − 무병지 토양을 이용하거나 본토는 소독하여 사용한다.
② 세균성갈반병(Bacterial blotch) − 관수 후에는 즉시 환기하여 버섯표면의 물기를 제거한다.
③ 괴균병(False truffle) − 복토흙은 80~90℃에서 1시간 이상 수증기 소독을 한다.
④ 푸른곰팡이병(Green mold) − 병원균은 알칼리성에서 생장이 왕성하므로 퇴비배지와 복토의 산도를 7 이하로 조절한다.

59 다음 중 표고 자목으로 사용되는 가장 적합한 수종과 수령은?

① 상수리나무, 20년생
② 졸참나무, 30년생
③ 졸참나무, 40년생
④ 상수리나무, 50년생

60 양송이 재배장소로 가장 거리가 먼 것은?

① 복토원이 풍부한 곳
② 지하수 수온이 낮은 곳
③ 재료 구입이 용이한 곳
④ 노동력이 풍부한 곳

정답 및 해설 — 2011년 버섯종균기능사 필기시험

01	02	03	04	05	06	07	08	09	10	11	12	13	14	15	16	17	18	19	20
③	④	②	③	②	②	④	②	③	③	②	②	③	④	①	③	③	③	②	③

21	22	23	24	25	26	27	28	29	30	31	32	33	34	35	36	37	38	39	40
④	①	④	④	②	③	③	①	③	④	①	③	③	③	④	③	③	②	④	③

41	42	43	44	45	46	47	48	49	50	51	52	53	54	55	56	57	58	59	60
①	④	①	②	③	①	①	④	②	②	①	②	①	④	③	①	③	④	①	②

01 백금구, 백금이, 백금선 등은 클린벤치 내에서 사용하는 도구로 주로 화염 살균한다.
02 조직분리 또는 포자발아는 균사의 배양 및 이식하는 방법이다.
03 양송이는 담자기에 2~4개의 포자가 착생한다.
04 느타리 자실체를 버섯완전배지에 조직배양하면 균사체로 생장한다.
05 표고 및 느타리의 접종원 제조 시 톱밥배지의 수분은 65%가 적당하다.
06 버섯의 균사세포에는 엽록체가 존재하지 않는다.
07 버섯의 포자는 대부분 갓에 부착되어 있다.
08 표고 균사의 최적배양온도는 25℃ 내외이다.
09 액체종균 접종원을 마쇄할 때 균질기(homogenizer)를 사용한다. 코르크 보러는 균사의 이식 및 보존에 쓰이는 기구이다.
10 팽이나 느타리의 재배용 배지에 사용되는 접종원은 톱밥배양종균이다. 근래에 들어서는 액체배양종균의 사용이 늘어나고 있다.
11 버섯의 2핵 균사는 꺽쇠의 유무로 판별한다.
12 양송이, 느타리, 표고에 비하여 영지의 포자 발아가 가장 어렵다.
13 종균접종용 톱밥배지는 (121℃, 1.1kg/cm²)온도에서 고압살균을 통해 멸균을 시켜야 한다.
14 복토작업을 필요로 하는 버섯은 양송이이다.
15 느타리의 포자는 흰색이다.
16 양송이와 신령버섯의 원균은 자웅동주성으로 꺽쇠 연결체가 없다.
17 상대습도는 70% 내외로 유지하는 것이 좋다.
18 느타리의 균사는 36℃ 이상이 되면 고온 장해로 인하여 생장이 중지된다.
19 목질열대구멍버섯의 균총과 종균은 다소 황갈색을 띤다.
20 직사광선은 종균배양실에 들어오면 안 된다.
21 • *Lentinus edodes* – 표고
 • *Pleurotus ostreatus* – 느타리
 • *Stropharia rugoso-annulata* – 턱받이포도버섯
 • *Flammulina velutipes* – 팽이버섯
22 느타리와 표고의 단포자 핵은 n상태이다.
23 팽이버섯 균사의 생육온도는 4~35℃이므로 종균의 저장온도는 4℃ 이하여야 한다.
24 느타리는 사극성으로 교배형이 4개, 즉 AB, Ab, aB, ab이다. 이 균은 담자균이고 병원균은 대부분 자낭균이어서 교배가 되지 않는다.
25 광대버섯은 갓, 자실층, 대, 턱받이, 대주머니의 다섯 부분으로 나뉜다.
26 양송이 자실체로부터 포자를 채취할 때는 갓이 벌어지기 직전의 것을 채취해야 한다.
27 양송이 품종의 색상별 분류는 백색종, 브라운종, 크림종이 있다.
28 느타리 및 표고의 포자가 발아하면 1차 균사가 된다.
29 송이는 활물기생버섯이다.
30 곡립배지의 수분함량이 높을 때 균덩이 형성의 원인이 된다.
31 원목의 벌채는 수액의 유동이 정지된 시기에 한다. 버섯에 필요한 양분이 원목 내에 가장 많이 축적되어 있도록 단풍이 30~40% 들어 있는 10월 상순부터 실시한다.
32 균사가 축적되지 않고 사멸된다.
33 표고원목에 접종이 끝난 골목은 표고균사가 완전히 만연되도록 온습도를 적절히 관리하기 위하여 임시눕혀두기를 한다.
34 접종구멍을 열어 보았을 때 초록색이 보이면 푸른곰팡이 등의 잡균에 오염된 것이다.
35 음습한 계곡은 잡균오염의 원인이 되어 표고재배지로 부적당하다.

36 표고 재배용 원목의 길이는 100~120cm가 적당하다.
37 톱밥배지를 배합하여 수분함량 첨가 후 바로 용기에 담아 고압살균을 해야만 배지가 변질되지 않는다.
38 표고종균은 기온이 다소 높아진 3월부터 4월까지 접종을 하면 기온이 차차 상승하여 균사 생장에 알맞게 된다.
39 종균의 무게는 우량 종균의 선별에 직접 영향이 없다.
40 팽이버섯 재배용 톱밥은 보수력이 높아야 한다.
41 병 발생은 버섯과 병원체의 상호작용이 있을 때 발병이 가능하다.
42 느타리 재배 시 갓의 직경이 40mm일 때 관수량이 가장 많이 필요하다.
43 표고를 발생시킨 표고골목은 다음 발생작업까지 약 30~40일 휴양기간이 필요하다.
44 양송이 재배사 균상의 단과 단 사이는 60cm가 적당하다.
45 양송이 퇴비의 유기태 급원으로 전질소 함량이 가장 많은 것은 장유박이다. 깻묵 다음으로 장유박이 많다(장유박은 대두박을 말한다).
46 포플러톱밥은 느타리의 종균제조에 가장 적합하다.
47 순백색 팽이 품종은 변이체 선발로 육종한 것이다.
48 GAP로 버섯병해충 방제를 할 때 화학적 방제를 가장 유의해야 한다.
49 팽이버섯
 • 배양 : 20℃ 전후, 70%, 20~25일
 • 발이 : 12℃±2℃, 90%, 7~9일
 • 억제 : 3~4℃ 75%, 12~15일
 • 생육 : 6~8℃, 70%, 8~10일
50 톱밥을 이용한 버섯시설재배는 시설 투자비용이 많이 든다.
51 양송이 종균 재식 시 재배용 퇴비의 암모니아 함량은 0.03% 이내가 적당하다.
52 재배사 내의 탄산가스는 퇴비에서 주로 발생한다.
53 표고 톱밥배양배지의 조제에는 참나무류의 변재부가 가장 적당하다.
54 표고 균사가 골목내에서 생존할 수 있는 최저 온도는 -20℃이다.
55 양송이 재배사는 채광시설이 필요 없다.
56 표고 해충은 골목을 가해하는 해충과 자실체를 가해하는 해충으로 나눈다. 균사를 직접 가해하는 해충은 없다.
57 느타리 원목재배의 가장 알맞은 원목 두께는 15cm 내외이다.
58 푸른곰팡이의 병원균은 산성에서 생장이 왕성하므로 퇴비 배지와 복토의 산도를 7.5 이상으로 조절하고, 이병 부위에는 석회가루를 뿌린다.
59 20년생 상수리나무는 표고 자목으로 사용하기 가장 적합하다.
60 양송이 재배장소의 조건으로 지하수의 수온은 관련이 없다.

2012년 버섯종균기능사 필기시험

01 1병의 링거병(1L)에 들은 접종원으로부터 종균용 1L짜리 톱밥배지를 몇 병 정도 만드는 것이 가장 좋은가?
① 100병 ② 200병
③ 300병 ④ 400병

02 살균기의 페트 코크(pet cock)가 하는 역할은?
① 살균기 내의 물 제거
② 살균기 내에 들어오는 증기량 조절
③ 살균기의 온도 조절
④ 살균기 내의 냉각공기 제거

03 살균작업에서 살균이 끝난 후에 배기는 어떻게 하는 것이 가장 이상적인가?
① 살균이 끝난 후에는 즉시 문을 열어 배기하고 냉각시킨다.
② 살균이 끝난 후에는 자연적으로 배기가 되도록 하는 것이 가장 좋다.
③ 살균이 끝난 후에는 살균기 문을 빨리 열어주어 배기하고 접종실로 배지를 옮긴다.
④ 살균이 끝난 후에는 살균기 문을 빨리 열어 배기하고 냉각실로 배지를 옮긴다.

04 대주머니가 있는 버섯은?
① 양송이
② 광대버섯
③ 느타리
④ 팽이버섯

05 양송이 곡립종균 제조 시 균덩이 형성 방지책과 가장 거리가 먼 것은?
① 흔들기를 자주 하되 과도하게 하지 말 것
② 고온 저장을 피할 것
③ 장기 저장을 피할 것
④ 호밀은 박피하지 말 것

06 표고의 2차 균사에는 몇 개의 핵이 존재하는가?
① 1개 ② 2개
③ 4개 ④ 8개

07 누에동충하초 균을 누에에 접종할 때 주로 이용되는 종균은?
① 포자액체종균
② 톱밥종균
③ 곡립종균
④ 종목종균

08 종균의 저장온도가 가장 높은 버섯은?
① 팽이버섯 ② 영지
③ 표고 ④ 양송이

09 곡립종균의 배양관리로 틀린 것은?
① 배양 시 3~6일 간격으로 흔들어 준다.
② 균사생육에는 자외선 명배양이 암배양보다 적합하다.
③ 잡균에 오염된 종균병은 즉시 폐기한다.
④ 배양이 끝나면 저장실로 옮기고 2~3일 간격으로 흔들어 준다.

10 고압살균의 원리를 가장 잘 설명한 것은?
① 살균기 내의 승화열을 이용한다.
② 수증기의 온도가 압력에 비례하여 높아진다.
③ 공기의 온도가 압력에 비례하여 낮아진다.
④ 살균기 내의 온도는 주입한 물의 양에 따라 높아진다.

11 버섯의 진정한 생식기관으로서 포자를 만드는 영양체이며, 종(種)이나 속(屬)에 따라 고유의 형태를 가지는 것은?
① 자실체
② 균사
③ 턱받이
④ 협구

12 액체종균의 가장 큰 장점은?
① 배양기간이 단축된다.
② 일시에 오염될 가능성이 없다.
③ 살균을 할 필요가 없다.
④ 종균의 저장기간이 길다.

13 버섯 균주를 4℃에 보존하려면 배지에 균사가 몇 % 정도 생장한 것이 좋은가?
① 10%   ② 40%
③ 70%   ④ 100%

14 버섯 원균의 액체질소 보존법에 대한 설명으로 옳은 것은?
① −20℃에서 보존하는 방법이다.
② 보존방법 중에서 가장 저렴하다.
③ 보호제로 10% 젤라틴을 사용한다.
④ −196℃에서 장기간 보존할 수 있는 방법이다.

15 협구(Clamp Connection)의 설명으로 옳은 것은?
① 대부분의 담자균류에서 볼 수 있다.
② 양송이에는 있다.
③ 표고에는 없다.
④ 자낭균에만 형성된다.

16 버섯균을 분리할 때 우량균주로서 갖추어야 할 조건이 아닌 것은?
① 다수성   ② 고품질성
③ 이병성   ④ 내재해성

17 클린벤치에서 원균을 이식할 때 쓰이는 기구가 아닌 것은?
① 백금선   ② 시험관 배지
③ 알코올 램프   ④ 건열살균기

18 곡립배지 조제 시 수분함량이 과습 상태일 때 수분을 조절할 수 있는 첨가제로 주로 이용되는 것은?
① 염산(HCl)
② 탄산석회($CaCO_3$)
③ 황산칼슘($CaSO_4$)
④ 황산마그네슘($MgSO_4$)

19 양송이 자실체에서 포자를 채취할 때 포자의 낙하량이 가장 많은 온도는?
① 5℃   ② 15℃
③ 25℃   ④ 35℃

20 자실체로부터 균을 분리하는 가장 일반적인 방법 중 하나는?
① 대주머니방법   ② 조직분리방법
③ 액체분리방법   ④ 고체분리방법

21 곡립종균 배양 시 균덩이가 생기는 원인이 되는 것은?
① 노화된 접종원을 사용할 때
② 배양실의 온도가 낮을 때
③ 배지의 수분 함량이 부족할 때
④ 배지의 산도가 낮을 때

22 영지의 톱밥종균 제조 시 어떤 수종의 톱밥이 가장 적당한가?
① 포플러   ② 소나무
③ 참나무   ④ 낙엽송

23 표고 톱밥 배지재료 배합 시 첨가되는 미강의 양으로 가장 알맞은 것은?
① 5%   ② 15%
③ 35%   ④ 55%

24 목이는 분류학상 어디에 속하는가?
① 자낭균아문   ② 이담자균류
③ 동담자균류   ④ 복균류

25 버섯의 개념을 설명한 것 중 가장 적합한 것은?
① 버섯은 대부분 불완전균류이다.
② 버섯은 일반적으로 균사체를 말한다.
③ 버섯은 자실체로 유성포자를 가진다.
④ 버섯은 반드시 현미경 관찰로만 볼 수 있다.

26 종균생산 제조 시 종균병 병구에 면전을 어떻게 하는 것이 이상적인가?
① 공중습도가 들어가게 면전
② 공기 유통에 관계없이 면전
③ 공기 유통이 되게 면전
④ 탄산가스가 배출되지 않게 면전

27 종균배지에 첨가하는 석회의 가장 큰 역할은?
① 산의 중화   ② 영양 공급
③ 잡균 억제   ④ 물리성 조절

28 원균을 이식할 때 백금구를 쓰는 이유는?
① 순수하기 때문에
② 열전도가 빠르기 때문에
③ 열전도가 느리기 때문에
④ 취급하기가 좋기 때문에

29 표고 종균의 저장 중 표면이 갈색으로 변한 1차적 원인은?
① 고온장애   ② 저온장애
③ 장기간 저장   ④ 원균의 발육

30 고압살균 시의 살균 시간은 어떻게 정하는가?
① 전원을 켠 시각부터 끈 시각까지
② 압력이 1.1kg/cm²이고, 온도가 121℃에 도달한 시각부터 전원을 끈 시각까지
③ 온도가 121℃에 도달한 시각부터 압력이 1.1kg/cm²로 되돌아온 시각까지
④ 전원을 켠 시각부터 압력이 1.1kg/cm²로 되돌아온 시각까지

31 표고 종균으로 사용하지 않는 것은?
① 톱밥종균   ② 퇴비종균
③ 종목종균   ④ 성형종균

32 유태생으로 생식하는 버섯파리는?
① 시아리드   ② 포리드
③ 세시드   ④ 가스가미드

33 표고 톱밥재배 시 톱밥배지의 갈변화 최적조건은?

① 온도 20~25℃, 광 250Lux
② 온도 10~15℃, 광 150Lux
③ 온도 30~35℃, 광 200Lux
④ 온도 20~25℃, 광 100Lux

34 건표고를 주로 가해하는 해충으로, 유충으로 월동하고 건표고의 주름살에 산란하며 유충이 버섯육질 내부를 식해하는 해충은?

① 털두꺼비하늘소 ② 민달팽이
③ 표고버섯나방   ④ 버섯파리류

35 표고 골목 해균의 방제법으로 틀린 것은?

① 재배장의 청결을 유지한다.
② 재배장의 배수·통풍이 잘되게 한다.
③ 본눕히기 시 밀착비음을 한다.
④ 조기 종균접종으로 표고균사를 빨리 만연시킨다.

36 표고 해균 중 복합형 피해를 주며, 처음에는 황록색의 균사체가 발생하고 차츰 검은색의 오돌토돌한 완전세대를 만드는 것은?

① 구름송편버섯
② 기와층버섯
③ 검은혹버섯
④ *Trichoderma*

37 일반적으로 표고의 자실체 발생이 가장 빠른 품종은?

① 저온성품종
② 중온성품종
③ 고온성품종
④ 중저온성품종

38 병재배에 있어 탄산칼슘과 같이 미량원소를 배지 전체에 균일하게 혼합되도록 첨가하는 방법으로 가장 적합한 것은?

① 배지 재료를 계량하여 한 번에 모두 넣고 잘 혼합한다.
② 배지 재료를 계량하여 넣어가면서 물과 함께 혼합한다.
③ 톱밥에 미강을 넣고 수분조절 후 탄산칼슘을 첨가한다.
④ 미강에 탄산칼슘을 먼저 첨가하여 혼합한 후 톱밥에 미강을 넣는다.

39 표고 우량종균의 특징으로 옳은 것은?

① 종균병 입구나 종균 표면에 종균과는 색이 다른 포자나 균사가 있다.
② 종균병의 상부에서 하부까지 흰색의 균사가 균일하고 조밀하게 만연되어 있지 않다.
③ 종균병 속에 균사가 변질되어 갈색 물이 고여 있다.
④ 순수한 표고균사로서 표고 특유의 신선한 냄새와 윤기가 난다.

40 표고 원목재배 시 병원균의 전염원으로 가장 거리가 먼 것은?

① 골목장 토양 ② 원목
③ 지하수   ④ 작업도구

41 느타리버섯 균상 재배사 전업농 규모로 가장 적합한 면적은?

① 10~15평
② 50~100평
③ 100~200평
④ 200~400평

42 표고 톱밥재배 시 주로 발생하는 병원균은?

① *Trichoderma*속 균
② 검은혹버섯
③ 고무버섯
④ 구름송편버섯

43 느타리의 자실체 생육 시 광이 부족하면 어떻게 되는가?

① 버섯 대의 색깔이 진해진다.
② 버섯 대가 짧아진다.
③ 버섯 대가 길어진다.
④ 광과는 영향이 없다.

44 다음 중 원목재배에 가장 적당한 버섯은?

① 양송이　　② 표고
③ 송이　　　④ 풀버섯

45 팽이버섯 생육실의 최적온도와 최적습도 조건으로 가장 적합한 것은?

① 온도는 15℃이고 습도는 90~95%로 관리한다.
② 온도는 20℃이고 습도는 80~85%로 관리한다.
③ 온도는 7℃이고 습도는 70~75%로 관리한다.
④ 온도는 25℃이고 습도는 60~70%로 관리한다.

46 수화제 농약을 1000배로 희석하여 살포할 때 물 20L에 들어가는 농약의 양은? (단, 비중은 1이다.)

① 20g　　② 10g
③ 2g　　　④ 1g

47 영지버섯 열풍건조 방법으로 옳은 것은?

① 열풍건조 시에는 습도를 높이면서 60℃ 정도에서 건조시켜야 한다.
② 열풍건조 시 40~45℃로 1~2시간 유지 후 1~2℃씩 상승시키면서 12시간 동안에 60℃에 이르면 2시간 후에 완료시킨다.
③ 열풍건조 시 초기에는 50~55℃로 하고 마지막에는 60~70℃로 건조시킨다.
④ 열풍건조 시 예비건조 없이 60~70℃로 장기간 건조시킨다.

48 표고의 해충인 털두꺼비하늘소는 생활환 중 주로 어느 시기에 버섯에 피해를 입히는가?

① 알　　　　② 유충
③ 번데기　　④ 성충

49 표고 재배를 위한 원목 직경이 7~8cm로 가는 것은 종균 접종 후 버섯 수량이 언제 가장 많은가?

① 1년　　　② 2년
③ 3년　　　④ 4년

50 느타리 볏짚다발재배용 배지재료의 후발효 온도는 몇 ℃로 유지하는 것이 가장 좋은가?

① 20~25℃　　② 30~35℃
③ 40~45℃　　④ 50~55℃

51 표고 골목의 본 눕혀두기 장소로 가장 적당한 곳은?

① 햇빛이 충분히 잘 드는 곳
② 북향 또는 서향의 지형
③ 10~15°의 경사지
④ 습도가 90% 이상으로 높은 곳

52 양송이 복토(식양토)의 함수량으로 가장 적합한 것은?
① 50%
② 65%
③ 75%
④ 90%

53 버섯 자실체 조직에 직접 침투하여 기생하는 질병은?
① 괴균병
② 마이코곤병
③ 주홍꼬리버섯
④ 치마버섯

54 표고골목 표준목(직경 10cm, 길이 1.2m)을 너비 1.3m, 길이 4m, 깊이 1m 정도의 침수조에 최대 몇 개나 넣을 수 있는가?
① 약 100본
② 약 150본
③ 약 200본
④ 약 300본

55 양송이 재배를 위한 복토의 조건으로 부적당한 것은?
① 공기 유통이 양호한 것
② 보수력이 낮은 것
③ 흙의 입자 크기가 적당한 것
④ 유기물 함량이 4~9% 정도인 것

56 주로 병재배 방법으로 생산되는 버섯은?
① 영지
② 표고
③ 맛버섯
④ 팽이버섯

57 느타리 재배를 위한 야외발효 시 배지더미 내부의 상태로 가장 적합한 것은?
① 저온 또는 고온 상태
② 호기성 발효 상태
③ 혐기성 발효 상태
④ 고온 혐기성 발효 상태

58 표고의 자실체 부분이 아닌 것은?
① 갓
② 주름살
③ 대
④ 자낭

59 버섯의 모양이 다른 3종과 다른 것은?
① 송이
② 양송이
③ 싸리버섯
④ 표고

60 양송이 퇴비의 발효와 탄질비(C/N율)의 관계에 대한 설명으로 옳은 것은?
① 퇴비의 탄질비(C/N율)가 낮은 것이 발효에 유용하다.
② 탄질비(C/N율)가 높을 때 발효가 빠르다.
③ 탄질비(C/N율)는 발효와 무관하다.
④ 탄소(C)와 질소(N)가 모두 많아야 한다.

2012년 버섯종균기능사 필기시험 정답 및 해설

01	02	03	04	05	06	07	08	09	10	11	12	13	14	15	16	17	18	19	20
①	④	②	②	④	②	①	②	②	②	①	①	③	④	①	③	④	③	②	②

21	22	23	24	25	26	27	28	29	30	31	32	33	34	35	36	37	38	39	40
①	③	②	②	③	③	③	③	②	②	②	③	④	③	③	③	③	④	④	③

41	42	43	44	45	46	47	48	49	50	51	52	53	54	55	56	57	58	59	60
④	①	③	②	③	①	③	②	②	④	③	②	②	④	②	④	②	④	③	①

01 1L 링거병의 접종원으로 종균 1L짜리 톱밥배지 약 80~100병 접종가능하다.
02 페트 코크는 살균기 내의 냉각공기 제거 역할을 한다.
03 살균이 끝난 후에는 자연적으로 배기가 되도록 하는 것이 가장 좋다. 살균이 끝난 후 즉시 문을 개방하면 고온과 고압에 의한 안전사고가 발생한다.
04 광대버섯에는 갓, 자실층, 대, 턱받이, 대주머니가 있다.
05 양송이 곡립종균의 균덩이 형성은 호밀의 박피는 껍질이 벗겨져 균덩이 형성을 유도한다.
06 표고의 2차 균사에는 2개의 핵이 존재한다.
07 누에동충하초 균을 누에에 접종할 때는 포자액체종균을 주로 이용한다.
08 영지의 균사생장 가능 온도는 10~38℃이다. 영지 종균의 저장 온도는 10℃ 이하로 설정하면 된다.
09 모든 종균의 균사생육에는 암배양이 적합하다.
10 고압살균은 수증기의 온도가 압력에 비례하여 높아진다. (121℃, 1.1kg/cm²)
11 자실체는 버섯의 진정한 생식기관으로서 포자를 만드는 영양체이며, 종이나 속에 따라 고유의 형태를 가진다.
12 액체종균의 가장 큰 장점은 배양기간의 단축에 있다.
13 버섯균주를 4℃에 보존할 때 배지에 균사가 70% 정도 생장한 것이 좋다. 저온 보존에서는 균사가 매우 느리게 생장한다.
14 액체질소보존법은 −196℃에서 장기간 보존할 수 있는 방법이다. 보호제로는 10% 글리세린이나 10% 포도당을 이용한다.
15 협구(클램프 연결체)는 대부분의 담자균류에서 볼 수 있다.
16 우량 균주는 다수성, 고품질성, 내재해성을 갖춰야 한다.
17 건열살균기는 초자(유리)기구 등의 살균에 쓰인다.
18 곡립배지의 수분함량이 과습일 때 황산칼슘(석고)을 첨가하여 수분을 조절할 수 있다.

19 양송이 자실체에서 포자를 채취할 때 포자의 낙하량은 15℃일 때 가장 많다.
20 자실체로부터 균을 분리하는 가장 일반적인 방법은 조직분리이다.
21 곡립종균 배양 시 노후된 접종원을 사용하면 균덩이가 발생된다.
22 영지의 톱밥종균 제조에는 참나무톱밥이 가장 적당하다.
23 미강 등의 영양원은 부피비를 기준하여 20%를 넘지 않는 것이 좋다.
24 목이는 이담자균류에 속한다.
25 버섯은 자실체로 유성포자를 가진다.
26 종균병 병구의 면전은 공기유통이 잘 되게 해야 한다. 공중의 습도가 들어가면 잡균에 오염된다.
27 산의 중화를 위해 석회를 첨가한다.
28 백금구는 열전도가 빨라서 화염살균 후 빨리 식혀지기 때문에 사용한다.
29 표고종균의 저장 시 표면이 갈색으로 변하는 1차적인 원인은 장기간 저장에 있다.
30 고압살균의 살균시간은 압력이 1.1kg/cm², 온도가 121℃에 도달한 시간부터 전원을 끈 시각까지이다.
31 퇴비종균은 초고버섯(풀버섯), 양송이 등에서 쓰인다.
32 세시드는 유태생으로 생식한다.
33 정답이 ④번이지만 실제로 표고톱밥배지의 갈변조건은 온도 20~25℃, 2,000Lux 정도의 광이 적합하다.
34 표고버섯나방은 건표고를 주로 가해하는 해충으로, 유충으로 활동하고 건표고의 주름살에 산란하며 유충이 버섯 육질 내부를 식해하는 해충이다.
35 본눕히기 시 밀착비음(비음 : 그늘을 만들어주는 것)을 하면 온도가 높이 올라가므로 해균의 피해가 더 심해진다.
36 검은혹버섯은 표고 해균 중 복합 피해를 주며, 처음에는 황록색의 균사체가 발생하고 차츰 검은색의 오돌토돌한

완전 새대를 만든다.

37 일반적으로 표고의 고온성 품종의 자실체 발생이 가장 빠르다.

38 병재배에 탄산칼슘 같은 미량원소는 미강에 먼저 혼합을 한 후 톱밥에 미강을 넣는다.

39 표고의 우량종균은 순수한 표고균사로서 표고 특유의 신선한 냄새와 윤기가 난다.

40 지하수는 병원균의 전염원과 거리가 멀다.

41 느타리의 균상 전업농 규모로는 200~400평이 가장 적합하다.

42 표고톱밥배지에는 주로 *Trichoderma*속 병원균 발생한다.

43 느타리의 자실체 생육 시 광이 부족하면 버섯 대가 길어진다.

44 원목재배에는 표고가 가장 적당하다.

45 팽이버섯
 - 배양 : 20℃ 전후, 70%, 20~25일
 - 발이 : 12℃±2℃, 90%, 7~9일
 - 억제 : 3~4℃ 75%, 12~15일
 - 생육 : 6~8℃, 70%, 8~10일

46 1,000배액의 살균제를 조제할 때 물 1L에 살균제 1g을 희석해야 한다. 따라서 20L에는 20g이 필요하다.

47 영지의 열풍건조는 40~45℃로 1~2시간 유지 후 1~2℃씩 상승시키면서 12시간 동안에 60℃에 이르면 2시간 후에 완료시킨다.

48 표고의 털두꺼비하늘소는 유충시기에 버섯에 피해를 많이 입힌다.

49 표고재배 시 원목의 직경이 7~8cm인 것을 사용 했을 때 종균 접종 후 2년차에 버섯 수량이 가장 많다(일반적으로 농장에서는 직경이 15~16cm인 것을 많이 쓰고 있다).

50 느타리 볏짚다발재배용 배지재료의 후발효 온도는 50~55℃로 유지하는 것이 가장 좋다.

51 표고 골목의 본눕히기 장소로는 10~15°로 경사가 지고, 습하지 않고 물빠짐 등이 좋아야 한다.

52 양송이 복토의 함수량은 65%가 적합하다.

53 마이코곤병은 버섯자실체 조직에 직접 침투하여 기생한다. 버섯의 갓과 대에 발생하며, 병든 버섯은 기형화되고 누런 물이 누출되면서 부패하여 악취를 낸다.

54 침수조의 바닥에 원목 40개를 놓을 수 있다.
1.3m 너비 부분과 평행하게 1.2m의 원목을 놓는다. 바닥의 길이가 4m이므로 지름이 0.1m(10cm)인 원목을 40개 정도 놓을 수 있다.
바닥에 40개를 깔고 그 위에 10개의 층을 쌓으면 총 400개가 들어 갈 수 있다. 다만 원목의 형태가 모두 다 정원통형이 아니고 실제로는 어느 정도의 빈 공간이 있어야 하기에 400에 가까운 300본을 답으로 유추할 수 있다.

55 양송이 재배용 복토는 보수력이 좋아야 한다.

56 팽이는 병재배로 생산하는 대표적인 버섯이다.

57 느타리배지의 야외발효 시 배지더미 내부는 호기성 발효(공기에 노출된 상태에서 미생물에 의해 일어나는 발효) 상태이어야 한다.

58 표고의 자실체 부분은 갓, 주름살, 대로 이루어져 있다.

59 송이, 표고, 양송이 버섯은 주름살이 있는 버섯이고 싸리버섯은 주름살이 없는 민주름버섯이다.

60 퇴비의 탄질비(C/N율)가 낮은 것이 양송이 퇴비 발효에 유용하다.

2013년 버섯종균기능사 필기시험

01 양송이 종균의 곡립 배지 제조 시 산도 조절방법으로 알맞지 않은 것은?
① 석고는 곡립 배지 무게의 0.6~1.0% 첨가한다.
② 배지의 산도가 pH 6.5~6.8이 되게 탄산석회로 조절한다.
③ 석고와 탄산석회를 먼저 혼합한 후 곡립 표면에 살포한다.
④ 배지의 수분함량에 따라서 탄산석회의 사용량을 증감시킨다.

02 버섯의 2핵 균사에 꺽쇠(clamp connection)가 관찰되지 않는 것은?
① 느타리버섯 ② 표고버섯
③ 양송이   ④ 팽이버섯

03 양송이 종균제조 시 배지 재료의 배합이 알맞은 것은?
① 밀, 탄산칼슘, 설탕
② 밀, 미강, 석고
③ 밀, 미강, 탄산칼슘
④ 밀, 탄산칼슘, 석고

04 버섯 종균을 접종하는 무균실에 대한 설명으로 틀린 것은?
① 항상 온도를 15℃ 정도로 낮게 유지한다.
② 실내습도를 70% 이하로 건조하게 한다.
③ 실내가 멸균상태가 되도록 소독하고 2~3시간 정도 지난 다음 작업에 들어간다.
④ 접종실 소독약제는 100% 알코올을 사용한다.

05 1핵 균사가 임성을 갖는 자웅동주성 버섯은?
① 느타리버섯
② 표고버섯
③ 팽이버섯
④ 풀버섯

06 균의 분류계급에서 목(order)의 어미에 붙이는 것은?
① -mycota   ② -mycetes
③ -aceae   ④ -ales

07 담자균류는 담자기의 형태에 따라 단실담자균류(진정담자균류)와 다실담자균류(이담자균류)로 나누어지는데 다음 중 단실담자균류가 아닌 것은?
① 팽나무버섯 ② 양송이
③ 느타리   ④ 흰목이

08 배지의 살균은 배지의 용량에 따라 다소 차이가 있으나 일반적으로 양송이 곡립종균 제조 시 가장 적당한 고압살균(1.1kg/cm², 121℃) 시간은?
① 20분   ② 40분
③ 90분   ④ 120분

09 식용버섯의 자실체로부터 포자를 채취하고자 한다. 이때 샤레의 가장 알맞은 온도와 포자의 낙하시간은?
① 온도 25~30℃, 6~15분
② 온도 25~30℃, 6~15시간
③ 온도 15~20℃, 6~15분
④ 온도 15~20℃, 6~15시간

10 느타리의 자실체에서 생성되는 포자는?
① 자낭포자　② 담자포자
③ 무성포자　④ 분열자

11 양송이균의 배양에 가장 적당한 온도는?
① 10~13℃　② 15~18℃
③ 23~25℃　④ 30~35℃

12 양송이 곡립종균 제조 시 수분 과다로 곡립의 표면이 파괴되었을 때 처리해야 할 작업으로 적합한 것은?
① 석고량의 첨가량을 늘린다.
② 탄산칼슘을 다량 첨가한다.
③ 설탕과 전분을 첨가한다.
④ 배지의 수분이 과다해도 상관없다.

13 버섯균주를 장기보존할 때 사용하는 극저온 물질은?
① 탄산가스　② 액체 산소
③ 액체 질소　④ 암모니아 가스

14 버섯균주의 계대배양 보존 방법의 특성으로 틀린 것은?
① 작업이 용이하다.
② 일반적으로 3~4개월마다 계대하여 보존한다.
③ 계대배양 작업 중 실수로 오염이 발생할 수 있다.
④ 장기보존에 효과적이다.

15 표고 및 느타리 톱밥배지 제조 시 배합원료에 해당하지 않는 것은?
① 포플러톱밥　② 쌀겨
③ 참나무톱밥　④ 퇴비

16 양송이 원균증식 배지로서 알맞은 것은?
① 국즙배지　② 육즙배지
③ 퇴비배지　④ 감자배지

17 다음 중 느타리버섯의 분류학적 위치는?
① 불완전균　② 담자균
③ 자낭균　④ 조균

18 느타리버섯 균사 중 2핵균사($n^+ + n^-$)에서 특징적으로 나타나는 것은?
① 1핵균사체　② 엽록소
③ 꺽쇠 연결체　④ 단포자

19 표고에 대한 설명으로 틀린 것은?
① 자웅이주　② 4극성
③ 담자균류　④ 자웅동주

20 버섯균의 분리를 위해 자실체 조직으로부터 분리하는 방법으로 틀린 것은?
① 자실체는 가능하면 어린 것으로 한다.
② 날씨가 맑은 날에 채집하여 사용하는 것이 좋다.
③ 갓이나 대를 반으로 갈라서 노출되지 않는 부위의 조직(Context)을 떼어 내어 배양한다.
④ 목이는 표면을 소독한 다음 그 외부 조직을 떼어 내어 배양한다.

21 곡립종균 배양 시 유리수분 생성원인과 관계가 적은 것은?
① 배지수분 과다
② 배양기간 중 극심한 온도변화
③ 에어컨 또는 외부의 찬 공기 주입
④ 정온 상태 유지

22 다음 중 균근 형성균에 해당하는 버섯은?
① 표고버섯   ② 느타리버섯
③ 양송이   ④ 송이버섯

23 버섯 균주의 보존 시 유동 파라핀봉입에 대한 설명으로 맞는 것은?
① 배지의 잡균 오염을 방지한다.
② 산소공급을 차단하여 호흡을 억제한다.
③ 파라핀의 양은 많은 것이 좋다.
④ 보존기간이 5~7년 정도로 길다.

24 양송이의 종균제조 시 원균이나 접종원으로 가장 많이 사용되는 것은?
① 담자포자   ② 균사체
③ 자실체   ④ 분열자

25 표고와 느타리버섯의 톱밥 종균 제조 시 배지의 수분 함량으로 가장 옳은 것은?
① 45~50%   ② 55~60%
③ 65~70%   ④ 75~80%

26 느타리버섯의 형태적 특징으로 알맞은 것은?
① 대에 턱받이가 있으며 백색이다.
② 대에 턱받이가 있으며 황색이다.
③ 대에 턱받이가 없다.
④ 대에 턱받이가 없는 대신 대주머니가 있다.

27 느타리버섯의 조직을 분리하여 배양할 때 알맞은 온도는?
① 5℃   ② 15℃
③ 25℃   ④ 35℃

28 유성생식과정에서 두 개의 반수체 핵이 핵융합을 하여 형성하는 것은?
① 반수체   ② 2핵체
③ 4핵체   ④ 2배체

29 버섯 배지에 접종하는 종균 중 주로 액체종균을 사용하지 않는 버섯은?
① 팽이버섯   ② 느타리버섯
③ 동충하초   ④ 양송이

30 키닉산의 이성질체로 알려진 코디세핀(Cordycepicacid)이라는 물질을 함유하는 버섯은?
① 느타리버섯   ② 영지버섯
③ 표고버섯   ④ 동충하초

31 천마의 특성 중 맞는 것은?
① 뽕나무버섯균에 기생하면서 지상에서 성마가 되어 번식한다.
② 뽕나무버섯균과 공생하며 지상에 자실체가 형성되는 특징이 있다.
③ 뽕나무버섯균과 공생하며 땅속에서 성마가 되어 번식한다.
④ 난과식물과 공생하면서 꽃과 열매로서 번식한다.

32 양송이 품종 중 백색종은?
① 703호   ② 505호
③ 705호   ④ 707호

33 양송이 퇴비 주재료로 적합하지 않은 것은?
① 밀짚   ② 말똥
③ 볏짚   ④ 톱밥

34 버섯 배지를 살균하는 작업으로 옳지 않은 것은?
① 배지를 입병 또는 입봉한 후 가능한 한 신속히 살균을 시작한다.
② 배지를 살균할 때 살균시간을 길게 할수록 완전하다.
③ 배지의 양이 많아 가비중이 무거울 때는 가벼운 것보다 초기의 온도 상승이 빠르나 110℃ 이상에서 오히려 늦어지고 배지의 수분함량은 많을수록 빨리 올라간다.
④ 배지 살균을 위한 수증기 주입은 천천히 하도록 한다.

35 버섯의 생활사 중 이배체핵(2n, diploid)을 형성하는 시기는?
① 단핵균사체   ② 이핵균사체
③ 담자기   ④ 담자포자

36 종균접종 후의 표고버섯 골목관리 방법 중 틀린 것은?
① 임시 눕혀두기   ② 침수해두기
③ 본 눕혀두기   ④ 세워두기

37 느타리버섯의 푸른곰팡이병(*Trichoderma* spp.)에 사용하는 약제로서 배지 살균 전에 처리하는 것은?
① 만디프로파미드액상수화제
② 오리사스트로빈·카보설판입제
③ 디캄바액제
④ 프로클로라즈망가니즈 수화제

38 표고 골목을 눕혀 두는 장소로 가장 부적당한 곳은?
① 동쪽, 남쪽
② 산중턱 이하의 낮은 경사지
③ 습기가 많은 곳
④ 통풍과 배수가 양호한 곳

39 표고 원목에서 부후성 병원균의 설명 중 가장 옳은 것은?
① 원목에 침입하여 표고균사와 경쟁하면서 증식하는 것
② 원목에 침입하여 표고균사에 활력을 주는 것
③ 표고균사와 관계없이 독립적으로 증식하는 것
④ 표고버섯 자실체와 공생하는 것

40 표고 종균제조에 관한 설명으로 틀린 것은?
① 참나무톱밥과 미강 혼합물을 톱밥배지로 쓴다.
② 톱밥배지의 수분함량은 63~65%가 되게 한다.
③ 1L의 PP병에 톱밥배지를 600g 정도 넣는다.
④ 톱밥배지를 100℃에서 90분간 살균한다.

41 영지버섯 원목 재배방법 중 균사활착기간을 단축시키고 잡균발생률을 감소시키며, 연중 원목 배지를 생산할 수 있는 재배법은?
① 장목재배   ② 단목재배
③ 개량단목재배   ④ 톱밥재배

42 다음 중 균핵을 형성하는 버섯 종류는?
① 상황버섯   ② 복령
③ 양송이   ④ 노루궁뎅이버섯

43 초자기구를 살균하는 방법으로 가장 효과적인 것은?
① 건열살균   ② 고압증기살균
③ 자외선살균   ④ 여과

44 표고재배용 골목으로 오리나무를 사용하였다. 오리나무 골목의 특징이 아닌 것은?

① 건조표고용으로 부적당하다.
② 종균접종 당년에 버섯수확이 가능하다.
③ 골목 수명이 참나무보다 길다.
④ 자실체 발생이 잘 된다.

45 버섯 품종의 퇴화에 대한 설명 중 옳지 않은 것은?

① 버섯의 원균의 보존이나 접종되고 배양되는 과정에 동종의 버섯에서 나오는 포자나 균사가 혼입되어 다른 유전조성을 이룰 수 있다.
② 저온에 보관되는 원균이 경우에 따라 고온에 놓이게 되면 돌연변이 유발원으로 작용할 수 있다.
③ 원균을 보존하고 배양하면서 극히 영양원이 빈약한 배지에서 배양되거나 극히 생장에 불리한 환경에 의해 배양된 접종원으로 재배되었을 때 생산력은 감소한다.
④ 버섯 균사에 세균의 혼입여부를 감정하기 위해서는 세균이 생육하기에 알맞은 25℃ 전후에 배양해 본다.

46 버섯 우량종균의 조건으로 알맞지 않은 것은?

① 푸른 반점이 없는 것
② 버섯 종균 병에 얼룩진 띠가 없는 것
③ 균덩이나 유리수분이 형성되지 않은 것
④ 가는 균사가 하얗게 뻗어 있는 것

47 표고버섯 재배장소에 따른 골목관리의 고려사항으로 관계가 적은 것은?

① 주변수종　　② 건습상태
③ 일조시간　　④ 통풍

48 버섯에 발생하는 주요 해충의 종류 및 특징으로 틀린 것은?

① 버섯파리는 완전변태 및 유태생을 통해 매우 빠르게 증식한다.
② 응애류는 거미와 유사한 모양이나 크기는 0.5mm의 작은 해충이다.
③ 털두꺼비하늘소는 흑색이며, 앞날개의 위쪽에 흑갈색의 장모가 밀생한 돌기가 있다.
④ 가루깍지벌레는 버섯의 자실체 및 균사를 가해하는 해충이다.

49 팽이버섯의 학명은?

① *Flammulina velutipes*
② *Auricularia auricula-judae*
③ *Agaricus bisporus*
④ *Pleurotus ostreatus*

50 팽이버섯의 재배과정 중 온도를 가장 낮게 유지하는 시기는?

① 균배양 시　　② 발이 유기 시
③ 억제 작업 시　　④ 자실체 생육 시

51 표고버섯 재배사 설치 입지조건에 적합하지 않은 것은?

① 집과 가까워 재배사 관리에 편리한 장소
② 전기와 물의 사용에 제한을 받는 장소
③ 큰 소비시장의 인근에 위치하는 장소
④ 햇빛이 잘 들고 보온과 채광에 유리한 장소

52 느타리버섯 재배 시 환기불량의 증상이 아닌 것은?

① 대가 길어진다.
② 갓이 발달되지 않는다.
③ 수확이 지연된다.
④ 갓이 잉크색으로 변한다.

53 느타리버섯 폐면재배 시 종균재식 후 재발열을 예방하기 위하여 재배사의 실온을 내리는 시기는?

① 종균재식 직후
② 종균재식 2~3일 후
③ 종균재식 5~6일 후
④ 종균재식 8~9일 후

54 느타리버섯의 대 길이를 좌우하는 요인으로만 구성된 것은?

① 온도, 조도, 배지 산도
② 온도, 습도, 질소 농도
③ 온도, 조도, 탄산가스 농도
④ 조도, 습도, 배지 산도

55 양송이 병해균의 종류별 특징이 잘못 설명된 것은?

① 세균성갈반병은 갓 표면에 황갈색의 점무늬를 띠면서 점액성으로 부패한다.
② 푸른곰팡이병은 배지나 종균에 발생하며, 포자는 푸른색을 띠고 버섯균사를 사멸시킨다.
③ 바이러스병에 감염된 균은 균사활착 및 자실체 생육이 매우 빠르다.
④ 마이코곤병은 버섯의 갓과 줄기에 발생하며, 갈색물이 배출되면서 악취가 난다.

56 표고균사의 생장가능 온도와 적온으로 옳은 것은?

① 5~32℃, 22~27℃
② 5~32℃, 12~20℃
③ 12~17℃, 22~27℃
④ 12~17℃, 28~32℃

57 영지버섯 원목배지를 설명한 것 중 옳지 않은 것은?

① 재배원목의 표피는 수분 손실과 균사를 보호한다.
② 영지균은 나무의 형성층을 성장 기반으로 하여 목질부로 뻗어 간다.
③ 영지균은 주로 변재부의 영양을 흡수 이용한다.
④ 영지균은 변재부가 얇고 심재부가 두꺼운 수종을 좋아한다.

58 양송이의 푸른곰팡이병은 복토의 산도(pH)가 어떤 상태일 때 피해가 심한가?

① 산도와 관계없음　② 약알카리성
③ 중성　　　　　　④ 약산성

59 느타리버섯의 생체저장법이 아닌 것은?

① 상온저장법
② 저온저장법
③ CA저장법(가스저장법)
④ PVC필름 저장법

60 버섯균사는 물을 매체로 영양기질과 접하여 영양을 균사체 표면에 있는 용액으로부터 흡수한다. 따라서 용액의 물리화학적 상태는 버섯균사 생장에 많은 영향을 주는데 그 요인 중의 하나가 산도(pH)이다. 대부분의 버섯을 비롯한 곰팡이균이 생장하는 데 적당한 산도(pH)는?

① 강산성　　　　　② 약산성
③ 약알칼리성　　　④ 강알칼리성

정답 및 해설

2013년 버섯종균기능사 필기시험

01	02	03	04	05	06	07	08	09	10	11	12	13	14	15	16	17	18	19	20
④	③	④	④	④	④	④	③	④	②	③	①	③	④	④	③	②	③	④	④
21	22	23	24	25	26	27	28	29	30	31	32	33	34	35	36	37	38	39	40
④	④	②	④	③	③	④	④	④	④	④	②	④	②	④	②	④	③	①	④
41	42	43	44	45	46	47	48	49	50	51	52	53	54	55	56	57	58	59	60
③	②	①	④	④	④	①	④	①	③	②	④	①	③	③	①	④	④	①	②

01 배지의 수분함량과 탄산석회의 사용량은 관련이 없다. 탄산석회는 산도 조절용이다.

02 양송이는 2차 자웅동주성으로 클램프가 형성되지 않아 단포자 교잡이 어렵다. 또한 2핵 균사에 꺽쇠가 관찰되지 않는다.

03 양송이 종균의 배지 조합은 밀, 탄산칼슘, 석고이다.

04 접종실 소독 약제는 70% 알코올을 사용한다.

05 1핵 균사가 임성을 갖는 자웅동주성 버섯은 풀버섯이다. 느타리, 표고, 팽이는 자웅이주성(타식성) 버섯이다.

06 목(order)의 의미는 민주름버섯목과 주름버섯목으로 나누는데 민주름버섯목은 *Aphyloporales*이고 주름버섯목은 *Agaricales* 어미에는 –ales를 붙인다.

07 흰목이는 다실담자균류이다.

08 양송이 곡립종균의 고압살균은 121℃, 1.1kg/cm²에서 60~90분이 적당하다.

09 식용버섯의 자실체로부터의 포자채취 시 샤레의 온도는 15~20℃에서 6~15시간이 적당하다.

10 느타리의 자실체에서는 담자포자가 생성된다.

11 양송이균의 배양온도는 23~25℃가 적당하다.

12 양송이 곡립종균의 제조 시 수분 과다로 곡립 표면이 파괴되었을 때는 석고의 첨가량을 늘린다.

13 액체 질소를 이용하여 버섯균주를 극저온에서 장기보존할 수 있다.

14 계대 배양은 약 1~3개월 정도의 균주 보존으로 적합하며 최장 6개월 정도까지 가능하지만 그 이상의 장기보존에는 부적합하다.

15 표고 및 느타리 톱밥배지에는 퇴비를 사용하지 않는다. 표고는 참나무톱밥, 느타리는 포플러톱밥을 주로 사용한다.

16 양송이버섯의 원균 증식에는 감자배지도 쓰지만 퇴비 추출배지를 주로 사용한다. 퇴비배지와 퇴비추출배지는 서로 다른 것이다.

17 느타리는 담자균류이다.

18 느타리 균사 중 2핵균사(n⁺+n⁻)에서는 꺽쇠 연결체가 나타난다. (느타리버섯은 자웅이주성)

19 • 풀버섯 : 1차 자웅동주성, 꺽쇠 연결체 없음
  • 양송이 : 2차 자웅동주성
  • 4극성 자웅이주성 : 느타리, 표고, 팽이
  (일반적으로 균류는 자웅동주이나 버섯의 경우 균류지만 자웅이주이다. 자웅동주는 10%이며, 나머지 90%는 자웅이주이다. 그 중 25%는 2극성이고 65%는 4극성이다.)

20 목이의 균 분리는 깨끗한 내부조직이 거의 없으므로 흔히 포자분리로 균을 분리한다.

21 정온상태를 유지하면 유리수분이 생성되지 않는다.

22 나무의 뿌리에 공생하면서 살아가는 버섯을 균근성 버섯이라 한다. 송이버섯은 대표적인 균근성 버섯이다.

23 유동파라핀 봉입법은 배지가 건조되는 것을 방지하고 산소공급을 차단하여 호흡을 최대한 억제시켜 대사속도를 지연시키는 장기보존법이다.

24 양송이 종균의 원균이나 접종원으로는 균사체를 가장 많이 사용한다.

25 느타리나 표고의 톱밥 종균 제조시의 수분은 65% 내외가 가장 적합하다.

26 느타리의 대에는 턱받이가 없다.

27 느타리의 조직을 분리하여 배양할 때의 적온은 25℃이다.

28 유성생식과정에서 두 개의 반수체(n) 핵이 핵융합(2n)을 하여 2배체를 형성한다.

29 양송이는 주로 곡립종균을 사용한다.

30 코디세핀은 동충하초버섯이 자라는 동안에만 생기는 물질이다. 코디세핀은 미국 식품의약국(FDA)에서 급성 림프구성 백혈병에 대한 희귀 의약품으로 승인된 천연항생물질로 면역력 증강과 피로를 회복시키는 데 효과가 탁월해 미국에서 혈관질환 등 천연물 신약 개발에도 널리 사용되는 물질이다.

31 천마는 뽕나무버섯과 공생하며 땅속에서 성마가 되어 번식한다.
32 양송이 505호, 703호, 705호는 농업기술연구소에서 육종한 품종이다. [500 단위의 양송이 품종은 흰색이고 700 단위는 크림색(갈색)이다.]
33 톱밥은 양송이 퇴비의 주재료로 사용하지 않는다.
34 배지를 살균할 때는 적정한 온도와 압력, 시간 등의 요건을 모두 만족해야 한다. 시간이 길어진다 해서 완전한 살균이 이뤄지지는 않는다.
35 이배체핵을(2n, diploid) 형성하는 시기는 담자기이다.
36 표고 골목의 침수는 자실체 발생시기에 주로 행한다.
37 느타리의 푸른곰팡이병에 사용하는 프로크로라즈망가니즈 수화제(스포르곤)는 배지 살균 전에 처리한다.
38 표고 골목에 습기가 많으면 각종 오염의 원인이 된다.
39 부후성 병원균은 배지를 대상으로 버섯균과 경쟁을 한다. 표고 원목의 부후성 병원균은 원목에 침입하여 표고균사와 면서 증식하는 것이다.
40 표고종균 제조용 톱밥배지의 살균은 121℃, 1.1kg/cm²에서 60~90분 내외가 알맞다.
41 영지의 개량 단목재배는 기존 단목재배 방법의 단점을 보완하여 균사 활착 기간을 단축시키고 잡균 발생률을 감소시키며, 연중 원목배지를 생산할 수 있는 방법이다. 개량 단목재배 방법은 벌채된 원목을 건조 또는 벌채와 동시에 15~20cm의 길이로 자른 다음 내열성 비닐로 피복하여 살균을 하고 종균을 접종한 후 배양하여 재배사에서 버섯을 발생시키는 방법이다.
42 복령은 죽은 소나무에 기생해 균핵을 형성한다.
43 초자기구는 건열살균을 해야 한다. (165~170℃에서 1~2시간 실시한다.)
44 표고균은 목재부후균으로 원목의 형성층에 저장된 양분과 변재부의 섬유소를 분해하여 생활한다. 표고재배용 나무는 참나무류 중 상수리나무, 졸참나무, 물참나무 등이며 탄닌 성분이 많은 것이 좋음. 나무껍질은 수분증발을 억제하고 잡균 침입을 방지하며 버섯 발생장소가 됨. 껍질이 얇은 자작나무, 오리나무 등은 버섯발생이 빠르고 발생수가 많으나 품질이 떨어지고 골목 수명이 참나무보다 짧다.
45 종균의 세균 오염의 검정 방법은 고체배지에 접종하여 37℃에서 배양하여 육안으로 검정하는 방법이 가장 일반적이다.
46 • 푸른반점은 푸른곰팡이이므로 푸른반점이 있는 것은 우량종균이라고 할 수 없다.
• 버섯종균병에 얼룩진 띠가 보이면 세균에 감염된 경우이다.
• 균덩이나 유리 수분이 형성되지 않아야 우량종균이다.
• 균덩이는 균사의 덩어리를 뜻한다. 따라서 균덩이가 생기면 액체 종균의 경우 균일한 접종이 되지 않아 좋지 않다. 또한 유리 수분은 변온에 의해서 생기므로 종균에 세균 감염 확률을 높이므로 좋지 않다.
• 굵은 균사가 하얗게 뻗은 것이 좋은 균사라고 할 수 있다.
47 주변수종은 골목관리의 고려사항이 아니다.
48 가루깍지벌레는 배나무류, 감, 사과, 포도, 복숭아 등의 작물에 가해를 준다.
49 • *Flammulina velutipes* – 팽이
• *Auricularia auricula-judae* – 목이
• *Agaricus bisporus* – 양송이
• *Pleurotus ostreatus* – 느타리
50 팽이버섯
• 배양 : 20℃ 전후, 70%, 20~25일
• 발이 : 12℃±2℃, 90%, 7~9일
• 억제 : 3~4℃, 75%, 12~15일
• 생육 : 6~8℃, 70%, 8~10일
51 표고버섯 재배사의 입지 조건으로 전기와 물의 사용에 있어 제한이 없어야 한다.
52 갓의 색이 검은 잉크색으로 변하는 것은 세균성 갈변병이 아니라 저온일 때 나타나는 현상이다.
53 종균재식 직후 온도가 호흡열에 의해서 급격히 올라가므로 재발열을 방지하기 위해 온도를 인위적으로 낮춰줘야 한다.
54 느타리 대의 길이는 온도, 조도, 탄산가스 농도에 영향을 받는다.
55 바이러스에 감염된 균은 활착이 잘 안되고 사멸되기 쉽다.
56 표고균사의 생장가능 온도는 5~32℃이고, 적온은 22~27℃이다.
57 영지 재배용 원목은 변재부가 두껍고 심재부가 얇아야 좋다.
58 양송이의 푸른곰팡이병은 복토의 산도가 약산성일 때 피해가 심하다.
59 느타리는 상온저장을 하면 쉽게 부패한다.
60 대부분의 버섯과 곰팡이균은 균사 생장 시 적당한 배지의 산도로 약산성이 좋다.

2014년 버섯종균기능사 필기시험

01 느타리 원균은 무슨 배지에서 일반적으로 배양하는가?
① 맥아배지
② 버섯최소배지
③ 감자(추출)배지
④ 하마다(Hamada)배지

02 송이목은 분류학적으로 어디에 속하는가?
① 담자균
② 접합균
③ 자낭균
④ 불완전균

03 표고 자실체에 대한 설명으로 옳지 않은 것은?
① 품질 등급 없이 유통된다.
② 갓의 색깔은 담갈색이나 다갈색이다.
③ 일반적으로 갓은 원형 또는 타원형이다.
④ 자실체는 갓, 주름살, 대로 구성되어 있다.

04 느타리버섯과 표고버섯의 균사배양이 가장 알맞은 배지의 pH 범위는?
① 4~5
② 5~6
③ 6~7
④ 7~8

05 솜마개 사용 요령으로 가장 옳지 않은 것은?
① 좋은 솜을 사용한다.
② 표면이 둥글게 한다.
③ 빠지지 않게 단단히 한다.
④ 길게 하여 깊이 틀어막는다.

06 원균배양에 사용하는 배양기구가 아닌 것은?
① 시험관, 이식기구
② 무균상, 건열살균기
③ 고압스팀살균기, 항온기
④ 원심분리기, 단포자분리기

07 식용버섯의 종균제조 시 무균실의 소독 방법으로 가장 적합한 방법은?
① 70~75% 알코올 살포
② 마라치온 및 D.D.V.P 살포
③ 3~5% 석탄산(phenol) 살포
④ 0.1% 승홍수 살포 및 유황훈증

08 팽이버섯 배양기간을 단축할 수 있어서 많이 사용하는 종균의 종류는?
① 액체종균
② 톱밥종균
③ 곡립종균
④ 성형종균

09 고압증기살균기의 기본구조와 관계없는 것은?
① 압력계
② 중량계
③ 온도계
④ 수증기 주입구

10 느타리에 발생하는 병으로 초기에 발병 여부를 식별하기 어렵고, 발병하면 급속도로 전파되어 균사를 사멸시키는 것은?
① 푸른곰팡이병
② 세균성 갈변병
③ 붉은빵곰팡이병
④ 흑회색융단곰팡이병

11 버섯종균을 접종하는 무균실의 항시 온도는 얼마로 유지하는 것이 작업 및 오염방지를 위하여 가장 이상적인가?

① 5℃ 이하　　② 5~10℃ 정도
③ 15~20℃ 정도　④ 30~35℃ 정도

12 표고균사가 생장하는 최적 온도는?

① 약 4℃　　② 약 14℃
③ 약 24℃　　④ 약 34℃

13 렌티난을 함유하고 있으며, 항암작용, 항바이러스작용, 혈압강하작용이 있다고 알려진 버섯은?

① 표고버섯　　② 팽이버섯
③ 양송이버섯　④ 느타리버섯

14 한천배지 만들기에서 배양 용액을 시험관 길이 1/4 정도(10~20㏄) 주입한 배지를 고압살균기에서 충분한 배기를 하면서 121℃(15Lbs)에서 얼마간 살균하는가?

① 5분간　　② 10분간
③ 20분간　　④ 50분간

15 팽이버섯 균사 생장 시 배양실의 적정 습도로 옳은 것은?

① 55~60%　　② 65~70%
③ 75~80%　　④ 85~90%

16 버섯의 생활사에서 담자균에 속하는 일반적인 버섯 생활사는 자실체 → 담자포자 → 균사체가 된 다음은 무엇으로 성장되는가?

① 균핵으로 된다.
② 균사로 된다.
③ 균총으로 된다.
④ 자실체로 된다.

17 버섯 포자로 전파되므로 버섯이 성숙하여 갓이 피기 전에 수확해야 하는 양송이 병해로 옳은 것은?

① 괴균병　　② 바이러스병
③ 마이코곤병　④ 세균성 갈반병

18 감자추출배지 1L에 들어가는 감자의 일반적인 양은?

① 약 100g　　② 약 200g
③ 약 300g　　④ 약 400g

19 종균 생산 시 톱밥배지의 재료인 톱밥과 쌀겨의 입자 크기는?

① 톱밥 1~2mm, 쌀겨 0.5~0.7mm
② 톱밥 2~3mm, 쌀겨 0.8~1.0mm
③ 톱밥 3~5mm, 쌀겨 1.5mm
④ 톱밥 5~7mm, 쌀겨 2mm

20 곡립종균 배양 시 균덩이의 형성 원인이 아닌 것은?

① 흔들기 작업의 지연
② 원균 또는 접종원의 퇴화
③ 곡립배지의 산도가 높을 때
④ 곡립배지의 수분함량이 적을 때

21 식용버섯 종균 제조 시 배지의 살균방법으로 가장 적합한 것은?

① 살균시간 측정은 가압 시작 시부터 하여 정확히 잰다.
② 살균이 끝나면 배기밸브를 열어 속히 내압을 내려준다.
③ 곡립 배지는 살균이 끝난 다음에 흔들지 않고 덩어리 상태로 무균실로 옮긴다.
④ 외부와 내부 압력을 조절한 후 살균 중에도 계속 배기밸브를 조금씩 열어 놓는다.

22 표고에 주로 발생하는 병해 및 잡균이 아닌 것은?
① 구름송편버섯
② 미이라병균
③ 검은혹버섯
④ 푸른곰팡이병균

23 팽이버섯의 종균 저장온도로 가장 적당한 것은?
① 1~4℃
② 5~10℃
③ 4~8℃
④ 10~15℃

24 노화 종균의 특징으로 가장 알맞은 것은?
① 균사 밀도가 높고, 부수면 응집력이 높은 것
② 종균병 밑바닥에 붉은색 물이 고인 것
③ 배지에 균사가 완전히 자란 것
④ 품종 고유의 단일색인 것

25 종균접종용 톱밥배지의 고압살균에 대한 설명으로 옳은 것은?
① 살균이 끝나면 강제로 배기시킨다.
② 스크류 캡병 사용 시 용적의 90% 이상 넣는다.
③ 살균기 내의 공기를 완전히 제거하여 기포를 발생시킨다.
④ 살균이 끝나면 배지가 흔들리지 않게 꺼내어 서서히 식힌다.

26 버섯배지를 고압스팀 살균기로 살균할 때 121℃ 온도에서의 살균기 내의 적정 압력은?
① 약 0.3kg/cm²
② 약 0.7kg/cm²
③ 약 1.1kg/cm²
④ 약 1.5kg/cm²

27 곡립종균 제조 시 밀의 가장 적당한 수분함량은?
① 25% 내외
② 35% 내외
③ 45% 내외
④ 55% 내외

28 버섯원균의 증식 및 보존용 배지로 많이 쓰이는 감자한천배지(PDA)의 성분이 아닌 것은?
① 한천
② 펩톤
③ 감자
④ Dextrose

29 버섯파리 중 성충은 6~7mm이며 날개와 다리가 길어 모기와 비슷한 것은?
① 마이세토필
② 시아리드
③ 세시드
④ 포리드

30 버섯 균사를 접종(이식)할 때 주로 사용하는 기구는?
① 백금선
② 백금구
③ 백금이
④ 백금망

31 느타리버섯을 재배사에서 2열 4단으로 작업할 때 균상의 단과 단 사이 간격(cm)으로 가장 적절한 것은?
① 60
② 50
③ 40
④ 30

32 노루궁뎅이버섯의 병배지 제조를 위한 주재료와 부재료의 배합비율로 가장 적당한 것은? (단, 부피비로 한다.)
① 포플러톱밥(60%) : 미강(40%)
② 참나무톱밥(60%) : 미강(40%)
③ 참나무톱밥(40%), 포플러톱밥(40%) : 미강(20%)
④ 참나무톱밥(30%), 포플러톱밥(30%) : 미강(40%)

33 건전한 표고종균의 조건으로 옳은 것은?

① 초록색 반점이 보인다.
② 다소 갈변된 것이 좋다.
③ 종균병을 열면 쉰 듯한 냄새가 난다.
④ 백색의 균사가 덮이고 광택이 난다.

34 감자 한천배지 1L 제조에 필요한 한천의 적절한 무게는?

① 5g   ② 10g
③ 20g   ④ 30g

35 버섯 수확 후 품질의 변화와 관계가 없는 것은?

① 호흡에 의한 영향
② 수분의 영향에 의한 건조증상
③ 광의 영향으로 인한 색깔의 변화
④ 공기 중 산소와 결합되어 나타나는 색깔의 변화

36 양송이 재배 시 복토 후 균사부상과 관련이 적은 것은?

① 퇴비 부숙도
② 재배사 온도
③ 복토 수분함량
④ 복토의 산도(pH)

37 양송이 재배의 경우 재배사 내의 중요한 환경요인이 아닌 것은?

① 위치   ② 습도
③ 환기   ④ 온도

38 건표고의 저장법으로 바람직한 것은?

① 주기적으로 약제를 살포한다.
② 종이박스에 넣어 실온 보관한다.
③ 비닐봉지에 넣어 실온에 보관한다.
④ 열풍건조 후 밀봉하여 저온저장한다.

39 중온성 품종의 표고 자실체 형성 적정온도 범위는?

① 5℃ 내외
② 10℃ 내외
③ 15℃ 내외
④ 20℃ 내외

40 양송이 재배 시 관수를 가장 많이 하는 시기는?

① 복토 직후
② 수확 직전
③ 버섯 크기 2cm 내외
④ 버섯 크기 5cm 내외

41 1000배액의 살균제를 조제하고자 한다. 물 1L에 살균제 몇 g을 희석해야 하는가?

① 1g
② 10g
③ 100g
④ 1000g

42 느타리버섯 재배 시 발생하는 푸른곰팡이병의 방제약제는?

① 베노밀 수화제(벤레이트)
② 클로르피리포스 입제(더스반)
③ 빈클로졸린 입상수화제(놀란)
④ 스트렙토마이신 수화제(부라마이신)

43 느타리버섯 병재배 시설에 필요 없는 것은?

① 배양실
② 억제실
③ 생육실
④ 배지냉각실

44 신령버섯 균사생장 시 간접광선의 영향으로 맞는 것은?

① 균사생장 시에는 어두운 상태에서 생장이 촉진된다.
② 균사생장 시, 간접광선은 생장을 촉진하는 특성이 있다.
③ 균사생장 시에는 간접광선이 아무런 영향을 미치지 못한다.
④ 균사생장 시, 어두운 상태와 밝은 상태가 교차되어야만 생장이 촉진된다.

45 표고버섯 톱밥배지 제조 시 균사생장에 가장 알맞은 수분함량으로 가장 적절한 것은?

① 50~60%   ② 60~70%
③ 70~80%   ④ 80~90%

46 버섯 병의 발생 및 전염경로에 대한 설명으로 적합하지 않은 것은?

① 병의 발병을 위해서는 적당한 환경조건이 필요하다.
② 병원성 진균의 포자는 공기 또는 매개체에 의해서 전파된다.
③ 병원성 세균은 물에 의해서 쉽게 전파되고, 곤충 또는 작업도구에 의해서도 감염된다.
④ 병 발생은 버섯과 병원체가 접촉하지 않고 상호작용을 발생하지 않을 때도 발병이 가능하다.

47 팽이버섯 재배용 배지제조 시 균사생장에 가장 알맞은 톱밥배지의 수분함량은?

① 45% 내외   ② 55% 내외
③ 65% 내외   ④ 75% 내외

48 양송이 생육 시 갓이 작아지고 대가 길어지는 현상이 일어나는 재배사 내의 이산화탄소(CO_2) 농도 범위로 가장 적합한 것은?

① 0.02% 이하
② 0.03~0.06%
③ 0.07~0.10%
④ 0.20~0.30%

49 표고의 열풍건조 시 온도 유지하는 방법으로 가장 옳은 것은?

① 20℃에서 시작해서 45℃로 끝낸다.
② 35℃에서 시작해서 60℃로 끝낸다.
③ 50℃에서 시작해서 75℃로 끝낸다.
④ 온도와 관계없이 건조시간을 일정하게 한다.

50 양송이균은 다음 중 어느 것에 속하는가?

① 순사물 기생균
② 순활물 기생균
③ 반활물 기생균
④ 반사물 기생균

51 표고 원목재배 시 골목을 임시로 눕혀두는 방법으로 옳지 않은 것은?

① 세워쌓기
② 정자쌓기
③ 가위목쌓기
④ 땅에 붙여두기

52 팽이버섯 재배사 신축 시 재배면적 규모 결정에 가장 중요하게 고려해야 하는 사항은?

① 재배 인력   ② 재배 품종
③ 1일 입병량   ④ 냉난방 능력

53 표고재배용 참나무 원목의 벌채 시기로 가장 적당한 것은?

① 8월 초~10월 초
② 10월 말~2월 초
③ 2월 말~3월 말
④ 3월 초~4월 말

54 유충이 2mm 정도로 작고 황색이나 오렌지색을 띠는 버섯파리의 종류는?

① 포리드 ② 세시드
③ 시아리드 ④ 마이세토필

55 표고 원목재배 시 가눕히기를 할 장소로 가장 먼저 고려하여야 할 점은?

① 습도 ② 차광
③ 통풍 ④ 산도(pH)

56 표고의 골목을 눕혀두는 장소로 적합하지 않은 것은?

① 배수가 좋은 곳
② 동남향 경사지
③ 미풍이 부는 곳
④ 피음도 50% 이하인 곳

57 느타리버섯 재배사의 규모를 결정하는 요인으로 관계가 가장 적은 것은?

① 시장성 ② 노동력
③ 용수량 ④ 재배시기

58 영지버섯 발생의 최적 온도는?

① 5℃ 내외
② 10℃ 내외
③ 20℃ 내외
④ 30℃ 내외

59 표고균 배양을 위한 톱밥배지 제조과정 중 틀린 것은?

① 혼합된 배지재료의 수분함량은 60~65%가 적합하다.
② 톱밥배지의 첨가재료는 산패가 일어난 미강이 좋다.
③ 톱밥과 첨가제의 혼합비율은 대략 8 : 2의 비율이 적합하다.
④ 표고버섯 톱밥배지에 가장 적합한 수종은 참나무류 톱밥이다.

60 표고버섯 골목관리 시 직사광선에 의해 온도 상승 시 발생하기 쉬운 해균으로 불완전세대에는 골목표피나 절단면에 황록색의 작은 균총을 형성하다가 검은색의 자실체를 형성하는 것은?

① 고무버섯
② 톱밥버섯
③ 검은흑버섯
④ 푸른곰팡이

정답 및 해설

2014년 버섯종균기능사 필기시험

01	02	03	04	05	06	07	08	09	10	11	12	13	14	15	16	17	18	19	20
③	①	①	②	④	④	①	①	①	①	③	③	①	③	②	④	②	②	③	④

21	22	23	24	25	26	27	28	29	30	31	32	33	34	35	36	37	38	39	40
④	②	①	②	④	②	③	③	④	②	①	③	③	③	③	①	①	④	③	③

41	42	43	44	45	46	47	48	49	50	51	52	53	54	55	56	57	58	59	60
①	①	②	②	②	②	④	③	④	①	③	③	②	②	①	④	④	④	②	③

01 느타리원균은 일반적으로 감자추출배지(PDA)에 배양한다.

02 송이목은 분류학적으로 담자균에 속한다.

03 표고 자실체는 백화고, 동고, 향고, 향신으로 나누고 등급별로 유통된다.

04 느타리와 표고의 균사 배양에 가장 알맞은 산도는 pH 5~6이다.

05 솜마개를 길게 하여 깊이 틀어 막는 것은 올바른 방법이 아니다.

06 원심분리기와 단포자분리기는 배양기구가 아니다.

07 식용버섯의 종균제조 시 무균실의 소독은 70~75% 알코올소독이 가장 적합하다.

08 액체종균의 가장 큰 특징은 배양기간의 단축에 있다.

09 고압증기살균기의 구조와 중량계는 관련이 없다.

10 푸른곰팡이병은 초기에 발병 여부를 식별하기 어렵고, 발병하면 급속도로 전파되어 균사를 사멸시킨다.

11 무균실의 온도는 15~20℃가 이상적이다.

12 표고균사의 최적생장 온도는 약 24℃이다.

13 표고는 렌티난을 함유하고 있으며, 항암작용, 항바이러스작용, 혈압강하작용이 있다고 알려진 버섯이다.

14 한천배지 시험관의 살균은 충분한 배기를 하면서 121℃(15lbs)에서 20분간 실시한다.

15 팽이버섯 균사생장 시 배양실의 습도는 65~70%가 적당하다.

16 담자균에 속하는 일반적인 버섯 생활사는 자실체 – 담자포자 – 균사체 – 자실체이다.

17 양송이의 바이러스병은 버섯 포자로 전파되므로 갓이 피기 전에 수확해야 한다.

18 감자추출배지 1L 들어가는 감자의 일반적인 양은 200g이다.

19 종균 생산 시 톱밥입자 3~5mm, 쌀겨(미강)입자 1.5mm가 적당하다.

20 곡립배지의 수분함량이 많을 때 균덩이 형성이 잘 일어난다.

21 외부와 내부 압력을 조절한 후 살균 중에도 배기밸브를 조금 열어 놓으면 살균기 내 스팀이 원활하게 흐름으로서 효율적인 살균이 된다.

22 미이라병은 양송이 크림종에서 피해가 심하며, 감염 시 버섯이 0.5~2cm일 때 생장이 완전히 정지하면서 갈변고사하고 그 균상에서는 버섯이 발생하지 않는다.

23 팽이버섯의 종균저장 온도는 1~4℃가 가장 적합하다.

24 노화종균은 종균병 밑바닥에 붉은색 물이 고이고, 자실체가 발생하는 등 종균으로서의 기능이 저하된다.

25 살균이 끝나면 배지가 흔들리지 않게 꺼내어 서서히 식히는 것이 좋다.

26 버섯배지의 고압살균은 온도 121℃, 압력 $1.1kg/cm^2$가 적당하다.

27 곡립종균 제조 시 밀의 수분함량은 45~50% 내외가 적당하다.

28 감자한천배지(PDA)의 성분은 감자, 한천, Dextrose이다.

29 마이세토필 성충은 6~7mm이며 날개와 다리가 길어 모기와 비슷하며, 균상표면의 어린버섯에 거미줄과 같은 실을 내어 집을 짓고 버섯을 가해하며 생활하기 때문에 버섯은 생장하지 못하며 갈색으로 변색되어 부패하게 되며 성숙된 버섯의 대를 가해하여 중앙부위에 큰 구멍을 만드는 등의 피해가 심하다.

30 버섯균사를 이식할 때 주로 백금구가 쓰인다.

31 느타리 재배사에서 2열 4단으로 작업할 때 균상의 단과 단 사이는 60cm가 적당하다.

32 노루궁뎅이의 병배지 주재료는 참나무톱밥 40%, 포플러톱밥 40%, 미강 20%가 적당하다.

33 건전한 표고종균은 백색의 균사가 덮이고 광택이 난다.

34 감자한천배지 물 1,000mL, 감자 200g, 한천 20g,

Dextrose 20g

35 광의 영향으로 인한 색깔의 변화는 버섯 생장 중 나타난다.
36 퇴비의 부숙도는 복토 후 균사부상과 관련이 적다.
37 재배사의 위치는 재배사 내의 중요한 환경요인이 아니다.
38 건표고는 열풍건조 후 밀봉하여 저온저장을 해야 한다.
39 중온성 품종의 표고자실체 형성 적정 온도 범위는 15℃ 내외이다.
40 양송이 재배 시 관수가 가장 많이 필요한 시기는 버섯의 크기가 2cm 내외일 때이다.
41 1,000배액의 살균제를 조제할 때 물 1L에 살균제 1g을 희석해야 한다.
42 느타리의 푸른곰팡이 방제약제로는 주로 베노밀(벤레이트) 수화제를 사용한다.
43 억제실은 팽이버섯재배에 필요하다. (억제실은 온도를 4℃ 낮추어서 발이를 억제하여 고르게 발생하도록 하기 위해 필요한 장소이다.)
44 신령버섯 균사생장 시 간접광선은 생장을 촉진하는 특성이 있다.
45 표고 톱밥배지의 적당한 수분 함량은 60~70%이다.
46 병 발생은 버섯과 병원체가 접촉하여 상호작용을 했을 때 가능하다.
47 팽이버섯 재배용 배지의 적정 수분함량은 65% 내외이다.
48 양송이 생육 시 갓이 작아지고 대가 길어지는 현상이 일어나는 재배사 내의 이산화탄소 농도 범위는 0.20~0.30%(2,000~3,000ppm)이다.
49 표고의 열풍건조 시에는 35℃에서 시작하여 60℃로 끝낸다.
50 양송이 균은 순사물기생균이다. 식물 잔해나 생물체가 분해되어 만들어진 유기물에서 영양분을 흡수하여 균사(菌絲)가 생장하고 자실체(子實體)를 형성한다.
51 표고 원목재배 시 임시로 눕혀두는 방법은 세워쌓기, 정자쌓기, 땅에 붙여두기, 장작쌓기가 있다.
52 팽이버섯 재배사 신축 시 1일 입병량은 재배사의 규모와 설비 등 규모를 결정하는 가장 중요한 요소이다.
53 표고원목의 벌채는 수액의 유동이 정지된 시기에 한다. 버섯에 필요한 양분이 원목 내에 가장 많이 축적되어 있도록 단풍이 30~40% 들어 있는 10월 말부터 2월 초에 실시한다.
54 세시드 : 보통 완전변태를 하나 환경조건이 좋으면 유태생함으로 번식이 빠르다. 유태생에 적당한 온도는 23~33℃이고 1세대 기간은 6일 정도이고 어미 유충 1마리가 약 6~8개의 어린 유충을 낳는다. 유충이 2mm 정도로 작고, 황색이나 오렌지색을 띤다.
55 표고 원목의 가눕히기를 할 장소로는 습도를 가장 먼저 고려해야 한다.
56 90% 이상의 차광망은 피음도가 높아 재배사 내부가 어두워 버섯의 색택과 통풍에 문제가 발생하며, 50% 이하의 차광망은 피음도가 낮아 버섯생육 등에 문제가 발생한다. 75~85% 정도의 차광망을 사용하는 것이 좋으며 겨울재배용 재배사에는 60~70% 적당하다.
57 재배시기는 재배사의 규모를 결정하는데 관계가 가장 적다.
58 영지의 자실체 발생 및 생육은 온도 28~32℃가 가장 적당하다.
59 산패가 일어난 미강을 사용하면 잡균 오염의 원인이 되며, 균사의 생장이 원활하지 않다.
60 골목 표피나 접종 부위에 처음에는 황록색의 곰팡이가 발생하고, 후에 단추버섯과 유사하게 표면에 물기가 돌고 육질이 흑색인 자실체가 발생한다. 원목의 습도가 95~100%일 때에 주로 발생되며, 고온기에 특히 심하다. 이병은 과습 고온이 원인이 되므로 통풍이 잘되도록 관리하고, 표고균의 활력을 왕성하게 해야 한다.

2015년 버섯종균기능사 필기시험

01 종균 제조 시 살균 방법으로 옳지 않은 것은?
① 사용하는 배지병 종류에 따라 살균시간을 다르게 한다.
② 살균 중에 배기 밸브를 조금씩 열어 수증기와 함께 혼입되는 공기를 제거한다.
③ 살균시간은 일정압력 도달 후 내부 온도가 121℃에 도달된 때부터 계산한다.
④ 살균 중 전원 고장으로 살균이 중단되었을 때, 기존 살균 시간을 포함하여 계산한다.

02 사물기생형 버섯이 아닌 것은?
① 송이   ② 표고
③ 큰갓버섯   ④ 느타리버섯

03 톱밥종균 제조에 대한 설명으로 옳지 않은 것은?
① 수분 함량이 63~65%가 되도록 한다.
② 미송톱밥보다 포플러톱밥 품질이 더 좋다.
③ 배지 재료를 1L병에 550~650g 정도 넣는다.
④ 고압살균 시 변형 방지를 위하여 PE 재질의 병을 사용한다.

04 종균의 저장 및 관리요령으로 가장 부적절한 것은?
① 종균 저장 시 외기 온도와 동일하도록 관리한다.
② 종균은 빛이 들어오지 않는 냉암소에 보관한다.
③ 곡립종균은 균덩이 방지와 노화 예방에 주의한다.
④ 배양이 완료된 종균은 즉시 접종하는 것이 유리하다.

05 톱밥배지 제조 시 배지 밑바닥까지 중심부에 구멍을 뚫어주는 이유로 옳지 않은 것은?
① 배양기간을 단축할 수 있게 한다.
② 접종원이 병 하부까지 내려갈 수 있게 한다.
③ 병 내부 공기유통을 원활하게 하기 위해서 한다.
④ 배지 내 형성되는 수분을 모아 배출하기 쉽게 하기 위해서 한다.

06 다음 중 균사 생장의 최적 산도(pH)가 가장 낮은 것은?
① 송이   ② 목이
③ 여름양송이   ④ 여름느타리

07 팽나무버섯의 균주 보존에 가장 적합한 온도는?
① 약 4℃   ② 약 10℃
③ 약 15℃   ④ 약 20℃

08 진공 냉동 건조에 의한 보존방법으로 옳지 않은 것은?
① 단기 보존하는 방법이다.
② 세포를 휴면시키는 방법이다.
③ 보호제로 10% 포도당을 이용한다.
④ 동결방법으로 액체질소를 사용한다.

09 종균배지를 고압살균한 후 처리방법으로 옳지 않은 것은?
① 냉각실로 옮긴다.
② 곡립배지는 흔들어준다.
③ 톱밥배지는 흔들어준다.
④ 살균 소독된 곳으로 옮긴다.

10 표고버섯 원목재배의 종균접종 과정 중 적절하지 않은 것은?

① 접종용 원목은 참나무류를 선택한다.
② 접종용 종균은 직사광선을 받게 하여 갈색으로 만든다.
③ 종균은 10℃ 이하의 통풍이 양호한 냉암소에 보관한다.
④ 접종용 원목은 수분 함량이 40% 내외가 적합하다.

11 양송이의 조직분리 배양방법으로 가장 적합한 것은?

① 뿌리부분의 균사를 분리 · 접종한다.
② 균사절편이면 어느 부위나 가능하다.
③ 갓과 대의 접합부분의 육질을 분리 · 접종한다.
④ 대에서 분리 · 접종하면 배양이 잘 되지 않는다.

12 감자한천배지 1L 제조 시 한천은 몇 g을 넣는가?

① 1   ② 2
③ 10   ④ 20

13 버섯종균을 유통하려고 할 때 품질표시 항목으로 필수 사항이 아닌 것은?

① 종균 접종일
② 생산자 성명
③ 품종의 명칭
④ 수입 종자의 경우 수입 연월 및 수입자 성명

14 무균실에 필요한 도구가 아닌 것은?

① 에틸알코올   ② 자외선 램프
③ 무균 필터(Filter) ④ 스트렙토 마이신

15 양송이 종균의 배양과정 중 오염이 되는 주요 원인이 아닌 것은?

① 살균이 잘못된 경우
② 오염된 접종원 사용
③ 배양 중 온도 변화가 없는 경우
④ 흔들기 작업 중 마개의 밀착 이상

16 밀배지 제조 시 탄산석회와 석고의 첨가 이유를 가장 바르게 나타낸 것은?

① 탄산석회 : 산도조절, 석고 : 결착방지
② 탄산석회 : 산도조절, 석고 : 건조방지
③ 탄산석회 : 결착방지, 석고 : 산도조절
④ 탄산석회 : 건조방지, 석고 : 산도조절

17 버섯의 포자 발아용 배지로 가장 적당한 것은?

① YM 배지
② 퇴비 추출 배지
③ 증류수 한천 배지
④ 차펙스(Czapek's) 배지

18 표고버섯의 학명으로 옳은 것은?

① *Lentinula edodes*   ② *Agaricus bisporus*
③ *Pleurotus ostreatus* ④ *Flammulina velutipes*

19 액체종균 제조에 대한 설명으로 옳지 않은 것은?

① 감자추출배지나 대두박배지를 주로 사용한다.
② 배지에 공기를 넣지 않는 경우 산도를 조정하지 않는다.
③ 느타리 및 새송이는 살균 전 배지를 pH 5.5~6.0으로 조정한다.
④ 압축공기를 이용한 통기식 액체 배양에서는 거품 생성 방지를 위하여 안티폼을 첨가한다.

20 곡립종균 배양 시 잡균이 발생하는 주요 원인은?

① 빠른 균사 생장
② 배지의 낮은 산도
③ 배지의 높은 수분 함량
④ 배지의 풍부한 질소 성분

21 종균접종용 톱밥배지의 고압살균 시 압력으로 가장 적정한 것은?

① 약 0.1kgf/cm²
② 약 0.6kgf/cm²
③ 약 1.1kgf/cm²
④ 약 1.6kgf/cm²

22 느타리 종균배양실의 온도에 대한 설명으로 옳지 않은 것은?

① 15℃ 이하에서 균사 생장이 지연된다.
② 28℃ 이상에서 균사 생장이 급격히 저하된다.
③ 잡균 발생 지양을 위해서는 22~24℃로 유지하는 것이 좋다.
④ 최적 온도보다 고온으로 관리하면 생장은 빠르나 품질이 불량하다.

23 버섯의 유성생식으로 형성되는 포자는?

① 유주자   ② 담자포자
③ 분생포자   ④ 포자낭포자

24 느타리버섯 원균 증식 배지로 가장 적합한 것은?

① 퇴비배지   ② 감자배지
③ 육즙배지   ④ 국즙배지

25 톱밥배지의 상압살균에 관한 설명으로 옳지 않은 것은?

① 상압 살균솥을 이용한다.
② 증기에 의한 살균 방법이다.
③ 100℃ 내외를 기준으로 한다.
④ 1시간 동안 살균을 표준으로 한다.

26 우량 종균 선별 방법에 대한 설명으로 옳지 않은 것은?

① 육안으로 색깔을 보고 선별할 수 있다.
② 균사체에서 dsRNA를 분리하여 바이러스 감염 여부를 알 수 있다.
③ 페트리 디쉬에 접종 후 37℃ 정도에서 5일간 배양하여 세균의 유무를 알 수 있다.
④ 양송이균을 제외한 대부분 종균은 현미경으로 관찰 시 꺾쇠연결체가 없어야 우량 종균이다.

27 종균접종실 및 시험기구에 사용하는 소독약제인 알코올의 농도로 가장 적절한 것은?

① 60%   ② 70%
③ 80%   ④ 90%

28 버섯과 식물의 생물학적 차이점에 대한 설명으로 옳지 않은 것은?

① 버섯은 고등균류에 속하는 생물군으로 엽록소가 없다.
② 균사체는 대부분 실 모양의 많은 세포를 가진, 균사로 되어 있는 진핵세포이다.
③ 균류는 고등식물과는 달리 줄기, 잎, 뿌리로 나누어지지는 않으나 발달된 도관체계는 있다.
④ 버섯은 타가영양체이며 생태계 중 분해자에 속하고, 식물은 자가영양체이며 생태계 중 생산자에 속한다.

29 버섯 균주를 보존하는 데 가장 적합한 부위는?
① 원기   ② 포자
③ 자실체   ④ 균사체

30 곡립배지에 대한 설명으로 옳지 않은 것은?
① 찰기가 적은 것이 좋다.
② 밀, 수수, 벼를 주로 사용한다.
③ 주로 양송이 재배 시 사용한다.
④ 배지 제조 시 너무 오래 물에 끓이면 좋지 않다.

31 표고버섯 원목재배의 실패 가능성이 가장 높은 방법은?
① 원목의 수피가 떨어지지 않도록 한다.
② 표고 원목재배 시 적절한 건조과정이 필요하다.
③ 토막치기된 원목은 지면에 직접 접촉되지 않게 놓는다.
④ 건조된 원목은 물에 침수한 후 바로 꺼내어 종균을 접종한다.

32 양송이 종균을 심을 때 퇴비량에 비하여 종균 재식량이 가장 적은 부분은?
① 표층   ② 상층
③ 중층   ④ 하층

33 표고 골목 해균의 방제법으로 가장 이상적인 것은?
① 해균 발생 시 농약으로 방제한다.
② 피해가 발생한 골목을 골목장 내에 한쪽으로 치워둔다.
③ 해균이 발생하면 골목을 직사광선에 노출시킨다.
④ 골목장은 통풍이 잘 되는 곳에 설치하고 골목은 과습하지 않도록 관리한다.

34 볏짚다발 배지 발효 과정에서 악취가 발생하는 이유로 가장 타당한 것은?
① 수분이 부족하여
② 계분이 과다하여
③ 퇴비의 온도가 높아서
④ 뒤집는 시기가 늦어서

35 느타리버섯 볏짚재배 시 볏짚의 물 축이기 작업에 대한 설명으로 옳지 않은 것은?
① 단시간 내 축인다.
② 추울 때 작업한다.
③ 물을 충분히 축인다.
④ 배지의 수분은 70% 내외가 좋다.

36 버섯파리 중에 유충의 길이가 2mm 정도로 황색 또는 오렌지색을 띠며, 주로 균상 표면이 장기간 습할 때 피해를 주는 해충은?
① 포리드   ② 세시드
③ 시아리드   ④ 마이세토필

37 표고 원목재배 시 필요한 기자재가 아닌 것은?
① PP봉지   ② 천공드릴
③ 종균 접종기 ④ 수분 측정기

38 표고 종균 접종을 위해 가장 적합한 원목의 수분 함량은?
① 25~30%   ② 35~40%
③ 45~50%   ④ 55~60%

39 흑목이균 발생 최적 온도와 광반응 조건으로 옳은 것은?
① 온도는 8~12℃이고 광이 불필요하다.
② 온도는 10~15℃이고 광이 불필요하다.
③ 온도는 15~18℃이고 광이 많이 필요하다.
④ 온도는 20~28℃이고 광이 많이 필요하다.

40 버섯과 균사를 가해하는 응애에 대한 설명으로 옳지 않은 것은?

① 분류학상 거미강의 응애목에 속한다.
② 번식력이 떨어져 국지적으로 분포한다.
③ 크기는 0.5mm 내외로 따뜻하고 습한 곳에서 서식한다.
④ 생활환경이 불량할 때는 먹지도 않고 6~8개월간 견딘다.

41 버섯파리를 집중적으로 방제하기 위한 시기로 가장 적절한 것은?

① 매 주기 말
② 균사생장 기간
③ 퇴비배지의 후발효 기간
④ 퇴비배지의 야외퇴적 기간

42 목이버섯의 학명으로 옳은 것은?

① *Armillaria mellea*
② *Agaricus bisporus*
③ *Volvariella volvacea*
④ *Auricularia auricula-judae*

43 표고버섯 톱밥배지 재료 배합 비율 중 적정 혼합 비율은?

① 참나무톱밥 60%에 미강 40% 혼합
② 참나무톱밥 60%에 밀기울 40% 혼합
③ 참나무톱밥 85~90%에 미강 10~15% 혼합
④ 참나무톱밥 50%에 미강 25%와 밀기울 25% 혼합

44 영지버섯 노랑곰팡이병원균에 대한 설명으로 옳은 것은?

① 병원균은 자낭균이다.
② 병원균은 토양으로 전염하지 않는다.
③ 병원균은 15~20℃에서 생장이 왕성하다.
④ 병원균의 생육적합 산도(pH)는 3~4이다.

45 양송이 퇴비배지의 입상이 끝난 후 정열 방법으로 가장 적절한 것은?

① 출입구와 환기통의 완전 밀폐
② 출입구와 환기통의 완전 개방
③ 출입구와 환기통의 단시간 개방
④ 출입구와 환기통의 단시간 밀폐

46 양송이 병해충 중 주로 배지에 발생하며, 산성에서 생장이 왕성하여 산도 조절을 함으로써 방제가 가능한 것은?

① 괴균병   ② 마이코곤병
③ 푸른곰팡이병   ④ 세균성갈변병

47 천마에 대한 설명으로 옳지 않은 것은?

① 난(蘭)과에 속하는 일년생 식물이다.
② 지하부의 구근은 고구마처럼 형성된다.
③ 뽕나무버섯균과 서로 공생하여 생육이 가능하다.
④ 지상부 줄기 색깔에 따라 홍천마, 청천마, 녹천마 등으로 구별한다.

48 만가닥버섯 재배에 배지 재료로 가장 적절한 것은?

① 소나무   ② 떡갈나무
③ 느티나무   ④ 오동나무

49 표고 톱밥재배 시 균을 배양하기 위한 필수 시설이 아닌 것은?

① 살균실   ② 무균실
③ 배양실   ④ 비가림 시설

50 느타리버섯의 품종 중 광온성 재배 품종은?

① 춘추 2호   ② 수한 1호
③ 치악 5호   ④ 원형 1호

51 종균의 저장 온도가 가장 낮은 버섯 종류는?
① 양송이   ② 표고버섯
③ 팽이버섯   ④ 느타리버섯

52 찐 천마의 열풍건조 시 건조기 내의 최적 온도와 유지 시간에 대하여 다음 (   )에 올바르게 넣은 것은?

처음 (가)℃에서 서서히 (나)℃로 상승 시킨 다음 3일간 유지 후 (다)℃에서 7시간 유지하여 내부까지 건조시켜야 한다.

① (가) : 40, (나) : 50~60, (다) : 50~60
② (가) : 30, (나) : 40~50, (다) : 50~60
③ (가) : 40, (나) : 50~60, (다) : 70~80
④ (가) : 30, (나) : 40~50, (다) : 70~80

53 균사에 꺾쇠 연결체가 없는 버섯은?
① 팽이   ② 목이
③ 양송이   ④ 느타리

54 표고버섯 골목제조법 중 영양분의 축적이 많아 원목 벌채 조건으로 가장 적절한 것은?
① 나무의 수피가 벗겨져 있고 수액 유동이 정지된 시기
② 나무의 수피가 벗겨져 있고 수액 유동이 활발한 시기
③ 나무의 수피가 벗겨지지 않고 수액 유동이 정지된 시기
④ 나무의 수피가 벗겨지지 않고 수액 유동이 활발한 시기

55 주로 곡립종균을 사용하여 재배하는 버섯은?
① 표고   ② 느타리
③ 양송이   ④ 뽕나무버섯

56 봉지재배로 전복느타리종균을 접종하였다. 버섯 발이 유기 관리방법으로 옳은 것은?
① 실내온도 18~24℃로 유지한다.
② 실내습도 70~80%로 유지한다.
③ 비닐을 완전 제거하여 생육 시 배지 회수율이 낮다.
④ 비닐에 칼집만 내어 생육 시 습도 유지 관리가 어렵다.

57 양송이 복토(광질 토양) 재료의 최적 수분 함량은?
① 45%   ② 55%
③ 65%   ④ 75%

58 표고의 균사 생장 최적 온도로 가장 적절한 것은?
① 15℃ 내외   ② 25℃ 내외
③ 35℃ 내외   ④ 40℃ 이상

59 양송이 퇴비 퇴적 시 퇴비 재료의 최적 탄질율(C/N율)로 옳은 것은? (단, 종균 접종 시의 경우는 제외한다.)
① 25 내외   ② 35 내외
③ 45 내외   ④ 50 내외

60 느타리버섯 종균 접종 후 토막쌓기에 가장 적합한 장소는?
① 관수가 용이한 곳
② 북쪽의 건조한 곳
③ 직사광선이 닿는 곳
④ 주·야간 온도 편차가 큰 곳

정답 및 해설

2015년 버섯종균기능사 필기시험

01	02	03	04	05	06	07	08	09	10	11	12	13	14	15	16	17	18	19	20
④	①	④	①	④	①	①	①	③	②	③	④	②	④	③	①	③	①	③	③

21	22	23	24	25	26	27	28	29	30	31	32	33	34	35	36	37	38	39	40
③	②	②	②	④	②	③	②	②	④	③	③	④	④	②	②	①	②	④	②

41	42	43	44	45	46	47	48	49	50	51	52	53	54	55	56	57	58	59	60
②	④	③	①	①	③	①	③	④	②	③	④	③	③	③	①	③	②	①	①

01 살균이 중단되었을 때는 기존 살균시간을 제외하고 다시 처음부터 살균해야 한다.
02 활물기생(살아있는 생물이 다른 동식물에 기생하는 일)균은 송이, 능이 등이다.
03 폴리프로필렌(pp)재질의 병을 주로 사용한다.
04 종균 저장 시 온도는 외기온도와 상관없이 일정하게 유지하는 것이 중요하다.
05 배지 내의 수분 배출과는 관계가 없다.
06 송이의 균사 생장의 최적 산도가 가장 낮다.
07 팽나무버섯의 균주는 4℃ 범위의 냉장고에 보관해야 하며 빛에 노출되지 않는 것이 좋다.
08 진공냉동건조에 의한 보존방법은 장기 보존을 하는 것이다.
09 곡립배지는 흔들어 주고 톱밥배지는 흔들어서는 안 된다.
10 접종용 종균은 갈변시키면 적절하지 않다.
11 양송이의 조직분리는 갓과 대의 접합 부분의 조직을 분리 접종한다.
12 감자한천배지(PDA)의 조성 비율은 물 1L에 감자 200g, 포도당 20g, 한천 20g이다.
13 생산자 성명은 품질표시 필수항목이 아니다.
14 스트렙토마이신은 항생제로서 무균실에 필요한 도구가 아니다.
15 배양 중 온도변화가 없는 경우에는 오염과 관련이 매우 적다.
16 • 탄산석회 : 산도 조절
 • 석고 : 결착방지를 위해 첨가하는 석고는 배지 무게의 1.0%를 사용한다.
17 버섯포자 발아용 배지로는 증류수 한천배지가 가장 적당하다. 증류수 1,000mL, 한천 20g
18 • *Lentinus edodes* - 표고
 • *Agaricus bisporus* - 양송이
 • *Pleurotus ostreatus* - 느타리
 • *Flammulina velutipes* - 팽이버섯
19 느타리 및 새송이의 배지의 pH는 6.0~7.0이 적당하다.
20 배지의 수분 함량이 높으면 잡균 발생의 주요 원인이 된다.
21 살균기의 압력과 수증기의 온도가 비례하여 상승(약 1.1kg/cm² 15파운드, 온도 121℃)
22 28℃ 이상의 고온에서는 생장은 빠르나 품질이 불량하다.
23 버섯은 유성생식으로 담자포자를 형성한다.
24 느타리의 원균 증식 배지로는 감자배지가 가장 적당하다.
25 상압살균은 온도상승 후 약 5~6시간을 표준으로 한다.
26 양송이와 신령버섯의 원균은 자웅동주성으로 꺽쇠 연결체가 없다.
27 소독용 알코올의 농도는 70%가 가장 적절하다.
28 균류는 고등식물과는 달리 줄기, 잎, 뿌리로 나누어지지 않고 발달된 도관도 없다.
29 버섯 균주를 보존하는 데에는 균사체가 가장 적합하다.
30 곡립배지의 재료로 밀, 호밀, 수수 등을 사용한다.
31 건조된 원목을 물에 침수한 후 바로 꺼내어 접종을 하면 잡균의 오염 및 균사 생장이 저하된다.
32 종균재식량이 가장 많은 부분은 표층부분이고 가장 적은 부분은 중층이고 종균의 종류, 접종시기 및 배지량에 따라 달라지나 퇴비량은 125kg/3.3m²에 약 1.5kg의 종균을 기준으로 하여 접종한다.
 ※ 하층을 가장 적게 하는 것이 관행이지만 상대적으로 중층면적이 넓은데 비해 종균을 적게 넣는다는 의미이므로 논란의 여지가 있다. 기출문제에는 중층에 가장 적게 넣어야 한다는 것이 정답으로 간주하였다. 따라서 해당 문제의 정답은 '중층'으로 택해야 한다.

	배지두께(20cm 기준)	종균재식량
표층	2	10%

상층	5	30%
중층	8	30%
하층	6	30%

표와 같이 중층에 제일 적은 양의 종균이 들어감을 알 수 있다.(단, 실제 농가에서는 종균재식량을 하층에 가장 적게 재식하고 있다)

33 표고 골목장은 통풍이 잘되는 곳에 설치하고 골목은 과습하지 않도록 관리한다.

34 볏짚다발 배지 발효 시 뒤집는 시기가 늦어지면 악취가 발생한다.

35 온도가 낮은 추운 날에는 물축이기 작업이 빨리 진행되지 않는다.

36 세시드 : 보통 완전변태를 하나 환경조건이 좋으면 유태생함으로 번식이 빠르다. 유태생에 적당한 온도는 23~33℃이고 1세대 기간은 6일 정도이고 어미유충 1마리가 약 6~8개의 어린 유충을 낳는다. 유충이 2mm 정도로 작고, 황색이나 오렌지색을 띤다.

37 폴리프로필렌(pp)봉지는 표고톱밥 재배 시 필요한 기자재이다.

38 표고 종균 접종을 위한 원목의 수분 함량은 38~42%가 가장 적합하다.

39 흑목이균의 발생 최적온도는 20~28℃이고 광이 많이 필요하다.

40 번식력이 좋은 응애는 각종 병원균을 전파하는 매개체이다.

41 버섯파리는 버섯의 냄새를 맡고 유인되기 때문에 방재시기는 균사가 생장하는 시기여야 한다.

42 • *Armillaria mellea* – 뽕나무버섯
 • *Agaricus bisporus* – 양송이
 • *Volvariella volvacea* – 풀버섯
 • *Auricularia auricula-judae* – 목이

43 표고버섯 톱밥배지 재료비율 참나무톱밥 85~90%, 미강 10~15%가 적정하다.

44 영지노랑곰팡이병을 일으키는 병원균은 *Xylo-gone sphaerospora*라는 자낭균으로서 400~500개 정도의 자낭포자를 담고 있는 검은색의 자낭과를 무수히 형성하여 감염된 원목과 토양 내에서 월동한다. 이 균은 25~30℃에서 균사생장이 잘되고 산도 5 정도에서 자낭과를 많이 형성하는데 이러한 조건은 영지균이 생장하는데 필요한 최적조건과 거의 일치한다.

45 양송이 퇴비배지의 입상이 끝난 후에는 출입구와 환기통을 완전 밀폐해야 한다.

46 푸른곰팡이의 병원균은 산성에서 생장이 왕성하므로 퇴비 배지와 복토의 산도(pH)를 7.5 이상으로 조절하고, 이 병 부위에는 석회가루를 뿌린다.

47 천마는 뽕나무버섯 균사와 공생하는 난과식물이다.

48 만가닥버섯 배지 재료로는 느티나무가 가장 적절하다.

49 비가림시설은 표고원목재배 시 필요하다.

50 수한1호-광온성, 원형1호-저온성, 춘추2호-중온성.

51 팽이버섯의 균주는 4℃ 범위의 냉장고에 보관되어야 하며 빛에 노출되지 않는 것이 좋다. 팽이버섯 균사의 생육온도는 4~35℃이므로 종균의 저장온도는 4℃ 이하로 낮아야 한다.

52 찐 천마의 열풍건조 시 처음 30℃에서 서서히 40~50℃로 상승시킨 다음 3일간 유지 후 70~80℃에서 7시간 유지하여 내부까지 건조시켜야 한다.

53 담자균류에는 균사에 꺽쇠 형태의 세포를 갖고 있다. 식용버섯 중 꺽쇠가 없는 버섯은 송이, 양송이가 대표적이다. 꺽쇠 연결이 있는 세포에 핵을 2개 가지고 있기 때문에, 육종 작업에서 이 특징을 이용하여 1핵 균사인지 2핵 균사인지를 구분한다. 단핵균사에는 꺽쇠 연결이 없다.

54 원목의 벌채는 나무의 수피가 벗겨지지 않고 수액의 유동이 정지된 시기에 한다. 버섯에 필요한 양분이 원목 내에 가장 많이 축적되어 있도록 단풍이 30~40% 들어 있는 10월 상순부터 실시한다.

55 양송이는 주로 곡립종균을 사용하여 재배한다.

56 전복느타리 발이유기의 온도는 18~24℃, 습도는 90~95%이다.

57 양송이 복토(광질 토양)재료의 최적 수분 함량은 65%이다.

58 표고균사 생장의 최적 온도는 25℃ 내외이다.

59 양송이 퇴비 퇴적 시 퇴비 재료의 최적 탄질율(C/N율)은 내외이다.

60 관수가 용이한 곳이 토막쌓기에 적합하다.

2016년 버섯종균기능사 필기시험 제1회

01 양송이버섯의 종균재식 방법이 아닌 것은?
① 혼합접종법 ② 층별접종법
③ 표면접종법 ④ 복토접종법

02 양송이버섯의 균사 생장에 가장 알맞은 산도(pH)는?
① 5.5 내외 ② 6.5 내외
③ 7.5 내외 ④ 8.5 내외

03 버섯균주의 보존방법으로 2년 이상 장기간 보존이 가능하며, 난균류 보존에 많이 활용하는 현탁보존법에 해당하는 것은?
① 물보존법 ② 계대배양보존법
③ 동결건조보관법 ④ 액체질소보전법

04 느타리 원목재배 종균접종 시 가장 부적당한 수종은?
① 포플러 ② 벚나무
③ 은행나무 ④ 버드나무

05 종균 저장 방법에 대한 설명으로 옳은 것은?
① 하루에 한번은 빛을 받을 수 있도록 저장한다.
② 대체로 5~10℃의 일정한 온도에서 저장한다.
③ 열대지방에서 생육하는 버섯의 종균은 15℃ 이하에서 저장한다.
④ 선풍기나 환풍기 바람을 강하게 하여 공기가 순환되도록 저장한다.

06 페트리쉬(유리)의 건열살균온도 및 시간으로 가장 알맞은 것은?
① 121℃, 1시간 ② 121℃, 3시간
③ 140℃, 1시간 ④ 140℃, 3시간

07 종자관리사를 보유하지 않고 종균을 생산하여 판매할 수 있는 버섯은?
① 표고버섯 ② 뽕나무버섯
③ 느타리버섯 ④ 노루궁뎅이버섯

08 버섯균주의 장기보존 시 10℃ 이상의 상온에서 보존을 하는 것은?
① 양송이 ② 풀버섯
③ 팽이버섯 ④ 표고버섯

09 곡립종균의 균덩이 형성 방지 대책이 아닌 것은?
① 고온 저장 ② 종균 흔들기
③ 단기간 저장 ④ 석고 사용량 조절

10 양송이균의 생활사로 옳은 것은?
① 포자-1차균사-2차균사-담자기-자실체
② 포자-자실체-1차균사-2차균사-담자기
③ 포자-1차균사-2차균사-자실체-담자기
④ 포자-1차균사-자실체-2차균사-담자기

11 버섯종균 및 자실체에 잘 발생하지 않는 잡균은?
① 흑곰팡이 ② 푸른곰팡이
③ 잿빛곰팡이 ④ 누룩곰팡이

12 양송이 원균 배양 시 가장 적합한 배지는?

① 감자배지 ② 톱밥배지
③ 퇴비배지 ④ Hamada 배지

13 비타민이나 항생물질의 살균방법으로 가장 적합한 것은?

① 여과 살균 ② 건열 살균
③ 자외선 살균 ④ 고압스팀 살균

14 표고버섯 종균을 생산하여 판매하기 위해 신고하려고 한다. 신청 대상기관으로 옳은 것은?

① 국립종자원
② 농촌진흥청
③ 한국종균생산협회
④ 국립산림품종관리센터

15 버섯완전배지(MCM)를 제조할 때 들어가는 성분이 아닌 것은?

① 설탕 ② 펩톤
③ 감자 추출물 ④ 효모 추출물

16 표고버섯 톱밥종균 제조 시 배지의 수분은 어느 정도가 적당한가?

① 53~55% ② 63~65%
③ 73~75% ④ 83~85%

17 동충하초는 어느 분류군에 속하는가?

① 담자균류 ② 병꼴균류
③ 자낭균류 ④ 접합균류

18 곡립종균의 결착을 방지하여 물리적 성질을 개선하고자 넣는 것은?

① 석고 ② 염화칼슘
③ 이산화망간 ④ 탄산나트륨

19 버섯 종균용 톱밥배지(600g)의 고압살균 시 가장 적합한 살균시간은?

① 20~50분 ② 60~90분
③ 100~130분 ④ 140~170분

20 느타리버섯의 분류학적 위치로 옳은 것은?

① 담자균문-주름버섯목
② 자낭균문-주름버섯목
③ 담자균문-민주름버섯목
④ 자낭균문-민주름버섯목

※ 현재 민주름버섯목은 없는 분류체계로 본 책에 실린 분류체계를 참고하기 바란다.

21 퇴비배지 제조 시 증류수 1L에 수분함량 70%인 퇴비를 얼마나 사용하는가?

① 4g ② 20g
③ 40g ④ 200g

22 곡립종균을 만들 때 pH를 조절하기 위해 첨가하는 것으로 가장 부적합한 것은?

① 염산 ② 탄산석회
③ 탄산나트륨 ④ 수산화나트륨

23 버섯종균을 접종하는 무균실을 사람이 사용하지 않을 때 가장 적절한 관리 방법은?

① 15℃ 이하, 70% 이하로 유지
② 15℃ 이하, 90% 이하로 유지
③ 20℃ 이하, 70% 이하로 유지
④ 20℃ 이하, 90% 이하로 유지

24 곡립종균 제조용 배지재료로 가장 적당하지 않은 것은?

① 밀 ② 콩
③ 수수 ④ 호밀

25 담자균류의 균주 분리 시 가장 적절한 부위는?

① 대의 표면조직
② 노출된 턱받이 조직
③ 갓의 가장자리 조직
④ 노출되지 않은 내부 조직

26 종자산업법에서 버섯의 종균에 대한 보증 유효 기간은?

① 1개월
② 2개월
③ 6개월
④ 12개월

27 버섯균사 배양용 맥아배지를 제조할 때 필요한 맥아 추출물의 양은 얼마인가?

① 10g
② 20g
③ 100g
④ 200g

28 감자추출배지 1,000mL 제조 시 감자의 첨가량은?

① 0.2g
② 3g
③ 20g
④ 200g

29 양송이버섯 종균접종 후 관리 방법으로 옳지 않은 것은?

① 퇴비 배지의 수분함량을 90% 정도로 유지한다.
② 25℃ 이상 장기간 유지되면 균사가 사멸되므로 주의한다.
③ 퇴비 배지가 너무 과습하거나 진압을 심하게 한 경우 환기를 자주한다.
④ 퇴비 온도가 상승하기 시작하면 실내온도를 적온보다 5~10℃ 낮도록 유지해야 한다.

30 표고버섯에 대한 설명으로 옳지 않은 것은?

① 사물기생균이다.
② 균근성 버섯이다.
③ 느타리과에 속한다.
④ 항암성분인 렌티난을 함유하고 있다.

31 노지에서 표고버섯 종균을 원목에 접종하려 할 때 최적 시기는?

① 1~2월
② 3~4월
③ 5~6월
④ 7~8월

32 버섯 수확 후 저장과정에서 산소와 이산화탄소 영향에 대한 설명으로 옳지 않은 것은?

① 버섯 저장 시에는 산소 농도 1% 이하에서만 효과가 있다.
② 산소의 농도가 2~10%인 경우는 버섯 갓과 대의 성장을 촉진시킨다.
③ 이산화탄소 농도가 5% 이상인 경우는 버섯 갓의 성장을 촉진시킨다.
④ 이산화탄소의 농도가 10% 이상인 경우는 버섯 대의 성장을 지연시킨다.

33 만가닥버섯 생육에 가장 알맞은 온도는?

① 10℃ 내외
② 15℃ 내외
③ 20℃ 내외
④ 25℃ 내외

34 느타리버섯의 원기 형성을 위한 재배사의 환경 조건으로 부적합한 것은?

① 충분한 자연광
② 저온 충격과 변온
③ 70~80% 정도의 습도
④ 1,000~1,500ppm 정도의 이산화탄소 농도

35 병재배를 이용하여 종균을 접종하려 할 때 유의사항으로 옳지 않은 것은?
① 배지온도가 25℃까지 식었을 때 접종한다.
② 고압 살균은 121℃, 1.2kg/cm²에서 90분간 실시한다.
③ 고압살균 후 상온이 될 때까지 냉각을 하고 병을 꺼낸다.
④ 접종실과 냉각실의 UV등을 항상 켜놓고, 작업을 하거나 배지 보관 시에는 소등한다.

36 버섯의 수확 후 생리에 대한 설명으로 옳지 않은 것은?
① 젖산, 초산을 생성한다.
② 휘발성 유기산을 생성한다.
③ 포자방출이 일어날 수 있다.
④ 호흡에 관여하는 효소시스템이 정지된다.

37 느타리버섯 균상재배를 위해 솜(폐면)배지를 살균할 때 최적온도 범위로 가장 적합한 것은?
① 45~50℃
② 50~55℃
③ 60~65℃
④ 70~75℃

38 느타리버섯의 세균성갈반병에 대한 설명으로 옳은 것은?
① *Patoea folasci*에 의해 발생한다.
② 여름철 고온 상태에서 주로 발생한다.
③ 재배사 내의 습도가 90~95%일 때 발생한다.
④ 결로현상이 많이 일어나는 재배사에서 잘 발생한다.

39 성충은 다른 버섯파리에 비해 매우 작고 증식속도가 매우 빠르며 유충의 길이는 2mm 정도이고 버섯 대는 가해하지 못하는 것은?
① 세시드
② 포리드
③ 시아리드
④ 마이세토필

40 표고버섯의 등급별 종류가 아닌 것은?
① 동고
② 향고
③ 향신
④ 동신

41 표고버섯을 원목 재배 시 발생하는 검은단추버섯에 대한 설명으로 옳지 않은 것은?
① 중앙부가 녹색이고 가장자리는 흰색이다.
② 직사광선에 노출되었을 때 발생하기 쉽다.
③ 주로 평균기온이 낮은 4월 이전에 발생한다.
④ 조기에 발견하여 원목을 그늘진 곳으로 옮겨 피해를 줄일 수 있다.

42 표고버섯 원목 재배 시 원목의 수피 두께에 따른 원기형성 속도에 대한 설명으로 옳은 것은?
① 수피 두께와는 관계가 없다.
② 수피가 얇으면 빠르고 두꺼우면 늦다.
③ 수피가 얇으면 늦고 두꺼우면 빠르다.
④ 외수피 두께가 최소 2mm 이상이어야 한다.

43 생육실에서 냉난방을 위한 송풍 역할을 하며, 실내공기를 순환시키는 역할을 하는 콘덴싱 유니트 팬의 회전속도를 조절할 수 있는 장치는?
① 인버터
② 응축기
③ 시로코팬
④ 전기열선

44 영지버섯 재배사 설치에 필요한 사항이 아닌 것은?

① 저지대나 습한 곳은 피한다.
② 최적 온도 유지를 위한 장치가 필요하다.
③ 버섯 생육에 필요한 환기 시설이 필요하다.
④ 버섯 발생에 방해가 되는 햇빛을 완전히 차단해야 한다.

45 액체상태의 균주를 접종하는 기구는?

① 피펫　　　② 백금구
③ 균질기　　④ 진탕기

46 종균 증식 및 보존용 배지로 많이 쓰이는 감자배지의 성분이 아닌 것은?

① 한천　　　② 증류수
③ 포도당　　④ 맥아 추출물

47 표고 발생기간 중에 버섯을 발생시킨 골목은 다음 표고 자실체 발생 작업까지 어느 정도의 휴양기간이 필요한가?

① 약 30~40일
② 약 60~70일
③ 약 80~100일
④ 약 120~140일

48 병재배에 사용하는 배지 고압살균기에 대한 설명으로 옳지 않은 것은?

① 상압살균은 할 수 없다.
② 121℃에서 주로 살균한다.
③ 고압살균으로 배지를 빠른 시간에 무균화한다.
④ 드레인 배관에는 증기트랩과 체크밸브가 설치되어 있다.

49 다음 설명에 해당하는 병해는?

> 양송이버섯에 주로 발생하며 기온이 높은 봄재배 후기와 가을재배 초기, 백색종을 재배할 때, 복토를 소독하지 않은 경우에 피해가 심하다.

① 대속괴사병
② 마이코곤병
③ 푸른곰팡이병
④ 세균성갈색무늬병

50 느타리버섯 병재배 시설에 필요 없는 것은?

① 배양실　　② 억제실
③ 생육실　　④ 접종실

51 표고버섯 재배 시 원목의 눕히기 각도가 높아지는 조건이 아닌 것은?

① 강우가 많을 때
② 배수가 불량한 경우
③ 통풍이 양호한 경우
④ 골목 굵기가 굵은 것

52 느타리버섯 재배를 위한 솜(폐면)배지 살균 전의 수분함량으로 가장 적당한 것은?

① 50~55%
② 60~65%
③ 70~75%
④ 80~85%

53 표고버섯 종균을 접종한 원목에 균사 활착을 위해 실시하는 것은?

① 타목　　　② 침수
③ 물떼기　　④ 임시눕히기

54 표고버섯균 배양을 위한 버섯 톱밥배지 제조법에 적합하지 않은 것은?

① 버섯의 품질을 높이기 위해 설탕 등 첨가제를 넣기도 한다.
② 살균이 끝난 배지는 냉각실에서 온도를 20℃ 이하로 낮춘다.
③ 배지 내부의 공극률을 조절하는 용도로 면실피를 사용한다.
④ 자실체 형성 및 균사 생장을 촉진시키기 위해 영양원은 전체 부피의 20% 이상으로 넣는다.

55 실내에서 재배하면 가장 경제성이 낮은 버섯은?

① 송이버섯
② 양송이버섯
③ 왕송이버섯
④ 새송이버섯

56 버섯을 건조하여 저장하는 방법이 아닌 것은?

① 가스건조
② 열풍건조
③ 일광건조
④ 동결건조

57 털두꺼비하늘소는 주로 어느 시기에 표고버섯의 원목에 피해를 입히는가?

① 알
② 유충
③ 성충
④ 번데기

58 영지버섯의 갓 뒷면의 색을 보아 수확 적기인 것은?

① 적색
② 황색
③ 회색
④ 흑색

59 느타리버섯 재배시설 중에서 헤파 필터 등의 공기 여과 장치가 필요없는 곳은?

① 배양실
② 생육실
③ 냉각실
④ 종균 접종실

60 표고버섯 균사 생장에 가장 적합한 원목의 수분 함량은?

① 10% 내외
② 20% 내외
③ 30% 내외
④ 40% 내외

정답 및 해설

2016년 버섯종균기능사 필기시험 제1회

01	02	03	04	05	06	07	08	09	10	11	12	13	14	15	16	17	18	19	20
④	③	①	④	②	④	④	②	①	③	③	③	①	④	③	②	③	①	②	①

21	22	23	24	25	26	27	28	29	30	31	32	33	34	35	36	37	38	39	40
③	①	②	④	①	②	④	①	②	②	②	③	②	③	③	④	③	④	①	④

41	42	43	44	45	46	47	48	49	50	51	52	53	54	55	56	57	58	59	60
③	②	①	④	④	④	①	①	②	②	③	③	④	④	①	①	②	②	②	④

01 양송이 곡립종균의 접종 방법은 혼합접종, 층별접종, 표면접종 등이 있다. 표면에 접종량이 가장 많다.

02 양송이 버섯 균사의 생장에 가장 알맞은 산도는 pH 7.5 내외이다.
   ※ 양송이를 포함한 모든 버섯류는 약산성(pH 6.0 내외) 배지에서 잘 자란다. 양송이는 퇴비 배지를 발효시켜서 균사가 생장되기 때문에 발효배지는 약알칼리성이 pH 7.5가 된다. 이런 의미에서 여기서의 정답은 pH 7.5이다.

03 물보존법은 한천 평판배지에 자란 곰팡이를 코르크 보러 또는 칼날을 이용하여 한천과 함께 절편을 만들어 멸균수에 넣은 후 나사식 뚜껑으로 밀봉하여 보존하는 방법이다. 이 방법은 간단하지만 보존 기간이 비교적 길다(2~5년). 여러 가지 곰팡이의 중기 보관에 활용되는데 특히 난균류의 보존에 많이 활용되며 담자균류의 보존에도 흔히 이용된다. 곰팡이의 포자를 물에 현탁하여 보존하는 방법(현탁보존법)도 있다.

04 느타리는 재래종 포플러(미루나무) 등의 죽은 나무에서 발생하므로 이러한 기주를 이용하면 균사생장이 빠르고 버섯이 잘 발생한다. 버섯 재배에 적당한 나무의 종류는 미루나무, 황칠나무, 포플러, 버드나무, 현사시나무 등의 버드나무과와 벚나무, 오리나무가 있다. 은행나무에는 징코민 성분이 있는데, 이는 균사의 활력을 저해시켜 배지로 적합하지 않다.

05 종균 저장실은 외기 온도의 영향을 적게 받도록 단열재를 쓰며, 5~10℃를 유지할 수 있도록 냉동기를 설치해야 한다. 종균 저장 시 냉암소에 저장을 하며 열대지방에서 생육하는 종균은 15℃ 이상의 상온에서 저장하며 선풍기나 환풍기 바람이 닿지 않도록 주의한다.

06 건열살균은 초자기구, 금속등 습열로 살균할 수 없는 재료를 건열로 살균한다. 건열멸균은 습열살균에 비해 효과가 낮으며, 장시간 고온으로 살균한다. 보통 140℃에서 3시간 살균을 하는데 살균할 재료를 알루미늄 호일 또는 종이(신문지)에 싸서 건열살균기에 넣는다.

07 노루궁뎅이버섯은 종자 관리사 자격증 없이도 판매가 가능하다.

08 풀버섯과 같은 고온성 버섯균은 상온(15~20℃)에서 보존하기에 적당하다. 양송이, 팽이버섯, 표고버섯 등의 대부분의 종균은 종에 따라 차이가 있지만 대체로 5~10℃의 일정한 온도에서 저장해야 한다.

09 고온 저장은 효소의 활성을 증가시켜 균사가 빨리 자라므로 균덩이가 형성되는 요인이 된다.

10 양송이의 포자는 발아하여 균사를 이루고, 균사는 생장하여 적당한 환경 조건이 되면 원기를 형성한다. 이것이 자라서 자실체가 되면 이 자실체에서는 다시 포자가 형성됨으로써 1세대를 마친다.
   ※ 참고 : 생활사 9단계의 암기법 – '발동원이자 담핵감담' (발-발이, 동-동형핵균사, 원-원형질 융합, 이- 이형역균사, 자-자실체, 담-담자기, 핵-핵융합, 감-감수분열, 담-담자포자)
   • 포자 – 1차균사 – 2차균사 – 자실체 – 담자기

11 잿빛곰팡이병은 기주범위가 넓고 비교적 저온에서 발생한다. 특히 억제재배의 후기 이후부터 다음 해의 봄까지 주로 저온기의 시설재배에서 많이 발생한다.

12 양송이 원균 배양은 퇴비추출배지(퇴비배지)를 사용하기도 하고 감자배지(PDA)를 사용하기도 한다.
   ※ 퇴비배지 : 양송이 재배용 배지
   ※ '감자추출배지'라는 용어 대신 간단히 감자배지로 사용

13 여과살균은 가장 오래된 방법 중의 하나로 특수 여과지에 미생물을 통과시키지 않고 용액만 통과시켜 무균화시키는 방법이다.

14 산림자원의 조성 및 관리에 관한 법률 및 시행 규칙
   ◇ 제13조(종묘생산업자의 등록 등) ① 법 제16조제1항에 따른 종묘생산업의 등록신청은 별지 제6호 서식에 따른 신청서에 다음 각 호의 서류를 첨부하여 등록하여야 한다.
   1. 영 제12조에 따른 자격을 증명할 수 있는 서류 1부

2. 종균배양시설 보유현황 1부(버섯종균생산업에 한한다)

② 제1항에 따른 신청서(법인만 해당한다)를 제출받은 시장·군수·구청장은 「전자정부법」 제36조제1항에 따른 행정정보의 공동이용을 통하여 법인 등기사항증명서를 확인하여야 한다.

③ 영 제12조제1항에서 "살균실·접종실 등 농림축산식품부령이 정하는 시설"이라 함은 별표 6의 시설을 말한다.

15 버섯완전배지(mushroom complete medium : MCM)

Dextrose	20g
$MgSO_4 \cdot 7H_2O$	0.5g
KH_2PO_4	0.46g
K_2HPO_4	1.0g
효모 추출물	2g
펩톤	2g
Agar	20g
증류수	1,000mL

16 일반적으로 톱밥은 63~65%로 조절하는 것이 좋다. 이때 간이 수분 측정법은 배지를 손으로 꽉 쥐어서 물방울이 1~2방울 정도 떨어지거나 손가락 사이로 물방울이 배어 나오면 된다.

17 동충하초속 균은 자낭균문 맥각균강 맥각균목 맥각균과에 속한다.

18 곡립종균의 결착을 방지하고 물리적 성질을 개선하기 위하여 석고($CaSO_4$)를 배지 무게의 0.6~2.0% 첨가하여 고루 섞는다. 동시에 배지의 pH조절을 위하여 탄산석회($CaCO_3$)를 석고량의 1/2을 첨가한다.

19 살균 시간은 용기 내의 배지량에 따라 다르다. 600g 정도는 60~90분, 삼각플라스크에 소량의 톱밥이 들어있을 경우 40~60분 정도 살균한다.

20 느타리는 생물 분류학상 균류계의 균류계 담자균문 주름버섯강 주름버섯목 느타리과에 속한다.

21 퇴비추출배지(문제에서 퇴비배지라고 나와 있지만 퇴비추출배지라고 해야 옳다)

퇴비(수분함량 68~70%)	40g
Malt extract	7g
Dextrose	10g
Agar	20g
증류수	1,000mL

※ 퇴비를 15분간 물에 끓인 후에 망으로 거른 용액 1000mL에 다른 조성분을 첨가하여 제조한다.

22 염산, 탄산석회, 탄산나트륨, 수산화나트륨은 pH 조절용으로 쓰인다. 이중 염산은 pH를 산성으로 조절할 때 쓰고 나머지는 염기성으로 조절할 때 쓴다. 이중 염산만 수용액이고 나머지는 분말제이다.

곡립종균은 적정 수분 함량이 48%다. 즉, 수분을 함유하고 있어 곡립종균의 pH를 조절하기 위해서는 분말제를 균질하게 넣어 배지를 제조하는 것이 좋다.

순수한 염산은 강산이므로 사용할 수 없고 묽은 염산으로 pH를 조절할 수 있는데 묽은 염산에는 곡립종균의 수분 함량을 더욱 높일 수 있는 양의 물이 있기에 염산은 사용에 부적합하다.

곡립종균의 pH는 약산성인데 여기에 산성 물질을 쓰면 산성도가 강해져 종균의 균사 생장에 좋지 않다.

23 종균접종실의 조건
- 항상 깨끗하고 다른 미생물이 증식 할 수 없는 조건을 유지
- 가능한 한 온도가 낮아야 함(사람이 사용하지 않을 때는 15℃ 이하로 유지하고 습도는 적어도 70% 이하)
- 필터를 통해서 공기가 들어오는 장치(공조기)가 있어야 무균상태를 유지할 수 있고 자외선으로 방안을 항상 살균할 수 있는 장치가 가동되어야 함

24 곡립종균 제조용 배지 재료로는 호밀, 밀, 수수가 사용되며, 주로 양송이 종균으로 사용한다. 콩은 입자가 크고 수분을 흡수하지 못해 배지 재료로 적합하지 않다.

25 자실체의 내부 조직은 잡균에 의한 오염이 적기 때문에 균의 분리가 쉽다. 분리하고자 하는 자실체는 가능하면 어리고 신선한 것으로 하고, 대 또는 갓의 내부 조직을 떼어내서 이용한다.

26 종자산업법 시행규칙

제21조(보증의 유효기간) 법 제31조제3항에 따른 작물별 보증의 유효기간은 다음 각 호와 같고, 그 기산일(起算日)은 각 보증종자를 포장(包裝)한 날로 한다.

- 채소 : 2년
- 버섯 : 1개월
- 감자·고구마 : 2개월
- 맥류·콩 : 6개월
- 그 밖의 작물 : 1년

27 맥아배지(Malt extract agar)
- 맥아 추출물 : 20g
- 펩톤 : 5g
- 배양액(Agar) : 20g

28 감자추출배지(Potato Dextrose Agar : PDA)
- 감자 : 200g
- Dextrose : 20g
- 배양액(Agar) : 20g
- 증류수 1,000mL

※ 제조법 : 껍질을 벗긴 감자 200g을 잘게 썰어 1,000mL 물에 넣고 15분간 끓인 후에 망으로 거른다. 이 용액에 다른 조성분을 첨가하고 물을 1L까지 조절하여 제조한다.

29 양송이 균사 생장에 알맞은 퇴비 배지의 수분 함량은 70~75%로 이보다 건조하거나 과습하게 되면 균사 생장이 저해되고 결과적으로 수량이 감소한다.

30 • 표고버섯의 분류 : 균계-담자균문-주름버섯강-주름버섯목-화경버섯과-표고(Lentinus)속-표고
 • 학명 : Lentinus edodes
 • 담자균류 주름버섯목 화경버섯과의 버섯이다.
 • 균근성 버섯 : 송이버섯, 덩이버섯, 능이버섯 등
 • 표고는 사물기생균으로 참나무류에 기생하는 목재부후균이다. 표고와 잣버섯은 항암 성분인 렌티난을 함유하고 있으며, 항바이러스작용, 혈압강하작용을 한다.

31 표고 균사의 생장은 5~32℃에서 가능하므로, 종균의 접종 시기도 기온이 5℃ 이상이 되면 가능하지만 기온의 일교차가 심하면 생장이 부진하다. 따라서 기온이 다소 높아진 3월부터 4월까지 접종을 하면 그 후 기온이 차차 상승하여 균사 생장에 알맞다. 종균을 접종한 3~4월 초순에는 밤의 온도가 낮고 대기 중의 습도가 낮아 표고 균사의 생장에 적합지 못하다. 또 원목에 접종된 종균은 일시적으로 균사의 활력이 저하되어 잡균이 발생하기 쉬우므로 원목의 형성층 내에 균사가 빨리 활착되도록 온습도 관리가 편리한 장소에 임시 눕혀두기를 한다.

32 • 저장 시 이산화탄소의 영향 : 버섯 수확 후 저장 시 대기의 이산화탄소 농도보다 높을 경우 버섯대의 생장이 촉진되지만 10% 이상의 농도에서는 오히려 생장이 억제된다. 갓은 5% 이상의 이산화탄소 농도에서 펴지는 것이 지연되는 경향이 있다. 따라서 5~10% 농도의 이산화탄소는 갓과 대에 긍정적인 효과를 보인다.
 • 저장 시 산소의 영향 : 1% 이하가 되어야 장기 저장에 효과적이며, 1% 이상일 경우 버섯의 주름살과 포자가 발육하기 때문에 버섯 품질에 나쁜 영향을 끼친다.
 • 따라서 저농도의 산소와 고농도의 이산화탄소를 혼합한 저장실에 생버섯을 저장하면 어느 정도까지는 버섯의 신선도를 유지시킬 수 있다.

33 만가닥버섯의 생육기에는 온도 15℃ 내외, 습도 95% 내외, 광 500~1,000Lux(12시간/일, 15~30분 간격), 이산화탄소 2,000ppm 이하가 되도록 관리한다.

34 버섯의 원기형성 시 일생 중 가장 높은 습도(90% 이상)가 요구된다.

35 상온이 될 때까지 냉각을 하면 배지 내의 수분 함량이 떨어지기 때문에 좋지 않다.

36 수확 후에도 버섯은 계속 호흡작용을 한다. 호흡작용은 버섯의 저장 기간을 결정하는 요인이 된다. 수확 후의 버섯은 원예작물처럼 계속 호흡에 관여하는 효소 시스템을 가지고 있다.

37 폐면의 살균은 증기보일러에 의한 습열로 2~3시간 동안 가온하게 되면 재배사의 공기 온도가 60℃ 이상이 된다. 그러나 폐면 자체의 온도를 보면 서서히 상승하게 되어 5~8시간이 지나야만 60~65℃에 이르게 된다. 이 때부터 10~15시간 정도 유지하게 되면 살균이 된다.

38 이 병은 *Pseudomonas tolasii* 세균에 의해 주로 발생하며, *P. agarici*도 일부 관여하고 있다. 이 병의 발생 정도를 결정하는 환경적인 요인 중 가장 중요한 것은 자실체 표면의 수분이며, 버섯표면의 수분은 환기 정도, 온도, 공기 중의 습도 등에 의하여 결정된다.
 ※ 느타리버섯의 세균성 갈반병의 원인으로는 직접적 병해와 간접적 병해가 있다.
 • 직접적 병해 : *Pseudomonas tolasii*에 의해서 발병
 • 간접적 병해 : 온도 편차가 심한 겨울에 주로 발생

39 세시드 : 보통 완전변태를 하나 환경조건이 좋으면 유태생함으로 번식이 빠르다. 유태생에 적당한 온도는 23~33℃이고 1세대 기간은 6일 정도이고 어미유충 1마리가 약 6~8개의 어린 유충을 낳는다. 유충이 2mm 정도로 작고, 황색이나 오렌지색을 띤다.

40 버섯의 갓이 핀 정도, 형태 그리고 크기에 따라 동고, 향고, 향신의 등급별로 선별하여 포장한다. 완전 건조된 버섯 중 갓의 윗면이 거북등처럼 갈라져 흰색의 건조 버섯은 백화고로 선별되며 갈색이 유지된 버섯은 흑화고로 포장된다.

41 검은단추버섯은 초기에는 수피 표면의 중심은 푸른색을 띠며, 가장자리는 흰색의 균사를 나타낸다. 검은단추버섯의 불완전 세대인 푸른곰팡이가 발생된 다음 생장하다가 중심부의 푸른 부분이 차츰 없어지며, 지름 3~12mm 정도의 크기를 가진 원반형의 자실체를 형성하고, 서로 중복되면 부정형이 되기도 한다. 자실체의 표면은 다갈색에서 흑갈색으로 내부는 흰색이다. 원목이 직사광선을 받아 골목 내의 표고균이 약화된 경우나 부적당한 관리에 의한 과습에 의해 발생하므로 원목을 직사광선에 노출되지 않게 하며, 장마 기간 동안 골목장 관리를 철저히 하여 병원균의 초기 침입을 막아야 한다.

42 표고버섯의 원기형성은 수피가 얇은 골목은 빠르고 두꺼운 골목은 느리다.

43 인버터는 주파수를 바꾸어 모터의 회전속도를 바꾸는 것으로, 콘덴싱 유니트 쿨러 등에 사용되고 있다.

44 영지버섯은 직사광선보다는 산광이 필요하다. 버섯 발생 및 생육 시에는 광량이 많으면 대가 짧아지고 갓의 형성이 빠른 반면, 광량이 부족하면 대가 길어지고 갓의 형성과 버섯 생육이 지연된다. 영지 재배사에는 차광률이 70%인 차광막을 주로 사용한다.

45 피펫(pipet) : 접종용 피펫은 가능한 한 끝이 넓은 피펫을 사용하며, 워링브랜더나 호모게나이저로 잡균이 없는 상태로 곱게 갈아진 균을 살균된 피펫을 이용하여 액체 배양할 때 사용된다. 이식기구 : 백금선(needle), 백금구(hook), 백금이(loof) 등 3가지 종류가 있는데 백금구는 곰팡이를 취급할 때 쓰이고 백금선과 백금이는 효모, 세균의 이식이나 배양 시 쓰인다.

46 감자한천배지(PDA) 배지조성 비율은 증류수 1L에 감자

200g, 포도당 20g, 한천 20g이다.

47 표고버섯을 발생시킨 표고골목은 다음 발생작업까지 약 30~40일 휴양기간이 필요하다.

48 • 살균기의 외벽은 이중 구조로 3kg 이상의 충분한 압력에 견딜 수 있어야 하며, 살균기에 부착되는 온도계는 150~200℃의 수은 온도계를 1개 이상 설치하되, 감온부는 반드시 살균기 동체 내부에 연결되어야 하고, 최소한 1년에 2~3회의 정기적인 정확도 검사를 해야 한다.
• 압력계는 파운드 또는 0.1kg/cm² 눈금으로 구분된 것이 좋으며, 압력계의 위치는 S자관의 구부러진 상단부에서 10cm 이상 넘지 말아야 한다.
• PP병은 유리병보다 열전도율이 떨어지므로 살균 시간을 연장해야 한다. 배기가 충분하지 않으면 압력이 높아도 배지 내의 온도는 121℃에 도달하지 못하는 경우가 있다.

49 마이코곤병은 주로 양송이에 발병하며 기온이 높은 봄재배 후기와 가을재배 초기, 백색종을 재배할 때, 복토를 소독하지 않은 경우 피해가 심하다. 종균은 전염원이 아니다. 버섯자실체 조직에 직접 침투하여 기생한다. 버섯의 갓과 대에 발생하며, 병든 버섯은 기형화하고 누런 물이 누출되면서 부패하여 악취를 낸다.

50 억제실은 팽이버섯 재배에 필요하다.
팽이버섯
• 배양 : 20℃ 전후, 70%, 20~25일
• 발이 : 12℃±2℃, 90~95%, 7~9일
• 억제 : 3~4℃, 80~85%, 12~15일
• 생육 : 6~8℃, 75~80%, 8~10일

51 임시 눕혀두기 장소 : 보습이 잘 되고 관수가 가능하며, 동향이나 남향의 중턱 이하에 바람이 없는 따뜻한 곳이 알맞다.
본 눕혀두기의 장소 : 통풍과 배수가 잘 되는 3광 7음 (2000~3000lx), 공기 중의 습도는 70~80%를 유지할 수 있는 곳이 적당하다. 온도는 20~28℃로 유지할 수 있는 동향~남향의 10~15° 경사진 활엽수와 침엽수가 같이 있는 장소가 좋다.
※ 본 눕혀두기의 목적 : 임시 눕혀두기를 하여 골목의 형성층에 표고 균사가 활착된 것을 골목의 내부까지 완전히 생장하게 하여 버섯이 잘 발생할 수 있는 골목을 만드는 데 있다.
※ 통풍이 양호한 경우에는 원목의 눕히기 각도가 높지 않아도 된다.

52 폐면은 지방질이 많고 표면에 얇은 왁스층이 있어서 수분 흡수가 잘 안 될 뿐만 아니라 흡수 속도도 대단히 늦다. 이 때의 최적 수분 함량은 국내산 폐면은 72~74%, 씨껍질이 많은 외국산 깍지솜의 경우에는 75% 정도로 조절하여 사용한다.

53 종균을 접종한 3~4월 초순에는 밤의 온도가 낮고 대기 중의 습도가 낮아 표고 균사의 생장에 적합지 못하다. 또 원목에 접종된 종균은 일시적으로 균사의 활력이 저하되어 잡균이 발생하기 쉬우므로 원목의 형성층 내에 균사가 빨리 활착되도록 온습도 관리가 편리한 장소에 임시 눕혀두기를 한다. 임시 눕혀두기는 골목의 수분 함량이 33% 이하로 감소되면 균사 생장이 급격히 부진해지므로 임시 눕혀두기 장소는 보습이 잘 되고 관수가 가능하며, 동향이나 남향의 중턱 이하에 바람이 없는 따뜻한 곳이 알맞다.

54 표고 톱밥배지의 영양원으로는 밀기울, 쌀겨를 주로 사용한다. 이는 쉽게 산패하기 때문에 항상 사용 전 부패 여부를 확인해야 한다. 영양원의 혼합 비율은 부피비율 기준 하여 15% 내외로 첨가하는 것이 좋다(전체의 20%를 넘지 않도록).
첨가제(석고, 탄산칼슘, 설탕, 면실피 등)
• 균사의 생장 촉진이나 버섯의 품질을 높임
• 1~2% 내외로 넣는다.
• 석고, 탄산칼슘 : 칼슘 및 무기질을 공급하고 pH를 조절)
• 설탕 : 가용성 당으로 표고균이 바로 이용
• 면실피 : 배지 내부의 공극률을 조절

55 송이는 균근성 버섯으로 재배가 사실상 어렵다. 활물기생균은 송이, 능이 등이 있다.

56 건조에 의한 버섯 저장방법은 주로 경질 버섯류에서 행하여지고 있는 방법이고, 연질 버섯류에서는 표고버섯, 신령버섯, 목이버섯 등에서 많이 이용되고 있다. 건조법은 자연건조, 온풍건조 및 동결건조법이 이용되며, 품질의 변질을 방지하기 위하여 수분 함량 10~12%까지 건조하면 장기보관이 가능하다.

57 털두꺼비하늘소의 유충은 수피 내부층과 목질부 표피층을 식해하여 균사의 활력, 생장의 저지, 잡균 발생 등 피해를 가중시킨다.

58 영지버섯의 수확 시기
버섯 발생으로부터 약 30~40일이 필요하며 관공에서 대량의 포자가 비산하여 관공 부위의 색이 연황색일 때 수확한다.

59 냉각실, 종균접종실, 예냉실, 배양실 등의 무균화를 위해서는 해파필터, 프리필터를 갖춘 공조냉동기계설비가 필요하다.

60 표고버섯 균사 생장에 가장 적합한 원목은 참나무류로써 낙엽이진 휴면기에 벌채를 한 당시의 수분 함량은 대략 45% 전후다. 나무의 세포가 죽어야 재배에 적합하기에 수분 함량이 40% 정도 될 때까지 건조한다.

2016년 버섯종균기능사 필기시험 (제2회)

01 느타리버섯 원균배양 최적 온도는?
① 5~10℃ ② 15~20℃
③ 25~30℃ ④ 35~40℃

02 품질표시를 하지 않은 버섯 종균을 판매한 경우에 1회 위반 시 과태료 부과 기준은?
① 100만 원 이하의 과태료
② 200만 원 이하의 과태료
③ 300만 원 이하의 과태료
④ 500만 원 이하의 과태료

03 아열대지방에서 생육하는 버섯을 제외한 일반적인 종균의 저장온도 범위는?
① 0~5℃ ② 5~10℃
③ 10~15℃ ④ 15~20℃

04 원균을 배양하기 위해서 필요한 기구는?
① 천평
② 비색계
③ 항온기
④ 진공냉동건조기

05 자연 생태계에서 버섯의 가치가 아닌 것은?
① 분해자, 재활용자, 협력자의 기능을 한다.
② 기생 생물로서 생태계 파괴자의 역할을 한다.
③ 모양, 생활 양식 등이 종류마다 차이가 나는 다양성의 가치를 가진다.
④ 식물, 동물, 세균 등과 같이 자연생태계의 구성원으로서 가치를 가진다.

06 느타리버섯의 원균 분리방법이 아닌 것은?
① 세포 융합 ② 조직 분리
③ 다포자 발아 ④ 균사절편 이식

07 개인 육종가가 버섯 품종을 육성하여 품종보호권이 설정되었을 때 존속 기간은?
① 15년 ② 20년
③ 25년 ④ 30년

08 버섯 균주를 액체질소에 의한 장기보존 시 사용하는 동결보호제로 알맞은 것은?
① 질소 ② 알코올
③ 암모니아 ④ 글리세롤

09 느타리버섯의 학명으로 옳은 것은?
① *Coprinus comatus*
② *Agrocybe aegerita*
③ *Pleurotus ostreatus*
④ *Ganoderma lucidum*

10 원균 보존방법 중 활성상태로 보존하는 것은?
① 광유 보존법 ② 토양 보존법
③ 냉동고 보존법 ④ 실리카겔 보존법

11 인공재배가 가능한 약용버섯인 불로초, 목질열대구멍버섯은 분류학상 어떤 분류군에 속하는가?
① 목이목 ② 덩이버섯목
③ 주름버섯목 ④ 민주름버섯목
※ 현재 민주름버섯목은 없는 분류체계로 본 책에 실린 분류체계를 참고하기 바란다.

12 느타리버섯 원균의 보존 배지로서 가장 부적당한 것은?

① YM배지　　② 감자배지
③ 버섯완전배지　④ Hamada배지

13 계대배양한 균주를 4℃ 냉장 상태에서 보존할 때 가장 적합한 보존 가능기간은?

① 1~6개월　　② 6~12개월
③ 12~18개월　④ 18~24개월

14 버섯 종균업을 등록할 때 실험실에 갖추지않아도 되는 기기는?

① 냉장고　　② 현미경
③ 배합기　　④ 고압살균기

15 버섯 종균을 생산하기 위하여 종자업 등록을 할 경우 1회 살균 기준 살균기의 최소 용량은?

① 600병 이상　　② 1,000병 이상
③ 1,500병 이상　④ 2,000병 이상

16 느타리버섯 원균증식용 배지를 1.5L 조성하려할 때 소요되는 설탕의 양은?

① 20g　　② 30g
③ 200g　④ 300g

17 곡립종균을 제조하기 위해서는 밀을 익힌다. 이때 밀의 최적 수분 함량은?

① 45~50%　　② 55~60%
③ 65~70%　　④ 75~80%

18 표고버섯 톱밥재배의 수분함량으로 가장 적당한 것은?

① 45~50%　　② 55~60%
③ 65~75%　　④ 75~80%

19 영지버섯 원목재배 시 원목의 수분함량으로 가장 적합한 것은?

① 35~40%　　② 40~45%
③ 45~50%　　④ 50~55%

20 표고버섯 재배용 원목으로 가장 부적당한 수종은?

① 밤나무　　② 오리나무
③ 오동나무　④ 상수리나무

21 최종산물인 종균을 제조할 때 사용하는 것으로 종균배지에 접종하는 버섯균을 무엇이라고 하는가?

① 원균　　② 균사
③ 자실체　④ 접종원

22 비타민 등 버섯균의 영양원 시험용 배지의 알맞은 살균방법은?

① 여과 살균　　② 건열 살균
③ 습열 살균　　④ 고압 살균

23 목이버섯 톱밥재배 시 가장 최적의 조건은?

① 포플러 톱밥 100%
② 포플러 톱밥 25% + 참나무 톱밥 75%
③ 포플러 톱밥 50% + 참나무 톱밥 50%
④ 포플러 톱밥 75% + 참나무 톱밥 25%

24 목이버섯 톱밥재배 제조 시 알맞은 미강의 첨가량은?

① 35~40%　　② 25~30%
③ 15~20%　　④ 5~10%

25 느타리버섯 톱밥종균 제조 시 알맞은 배지혼합 비율은?

① 톱밥 80% + 미강 20%
② 톱밥 60% + 미강 40%
③ 톱밥 50% + 밀기울 50%
④ 톱밥 60% + 밀기울 40%

26 PDA 1L 제조에 필요한 Dexrtrose 양과 PSA 1L 제조에 필요한 설탕의 양은?

① Dextrose : 10g, 설탕 : 20g
② Dextrose : 20g, 설탕 : 20g
③ Dextrose : 10g, 설탕 : 200g
④ Dextrose : 20g, 설탕 : 200g

27 곡립종균 제조 시 첨가하는 석고는 배지무게의 몇 % 정도가 가장 적당한가?

① 1~2%   ② 3~4%
③ 5~6%   ④ 7~8%

28 주로 원목을 이용하는 재배하는 버섯은?

① 상황버섯, 신령버섯
② 느타리버섯, 신령버섯
③ 흰목이버섯, 상황버섯
④ 느타리버섯, 흰목이버섯

29 느타리버섯 솜(폐면)재배 살균 온도로 가장 적당한 것은?

① 25℃ 내외
② 45℃ 내외
③ 65℃ 내외
④ 85℃ 내외

30 1,000mL 삼각플라스크를 사용하여 200mL감자배지를 제조할 때 살균조건으로 가장 알맞은 것은?

① 온도 : 121℃, 압력 : 11psi, 살균시간 : 20분 정도
② 온도 : 121℃, 압력 : 15psi, 살균시간 : 20분 정도
③ 온도 : 121℃, 압력 : 11psi, 살균시간 : 25분 정도
④ 온도 : 121℃, 압력 : 15psi, 살균시간 : 25분 정도

31 종균구입 후 보관장소로 가장 부적당한 것은?

① 빛이 없는 곳   ② 온도가 낮은 곳
③ 벌레가 없는 곳   ④ 습도가 높은 곳

32 표고버섯 품종 중 저온성은?

① 산조101호   ② 산조102호
③ 산조302호   ④ 산조502호

33 표고버섯 원목재배 시 종균 접종 요령으로 옳지 않은 것은?

① 원목에 구멍을 돌려가면서 뚫는다.
② 접종 구멍의 크기는 직경 1.0cm, 깊이 2.5cm 정도로 한다.
③ 원목의 길이와 굵기에 따라서 종균 접종 구멍수가 다르다.
④ 원목 내 구멍을 사전에 많이 뚫고 쌓아 놓은 다음에 접종한다.

34 종균을 접종하는 무균실의 관리방법으로 적절하지 않은 것은?

① 온도를 15℃ 이하로 유지한다
② 습도를 70% 이하로 관리한다.
③ 소독약제 살포 후 바로 작업한다.
④ 여과된 무균상태의 공기 속에서 작업한다.

35 양송이버섯을 곡립종균에 배양할 때 균덩이가 생성되는 원인으로 옳지 않은 것은?

① 곡립배지의 산도가 낮을 때
② 곡립배지의 수분 함량이 높을 때
③ 원균 또는 접종원이 퇴화되었을 때
④ 곡립배지의 흔들기 작업이 지연되었을 때

36 버섯 병재배 생산장비가 작업과정 순서대로 나열된 것은?

① 배지혼합기 - 입병기 - 살균기 - 접종기 - 클린부스 - 균긁기기 - 탈병기 - 적재기
② 배지혼합기 - 입병기 - 접종기 - 살균기 - 클린부스 - 균긁기기 - 탈병기 - 적재기
③ 배지혼합기 - 입병기 - 살균기 - 접종기 - 균긁기기 - 클린부스 - 탈병기 - 적재기
④ 배지혼합기 - 입병기 - 접종기 - 살균기 - 균긁기기 - 클린부스 - 탈병기 - 적재기

37 버섯 균사 배양 시 사용되는 기기 중 화염 살균을 하는 것은?

① 피펫　　② 백금이
③ 진탕기　　④ 위링 브랜더

38 종균을 접종하고 배양과정 중에서 잡균이 발생하였다. 예상되는 잡균 발생 원인으로 가장거리가 먼 것은?

① 접종기구 사용 시 바닥에 내려놓았을 때
② 종균병으로 들어갈 솜마개를 조금 태웠을 때
③ 더운 여름날 알코올 램프를 끄고 작업했을 때
④ 종균병 입구를 솜마개로 느슨하게 막고 보관했을 때

39 버섯 종균제조에 필요한 초자기구, 금속, 습열살균이 불가능한 재료 등을 살균하는 방법으로 습열살균보다는 덜 효과적이고, 140℃에서 3시간 정도 살균하는 것은?

① UV 살균　　② 화염 살균
③ 건열 살균　　④ 고압 살균

40 느타리버섯 비닐멀칭 균상재배의 종균접종 및 배양관리에 대한 설명으로 옳지 않은 것은?

① 접종할 톱밥종균은 콩알 크기로 부수어 사용한다.
② 종균은 배지의 중앙에만 접종하여 오염을 방지한다.
③ 멀칭하는 비닐의 색깔은 흑색, 백색, 청색도 가능하다.
④ 균사배양 온도는 배지 속이 25~30℃가 되도록 유지한다.

41 종균 접종원 제조에 대한 설명으로 옳지 않은 것은?

① 무균상 내에서 작업을 수행한다.
② 종균의 활력을 높이고 대량생산을 위해 실시한다.
③ 가급적 신선하고 배양이 오래되지 않은 접종원을 사용한다.
④ 페트리디쉬에서 배양한 균을 톱밥배지병에 다시 배양한 것은 접종원으로 사용할수 없다.

42 액체종균을 제조, 배양할 때 사용하는 기구나 기기가 아닌 것은?

① 수조　　② 피펫
③ 무균상　　④ 진탕기

43 병재배 시 종균접종실에 대한 설명으로 옳지 않은 것은?

① 20℃ 내외로 유지하여야 한다.
② 가습기 장치가 설치되어야 한다.
③ 공기는 헤파 필터를 통하여 들어와야 한다.
④ 무균상 또는 클린부스가 설치되어야 한다.

44 무균실의 벽, 천정, 바닥 등의 소독약제로 에틸 알코올의 적정 희석비율은?

① 0.1%
② 4%
③ 70%
④ 100%

45 우량 접종원의 특징으로 옳은 것은?

① 종균병 안쪽에 다양한 색을 띠는 것
② 종균의 상부에 버섯 자실체가 형성되는 것
③ 종균의 줄무늬 또는 경계선 형성이 없는 것
④ 균사 색택이 엷고 마개를 열면 술 냄새가 나는 것

46 직사광선 및 건조에 의해 발생되는 표고버섯의 원목해균이 아닌 것은?

① 고무버섯
② 치마버섯
③ 검은단추버섯
④ 주홍꼬리버섯

47 양송이버섯 재배용 복토 소독에 사용하는 것은?

① 베노밀 수화제
② 스피네토람 입상수화제
③ 디플루벤주론 액상수화제
④ 프로클로라즈망가니즈 수화제

48 큰느타리버섯의 대가 충분히 성장한 후 수확시기를 결정하는 기준으로 가장 중요한 것은?

① 갓의 형태와 갓의 크기
② 갓의 형태와 갓의 색깔
③ 갓의 크기와 갓의 색깔
④ 대의 크기와 대의 색깔

49 양송이버섯 자실체가 기형화되고 누런 물이 누출되면서 부패하여 악취를 유발하는 병은?

① 괴균병
② 미이라병
③ 마이코곤병
④ 세균성 갈변병

50 버섯 재배과정에서 피해를 주는 해충으로 거미 강에 속하며 환경조건에 적응하는 힘이 매우 강한 것은?

① 응애
② 선충
③ 민달팽이
④ 버섯파리

51 양송이버섯 균사 생장에 알맞은 퇴비 배지의 최적 수분함량은?

① 58~60%
② 68~70%
③ 78~80%
④ 88~90%

52 느타리버섯에 피해를 주는 병해로 *Trichoderma*의 완전세대로 *Hypocrea*가 발생하는 것은?

① 미이라병
② 바이러스병
③ 세균성무름병
④ 푸른곰팡이병

53 재배환경에 따른 느타리 자실체에 대한 설명으로 옳지 않은 것은?

① 환기부족 시에는 기형버섯이 많이 발생한다.
② 자실체 발생 시 환기가 과다하면 갓이 빨리 생육한다.
③ 자실체 생육 시 이산화탄소 농도가 높으면 대가 짧아진다.
④ 실내습도가 과습 상태면 물버섯이 형성되어 상품가치가 저하된다.

54 팽이버섯 자실체 발생에 가장 알맞은 온도는?

① 약 10℃ ② 약 15℃
③ 약 20℃ ④ 약 25℃

55 느타리버섯을 솜배지에 재배할 때 잡균 오염 방지를 위한 균사 배양 초기 온도로 가장 적합한 것은?

① 10~12℃ ② 15~17℃
③ 20~22℃ ④ 25~27℃

56 양송이버섯 재배에 사용되는 복토의 조건으로 가장 부적합한 것은?

① 토성 : 사양토
② 산도 : pH 7.5
③ 유기물 함량 : 4~9%
④ 공극률 : 75~80% 입단구조

57 팽이버섯 억제에 필요한 온도와 습도 조건은?

① 최적온도 : 8℃ 내외, 최적습도 : 65~70%
② 최적온도 : 8℃ 내외, 최적습도 : 80~85%
③ 최적온도 : 4℃ 내외, 최적습도 : 65~70%
④ 최적온도 : 4℃ 내외, 최적습도 : 80~85%

58 수확한 버섯을 저장할 때 산소와 이산화탄소의 영향에 대한 설명으로 옳지 않은 것은?

① 이산화탄소 농도가 10% 이상인 경우 버섯대의 성장이 억제된다.
② 버섯 저장 시에는 낮은 산소와 높은 이산화탄소 농도를 유지하는 것이 좋다.
③ 대기보다 낮은 산소 농도(2~10%)에서는 버섯갓과 대의 성장이 억제된다.
④ 이산화탄소의 농도는 버섯 갓과 대에 대하여 상이하고 복잡한 반응성을 나타낸다.

59 표고버섯 원목재배 시 임시눕히기에 대한 설명으로 옳지 않은 것은?

① 4~5월에 실시한다.
② 가급적 1m 이상 높이 쌓는다.
③ 장작쌓기, 우물정자 쌓기 방법이 있다.
④ 통풍이 원활하고 과습되지 않도록 한다.

60 목질열대구멍버섯(상황)의 원목 매몰 재배 시 버섯발생기에 조치사항으로 옳은 것은?

① 실내온도 10~15℃ 로 유지한다.
② 원목 묻기를 마치면 모래표면이 젖을 정도로 매일 관수한다.
③ 환기를 자주하여 이산화탄소 농도가 0.5% 이하로 낮게 한다.
④ 실내 오염을 막기 위해 벤잘코니움클로라이드 1000배 희석액을 분무한다.

정답 및 해설

2016년 버섯종균기능사 필기시험 제2회

01	02	03	04	05	06	07	08	09	10	11	12	13	14	15	16	17	18	19	20
③	①	②	③	②	①	②	④	③	①	④	④	②	③	①	②	①	②	②	③

21	22	23	24	25	26	27	28	29	30	31	32	33	34	35	36	37	38	39	40
④	①	④	④	①	②	①	③	③	②	④	④	④	③	①	①	②	②	③	②

41	42	43	44	45	46	47	48	49	50	51	52	53	54	55	56	57	58	59	60
④	①	②	③	①	④	④	③	③	①	②	④	③	④	③	①	④	③	②	②

01 느타리버섯의 균사생장, 즉 배양에 최적 온도는 25℃ 내외로 25~30℃이다.

02 종자산업법 제56조(과태료)
법 제43조를 위반하여 유통 종자 및 묘의 품질표시를 하지 아니하거나 거짓으로 표시하여 종자 및 묘를 판매하거나 보급한 경우 1회 위반시 100만원 이하의 과태료가 부과된다.
- 2회 위반 : 300만원 이하의 과태료
- 3회 위반 : 500만원 이하의 과태료
- 4회 위반 : 700만원 이하의 과태료
- 5회 이상 위반 : 1,000만원 이하의 과태료

03 일반적인 종균의 저장온도는 5~10℃이다. 저온성균인 팽이버섯의 경우 1~4℃, 고온성 균인 풀버섯의 경우 10~15℃에 보관한다.

04 원균을 배양하기 위해서 온도환경을 맞춰주는 것이 중요하므로 항온기(인큐베이터)를 이용한다.

05 버섯은 기생하는 것은 맞으나 파괴자가 아닌 생태계 내의 분해자로서 청소부의 역할을 한다.

06 버섯의 원균 분리 방법은 크게 포자채취, 조직분리로 나뉜다. 균사절편, 즉 조직을 분리하여 합성배지에 이식한다.

07 식물신품종 보호법 제55조(품종보호권의 존속기간)
품종보호권의 존속기간은 품종보호권이 설정등록된 날부터 20년으로 한다. 다만, 과수와 임목의 경우에는 25년으로 한다.

08 액체질소에 의해 초저온 냉동건조보존을 하는 경우 동결보호제로 10% 글리세롤 또는 10% 포도당을 이용한다.

09 ① Coprinus comatus : 먹물버섯
② Agrocybe aegerita : 버들송이
③ Pleurotus ostreatus : 느타리
④ Ganoderma lucidum : 영지

10 버섯균의 광유보존법(Mineral oil storage)은 유동파라핀 보존법을 말한다. 보존 사면배지에서 충분히 자란 곰팡이 위에 광유(Mineral oil)를 채워서 배지의 건조를 막고 산소공급을 중단시켜 곰팡이의 생장을 억제시킴으로써 계대배양의 간격을 넓게 한 보존법이다. 균주에 따라 상당히 오랜 기간 보존이 가능하다(1~32년).

11 구름송편버섯과 영지(불로초)는 구멍장이버섯목, 목질열대구멍버섯은 소나무비늘버섯목이다.

12 하마다 배지는 일본인 하마다가 발견한 배지로, 송이 균사를 배양할 때 염산을 사용하여 강산성 배지로 바꿨는데 이 배지에서 균사가 잘 자라는 것을 발견하였다.

13 계대배양은 균주를 저장 보관하기 위하여 증식하는 작업을 말한다(샤레의 경우 1~2개월, 시험관의 경우 6~12개월이 적당).

14 버섯 종균을 보관하기 위한 냉장고(저온배양기), 균사관찰을 위한 현미경, 멸균을 위한 고압살균기 등이 필요하다.

15 버섯 종균을 생산하기 위해 종자법 등록을 할 경우 1회 살균 기준 살균기의 최소 용량은 600병 이상으로 되어 있다.

16 느타리버섯 원균증식용 배지는 주로 감자한천배지를 이용한다. 제조 시 증류수 1L당 설탕 또는 Dextrose 의 용량은 2%로 20g이다. 문제의 기준은 1.5L이므로 30g이 된다.

17 곡립종균용 밀의 최적 수분함량은 45% 내외로 한다.

18 표고버섯 톱밥재배의 경우 수분함량은 시험관 상에서 균사의 생장은 60~65% 내외의 수분 함량이 가장 활력이 좋은 결과가 나오지만 실제로 배지를 생산할 때에는 65%의 수분으로 조절할 경우 시간이 흐르면서 배지 바닥으로 상당량의 물이 고이게 되어 균사의 후기 생장에 장애를 주게 되어 배지 생산 시에는 55~60% 내외로 수분을 조절하는 것이 좋다.

19 영지버섯 원목재배 시 원목의 수분함량은 40~45%가 가장 적당하다.
나무의 수분 함량은 벌채 당시 40~50%이나 이 수분 함량은 많은 함량이 아니다. 그러나 세포가 살아있으므로

균사가 자라지 않는다. 그러므로 균사가 자라기 위해서는 40% 내외로 건조시켜 세포를 죽게 한다.

20 표고버섯 재배용 원목은 주로 참나무(상수리나무, 신갈나무, 졸참나무 등)를 이용한다. 서어나무, 밤나무, 자작나무, 오리나무 등은 사용 가능하지만 경제성은 떨어진다. 오동나무는 균사를 억제하는 물질을 함유하고 있다.

21 종균을 제조하기 위해서 처음에는 재배하고자 하는 버섯 자실체로부터 균주를 순수 분리하여 원균을 제조한다. 하지만 원균만으로 바로 다량의 종균을 제조할 수 없기 때문에 중간단계의 증식용 종균을 제조하는 것을 접종원이라고 한다.

22 비타민은 가열하게 되면 성분이 파괴되므로 여과법을 이용한다.

23 목이버섯 톱밥재배 시 포플러 톱밥과 참나무 톱밥을 75% + 25%로 섞어서 이용하는 것이 좋다.
포플러 톱밥을 사용하는 대표적인 버섯은 느타리이고, 참나무 톱밥을 사용하는 버섯은 표고이다. 목이는 탄닌 성분이 들어있는 참나무의 성분을 소량 필요로 한다.

24 기본적으로 버섯 톱밥종균을 제조할 때 미강을 20% 정도로 첨가한다. 목이버섯의 경우는 15% 첨가하는 것이 적당하지만 20%까지 가능하다.

25 보통의 버섯 톱밥종균 제조 시 톱밥 80% + 미강 또는 밀기울 20% 혼합한다. 미강은 입자가 어린 입자로 공극을 막기 때문에 균사 생장속도는 함량이 많아지면 낮아진다.

26 PDA(Potato Dextrose Agar) 감자한천배지 1L 제조 시 Dextrose는 2%, PST(Potato Sucrose Agar) 감자한천영양배지 1L 제조 시 역시 당분으로 첨가되는 설탕은 2%로 20g씩이다.

27 곡립종균 제조 시 석고는 배지무게의 0.6~2%를 첨가한다.

28 주로 원목을 이용하여 재배하는 버섯은 흰목이, 목질열대구멍버섯(상황)으로 신령버섯은 퇴비재배, 느타리버섯은 톱밥재배 또는 볏짚재배를 한다.

29 느타리버섯 폐면재배의 경우 야외발효 후 입상하고 60~65℃에서 6~14시간 정도 살균을 한다. 살균 온도를 65℃ 이상으로 하는 것은 버섯에 유익한 고온성 미생물이 사멸되므로 주의한다.

30 고압증기멸균의 경우 121℃, 압력은 15psi(파운드) = 1.1kg/cm² 조건으로 하고 원균, 합성배지, 액체, 시험관 등의 경우는 15~20분 정도로 한다.

31 종균은 냉암소에서 보관하고 습도는 70% 이하로 낮게 관리한다.

32 표고버섯의 품종 중 저온성은 산림 1호, 3호, 산조 501호, 502호가 있다.

33 원목재배 시 구멍을 뚫고 즉시 접종하는 것이 좋다.

34 무균실은 소독 약제를 벽, 천장, 바닥 등에 공중살포하여 실내가 멸균상태가 되도록 하고, 2~3시간 정도 지난 다음 진입하여 작업을 실시한다.

35 곡립종균 배양 시 균덩이 생성 원인
- 원균 또는 접종원이 퇴화
- 균덩이가 형성된 접종원 사용
- 곡립배지의 수분 함량이 높을 때
- 흔들기 작업의 지연
- 배지의 산도가 높을 때

36 병재배의 작업과정은 톱밥과 첨가제를 혼합하여 입병하고 살균한 다음 접종한다. 균사가 배양되면 상부에 자란 균을 긁어낸 후 재배하여 수확하고 탈병한다.

37 버섯 균사 배양 시 이용하는 이식도구 백금선, 백금구, 백금이들은 알코올 램프 불꽃에 달궈 화염 멸균한다.

38 잡균이 발생하는 것은 다양한 원인이 있을 수 있지만 살균이 잘못되었거나 중간 과정에서 오염이 있어야 가능하다. 솜마개를 태우는 것은 오염의 경우로 볼 수 없다.

39 금속들은 습열 살균이 불가능하여 건열살균하며, 160~180℃에서 30분~1시간 정도 실시하므로 140℃에서 3~4시간 가능하다.

40 느타리 균상재배의 종균접종은 오염을 방지하기 위하여 배지 전체에 골고루, 특히 표면에는 가장 많이 접종하여야 빨리 균사가 생장하여 잡균의 침입을 방지할 수 있다.

41 원균의 경우 합성배지에서 배양하여 접종원 단계를 거쳐 종균을 제조하게 되는데 접종원이 톱밥배지인 경우도 있지만 원균에서 바로 대량 증식이 어려우므로 합성배지에서 다시 합성배지 1차 접종원을 만든 후 톱밥배지 2차 접종원을 거쳐 톱밥배지 종균으로 배양 단계를 거치기도 한다.

42 액체종균을 분주하는 경우 피펫을 이용한다. 또한 무균한 환경에서 작업하여야 하므로 무균상이 필요하며, 액체배지를 자동으로 흔들어 주어 균사가 생장할 때 필요한 산소를 공급해 주는 진탕기가 필요하다.

43 종균접종실은 무균하고 온도는 15℃ 내외, 습도는 70% 이하로 낮게 유지하므로 가습기가 필요하지 않다. 가습기는 재배실에 설치되어야 한다.

44 에틸알코올은 70%일 때 가장 살균력이 강하다.

45 우량 접종원은 품종 특유의 단일색이고 균사 상태를 유지하여야 하므로 자실체는 없어야 한다. 또한 버섯 특유의 신선한 냄새가 난다.

46 고무버섯은 고온다습한 환경에서 발생한다.

47 • 베노밀 : 살균제
- 스피네토람 : 살충제
- 디플루벤주론 : 살충제
- 프로클로라즈망가니즈 : 살균제(스포르곤)

48 버섯의 수확시기를 결정하는 것은 보통 갓의 크기를 기준으로 하며 갓의 색깔은 환경조건의 영향이므로 수확시기를 결정하는 요인이 아니다.

49 마이코곤병의 병징은 양송이버섯의 갓과 대에 발생하여 기형화하고, 갈색의 물이 누출되면서 부패하여 악취가 난다.

50 응애는 거미강에 속하는 버섯해충으로 불량한 환경에서는 6개월동안 먹지 않고도 생존할 뿐 아니라 약제에 대한 저항성도 강하다.

51 양송이 가퇴적 시 70~75%이며, 본퇴적과 후발효 시 70~72%이다. 균사 생장에 알맞은 수분 함량은 68~70%이다.

52 *Trichoderma*는 버섯 재배 시 발생하는 곰팡이 중 버섯을 가해하는 대표적인 병원성 곰팡이로 푸른곰팡이병균이라는 이름으로 통칭되며, *Trichoderma*속 균은 30여 종류가 알려져 있으나 그 중 *Trichoderma*속의 완전세대인 *Hypocrea*속 균에 의한 병해가 증가하고 있다.

53 버섯의 경우 탄산가스(이산화탄소) 농도가 자실체 생장 시 큰 영향을 미치게 된다. 탄산가스 농도가 높은 경우 (300~100ppm 정상범위) 대가 길어지고 갓이 발달되지 않아 기형버섯이 된다. 실내 습도가 높으면 자실체에 물이 많아 상품가치가 저하되므로 수확기에는 습도를 낮춘다.

54 팽이버섯 자실체 발생 최적온도는 12±2℃를 기준으로 한다.

55 균사 배양은 25℃를 기준으로 하나 잡균오염방지를 위해서 약간 낮게 관리한다.

56 양송이의 복토는 식양토 100% 또는 식양토 80% + 토탄 20%로 이용한다.

57 팽이버섯 억제 시 3~4℃, 습도 80~85%로 환경을 조절한다.

58 버섯 갓과 대의 성장에는 산소 농도보다는 이산화탄소의 농도가 크게 영향을 미친다.(※ 53번 해설 참조)

59 표고버섯 원목재배 시 임시눕히기를 할 때 노지 50cm, 하우스 내 1m 이하로 쌓는다.

60 목질열대구멍버섯 원목을 매몰하는 시기는 낮 기온이 25~28℃ 정도가 유지되는 5월 중순부터 6월 중순까지가 적당하다. 이산화탄소 농도는 1.5~2.0%가 알맞고, 실내 오염을 막기 위해 벤레이트 1,000배 액으로 소독한다. 초기 물 관리가 매우 중요하므로 표면의 모래가 충분히 젖고 바닥에 물기가 배어 나올 정도로 매일 1~2회 충분히 관수하여 실내의 공중 습도를 90~95% 정도로 유지시켜 주어야 한다.

2023 버섯종균기능사

CBT 필기 기출복원 문제 및 해설

중국어 문제와 해설 포함
(包含中文解释)

제1회 버섯종균기능사 필기 기출복원문제

01 핵이동 흔적기관인 꺽쇠연결체(클램프)를 가진 버섯으로 이루어진 것은?

① 팽이버섯, 느타리버섯
② 표고버섯, 양송이버섯
③ 풀버섯, 느타리버섯
④ 풀버섯, 영지버섯

中文 拥有核移动退化器官锁状连接蘑菇形成的是?
① 金针菇, 平菇
② 香菇, 双孢菇
③ 草菇, 平菇
④ 草菇, 灵菇

02 느타리버섯 자실체를 버섯완전배지에 조직배양하면 무엇으로 생장하게 되는가?

① 대
② 포자
③ 갓
④ 균사체

中文 将平菇子实体组织培养在蘑菇完全培养基时会生长成什么?
① 茎
② 胞子
③ 菌盖
④ 菌丝体

03 감자배지 1L 제조 시 필요한 한천 첨가량은?

① 15g
② 20g
③ 5g
④ 10g

中文 制造1L马铃薯培地时需要的琼脂添加量是?
① 15g
② 20g
③ 5g
④ 10g

04 노루궁뎅이버섯 종균을 배양하기 위한 배지 재료로 가장 부적합한 수종은?

① 버드나무
② 오리나무
③ 졸참나무
④ 밤나무

中文 培养猴头菇时最不符合的培地材料是?
① 柳树
② 楷树
③ 桴栎
④ 栗树

05 신령버섯 균사생장 시 간접광선의 영향에 대한 설명으로 옳은 것은?

① 생장을 촉진하는 특성이 있다.
② 아무런 영향을 미치지 못한다.
③ 생장을 방해하는 특성이 있다.
④ 어두운 상태와 밝은 상태가 교차되어야만 생장이 촉진된다.

中文 灵菇菌丝生长时对间接光线的影响说明内容对的是?
① 有促进生长的特性。
② 无任何影响。
③ 有妨碍生长的特性。
④ 暗淡与明亮状态交替才会促进生长。

06 느타리버섯 원균 배양 시 주로 사용되는 배지는?

① 맥아배지
② 하마다배지
③ 버섯최소배지
④ 감자배지

中文 培养平菇原菌时主要使用的培地是?
① 麦芽培地
② 滨田培地
③ 蘑菇最小培地
④ 马铃薯培地

07 흑목이버섯 재배용 톱밥배지 제조 시 미강의 첨가량으로 가장 적당한 것은?

① 5~10%
② 15~20%
③ 25~30%
④ 35~40%

中文 制造黑木耳重培养用锯末时米糖添加量最适合的是?
① 5~10% ② 15~20%
③ 25~30% ④ 35~40%

08 곡립배지 제조에 필요한 재료로 옳은 것은?
① 밀, 탄산칼슘, 설탕
② 밀, 미강, 탄산칼슘
③ 밀, 미강, 석고
④ 밀, 탄산칼슘, 석고

中文 谷粒培养制造时必要的材料是?
① 小麦, 碳酸钙, 白糖
② 小麦, 米糖, 碳酸钙
③ 小麦, 米糖, 石膏
④ 小麦, 碳酸钙, 石膏

09 톱밥배지 제조 시 여름철 고온기에 유지 성분이 산화되어 산패를 유발시킬 수 있는 재료는?
① 미강 ② 톱밥
③ 탄산칼슘 ④ 석고

中文 锯末培养制造时夏天高温期油脂成分氧化引起酸腐的材料是?
① 米糖 ② 锯末
③ 碳酸钙 ④ 石膏

10 감자배지를 1.5L 조성하려 할 때 소요되는 설탕의 양은?
① 20g ② 300g
③ 200g ④ 30g

中文 为了建设1.5L的马铃薯培地所需的白糖量是?
① 20g ② 300g
③ 200g ④ 30g

11 영지버섯 톱밥재배용 배지 재료로 가장 많이 이용되는 수종은?
① 아까시나무 ② 신갈나무
③ 전나무 ④ 소나무

中文 栽培灵芝用的锯末材料中用的最多的种类是?
① 洋槐 ② 蒙古栎
③ 沙松 ④ 松树

12 신령버섯 퇴비배지 제조 시 복토 방법으로 옳은 것은?
① 특별하게 규정된 것이 없다.
② 이랑형으로만 작업한다.
③ 평편형으로만 작업한다.
④ 이랑형과 평편형으로 작업한다.

中文 灵菇堆肥培地制造时对的覆土法是?
① 没有特别规定。
② 制造成宜量形。
③ 制造成平便形。
④ 制造成宜量形和平便形。

13 양송이버섯 원균 배양 시 가장 적합한 배지는?
① 감자배지
② 톱밥배지
③ 퇴비배지
④ 하마다배지

中文 双孢菇原菌培养时最符合的培地是?
① 马铃薯培地
② 锯末培地
③ 堆肥培地
④ 滨田培地

14 양송이버섯 퇴비배지의 구비조건으로 적합하지 않은 것은?
① 양송이균의 생장에 알맞은 물리적 성질을 갖추어야 한다.
② 양송이균의 생장을 저해하는 유해물질이 없어야 한다.
③ 양송이균의 생장 및 자실체 형성에 알맞은 영양분을 함유해야 한다.
④ 양송이균과 다른 균이 공생하면서 함께 잘 자라야 한다.

中文 双孢菇堆肥培地具备的条件中不适合的是?
① 要具备双孢菇菌生长的物理性质。
② 不可以有阻碍双胞菇菌生长的有害物质。
③ 需要包含双胞菇菌生长及形成子实体的营养成分。
④ 双胞菇菌与其他菌要一起共生才可以。

15 표고버섯 재배용 톱밥배지 제조 시 가장 알맞은 수분함량은?
① 55~60%　② 45~50%
③ 75~80%　④ 65~70%

中文 制造香菇栽培用锯末培地时最适合的水分含量是?
① 55~60%　② 45~50%
③ 75~80%　④ 65~70%

16 건조한 고체종균에서 균사의 유전적 변이가 심하거나 배양기간이 길게 소요되는 접종원에 사용하면 더욱 효과적인 종균은?
① 곡립종균
② 액체종균
③ 퇴비종균
④ 종목종균

中文 干燥的固体种菌中对菌丝的遗传性变异严重或者所需的培养期间较长的接种原使用的话会更有效的菌种是?
① 谷粒种菌
② 液体种菌
③ 堆肥种菌
④ 种牧种菌

17 곡립종균의 균덩이 형성 방지 대책이 아닌 것은?
① 고온 저장
② 단기간 저장
③ 석고 사용량 조절
④ 종균 흔들기

中文 不是防止谷粒种菌形成菌块的对策是?
① 高温储存
② 短期储存
③ 调整石膏使用量
④ 摇动种菌

18 종균 접종실의 습도는 몇 % 이하로 유지하여야 좋은가?
① 90%　② 70%
③ 80%　④ 60%

中文 种菌接种时温度要维持在百分之多少以下?
① 90%　② 70%
③ 80%　④ 60%

19 종균접종실 및 시험기구에 사용하는 소독약제인 알코올의 농도로 가장 적절한 것은?
① 90%　② 60%
③ 80%　④ 70%

中文 种菌接种室及试验机构用消毒药剂的酒精浓度最适合的是?
① 90%　② 60%
③ 80%　④ 70%

20 팽이버섯의 재배과정 중 온도를 가장 낮게 유지하는 시기는?
① 자실체 생육 시
② 발이 유기 시
③ 억제 작업 시
④ 균배양 시

中文 金针菇的栽培过程中温度维持在最低的时期是?
① 生育子实体时　② 勃尔有机时
③ 抑制作业时　④ 菌培养时

21 양송이버섯 종균의 가장 알맞은 저장 온도는?
① 15~20℃　② 25~30℃
③ 5~10℃　④ -5~0℃

中文 双孢菇菌种类最适合的储存温度是多少?
① 15~20 ℃　② 25~30 ℃
③ 5~10 ℃　④ -5~0 ℃

22 버섯생산을 위한 버섯종균과 적용버섯이 잘못 짝지어진 것은?

① 톱밥종균 – 느타리버섯
② 액체종균 – 팽이버섯
③ 훈증종균 – 풀버섯
④ 곡립종균 – 양송이버섯

中文 为了生产蘑菇，蘑菇菌种与适用蘑菇配对错误的是?
① 锯末菌种 – 平菇　② 液体菌种 – 金针菇
③ 熏蒸菌种 – 草菇　④ 谷粒菌种 – 双孢菇

23 표고버섯 재배용 원목으로 가장 적합한 것은?

① 나무껍질이 벗겨진 것
② 변재부가 많은 것
③ 다른 균사가 자란 것
④ 심재부가 많은 것

中文 最适合栽培香菇的原木是?
① 树皮脱离的树木
② 边材部多的树木
③ 长有其他菌丝的树木
④ 心材部多的树木

24 표고버섯의 원목재배에 관한 설명으로 옳지 않은 것은?

① 재배에 사용할 원목은 수액 이동이 가장 활발한 10월 전에 벌채하여 사용한다.
② 원목은 수분함량이 40% 내외로 될 때 종균 접종에 사용한다.
③ 접종 당해년은 원목 뒤집기 작업을 2~3회 하는 것이 좋다.
④ 원기 형성을 위하여 약간의 산광이 비치는 정도로 밝게 유지하여 준다.

中文 关于香菇的原木栽培说明错误的是?
① 栽培用的原木, 要使用树液最活跃的10月份前的原木。
② 原木水分含量在40%左右时候进行菌种接种。
③ 接种当年要反转原木2~3次为好。
④ 为了形成元气, 稍微维持有少许光线的亮度。

25 표고버섯 종균을 원목에 접종하려 할 때 유의사항으로 옳지 않은 것은?

① 조기 접종 시에는 원목이 얼지 않도록 미리 보온을 한다.
② 접종 직후 약제를 살포하지 않는다.
③ 천공 후 바로 접종하지 않는다.
④ 접종 전 작업장을 소독한다.

中文 香菇种菌接种在原木时错误的留意事项是?
① 前期接种时为了原木不会结冰需要提前保温。
② 接种后不能直接撒布药剂。
③ 穿孔后不直接进行接种。
④ 接种前对作业场所进行消毒。

26 표고버섯 원목재배 시 임시눕히기에 대한 설명으로 옳지 않은 것은?

① 장작쌓기, 우물정자쌓기 방법이 있다.
② 가급적 1.5m 이상으로 높게 쌓는다.
③ 통풍이 원활하고 과습되지 않도록 한다.
④ 4~5월에 실시한다.

中文 香菇原木栽培时对临时放倒说明错误的是?
① 有堆积木柴, 井号堆积法。
② 尽可能堆积到1.5m以上。
③ 通风顺畅不能过潮湿
④ 4~5月份实施。

27 표고버섯 원목재배의 종균접종 과정 중 적절하지 않은 것은?

① 접종용 원목의 수분함량이 40% 내외가 적합하다.
② 접종용 종균은 직사광선을 받게 하여 갈색으로 만든다.
③ 종균은 10℃ 이하의 통풍이 양호한 냉암소에 보관한다.
④ 접종용 원목은 참나무류를 선택한다.

中文 香菇原木栽培的种菌接种过程中不适当的是?
① 接种用原木水分含量在40%左右才适合。
② 让接种用种菌受到直射光线将其变更褐色。
③ 种菌要保管在10℃以下并通风顺畅的冷暗所。
④ 接种用原木选择柞树类。

28 표고버섯 원목재배 시 많이 발생하는 해균이 아닌 것은?

① 검은혹버섯균
② 푸른곰팡이균
③ 마이코곤병균
④ 구름버섯균

中文 香菇原木栽培时不是发生最多的害菌是?
① 黑瘤蘑菇菌　　② 绿霉菌
③ 疣孢霉　　　　④ 云芝菌

29 표고버섯 재배용 원목의 벌채 조건으로 가장 적합한 것은?

① 나무의 수피가 벗겨져 있고 수액 유동이 정지된 시기
② 나무의 수피가 벗겨지지 않고 수액 유동이 정지된 시기
③ 나무의 수피가 벗겨져 있고 수액 유동이 활발한 시기
④ 나무의 수피가 벗겨지지 않고 수액 유동이 활발한 시기

中文 香菇栽培用的原木采伐最适合的条件是?
① 树木的树皮脱落及树液流动停止的时期
② 树木的树皮未脱落, 树液流动停止的时期
③ 树木的树皮脱落及树液流动活跃的时期
④ 树木的树皮未脱落, 树液流动活跃的时期

30 양송이버섯 종균의 접종방법 중 혼합재식법에 대한 설명으로 옳은 것은?

① 퇴비배지와 섞는다.
② 퇴비배지에 층별로 심는다.
③ 10cm 간격으로 접종한다.
④ 종균을 표면에 뿌린다.

中文 香菇种菌的接种方法中对的混合栽植说明是?
① 与堆肥培地混合。
② 堆肥培地层别种植。
③ 以10cm间隙接种。
④ 撒播在种菌表面。

31 양송이버섯 생육 시 갓이 작아지고 대가 길어지는 현상이 일어나는 재배사 내의 이산화탄소 농도 범위는?

① 0.02% 이하　　② 0.03~0.06%
③ 0.20~0.30%　　④ 0.07~0.10%

中文 双孢菇生育时菌盖变小茎边长的现象出现的栽培室内的二氧化碳浓度范围是?
① 0.02% 以下　　② 0.03~0.06%
③ 0.20~0.30%　　④ 0.07~0.10%

32 팽이버섯 종균에 잘 발생하지 않는 잡균은?

① 푸른곰팡이　　② 잿빛곰팡이
③ 흑곰팡이　　　④ 누룩곰팡이

中文 金针菇种菌中不常发生的杂菌是?
① 绿霉　　② 灰霉
③ 黑霉　　④ 曲霉

33 느타리버섯에 발생하는 버섯파리를 방제하기 위한 약제로 가장 적합한 것은?

① 베노밀 수화제
② 디플루벤주론 수화제
③ 피라클로스트로빈 유화제
④ 프로클로라즈망가니즈 수화제

中文 为了防止发生在平菇的蕈蚊所用的药剂中最适合的是?
① 苯菌灵水化剂
② 除虫脲水化剂
③ 唑菌胺酯乳化剂
④ 咪鲜胺锰盐乳化剂

34 버섯파리 종류에서 유충의 길이가 2mm 정도로 황색 또는 오렌지색을 띠며, 주로 균상표면이 장기간 습할 때 피해를 주는 것은?

① 시아리드(Sciarid)
② 마이세토필(Mycetophil)
③ 세시드(Cecid)
④ 포리드(Phorid)

中文 蘑菇蕈蚊种类中幼虫长度2mm左右呈黄色或橙色, 主要在菌状表面长期潮湿时祸害的是?
① 菇蚊(Sciarid) ② 喜菌(Mycetophil)
③ 瘿蚊(Cecid)   ④ 蚤蝇(Phorid)

35 양송이버섯에 발생하는 버섯파리를 집중적으로 방제하기 위한 시기로 가장 효과적인 것은?

① 균사생장 기간
② 버섯 수확 후
③ 퇴비배지의 후발효 기간
④ 퇴비배지 발효 직전

中文 为了集中性防止双孢菇上发生蕈蚊的最有效的时期是?
① 菌丝生长期间
② 收割蘑菇后
③ 堆肥培地后发酵期间
④ 堆肥培地发酵前

36 느타리버섯에 발생하는 푸른곰팡이병을 방제하기 위한 복토 관리 방법으로 옳지 않은 것은?

① 온도가 높아지지 않게 한다.
② 습도가 높아지지 않게 한다.
③ 환기를 적절히 한다.
④ pH값이 낮아지게 한다.

中文 为了防止平菇上发生绿霉的覆土管理方法中不正确的是?
① 不让温度升高。
② 不让湿度升高。
③ 适当的换气。
④ 让pH值低。

37 오염된 종균의 특징으로 옳은 것은?

① 종균의 상부에 버섯원기 또는 자실체가 형성되지 않은 것
② 종균에 줄무늬 또는 경계선이 없는 것
③ 균사색택이 연하고 마개를 열면 술냄새가 나는 것
④ 품종고유의 특징을 가진 단일색인 것

中文 正确的污染种菌特性是?
① 种菌上部没有形成原基或子实体
② 没有种菌纹路或境界线
③ 菌丝色相淡, 掀盖的话会有酒味
④ 拥有品种固有的单一色

38 종균을 접종하고 배양과정 중에서 잡균이 발생했을 때 예상되는 잡균 발생 원인으로 가장 거리가 먼 것은?

① 접종기구 사용 시 바닥에 내려놓았을 때
② 종균병 입구를 솜마개로 느슨하게 막고 보관했을 때
③ 더운 여름날 알코올 램프를 끄고 작업했을 때
④ 종균병에 면전 삽입 후 살균 과정에서 솜마개를 조금 태웠을 때

중문 종균접종 배양과정 중 잡균이 발생할 때 잡균발생 원인의 거리가 가장 먼 것은?
① 접종기구를 바닥에 놓고 사용할 때
② 종균병 입구를 솜마개로 느슨히 막아 보관할 때
③ 무더운 여름날 알콜램프를 끄고 작업할 때
④ 종균병 면전 후 살균과정에서 솜마개가 약간 타 있을 때

39 액체종균 배양 시 술냄새가 나고 거품이 많이 생겨 공기배출구를 막는 현상이 발생하는 원인은?

① 효모　　　　② 푸른곰팡이
③ 세균　　　　④ 빵곰팡이

중문 发生液体种菌培养时有酒精味并且因产生太多泡沫导致排风口堵塞的原因是?

① 酵母　　　　② 绿霉
③ 细菌　　　　④ 面包霉

40 버섯 신품종 육성방법 중 돌연변이육종법에 대한 설명으로 옳지 않은 것은?

① α, β, γ 선의 방사선 조사
② 우라늄, 라디움 등의 방사성 동위원소 이용
③ 자실체로부터 조직분리 또는 포자발아
④ 초음파, 온도처리 등의 물리적 자극

중문 蘑菇新品种培育方法中突然变异法中不对的说明是?

① α，β，γ 线的放射性调查
② 利用铀，镭等放射性同位元素
③ 从子实体分离组织或孢子萌发
④ 超声波，温度处理等物理性刺激

41 버섯 종균제조에 필요한 초자기구, 금속, 습열살균이 불가능한 재료 등을 살균하는 방법으로 습열살균보다는 덜 효과적이고, 140℃에서 3시간 정도 살균하는 것은?

① 고압살균　　　② UV살균
③ 화염살균　　　④ 건열살균

중문 蘑菇种菌制造时为了更有效的对必要的硝子器具，金属，无法吸热杀菌的材料进行杀菌，在140℃下进行3小时左右杀菌的是?

① 高压杀菌　　　② UV杀菌
③ 火焰杀菌　　　④ 干热杀菌

42 무균실의 최적 온도에 해당하는 것은?

① 5~10℃ 정도　　② 15~20℃ 정도
③ 5℃ 이하　　　　④ 30~35℃ 정도

중문 最恰当的无菌室最佳温度是?

① 5~10℃ 程度　　② 15~20℃ 程度
③ 5℃ 以下　　　　④ 30~35℃ 程度

43 버섯 종균의 유효 보증 기간은?

① 2개월　　　　② 6개월
③ 1개월　　　　④ 1년

중문 蘑菇种菌的效果保证期间是?

① 2个月　　　　② 6个月
③ 1个月　　　　④ 1年

44 버섯의 수확 후 관리요령 중 다음 사항에 해당되는 것은?

- 1차예냉은 차압예냉 방식을 이용하여 1℃에서 1시간 정도 실시한다.
- 2차예냉은 0℃ 환경에서 2~4시간 정도 실시한다.

① 구름버섯　　　② 양송이버섯
③ 영지버섯　　　④ 상황버섯

중문 蘑菇收割后的管理窍门中如下哪个事项适当?

- 1次预冷是利用查封预冷方式在1℃下实施1小时。
- 2次预冷是0℃环境下实施2~4小时。

① 云芝　　　　② 双孢菇
③ 灵芝　　　　④ 桑黄

45 버섯 균주 배양을 위해서 갖추어야 할 기자재가 아닌 것은?

① 고압살균기
② 분광광도계
③ 항온기
④ 현미경

中文 不是为了培养蘑菇菌株要具备的器材是?
① 高压杀菌器 ② 分光光度计
③ 恒温器   ④ 显微镜

46 버섯 생육실에 필요한 장치가 아닌 것은?

① 냉난방장치 ② 가습장치
③ 환기장치   ④ 수확장치

中文 不是蘑菇生育室必要的装置是?
① 冷暖房装置 ② 加湿装置
③ 换气装置   ④ 收割装置

47 고압살균기에 필요한 구성요소가 아닌 것은?

① 중량계
② 수증기 주입구
③ 압력계
④ 온도계

中文 不是高压杀菌机必要构成的是?
① 重量计
② 水蒸气注入口
③ 压力计
④ 温度计

48 느타리버섯 재배시설에서 광(빛)의 사용이 제한되는 시설은?

① 접종실   ② 배양실
③ 생육실   ④ 냉각실

中文 平菇培植设施中限制光的设施是?
① 接种室   ② 培养室
③ 生育室   ④ 冷却室

49 버섯 균주를 장기보존할 때 사용하는 극저온물질은?

① 액체질소   ② 암모니아가스
③ 탄산가스   ④ 액체산소

中文 长期保管蘑菇菌株时使用的极低温物质是?
① 液体氮   ② 氨气
③ 碳酸气   ④ 液体氧

50 고압살균방법을 이용한 배지살균에 대한 설명으로 옳지 않은 것은?

① 배기가 충분한 경우 살균기의 압력은 1.1kg/cm²로 한다.
② 살균시간은 살균기 작동 시작 시점부터 60~90분간 실시한다.
③ PP병은 유리병보다 살균 시간을 더 연장해야 한다.
④ 살균이 되는 동안 계속 배기 밸브를 조금씩 열어 수증기와 함께 혼입되는 공기를 제거한다.

中文 如下描述中利用高温杀菌方法的培地杀菌说明是?
① 排气充分时杀菌机压力调到1.1kg/cm²。
② 杀菌时间从杀菌机开始实施60~90分钟。
③ 清洗PP瓶的时间要比玻璃杯的杀菌时间更长。
④ 杀菌期间持续的将排气阀门打开提供与水蒸气混入的空气。

51 느타리버섯 자실체 생육에 가장 알맞은 온도는?

① 20℃ 내외   ② 15℃ 내외
③ 25℃ 내외   ④ 10℃ 내외

中文 对平菇子实体生育最合适的温度是?
① 20℃ 内外   ② 15℃ 内外
③ 25℃ 内外   ④ 10℃ 内外

52 양송이버섯 재배 시 복토 후부터 첫 관수까지의 가장 적당한 재배사 온도는?

① 33~35℃ ② 25~33℃
③ 15~23℃ ④ 23~25℃

中文 双孢菇培植时覆土后到第一次灌水最适合的培植温度是?

① 33~35℃ ② 25~33℃
③ 15~23℃ ④ 23~25℃

53 팽나무버섯의 균주 보존에 가장 적합한 온도는?

① 약 15℃ ② 약 20℃
③ 약 5℃ ④ 약 10℃

中文 保存陀螺树蘑菇菌株最适合的温度是?

① 约15℃ ② 约20℃
③ 约5℃ ④ 约10℃

54 버섯 균주의 보존방법으로 2년 이상 장기간 보존이 가능하며, 난균류 보존에 많이 활용하는 현탁보존법에 해당하는 것은?

① 물보존법
② 액체질소보존법
③ 냉동고보존법
④ 동결건조보존법

中文 使用菌株保管方法可以长时间保存2年以上, 适当与运用卵菌类保存的悬浮保存法是?

① 水保存法
② 液体氮保存法
③ 冷冻库保存法
④ 冻结干燥保存法

55 계대배양한 균주를 4℃ 냉장 상태에서 보존할 때 가장 적합한 보존 가능시간은?

① 18~24개월
② 6~12개월
③ 1~6개월
④ 12~18개월

中文 传代培养的菌株在冷藏4℃下保存时最适合的保存时间是?

① 18~24个月 ② 6~12个月
③ 1~6个月 ④ 12~18个月

56 버섯 균주의 액체질소를 이용한 장기보존 시 사용하는 동결보존제로 알맞은 것은?

① 질소 ② 알코올
③ 글리세린 ④ 암모니아

中文 利用蘑菇菌株的液体氮长期保存时所使用的冻结保存计是?

① 氮 ② 酒精
③ 丙三醇 ④ 氨

57 버섯을 건조하여 저장하는 방법이 아닌 것은?

① 열풍건조
② 일광건조
③ 동결건조
④ 가스저장

中文 不是将蘑菇烘干后保存的方法是?

① 热风烘干 ② 日光烘干
③ 冻结烘干 ④ 气体贮藏

58 종균 생산업자가 법령 위반 시 종자업 등록 취소 등의 행정처분을 하는 대상은?

① 국립종자원장
② 산림청장
③ 농림축산식품부장관
④ 시장·군수·구청장

中文 种菌生产业主违反法令时取消从业者登记等行政处罚对象是?

① 国立种子院长
② 森林厅长
③ 农林畜牧食品部长官
④ 市场菌树区厅长

59 외국에서 종균을 처음 수입하여 농가에 공급하고자 할 때 어떻게 해야 하는가?

① 국립종자원에 신고하고 공급한다.
② 수입적응성 시험을 통과하고 공급한다.
③ 외국에서 수입하는데 아무 제약이 없다.
④ 조달청에 신고하고 공급한다.

中文 在国外第一次进口菌种供货给农场时如何进行?
① 申告给国立种子院后供给。
② 供给适应性试验通过后供给。
③ 在国外出口一点制约都没有。
④ 申告给采购厅后供给。

60 하이폭실론(Hypoxylon)이라는 공생균과 같이 생육하는 버섯은?

① 팽나무버섯
② 흰목이버섯
③ 양송이버섯
④ 뽕나무버섯

中文 与叫做碳团菌共生菌一起生育的蘑菇是?
① 金针菇 ② 银耳
③ 双孢菇 ④ 桑耳

정답 및 해설

제1회 버섯종균기능사 필기 기출복원문제

01	02	03	04	05	06	07	08	09	10	11	12	13	14	15	16	17	18	19	20
①	④	②	④	②	④	②	④	①	④	②	④	③	④	①	②	①	②	④	③

21	22	23	24	25	26	27	28	29	30	31	32	33	34	35	36	37	38	39	40
③	③	②	①	③	②	②	③	②	①	②	②	②	③	③	①	④	③	①	③

41	42	43	44	45	46	47	48	49	50	51	52	53	54	55	56	57	58	59	60
④	②	③	②	②	④	①	②	①	②	②	③	②	③	③	③	④	④	②	②

01 자웅이주성 버섯은 균사접합으로 한 세포 내에 그 균주간에 핵이 공존하며 양송이, 풀버섯은 꺽쇠가 없다.

中文 雌雄异株性蘑菇是接合菌丝, 一个细胞内细菌间核会共存, 但双孢菇与草菇没有。

02 조직분리로 균을 분리하면 콜로니를 형성하며 균사체가 된다.

中文 组织分离导致菌分离的话会形成群体菌丝体。

03 감자배지 1L 제조 시 물 1L, 감자 200g, 한천(Agar) 20g, 설탕 20g이 필요하다.

中文 制造1L马铃薯培地时需要水1L, 土豆200g, 洋菜20, 白糖20g。

04 버드나무, 졸참나무는 노루궁뎅이 종균배양 배지 재료에 적합하다. 오리나무, 밤나무는 잘 사용하지 않으나 밤나무가 더 부적합하다.

中文 柳树, 桴栎适合培养猴头菇种菌培地。桤木, 栗树虽然不怎么用但栗树更不适合。

05 신령버섯은 상품명으로 아가리쿠스고 양송이보다 고온성인 특성이 있으며 균사생장에 일반적인 버섯은 광선이 필요하지 않으나 간접 광선은 생장 촉진하는 특성이 있다.

中文 灵菇是商品名伞菌属, 比双孢菇有高温性特性, 对菌丝生长一般的蘑菇不需要光纤, 但间歇性光纤会对生长有促进的特性。

06 감자배지(PDA)는 일반적으로 쓰이는 배지이며 맥아배지도 사용할 수 있으나 감자배지가 더 흔히 쓰인다. 하마다 배지는 HCL을 배지조제 할 때 사용하기 때문에 강산성을 띠며 송이 균사배양에 쓰이고 버섯 최소배지(MMM)는 영양원 시험에 쓰인다.

中文 马铃薯培地(PDA)是普遍使用的培地, 虽然麦芽培地也可以使用, 但马铃薯培地用的更普遍。石漠培地是因为HCL用于培地调节时有强酸性, 用于松茸菌丝培养, 蘑菇的最小培地(MMM)是用于营养源试验。

07 미강의 입자가 치밀하여 20% 이상 함유하게 되면 배지의 공극을 막아 균사 생장이 오히려 느려진다. 따라서 미강 함량이 많으면 균사생장 속도는 느려지고 균사 밀도는 높아진다고 볼 수 있다.

中文 因米糖粒子精细, 含有量超过20%以上时会将培地的空隙堵住导致生长变慢。并且米糖含有量多的话菌丝生长变慢菌丝密度会变高。

08 곡립(밀, 수수)배지 제조 시 석고($CaSO_4$)는 물리성개선을 위하여 0.6~2%, 탄산칼슘($CaCO_3$)은 산도조절을 위하여 석고의 절반인 0.3~1%를 사용한다.

中文 制造谷粒培地时石膏($CaSO_4$)是为了物理性改善使用0.6~2%($CaSO_4$), 碳酸钙($CaCO_3$)是为了调整酸度用石膏一半的含量0.3~1%。

09 미강은 유지성분과 영양분이 많아 특히 여름철에 산패를 유발하므로 입병 후 바로 살균한다.

中文 米糖的乳脂成分和营养成分很多, 特别是夏天容易引起酸腐, 所以入瓶后要立即杀菌。

10 감자배지 1L 제조 시 감자 200g, 설탕 20g, 한천 20g이 필요하므로 1.5L에는 설탕 30g이 필요하다.

中文 制造1L马铃薯培地时需要马铃薯200g, 白糖20g, 琼脂20g, 1.5L的话需要白糖30g。

11 영지 톱밥배지 재료는 참나무 계통인 활엽수 신갈나무가 적당하다.

中文 灵芝锯末培地柞树系统的阔叶树蒙古栎最适合。

12 신령버섯의 복토방법은 크게 이량형과 평편형이 있으며 주로 이량형을 권장하고 있으나 편리상 평편형을 사용한다.
    中文 灵菇的覆土方法有两大种分为宜量形和平坦形，主要推荐宜量形，但因便捷一般使用平坦形。

13 양송이 원균 배양 시 퇴비추출배지를 사용한다(원칙적으로 퇴비배지와 퇴비추출배지는 구분됨).
    中文 培养双孢菇原菌时使用堆肥提取培地(原则上分未堆肥培地和堆肥提取培地)。

14 양송이 균만 잘 자라도록 해야 한다.
    中文 只让双孢菇菌生长才可以。

15 톱밥배지는 일반적으로 65%를 적정기준으로 하나 표고는 65%보다 약간 적은 55~60%가 알맞다고 할 수 있다.
    中文 堆肥培地一般已65%为合理基准，但香菇的合理基准是55~60%。

16 액체종균은 건조한 고체종균에 수분공급 역할도 할 수 있어 효과적이다.
    中文 液体种菌可以扮演给固体种菌提供水分的角色，所以很有效。

17 곡립종균은 덩어리가 형성되면 씨뿌리듯이 접종 할 수 없다. 고온 저장은 효소 활성이 높아져 생육이 왕성해지면서도 뭉치게 된다.
    中文 谷粒种菌形成块状的话无法接种根。高温存储会让酵素生产活性化，生育旺盛的同时会聚集。

18 접종실과 배양실의 습도는 배지 수분함량 65%보다 약간 높은 70% 유지가 적당하다.
    中文 接种室和培养室的最恰当温度是比水分含量65%稍微高的70%。

19 알코올의 소독효과는 100%보다 70%가 더 높다.
    中文 酒精的消毒效果相比100%，70%更高更好。

20 자실체 생육 시 6~8℃, 발이 유기 시 12+2℃, 억제 작업 시 4℃, 균배양 시 25℃
    中文 子实体生育时6~8℃，萌芽时期12+2℃，抑制作业时4℃，菌培养时25℃

21 양송이 종균 저장온도는 5~10℃이다.
    中文 双孢菇种菌储存温度是5~10℃。

22 풀버섯은 퇴비종균에 적당하다.
    中文 草菇与堆肥种菌差不多。

23 심재부는 원목의 한가운데 단단한 부분에서는 균사가 잘 자라지 못해 변재부가 많아야 한다.
    中文 心材部是原木的中间坚硬部位菌丝不好生长，所以边材要很多才行。

24 원목 벌채 시기는 수액 이동이 정지되고 낙엽이 지는 10월에 한다.
    中文 原木采伐时期是树液移动要停止并且在落叶的10月份进行。

25 천공 후 바로 접종을 하여야 잡균이 없고 건조하지 않기 때문에 바로 접종을 하여야 한다.
    中文 穿孔后立刻进行接种的话不会有杂菌并且不干燥，所以要立马接种。

26 원목을 높이 쌓으면 원목이 건조되어 수량 감소 원인이 된다.
    中文 原木堆的高的话原木会变得干燥，这个是数量减少的原因。

27 버섯 종균에 직사광선을 받게 하는 것은 안 되며 갈색으로 변한 종균은 오래된 것으로 사용하지 않는 것이 좋다.
    中文 蘑菇种菌不可以直接受到直射光线，变成褐色的种菌是陈旧的，所以不建议使用。

28 마이코곤병균은 양송이에서만 발생하는 병균이다.
    中文 疣孢霉是双孢菇特有的病菌。

29 수피가 벗겨지면 건조하게 되고 균사가 활착되고 난 후 보호막이 없어져 오염에 노출되기 쉽다.
    中文 树皮脱落的话会变得干燥菌丝接木后因没有保护膜容易被污染。

30 곡립종균을 접종하는 방법은 혼합접종법, 층별접종법, 표면접종법, 기계로 접종하는 방법이 있다. 혼합재식법은 퇴비배지와 섞는 것을 말한다.
    中文 谷粒种菌接种方法有混合接种法，层别接种法，表面接种法，使用机器接种的方法。混合栽植法是和堆肥培地混合的的方法。

31 0.2%(200ppm)~0.3%(300ppm)은 생육 시 갓이 작아지고 대가 길어진다.
    中文 0.2%(200ppm)~0.3%(300ppm)是生育时菌盖变小茎会变长。

32. 푸른곰팡이는 번식이 왕성하고 팽이버섯 균사를 가해한다. 흑색곰팡이는 포자가 검은색으로 팽이버섯에서 잘 발생하고, 누룩곰팡이는 포자마다 색깔이 다양하여 푸른색일 경우 푸른곰팡이와 구별하기 힘들다. 대책은 방냉실, 접종실, 배양실이 청결해야 한다.

   中文 绿霉繁殖能力强会加害金针菇的菌丝。黑霉的孢子是黑色并且常发生在金针菇上, 曲霉是胞子别颜色各不一样, 所以绿颜色时与绿霉不好区分。对策是清洁房冷室, 接种室, 培养室。

33. 버섯파리는 살충제를 써야 하는데 베노밀 수화제(살균제), 디플루벤주론 수화제(살균제), 피라클로스트로빈 유화제(살충제), 프로클로라즈망가니즈 수화제(살균제)가 있다.

    中文 蕈蚊需要用杀虫剂苯菌灵水合剂(杀菌剂), 二氟脲水合剂(杀菌剂), 唑菌胺酯乳化剂(杀虫剂), 咪鲜胺锰盐水合剂(杀菌剂)。

34. 세시드는 유태생을 하여 번식이 매우 빠르다.

    中文 瘿蚊是营幼体生殖, 繁殖很快。

35. 버섯파리는 균사 생장기간 중 버섯 또는 균사 냄새를 맡고 오기 때문에 균사 생장기간에 관리를 집중적으로 하여야 한다.

    中文 瘿蚊是菌丝生长期间中闻到蘑菇或者菌丝味道而来, 所以在生长期间要特别重点管理。

36. 복토 관리는 주로 양송이 재배에서 쓰이는 방법이며 푸른곰팡이병은 고온, 다습, 환기관리를 잘 해 주어야 한다.

    中文 覆土管理是主要用在双孢菇培植时使用, 为了防止绿霉病要做好高温, 潮湿, 换气管理。

37. 종균은 원기 자실체가 형성되지 않은 영양생장만 완료한 배지가 좋다. 종균에 줄무늬 또는 경계선이 있는 것은 세균에 오염된 것이다.

    中文 种菌是没有形成原基子实体只有营养生长完毕的培地最好。种菌茁纹路或境界线上有的是已经被细菌感染的现象。

38. 종균병에 면전 삽입 후 살균 과정에서 솜마개를 조금 태워서 화염살균 한다.

    中文 种菌瓶里插入后杀菌过程中稍微烤棉花塞进行火焰杀菌。

39. 액체종균 배양 시 술냄새가 나고 거품이 많이 생겨 공기배출구를 막는 현상은 효모가 발생했기 때문이다.

    中文 培养液体种菌时会有酒精味并且有很多泡沫, 堵住空气排出口的原因是发生酵母导致。

40. 자실체로부터 조직분리 또는 포자발아는 계통을 그대로 유지하는 방법이다.

    中文 从子实体组织分析或孢子发芽是维持血统的方法。

41. 살균방법에는 습열살균(톱밥), 건열살균(초자기구), 화염살균(무균상), 여과살균(비타민, 항생제), 화학살균(70℃알코올)이 있다.

    中文 杀菌方法有吸热杀菌(锯末), 干热杀菌(硝子器具), 火焰杀菌(无菌箱), 过滤灭菌(维生素, 抗生素), 化学杀菌(70℃酒精)。

42. 무균실은 저온(15~20℃)일 때 오염방지에 효과적이다.

    中文 无菌室在低温(15~20℃)时对防止污染很有效果。

43. 종균은 1개월의 유효보증기간을 가지며 오래 저장할수록 활력은 떨어진다.

    中文 种菌有1个月的有效保证期间, 长期储藏会让活力降低。

44. 양송이 수확과 관리 요령은 1,2차로 예냉이 나누어지는데 1차예냉은 차압예냉 방식을 이용하여 1℃에서 1시간 정도 실시한다. 2차예냉은 0℃ 환경에서 2~4시간 정도 실시한다.

    中文 收割和保管双孢菇的要领分1次和2次预冷, 第一次预冷是利用扣押预冷的方式在1℃下实施1小时左右。2次预冷是0℃环境下进行2~4小时。

45. 배지를 살균하는 고압살균기, 온도를 일정하게 유지하는 항온기, 버섯균과 병해충을 검경을 위해 현미경이 있다.

    中文 培地杀菌的高压杀菌器, 可以维持温度的恒温器, 为了检验蘑菇菌和病害虫的显微镜。

46. 생육실에 온도조절(냉난방장치), 습도유지(자습장치), 환기장치가 필요하다.

    中文 生育室要有调节温度(冷暖气装置), 湿度维持(自习装置), 换气装置。

47. 살균기에 온도계, 수증기 주입구, 압력계가 필요하다.

    中文 杀菌器上需要温度计, 水蒸气注入口, 压力计。

48. 배양실에는 빛이 필요없다.

    中文 培养室不需要光。

49. 장기저온 저장은 액체질소 보존을 한다.

    中文 长期低温储藏是保存液体氮。

50 살균시간은 살균기 배지의 온도가 121℃ 시점부터 60~90분간 실시한다.
   中文 杀菌时间是杀菌器培地的温度121℃开始实施60~90分钟。

51 느타리의 균사 생장은 25℃ 내외, 자실체 생육온도는 15~20℃가 적온이다.
   中文 平菇菌丝生长25℃内外, 子实体生育温度15~20℃为适用。

52 복토 직후부터 복토층의 온도는 23~25℃로 유지하고 온도가 적온 이상으로 올라가지 않도록 실내를 환기 조절한다. 다량의 버섯이 균일하게 발생 되도록 하기 위하여 온도를 15℃ 정도로 낮추어 준다.
   中文 覆土后覆土层温度保持在23~25℃, 为了避免温度高于室温要调节换气。为了大量的蘑菇均一的发生, 维度要降到15℃。

53 팽나무버섯은 버섯 중 가장 낮은 온도에서 자라며 균주보존은 5℃ 정도로 낮다.
   中文 朴树蘑菇是蘑菇中在最低的温度生长菌株保存温度一般底5℃左右。

54 물보존법(현탁보존법) : 한천평판배지에 자란 곰팡이를 코로크보러 또는 칼날을 이용하여 한천과 함께 절편으로 만들어 멸균수에 넣은 후에 나사식 뚜껑으로 밀봉하여 보존하는 방법이다.
   中文 水保存法(悬浮保存法) : 生长在琼脂平板培地的霉用软木钻孔机或刀刃与琼脂一起切片后放入到灭菌树并瓶盖已螺丝式密封的保存方法。

55 샤레에 계대배양한 균주는 1개월 정도이고 시험관에 계대배양한 경우 6~12개월 보존 가능하다.
   中文 在玻璃器皿上培养的继代菌株可以保存1约个左右, 在实验管上培养的可以保存6~12个月左右。

56 글리세린 10%와 포도당 10% 용액을 사용한다.
   中文 使用甘油10%和葡萄糖10%溶液。

57 탄산가스나 질소가스 중에서 저온도로 유지하면서 저장하면 세균이나 미생물이 번식할 수 없다.
   中文 二氧化碳或氮气中在低温下维持保存的话细菌和微生物无法繁殖。

58 종자업 등록 취소 등의 행정처분 종자업자가 종자업 등록을 한 날로부터 1년 이내에 사업에 착수하지 아니한 때 행정처분의 대상이 된다.(산림자원의 조성 및 관리에 관한 법률 제16조)
   中文 种子业登录取消等行政处罚的种子业主在种子业登录的那天开始1年内不着手事业时会变成行政处分对象(山林资源建设及管理相关的法律第16条款)。

59 버섯종균을 생산하거나 수입하여 판매하기 위해서는 종자산업법에 따라 종자업등록, 품종생산, 수입판매신고, 수입적응성 시험, 수입요건 확인 등의 절차를 이행해야 한다.
   中文 生产蘑菇种菌或为了进口经销, 要按照种子产业法种子业登录, 品种生产, 进口经销身高, 进口适应性试验, 进口条件等程序履行。

60 흰목이버섯은 다른 버섯과 달리 표고의 병원균인 하이폭실론(Hypoxylon)이라는 균과 같이 공생한다. 공생균은 흰목이버섯의 생장을 촉진한다.
   中文 银耳与其他蘑菇不一样, 与香菇病原菌的碳团菌一起共存。共生菌会促进银耳的生长。

제2회 버섯종균기능사 필기 기출복원문제

01 흑목이버섯 재배용 톱밥배지 제조 시 미강의 첨가량으로 가장 적당한 것은?

① 5~10% ② 15~20%
③ 25~30% ④ 35~40%

中文 制造栽培黑木耳用锯末培地时适合的米糠添加量是?

① 5~10% ② 15~20%
③ 25~30% ④ 35~40%

02 영지버섯 재배용 톱밥배지의 재료로 가장 좋은 수종은?

① 매화나무
② 갈참나무
③ 소나무
④ 감나무

中文 栽培灵芝用锯末培地材料中最好的是?

① 梅树
② 檞树
③ 松树
④ 柿子树

03 곡립배지에 대한 설명으로 옳지 않은 것은?

① 찰기가 적은 것이 좋다.
② 주로 양송이버섯 종균으로 사용한다.
③ 제조 시 너무 오래 물에 끓이면 좋지 않다.
④ 밀, 수수, 벼를 주로 사용한다.

中文 对谷粒培地说明错误的是?

① 粘性低的好。
② 主要用双孢菇种菌。
③ 制造时在水里煮久了会不好。
④ 主要使用小麦, 高粱, 水稻。

04 버섯 저장방법 중 성격이 다른 것은?

① 병조림
② 스낵
③ 동결건조
④ 레토르트 파우치

中文 蘑菇储藏方法中性格不一样的是?

① 瓶装罐头
② snack
③ 冻结干燥
④ 袋装包装

05 양송이버섯 종균의 접종방법 중 혼합재식법에 대한 설명으로 옳은 것은?

① 종균을 표면에 뿌린다.
② 10cm 간격으로 접종한다.
③ 퇴비배지에 층별로 심는다.
④ 퇴비배지와 섞는다.

中文 双孢菇种菌接种方法中错误的说明混合栽植法的是?

① 种菌播撒在表面。
② 已10cm间隙接种。
③ 堆肥培地层别种植。
④ 与堆肥培地混在一起。

06 곡립종균 제조 과정에서 물리적 성질을 개선하기 위해 첨가하는 것은?

① 인산염 ② 탄산석회
③ 요소 ④ 석고

中文 制造谷粒种菌过程中为了改善物理性性质而添加的是?

① 磷酸盐 ② 碳酸石灰
③ 尿素 ④ 石膏

07 건전한 표고버섯 종균의 조건으로 옳은 것은?

① 초록색 반점이 보인다.
② 종균병을 열면 쉰듯한 냄새가 난다.
③ 백색의 균사가 덮이고 광택이 난다.
④ 다소 갈변된 것이 좋다.

中文 健康的香菇种菌的条件是?
① 可以看到绿色斑点。
② 打开种菌瓶能闻到馊味。
③ 覆盖白色菌丝并且有光泽。
④ 多数褐变的好。

08 버섯 균주 보존 방법으로 적합하지 않은 것은?

① 동결건조법
② 유동파라핀 봉입법
③ 토양보존법
④ 상온장기저장법

中文 不恰当的蘑菇菌株保存方法是?
① 冻结干燥法
② 流动石蜡封印法
③ 土壤存放法
④ 常温长期储藏法

09 병재배 시 냉각실의 공기압 상태로 가장 적당한 것은?

① 강압　　　　② 음압
③ 양압　　　　④ 평압

中文 瓶栽培时冷却室最适合的空气气压是?
① 高压　　　　② 向下压
③ 向上压　　　④ 平压

10 감자배지 1L 제조 시 한천의 적정 첨가량은?

① 30g　　　　② 10g
③ 20g　　　　④ 40g

中文 制造1L的马铃薯培地时添加琼脂的适当量是?
① 30g　　　　② 10g
③ 20g　　　　④ 40g

11 버섯 종균을 접종하는 무균실에 대한 설명으로 옳지 않은 것은?

① 소독약제는 메틸알코올 희석액을 주로 사용한다.
② 실내 습도는 70% 이하로 건조하게 한다.
③ 실내가 멸균 상태가 되도록 소독하고 2~3시간 정도 지난 다음 작업에 들어간다.
④ 온도를 15~20℃ 정도로 낮게 유지한다.

中文 对于蘑菇种菌接种的无菌室错误说明的是?
① 消毒药剂是主要使用甲醇稀释液。
② 室内湿度调节到70%以下,干燥管理。
③ 室内消毒成灭菌状态后2~3小时之后再进行作业。
④ 温度维持在15~20℃左右。

12 종균을 접종하고 배양과정 중에서 잡균이 발생하였을 때 예상되는 잡균발생 원인으로 가장 거리가 먼 것은?

① 종균병 입구를 솜마개로 느슨하게 막고 보관했을 때
② 더운 여름날 알코올 램프를 끄고 작업했을 때
③ 접종기구 사용 시 바닥에 내려놓았을 때
④ 종균병에 면전 삽입 후 살균 과정에서 솜마개를 조금 태웠을 때

中文 种菌接种后培养过程中发生杂菌时预测杂菌发生原因中最不恰当的是?
① 种菌瓶入口用棉花塞未塞紧后保管时
② 炎热的夏天未关酒精灯后作业时
③ 使用接种器具时放到地面时
④ 种菌瓶棉垫插入后杀菌过程中将棉花塞稍微烧掉时

13 표고버섯과 양송이버섯은 분류학상 어느 것에 해당되는가?

① 자낭균　　　② 불완전균
③ 조상균　　　④ 담자균

中文 香菇和双孢菇分类学上哪个最适合?
① 子囊菌　　② 不完全菌
③ 根状军　　④ 担子菌

14 버섯종균 접종방법으로 가장 부적절한 것은?
① 접종기구는 사용 전 화염소독을 철저히 한다.
② 접종실의 자외선 살균기를 켜고 작업한다.
③ 접종용기는 70% 에탄올로 살균한다.
④ 배지 표면에 접종원이 덮이도록 접종한다.

中文 蘑菇种菌接种方法中最不适合的是?
① 接种器具使用前要进行彻底的火焰消毒。
② 开启接种室的紫外线杀菌器后作业。
③ 接种容器用70%的乙醇杀菌。
④ 培地表面覆盖接种源的方式接种。

15 표고버섯 재배 시 원목의 눕히기 각도가 높아지는 조건이 아닌 것은?
① 강우가 많은 경우
② 풍이 양호한 경우
③ 통배수가 불량한 경우
④ 원목 굵기가 굵은 경우

中文 栽培香菇时原木平放角度调高的原因中不正确的是?
① 降雨多时
② 风况良好时
③ 桶排水不良时
④ 原木粗细厚的情况

16 종균의 배양과정 중 흔드는 작업을 해주어야 양질의 종균이 생산되는 것은?
① 성형종균　　② 톱밥종균
③ 종목종균　　④ 곡립종균

中文 种菌培养过程中做晃动作业才能生产优质种菌的是?
① 星形种菌　　② 锯末种菌
③ 種牧种菌　　④ 谷粒种

17 양송이버섯에 발생하는 병으로 대를 갓에서 분리하였을 때 갈색인 쐐기 모양의 조직이 갓에 붙어있고, 육안으로는 증상을 찾기 어려운 것은?
① 대속괴사병
② 푸른곰팡이병
③ 괴균병
④ 마이코곤병

中文 双孢菇上发生的病中茎和伞分离时形状是楔子形状颜色为褐色的组织会黏在伞上, 用目视很难确认的症状是?
① 茎内坏死病　　② 绿霉菌
③ 坏菌病　　　　④ 有害疣孢霉菌

18 느타리버섯 재배사의 보온력이 떨어져 외부 온도 차이가 심할 때 많이 발생하는 병은?
① 균덩이병
② 푸른곰팡이병
③ 붉은빵곰팡이병
④ 세균성갈반병

中文 平菇栽培室的保存里降低导致与外部温度差异严重时发生的病是?
① 菌块病
② 绿霉菌
③ 红面包霉病
④ 细菌性褐斑病

19 버섯 원균 분리방법이 아닌 것은?
① 조직분리
② 세포융합
③ 균사절편 이식
④ 다포자 발아

中文 不是分离蘑菇原菌的方法是?
① 组织分离
② 细胞融合
③ 菌丝切片一直
④ 多胞子发芽

20 배지의 살균시간을 결정할 때 고려할 사항이 아닌 것은?

① 종균병의 크기
② 종균병의 모양
③ 배지의 살균량
④ 살균기의 용량

设置培地设置时间时不需要考虑的事项是?
① 种菌瓶的大小
② 种菌瓶的模样
③ 培地的杀菌量
④ 杀菌器的容量

21 자실체에서 분리한 절편은 페트리디시 내 배지의 어느 부위에 이식하는 것이 균사생장을 관찰하기에 가장 적당한가?

① 배지 상단부위
② 배지 하단부위
③ 배지 부위에 관계없음
④ 배지 중앙부위

从子实体分离的切片在一直到有盖培养皿内培地的哪个部位最适合观察菌丝生长?
① 培地上端部位
② 培地下端部位
③ 跟培地部位无关
④ 培地中央部委

22 균주 보존하는 방법 중 적당한 배지에 배양한 후 저온 또는 실온에서 보관하고, 일정기간이 지난 후에 신선한 배지로 이식하여 배양하고 다시 보관하는 보존법은?

① 광유보존법
② 물보존법
③ 액체질소보존법
④ 계대배양보존법

菌株保存方法中适当的培地上培养并且在低温或常温保管后过一段时间后再移植到新鲜的培地的培养后再保管的方法是?
① 矿物油保存法
② 水保存法
③ 液体氮保存法
④ 继代培养保存法

23 버섯종균의 배양과정 중 오염이 되는 주요 원인이 아닌 것은?

① 배지 살균이 잘못된 경우
② 흔들기 작업 중 마개의 밀착이 이상이 있을 경우
③ 배양 중 온도변화가 없는 경우
④ 오염된 접종원을 사용한 경우

蘑菇种菌的培养过程中不是容易污染的主要原因是?
① 培地杀菌错误时
② 晃动作业中瓶盖的松紧异常时
③ 培养过程中温度没有变化时
④ 使用被污染的接种源时

24 양송이버섯에 직접 기생하지 않는 질병은?

① 미이라병
② 마이코곤병
③ 세균성갈반병
④ 균덩이병

不直接寄生在双孢菇的疾病是?
① 米粒病
② 有害疣孢霉菌
③ 细菌性褐斑病
④ 菌块病

25 느타리버섯 원기형성 및 자실체 발생 시 재배사 내의 습도로 가장 적당한 것은?

① 80~85% 내외
② 65% 이하
③ 70~75% 내외
④ 95% 이상

中文 发生平菇原基形成及子实体时栽培室最适合的湿度是?
① 80~85% 内外　② 65% 以下
③ 70~75% 内外　④ 95% 以上

26 무균실의 벽, 천정, 바닥 등의 소독약제로 알코올의 적정 희석비율은?
① 100%　② 4%
③ 70%　④ 0.1%

中文 无菌室墙壁, 顶棚, 地面等消毒用剂的酒精稀释比率是?
① 100%　② 4%
③ 70%　④ 0.1%

27 양송이버섯에 사용하는 퇴비배지의 발효를 위한 재료의 최적 수분함량은?
① 40~45%　② 70~75%
③ 55~60%　④ 85~90%

中文 为了双孢菇堆肥发酵用的材料最适当的水分含量是?
① 40~45%　② 70~75%
③ 55~60%　④ 85~90%

28 버섯 원균의 액체질소보존법에 대한 설명으로 옳은 것은?
① 보호제로 10% 젤라틴을 사용한다.
② 보존방법 중에서 가장 저렴하다.
③ 초저온보존법으로 장기간 보존할 수 있는 방법이다.
④ -20℃에서 보존하는 방법이다.

中文 正确的说明蘑菇原菌液体氮保存法的是?
① 用于保护剂增加10%的明胶。
② 保存犯法中最便宜。
③ 用超低温保存法可以进行长期保存。
④ 有在-20℃下保存的方法。

29 표고버섯 원목이 직사광선에 의해 온도 상승 시 발생하기 쉬운 해균은?
① 검은단추버섯
② 푸른곰팡이균
③ 고무버섯
④ 톱밥버섯

中文 香菇原木受到直射光线导致温度上升时容易发生的有害菌是?
① 黑纽扣菇
② 绿霉菌
③ 橡胶蘑菇
④ 锯末蘑菇

30 개인 육종가가 버섯 품종을 육성하여 품종보호권이 설정되었을 때 그 존속 기간은?
① 15년　② 30년
③ 20년　④ 25년

中文 个人育种者孕育蘑菇品种后设置品种保护权时其存续的期间是?
① 15年　② 30年
③ 20年　④ 25年

31 신령버섯 퇴비배지 제조 시 복토방법으로 옳은 것은?
① 이랑형과 평편형으로 작업한다.
② 평편형으로만 작업한다.
③ 이랑형으로만 작업한다.
④ 특별하게 규정된 것이 없다.

中文 制造姬松茸堆肥培地时正确的覆土方法是?
① 作业成宜量形和平偏形。
② 作业成平偏形。
③ 作业成宜量形。
④ 没有特别的规定。

32 버섯의 자실체를 가해하는 해충이 아닌 것은?
① 나무좀　② 응애
③ 쥐며느리　④ 톡토기

中文 不是加害蘑菇子实体的是?
① 小蠹   ② 蜱螨
③ 潮虫   ④ 覆土器

33 표고버섯 건조방법에 대한 설명으로 옳은 것은?

① 건조 시 대가 위로 향하게 놓는다.
② 후기건조는 55℃에서 3시간 동안 배기구를 밀폐시킨다.
③ 예비건조는 45~50℃에서 4~6시간 실시한다.
④ 본건조는 10~12시간 동안 55℃까지 시간 당 1~2℃씩 서서히 상승시킨다.

中文 错误的说明香菇干燥方法的是?
① 干燥时茎朝上放置。
② 后期干燥55℃下封闭3小时排气口。
③ 预备干燥是45~50℃下进行4~6小时。
④ 本干燥是进行10~12小时到55℃, 每小时上升1~2℃。

34 아열대지방에서 생육하는 버섯을 제외한 일반적인 종균의 저장온도 범위는?

① 10~15℃   ② 0~5℃
③ 15~20℃   ④ 5~10℃

中文 亚热地区生长的蘑菇以外一般的种菌储藏温度范围是?
① 10~15℃   ② 0~5℃
③ 15~20℃   ④ 5~10℃

35 톱밥종균 제조 과정 중 입병 과정에 대한 설명으로 옳은 것은?

① 종균병의 크기는 보통 이동이 간편한 450mL 크기를 선호한다.
② 입병작업은 자동화가 불가능하며 대부분 수동작업으로 인력에 의존한다.
③ 배지량은 병당 550~650g이 적당하다.
④ 배지 중앙에 구멍을 뚫는 이유는 배지의 무게를 줄이기 위한 것이다.

中文 蘑菇种菌制造过程中正确的描述入瓶过程的是?
① 种菌瓶的大小一般优选容易移动的450mL。
② 入瓶作业不能自动化作业, 所以一般都是会手动作业。
③ 培地量瓶均适合550~650g。
④ 培地中央打孔的原因是为了降低培地重量。

36 버섯의 병재배 배지 제조시설 중에서 가장 높은 청정도가 요구되는 시설은?

① 접종실   ② 균긁기실
③ 배양실   ④ 작업실

中文 蘑菇的瓶栽培培地制造设施中清洁度最高的设施是?
① 接种室   ② 刮菌室
③ 培养室   ④ 作业室

37 표고버섯 재배용 원목의 관리 방법으로 옳지 않은 것은?

① 토막치기된 원목의 절단면은 지면에 직접 접촉되지 않게 놓는다.
② 수피가 떨어지지 않도록 한다.
③ 건조된 원목은 물에 침수한 후 바로 꺼내어 종균을 접종한다.
④ 1.2m 길이로 토막치기를 하는 것이 편리하다.

中文 香菇栽培用原木管理方法中错误的是?
① 切块的原木放置时不让切断面接触到地面。
② 不让树皮脱落。
③ 干燥的原木在水里浸泡后直接进行种菌接种。
④ 1.2m长度为基准切块会便捷。

38 버섯 원균 배양에 주로 사용하는 배지는?

① 증류수 한천 배지
② 차펙스(Czapek's) 배지
③ YM배지
④ 퇴비 추출 배지

中文 蘑菇原菌培养时常用的培地是?
① 蒸馏水琼脂培地
② 察氏培养基
③ YM培养基
④ 堆肥提取培养基

39 느타리버섯 원목재배 시 종균 접종 후 원목쌓기에 가장 적합한 장소는?
① 관수가 용이한 곳
② 북쪽의 건조한 곳
③ 직사광선이 닿는 곳
④ 주야간 온도 편차가 큰 곳

中文 平菇原木栽培时种菌接种后堆积原木最适合的场所是?
① 容易灌水的地方
② 培土干燥的地方
③ 可以接触直射光线
④ 昼夜温差偏大的地方

40 맥아배지 1L를 제조할 때 필요한 맥아추출물의 양은?
① 10g ② 200g
③ 20g ④ 100g

中文 制造1L麦芽培地时必要的麦芽提取物的量是?
① 10g ② 200g
③ 20g ④ 100g

41 버섯의 진정한 생식기관으로서 포자를 만드는 영양체이며, 종이나 속에 따라 고유의 형태를 가지는 것은?
① 자실체 ② 턱받이
③ 협구   ④ 균사

中文 做为蘑菇真正的生殖器官是制造胞子的营养体,有随着种或内部固有形态的是?
① 子实体 ② 围嘴
③ 夹口   ④ 菌丝

42 종자관리사의 자격 기준으로 옳지 않은 것은?
① 버섯종균기능사 자격을 취득한 사람으로서 자격 취득 전후의 기간을 포함하여 종자업무 또는 유사한 업무에서 5년 이상 종사한 사람
② 종자기술사 자격을 취득한 사람
③ 종자산업기사 자격을 취득한 사람으로서 자격 취득 전후의 기간을 포함하여 종자업무 또는 유사한 업무에서 2년 이상 종사한 사람
④ 종자기사 자격을 취득한 사람으로서 자격 취득 전후의 기간을 포함하여 종자업무 또는 유사한 업무에서 1년 이상 종사한 사람

中文 错误的种子管理者基准是?
① 做为取得蘑菇种菌技能师的人, 包含取得资格前后期间从事种子业务或类似业务5年的人
② 做为取得种子技术师资格的人
③ 做为取得种子产业技师的人, 包含取得资格前后期间从事种子业务或类似业务2年的人
④ 做为取得种子技师的人, 包含取得资格前后期间从事种子业务或类似业务1年的人

43 양송이버섯 자실체의 조직을 분리하여 배양할 때의 적당한 온도는?
① 10~15℃
② 20~25℃
③ 5~10℃
④ 30~35℃

中文 分离双孢菇子实体组织后培养时的适当温度是?
① 10~15 C ② 20~25 C
③ 5~10 C   ④ 30~35 C

44 표고버섯 원목재배 시 다음 설명에 해당하는 것은?

> 일반적으로 이 품종은 원목 배양 상태가 좋으면 접종 당해년 가을부터 버섯생산이 가능하므로 말복 이후부터 9월 초에 세우기 작업을 하여도 무방하다.

① 저온성 품종
② 중온성 품종
③ 고온성 품종
④ 중저온성 품종

[中文] 正确的说明栽培香菇原木的是?
一般该品种原木培养状态较好, 接种当年夏天开始可以生产蘑菇, 三伏后9月初开始进行竖立作业也无妨。
① 低温性品种
② 中温性品种
③ 高温性品种
④ 中低温性品种

45 표고버섯 재배용 톱밥배지에 가장 적당한 수종은?

① 일본잎갈나무　② 소나무
③ 포플러　　　　④ 상수리나무

[中文] 最适合用于香菇栽培用培地树种是?
① 日本落叶松　② 松树
③ 白杨　　　　④ 橡树

46 법령상 버섯 종균 품종보호 요건으로 해당하지 않는 것은?

① 안전성　② 신규성
③ 구별성　④ 균일성

[中文] 不符合法令上的蘑菇种菌保护要因是?
① 稳定性　② 新规性
③ 区别性　④ 均一性

47 불량종균에 해당하지 않는 것은?

① 유리수분이 형성된 종균
② 줄무늬 또는 경계선이 나타나는 종균
③ 자실체가 형성된 종균
④ 저온에서 저장된 지 7일 경과된 종균

[中文] 跟不良种菌不关的是?
① 形成玻璃水分的种菌
② 露出条纹或境界线的种菌
③ 形成子实体的种菌
④ 低温下储藏7天的种菌

48 종균접종용 톱밥배지를 고압살균할 때 압력으로 가장 적정한 것은?

① 약 $1.1 kg/cm^2$
② 약 $0.1 kg/cm^2$
③ 약 $1.6 kg/cm^2$
④ 약 $0.6 kg/cm^2$

[中文] 种菌接种用锯末培地高压杀菌时最适合的压力是?
① 约 $1.1 kg/cm^2$
② 约 $0.1 kg/cm^2$
③ 约 $1.6 kg/cm^2$
④ 约 $0.6 kg/cm^2$

49 느타리버섯 재배를 위한 솜(폐면)배지의 살균 조건으로 가장 알맞은 것은?

① 121℃, 10시간 내외
② 121℃, 2시간 내외
③ 60℃, 2시간 내외
④ 60℃, 10시간 내외

[中文] 为了栽培平菇的棉培地最适合的杀菌条件是?
① 121 C, 10小时内外
② 121 C, 2小时内外
③ 60 C, 2小时内外
④ 60 C, 10小时内外

50 영지버섯 톱밥재배 시 생육 과정에서 필요한 사항이 아닌 것은?

① 환기량 조절
② 산광 처리
③ 습도 조절
④ 저온 처리

中文 灵芝堆肥培地时生育过程中不必要的是?
① 调节换气量
② 散光处理
③ 调节湿度
④ 低温处理

51 주로 곡립종균을 사용하여 재배하는 버섯은?

① 뽕나무버섯   ② 양송이버섯
③ 표고버섯   ④ 느타리버섯

中文 主要使用谷粒种菌栽培的蘑菇是?
① 桑耳   ② 双胞菇
③ 香菇   ④ 平菇

52 표고버섯 재배용 톱밥배지 제조 시 사용하는 부재료에 대한 설명으로 옳지 않은 것은?

① 면실피는 배지 내부의 공극률을 조절하는 용도로 사용한다.
② 밀기울은 배지의 함수율 조절에 사용한다.
③ 설탕은 접종 과정에서 손상받은 균사를 재생하고 생장 활력을 얻는 데 사용한다.
④ 탄산칼슘에서 공급하는 칼슘은 버섯의 육질을 단단하게 해준다.

中文 制造香菇栽培用堆肥培地时对辅材料说明错误的是?
① 棉实皮用于培地内部供给率调节。
② 麦麸子用于调节培地含水量。
③ 白糖是用于接种过程中受损的菌丝再生剂增加活力而已。
④ 碳酸钙供给的钙是可以壮实蘑菇的肉质。

53 양송이버섯 재배에 가장 알맞은 복토의 산도는?

① pH 8.5 정도
② pH 9.5 정도
③ pH 7.5 정도
④ pH 6.5 정도

中文 最适合双孢菇栽培的覆土酸度是?
① pH 8.5 左右   ② pH 9.5 左右
③ pH 7.5 左右   ④ pH 6.5 左右

54 느타리버섯 비닐멀칭 균상재배의 종균접종 및 배양관리에 대한 설명으로 옳지 않은 것은?

① 균사배양 온도는 배지 속이 25~30℃가 되도록 유지한다.
② 멀칭하는 비닐의 색깔은 흑색, 백색, 청색도 가능하다.
③ 종균은 배지의 중앙에만 접종하여 오염을 방지한다.
④ 접종할 톱밥종균은 콩알 크기로 부수어 사용한다.

中文 平菇乙烯基覆盖菌丝培植的菌种接种及培养管理说明中错误的是?
① 菌丝培养温度是培地内部温度维持在 25~30 C。
② 覆盖或乙烯基颜色可以是黑色, 白色, 青色。
③ 种菌是接种在中央来防止污染。
④ 接种的锯末种菌打成豆子大小后使用。

55 종자산업법에서 버섯의 종균에 대한 보증 유효기간은?

① 2개월   ② 1개월
③ 12개월   ④ 6개월

中文 种子产业法中蘑菇种菌的保证有效期是?
① 2个月   ② 1个月
③ 12个月   ④ 6个月

56 양송이버섯 퇴비배지의 구비조건으로 적합하지 않은 것은?

① 양송이균과 다른 균이 공생하면서 함께 잘 자라야 한다.
② 양송이균의 생장을 저해하는 유해물질이 없어야 한다.
③ 양송이균의 생장에 알맞은 물리적 성질을 갖추어야 한다.
④ 양송이균의 생장 및 자실체 형성에 알맞은 영양분을 함유해야 한다.

中文 双孢菇堆肥培地具备的条件中不适合的是?
① 双孢菇要和其他菌一起共生。
② 要没有阻碍双孢菇菌生长的有害物质。
③ 要具备双孢菇菌生长的物理性性质。
④ 要含有适合双孢菇菌生长及形成子实体的营养成分。

57 버섯종균에 발생한 세균 여부를 검정하기에 적당한 온도와 배양기간은?

① 15~20℃, 5일
② 37~45℃, 5일
③ 10~15℃, 10일
④ 20~25℃, 10일

中文 为了点检蘑菇种菌上发生的细菌，适当的温度和培养时间是?
① 15~20℃, 5日
② 37~45℃, 5日
③ 10~15℃, 10日
④ 20~25℃, 10日

58 표고버섯 톱밥종균 제조 시 배지의 수분으로 가장 적당한 것은?

① 45~50%   ② 75~80%
③ 55~60%   ④ 65~70%

中文 制造相关锯末种菌培地的水分含量多少最适合?
① 45~50%   ② 75~80%
③ 55~60%   ④ 65~70%

59 느타리버섯의 1핵 균사와 2핵 균사를 구별할 수 있는 것은?

① 꺽쇠연결체   ② 미토콘드리아
③ 소포체   ④ 분생포자

中文 可以区别平菇1核菌丝和2核菌丝的是?
① 角状连接体   ② 线粒体
③ 细胞体   ④ 分生胞子

60 버섯 종균제조에 필요한 초자기구, 금속, 습열살균이 불가능한 재료 등을 살균하는 방법으로 습열살균보다는 덜 효과적이고, 140℃에서 3시간 정도 살균하는 것은?

① 고압살균   ② 건열살균
③ UV살균   ④ 화염살균

中文 蘑菇种菌制造时必要的硝子器具，金属，吸热杀菌方法能将不能杀菌的材料进行杀菌，但比吸热杀菌更有效在140℃下进行3小时左右的杀菌是?
① 高压杀菌   ② 干热杀菌
③ UV杀菌   ④ 火焰杀菌

정답 및 해설

제2회 버섯종균기능사 필기 기출복원문제

01	02	03	04	05	06	07	08	09	10	11	12	13	14	15	16	17	18	19	20
②	②	④	③	④	④	③	④	③	③	①	④	④	②	②	④	①	④	②	②

21	22	23	24	25	26	27	28	29	30	31	32	33	34	35	36	37	38	39	40
④	④	②	②	③	③	③	④	③	①	①	①	④	③	①	③	③	③	①	③

41	42	43	44	45	46	47	48	49	50	51	52	53	54	55	56	57	58	59	60
①	②	②	④	①	④	①	④	④	④	②	②	③	③	③	②	③	②	①	②

01 흔히 버섯 종류에 불문하고 미강의 첨가량은 20% 정도가 기준이며 함량이 많으면 공극을 막기 때문에 균사 생장이 느려지며 균사 밀도는 높아지고 반대로 미강 함량이 적을수록 균사 생장은 빨라지고 균사밀도는 낮아진다.

中文 经常不问蘑菇种类米糠的添加量基准已20%左右, 含量多的话会将空隙堵住导致菌丝生长变慢并且菌丝密度会变高, 相反米糠量少的话菌丝生长速度会变快菌丝密度也会随之降低。

02 영지버섯은 참나무 계통의 나무를 주로 사용을 하고 매화나무, 소나무, 감나무 등은 잘 사용하지 않는다.

中文 灵芝一般用柞树血统的树木, 一般不使用梅花树, 松树, 柿子树。

03 곡립배지는 찰기가 있으면 공극을 막아 균사 생장이 어렵게 된다. 양송이버섯은 퇴비배지를 사용할 때 곡립종균을 주로 사용한다. 곡립배지를 제조할 때 너무 오래 끓이면 물러져서 균덩이가 형성이 되어 좋지 않다. 벼는 왕겨로 쌓여 있어 수분 흡수가 잘 되지 않아 사용하지 않는 것이 좋다.

中文 谷粒培地有粘性的话会将空隙堵住, 对菌丝生长不利。使用双孢菇堆肥培地时主要用谷粒种菌。谷粒培地制造时煮太久的话会烂掉从而形成菌块, 因此不好。稻子是粗糠堆积而导致不好吸收水分, 所以不建议使用。

04 저장 방법은 세 가지가 있는데 건조저장법, 억제저장법, 가공저장법이 있다. 건조저장법에는 일광건조, 열풍건조, 동결건조가 있고 억제저장법에는 가스저장법, 저온저장법이 있다. 가공저장법에는 통조림, 병조림, 레토르트 파우치, 스낵 등이 있다. 동결건조는 건조저장법에 속한다.

中文 储藏方法有干燥储藏法, 抑制储藏发, 加工储藏发。干燥储藏发有日光干燥, 热风干燥, 冻结干燥等。抑制储藏发有气体储藏发, 低温储藏法。加工储藏发有罐装, 瓶装, 杀菌袋装, 简易等。冻结干燥属于干燥储藏法。

05 곡립종균 접종 방법은 혼합접종, 층별접종, 표면접종, 기계접종이 있는데 표면에 뿌리는 것은 표면접종이며 양송이 퇴비배지와 섞어 접종하는 형태는 혼합재식법에 속한다.

中文 给发有混合接种, 层别接种, 表面接种, 机器接种。播撒在表面的是表面接种, 与双孢菇堆肥培地混在一起接种的形态是混合栽植法。

06 석고(황산칼슘)는 배지의 물리적 성질을 개선하기 위하여 첨가하는 것이며 인산염은 ATP 저장물질이며 탄산석회는 산도조절 역할을 하며 요소는 질소성분이 46%인 질소원이다.

中文 石膏(硫酸钙)是为了改善培地的物理性质而添加的东西, 磷酸盐是ATP储藏物质, 碳酸石灰是用于调节酸度, 尿素是氮成分46%的氮素源。

07 초록색 반점이 보이는 것은 푸른곰팡이이며, 쉰 듯한 냄새가 나는 것은 세균에 감염이 되었을 때이다. 백색의 균사가 덮이고 광택이 나는 것은 건전한 종균의 현상이며 다소 갈변된 것은 오래된 종균이다.

中文 能看到绿色斑点的是青梅, 有馊味是因为细菌被感染导致。覆盖白色菌丝有关泽的是健康的种菌现象, 有多数褐变的是过期的种菌。

08 균주 보존 방법은 크게 활성상태보존법, 휴면상태보존법으로 나눈다. 활성상태보존법은 계대배양보존법과 중층법으로 나눈다. 계대배양보존법은 저온 또는 실온에서 보존하는 방법이며 쉽게 이용할 수 있으며 비용이 저렴하게 소요된다. 장기 보존 사용에는 권장하지 않는다. 중층법에는 광유보존법과 물보존법이 있는데 광유보존법은 응애발생을 방지할 수 있으며 장기 보존이 가능하다. 물보존법은 보통 2~5년 정도 보존할 수 있으며 난균류 보존

에 쓰인다. 휴면상태보존법에는 동결법과 건조법이 있다. 동결법에는 액체질소보전법과 냉동고보존법이 있다. 액체질소보전법은 25년 이상 장기보존에 쓰인다. 냉동고보존법은 −70~80℃에서 보존한다. 건조법에는 동결건조법, 액상건조법, 실리카겔보존법, 토양보존법이 있다. 동결건조법은 포자로 보존하는 방법으로서 4~40년 정도 보존할 수 있다. 액상건조법은 포자현탁액을 만들어 보존하는 방법이다. 실리카겔보존법은 5~11년 보존할 수 있으며 현탁포자액으로 보존한다. 토양보존법은 5~20년 보존할 수 있으며 밀기울 등을 첨가하기도 하며 자연상태에서 건조하여 보존한다.

中文 菌株保存放大大致分成活性状态保存法和休眠状态保存法。活性状态保存法分为继代培养保存法和中层法。继代培养保存法是低温或常温下保存所以容易采用并且费用较低，但长期保存时不推荐使用。中层法有矿油保存法和水保存法，矿油保存法可以防止发生蜱螨并且可以长期保存，水保存法一般可以保存2~5年用于保存卵菌类。休眠状态保存法有冻结法和干燥法。冻结法有液体氮保存法和冷冻库保存法，液体氮保存法是长期保存25年以上时使用。冷冻库保存法是-70~80℃下保存，干燥法有冻结干燥法，液状干燥法，硅胶保存法，土壤保存法。冻结干燥法是胞子保存方法，可以保存4~40年左右。液状干燥法是制造悬浮液保存的方法。硅胶保存法可以保存5~11年，保存成悬浮胞子液。土壤保存法可以保存5~20年，添加麦麸子等自然状态下干燥及保存。

09 공기압 상태는 양압, 음압, 평압이 있는데 양압은 안에서 밖으로 밀어내는 방법이며 음압은 밖에서 안으로 빨아들이는 공기압을 말하며 평압은 밀어내는 것과 빨아들이는 공기압이 같음을 말한다.

中文 空气压有向上压和向下压与平压，向上压是从里向外推出的方法，向下压是从外向内吸入的空气压，平压是推出和吸入力相同的意思。

10 감자배지 1L 제조 시 감자 200g, 한천 20g, 설탕 20g이 일반적인 첨가량이다.

中文 制造1L马铃薯培地时一般的添加量是马铃薯200g，琼脂20g，白糖20g。

11 무균실 소독 약제는 메틸알코올보다 에틸알코올을 사용한다. 무균실의 습도는 70% 이하가 좋으며 소독 시 2~3시간 정도 지난 다음 작업에 들어가며 온도는 15℃ 이하 저온으로 낮게 유지하는 것이 오염을 줄여준다.

中文 无菌室消毒药剂一般使用乙醇而不是甲醇。无菌室的湿度在70%以下较好，消毒进行2~3小时之后进行作业，温度维持在15℃时可以减少污染。

12 잡균발생 원인은 솜마개를 느슨하게 막으면 외부에 공기가 종균병으로 인입이 되어 오염이 날 수 있고 더운 여름날은 세균의 밀도가 높아서 알코올 램프로 화염 살균을 철저히 하여야 하며 접종기구가 바닥에 닿게 되면 오염물질이 묻어서 오염의 발생 원인이 된다. 면전 후 화염 살균을 하고 솜마개를 조금 태우는 경우는 외부에 묻어 있는 오염원을 죽이는 수단으로 쓰인다.

中文 发生杂菌的原因是棉盖盖的不紧的话外部空气进入到种菌瓶时有可能会被污染，炎热的夏天细菌的密度会高所以要用酒精灯进行彻底杀菌，接种器具放到地面时会有污染物质黏在上面导致成为发生原因。棉垫后进行火焰杀菌，棉盖稍微烧掉是为了将黏在外部的污染源杀掉。

13 자낭균에 속하는 동충하초, 곰보버섯 등 몇 가지를 제외하고 대부분의 버섯은 담자균에 속한다.

中文 属于子囊菌的冬虫夏草，羊肚菌等几个除外其他大部分蘑菇都是担子菌。

14 접종실에서 작업을 할 경우 자외선 살균기를 반드시 끄고 작업이 끝난 후에 켜야 한다. 자외선을 사람이 쪼일 경우 피부가 까맣게 타는 화상을 입을 수 있으니 조심하여야 한다.

中文 接种室作业时紫外线杀菌器必须关掉，作业后再开。紫外线照射到人时皮肤会变黑及烧伤，所以务必要注意。

15 원목 눕히기 각도는 강우가 많아서 습도가 높은 경우 바람을 잘 통하게 하여 수분을 말려야 하기 때문에 각도를 높여 주어야 하고 통배수가 불량하거나 원목 굵기가 굵은 경우에도 각도를 높여서 수분을 줄여주기 위한 방법이다.

中文 原木平方角度是因频繁降雨导致湿度上升时为了通过通风顺畅让其尽快将水分挥发而将角度抬高，桶排水或原木厚度太厚时也可以提高角度来将水分挥发掉。

16 곡립종균은 접종 후 균사가 자람에 따라서 곡립이 결착되는 경우를 막기 위하여 흔들어주며 떼어주어야 한다.

中文 谷粒种菌接种后随着菌丝生长，为了防止落实要进行边晃边摘。

17 대속괴사병은 최근 국내에서 보도된 병으로 양송이 대의 중앙에 암갈색 증상을 나타내며 조직이 붕괴되는 병이다.

中文 茎内坏死病是国内最近发生的病，是双孢菇茎中央呈暗褐色并且组织会崩溃的病。

18 세균성갈반병은 직접적인 병해와 간접적인 병해가 있는데 직접적인 병해는 병원균(슈도모나스)이 이병되어 나타나는 병이며 간접적인 병해는 환경적인 요인으로 온도편차가 심하여 세포막이 터져서 오는 병해를 말한다.

中文 细菌性褐斑病分直接性病害和间接性病害，直接性病害是病原菌(假单细胞)产生异变的病，间接性病害是因环境因素导致温度偏差大将细胞膜破损导致的病害。

19 원균 분리 방법은 조직분리, 균사절편이식, 포자발아 방법이 있으며 세포융합은 균사가 자라는 일종의 과정을 말한다.
中文 原菌分离方法是组织分离，菌丝切片移植，胞子发芽方法，细胞融合是菌丝生长的一个过程。

20 배지 살균시간은 배지량, 종균병의 크기, 살균기의 용량에 따라 시간을 다르게 할 수 있으나 모양은 영향을 주지 않는다.
中文 培地杀菌时间是随着培地量，种菌瓶大小，杀菌器容量时间会不同，模样不会有任何影响。

21 균사 절편을 중앙 부위에 이식하는 것이 동일하게 원형을 그리며 콜로니를 형성하므로 중앙에 두는 것이 좋다.
中文 在中央部位移植菌丝切片是形成画着同样原型的共生体，所以放在中央为好。

22 계대배양보존법은 저온 또는 실온에서 보관하고 가장 간단하며 쉽게 이용할 수 있는 보존법이다. 계대란 말은 "옮겨준다"라는 뜻이다.
中文 继代培养保存法是可以低温或常温保存，简单并且是容易保存的方法。继代栏是挪移的意思。

23 배양 중 온도변화가 없이 항온을 유지하는 것이 응결수 생성을 방지하므로 25℃ 전후가 적온이 된다.
中文 培养中没有温度变化，维持常温可以避免产生凝结水，所以25℃最适合。

24 균덩이병은 배지에 기생하는 병이다. 괴균병이라고도 부른다.
中文 尽快病是在培地上寄生的病。别名是松露病。

25 버섯의 일생 중 원기 형성 시 상대습도가 가장 높아야 하는데 90~95%이다.
中文 蘑菇一生中形成原基时相对湿度最高，湿度是90~95%。

26 알코올의 소독 효과는 100%보다 70%가 더 높다.
中文 酒精的消毒效果相比100%, 70%更好。

27 양송이 퇴비배지의 최적 수분함량은 70~75%, 톱밥배지는 55~65%, 곡립배지는 48~50%, 원목의 수분 함량은 35~40%이다.

中文 双孢菇堆肥培地最适合的水分含量是70~75%, 锯末培地是55~65%, 谷粒培地是48~50%, 原木的水分含量是35~40%。

28 동결법에는 액체질소보전법과 냉동고보존법이 있다. 액체질소보전법은 25년 이상 장기보존에 쓰인다. 냉동고보존법은 −70~80℃에서 보존한다.
中文 冻结法有液体氮保存法和冷冻库保存法。液体氮保存法是长期保存25年以上时使用。冷冻库保存法是-70~80℃下保存。

29 검은단추버섯은 고온건조 시 발생한다.
中文 黑纽扣菇是高温干燥时发生。

30 식물신품종 보호법 제55조(품종보호권의 존속기간)에 의하여 품종보호권이 설정등록된 날부터 20년으로 한다.
中文 依据植物心中保护法第55条(品种保护权延续期间)品种保护权是登录日开始20年。

31 신령버섯은 양송이 재배방법과 유사하나 신령버섯은 고온성이므로 복토 시 이랑형 또는 평편형으로 작업을 한다.
中文 姬松茸和双孢菇栽培方法相似, 姬松茸是高温性所以覆土时作业成宜量形或平偏形。

32 나무좀은 골목을 가해한다.
中文 小蠹会加害树木。

33 예비(초기)건조는 30~35℃에서 1~4시간 배기구 완전 개방하며 후기건조 시는 55℃에서 3시간 배기구 1/3 개방하며 마지막 건조는 60℃에서 1시간 배기구를 밀폐한다.
中文 预备(初期)干燥是30~35℃下排气口完全开放进行1~4小时, 后期干燥时55℃下排气口开放1/3进行3小时, 最后的干燥是60℃密封排气口下进行1小时。

34 버섯균의 균사생장 적온은 종류에 따라서 다소 차이가 있으나 대부분은 20~25℃이며 보존을 하기 위해서는 4~6℃가 알맞다. 0℃는 균사체가 어는 온도이며 스트레스 요인이 되어 퇴화를 유도시키므로 피하는 것이 일반적이다.
中文 蘑菇君菌丝生长的室温是按照种类有偏差, 大部分是20~25℃, 为了保存是4~6℃最适合。0℃是菌丝体冻结的温度并且会是收到压力导致退化的要因, 所以要避免。

35 종균병의 크기(용적)는 보통 850cc부터 1400cc까지 있으며 배지량은 약 550~650g 정도 함유하게 된다. 배지중앙에 구멍을 뚫는 이유는 종균이 호기성이므로 위 아래의 통기로 인하여 고르고 빠르게 배양되게 하며 배양기간단

축을 위한 효과도 있다.

　中文 种菌瓶的大小(容器)一般有850~1400cc, 栽培量大约含有550~650g左右。培地中央打洞的原因是种菌有好气性，从上往下空气可让生长均匀及加速并且可以缩短培养期间效果。

36 접종실은 종균을 접종하는 곳으로 청정도가 가장 높게 요구되는 시설이다.

　中文 接种室是种菌接种的地方, 所以清洁度要求很高。

37 건조된 원목은 물에 침수하여 바로 꺼내어 종균을 접종하면 수피 부분에 수분이 과다하여 오염이 되거나 균사가 잘 자라지 못하게 된다.

　中文 干燥的原木浸泡到水后直接接种种菌的话树皮表面水分过多导致污染或让菌丝无法生长。

38 증류수 한천 배지는 영양분이 없으므로 오염이 적어 포자 발아에 적당한 배지이고 차펙스배지는 무기물로 이루어진 배지 조제로서 영양원 실험 시 사용하는 배지이며 퇴비 추출배지는 양송이류 배양에 사용하는 배지이다. 원균 배양 시는 PDA(Potato Dextrose Agar)를 가장 흔히 사용하나 YM배지도 Yeast Malt(효모맥아)배지로서 원균배양 시 사용한다.

　中文 因蒸馏水琼脂培地没有营养粉, 所以很少会污染, 适合用于胞子发芽培地。察氏培养基是用无机水制造的培地, 是营养源试验时使用的培地。堆肥提取培地是栽培双孢菇时使用的培地。培养原菌时一般使用PDA(Potato Dextrose Agar), YM培地也算Yeast Malt(酵母麦芽)培地, 原菌培养时会用。

39 느타리버섯의 원목쌓기에 적합한 장소로 따뜻하며 습한 곳, 직사광선이 닿지 않는 곳, 온도편차가 적은 곳이 좋다.

　中文 堆积平菇原木最适合的场所是暖和并且不潮湿, 没有直射光线的地方, 温度偏差较小的地方。

40 맥아배지를 1L 제조 시 맥아추출물은 20g을 사용한다.

　中文 制造1L麦芽培地时使用20g麦芽提取物。

41 자실체는 우리가 요리를 하여 먹는 버섯을 의미한다. 포자가 발아되어 균사가 되고 균사가 모여서 균사체가 되고 균사체가 모여서 자실체(버섯)가 되는 것이다.

　中文 子实体是指我们做料理吃的蘑菇。胞子发芽后变成菌丝, 菌丝聚集后变成菌丝体, 菌丝体聚集后会变成子实体(蘑菇)。

42 종자산업법 시행령 제12조(종자관리사의 자격기준)
종자관리사는 법 제27조제1항에 따라 다음 각 호의 어느 하나에 해당하는 사람으로 한다.

1. 「국가기술자격법」에 따른 종자기술사 자격을 취득한 사람
2. 「국가기술자격법」에 따른 종자기사 자격을 취득한 사람으로서 자격 취득 전후의 기간을 포함하여 종자업무 또는 이와 유사한 업무에 1년 이상 종사한 사람
3. 「국가기술자격법」에 따른 종자산업기사 자격을 취득한 사람으로서 자격 취득 전후의 기간을 포함하여 종자업무 또는 이와 유사한 업무에 2년 이상 종사한 사람
4. 「국가기술자격법」에 따른 종자기능사 자격을 취득한 사람으로서 자격 취득 전후의 기간을 포함하여 종자업무 또는 이와 유사한 업무에 3년 이상 종사한 사람
5. 「국가기술자격법」에 따른 버섯종균기능사 자격을 취득한 사람으로서 자격 취득 전후의 기간을 포함하여 버섯 종균업무 또는 이와 유사한 업무에 3년 이상 종사한 사람(버섯 종균을 보증하는 경우만 해당한다)

　中文 种子产业法施行令第12条(种子管理师资格基准)
种子管理师是法第27组第1行, 满足如下随意一个事项的人。
1. 「国家技术资格法」为基准取得种子技术师资格的人。
2. 根据「国家技术资格法」取得种子技术师资格证的人为包括取得资格证前后期间从事过种子业务或类似工作业务经验达到一年以上的人员
3. 根据「国家技术资格法」取得种子技术师资格证的人为包括取得资格证前后期间从事过种子业务或类似工作业务经验达到二年以上的人员
4. 根据「国家技术资格法」取得种子技术师资格证的人为包括取得资格证前后期间从事过种子业务或类似工作业务经验达到三年以上的人员
5. 根据「国家技术资格法」取得种子技术师资格证的人为包括取得资格证前后期间从事过蘑菇种菌业务或类似工作业务经验达到三年以上的人员(仅适于担保种菌的情况)

43 모든 버섯의 균사 배양 온도는 20~25℃가 적온이다.

　中文 所有蘑菇的菌丝培养最适温度为20~25℃。

44 고온성은 저온성에 비하여 균사생장이 빠르나 품질은 떨어진다. 반면에 저온성 품종은 고온성에 비해 균사 생장이 다소 느리지만 품질은 좋다.

　中文 高温性比低温性强于菌丝生长, 但品质低。相反低温性品种在菌丝生长方面稍慢, 但品质高。

45 표고버섯 재배에 적당한 수종은 참나무류인 상수리나무가 탄닌 성분이 있어서 좋다.

　中文 香菇栽培适合的树种为鞣质多的橡树类的麻栎。

46 품종보호 요건으로 안정성, 구별성, 균일성, 신규성이며 안전성과 안정성을 혼동하지 않도록 주의한다.

　中文 品种保护要件为稳定性, 区别性, 均一性, 新颖性,

47 유리수분이란 물방울을 말하며 유리수분이 생기는 것은 온도변화에 의하여 생기는 것이며 오염을 일으키는 원인이 될 수 있고 줄무늬나 경계선이 생기는 것은 세균에 의한 현상이므로 오염종균이다. 그리고 자실체가 형성된 종균은 배양 기간이 오래되면 생기는 현상이다.

中文 玻璃水分是指水滴, 产生玻璃水分是因为温度变化而产生, 是产生污染的原因, 产生条纹和境界线的原因是细菌导致, 属于污染种菌。还有就是子实体成型后种菌培养长期长的话产生的现象。

48 고압살균 시 압력은 1.1kg/cm²이다.

中文 高压杀菌时的压力是1.1kg/cm²。

49 느타리버섯의 솜배지의 살균 조건은 60~65℃에서 6~14시간이다.

中文 平菇棉培地杀菌条件是60~65℃下进行6~14小时。

50 영지버섯은 고온성이므로 고온성 버섯은 저온처리가 필요하지 않고 저온처리는 온도로 충격을 주어 자실체 발생을 유도하는 것이다.

中文 灵芝是高温性, 高温性蘑菇是不需要低温处理, 低温处理是利用温度冲击诱导子实体发芽的目的。

51 양송이는 퇴비배지를 사용하므로 퇴비에 골고루 씨처럼 뿌리기 위해서 밀이나 수수로 만들어진 곡립을 종균으로 사용한다.

中文 双孢菇使用堆肥培地, 为了在堆肥上将种子播撒的均匀, 所以会使用小麦或高粱制作的种菌。

52 밀기울은 질소원으로서 영양원으로 사용되며 배지의 함수율 조절에는 석고를 흔히 사용한다.

中文 麦麸子是氮源, 用于营养源, 培地含水率调节时一般使用石膏。

53 양송이 퇴비배지는 발효균에 의한 것이므로 발효균들은 약알칼리성을 좋아하여 복토도 약알칼리성으로 조절한다. 일반적으로 곰팡이류(버섯)는 약산성, 세균류는 약알카리성을 좋아한다. 산도는 지수가 1~14까지 있으며 중앙인 7이 중성이며 7보다 작은 숫자는 산성, 7보다 큰 숫자는 알카리성이라 한다.

中文 双孢菇堆肥培地是靠发酵菌, 发酵菌喜欢微碱性, 所以覆土也调节成微碱性。一般霉(蘑菇)喜欢弱酸性, 细菌类喜欢微碱性。酸度指数有1~14, 中间的7是中性, 比7小的话是酸性, 比7高的话是微碱性。

54 종균은 배지의 표면 전체가 덮이도록 접종하여 빠른 시일 내에 균의 활착을 돕고 오염을 방지한다.

中文 种菌种植是完全覆盖培地表面的方式进行, 这样可以尽快让菌活着及防止污染。

55 종자산업법 시행규칙 제21조(보증의 유효기간)
법 제31조제3항에 따른 작물별 보증의 유효기간은 다음 각 호와 같고, 그 기산일(起算日)은 각 보증종자를 포장(包裝)한 날로 한다. 다만, 농림축산식품부장관이 따로 정하여 고시하거나 종자관리사가 따로 정하는 경우에는 그에 따른다.
1. 채소: 2년 / 2. 버섯: 1개월 / 3. 감자·고구마: 2개월 / 4. 맥류·콩: 6개월 / 5. 그 밖의 작물: 1년

中文 种子产业法实施规格第21组(保证的有效期间)
法第31组第3航, 作物别的有效期间与如下一样, 其起算日是各保证种子的包装日期为基准。但是农林畜牧食品副长官另外定制后告示或种子管理师另外定制的时要按照此标准进行。
1. 蔬菜: 2年 / 2. 蘑菇: 1个月 / 3. 土豆·地瓜: 2个月 / 4. 麦类·豆类: 6个月 / 5. 以外的作物: 1年

56 양송이균의 순수균만 잘 자랄 수 있도록 하여야 한다. 다른 균과 공생을 하면 경쟁을 하여 균이 잘 자랄 수 없다.

中文 只让双孢菇菌的纯菌好好生长。如果与其他菌共生的话因相互竞争导致无法好好生长。

57 세균여부를 검정하는 적당한 온도는 37℃에서 5~7일간 배양하면 버섯균사는 사멸하지만 세균은 증식한다.

中文 点检是否有无细菌的适当温度是37℃下培养5~7天的话蘑菇细菌会被消灭, 但细菌会增殖。

58 양송이 퇴비배지의 최적 수분함량은 70~75%, 톱밥배지는 55~65%, 곡립배지는 48~50%, 원목의 수분 함량은 35~40%이다.

中文 双孢菇堆肥培养基最适合水分含量为70~75%, 锯末培养基为55~65%, 谷粒培养基为48~50%, 原木的水分含量为35~40%。

59 꺾쇠연결체(협구, 클램프)는 핵의 이동 통로로서 핵분열을 통한 2핵 균사가 되는 과정에 나타나는 현상이다.

中文 折铁纽带(峡口, 夹头)为通过核移动进行核分裂形成2核菌丝的过程。

60 살균 방법에는 습열, 건열, 화염, 여과, 화학살균이 있다. 화염살균은 실험실 클린벤치에서 이식하는 도구를 불꽃으로 살균하는 방법이다.

中文 杀菌方法有吸热, 干热, 火焰, 过滤, 化学杀菌法。火焰杀菌是在无尘室移植用的工具使用火焰杀菌的方法。

제3회 버섯종균기능사 필기 기출복원문제

01 버섯 원균 분리방법이 아닌 것은?
① 다포자 발아 ② 조직분리
③ 균사절편 이식 ④ 세포융합

[中文] 不是分离蘑菇原菌的方法是?
① 多胞子发芽 ② 组织分离
③ 菌丝切片移植 ④ 细胞融合

02 느타리버섯 병재배에 필요 없는 시설은?
① 억제실 ② 생육실
③ 배양실 ④ 배지냉

[中文] 对平菇的瓶移植不需要的设施是?
① 遏制室 ② 生育室
③ 培养室 ④ 培地冷

03 양송이버섯 재배 시 복토 후부터 첫 관수까지의 가장 적당한 재배사 온도는?
① 15~23℃ ② 23~25℃
③ 25~33℃ ④ 33~35℃

[中文] 双孢菇种植时覆土后到第一次灌水期间最适合的温度?
① 15~23 C ② 23~25 C
③ 25~33 C ④ 33~35 C

04 양송이버섯 재배 시 복토재료로 가장 적당한 것은?
① 식토 ② 사토
③ 식양토 ④ 사양토

[中文] 双孢菇种植时最适合用于覆土材料的是?
① 砂粘土 ② 沙土
③ 植壤土 ④ 沙壤土

05 버섯 균주 보존방법 중 활성상태로 보존하는 것은?
① 실리카겔 보존법 ② 토양 보존법
③ 광유 보존법 ④ 냉동고 보존법

[中文] 蘑菇菌株保存方法中活性状态保存的方法是?
① 硅胶保存法 ② 土壤保存法
③ 鑛油保存法 ④ 冷冻库保存法

06 팽이버섯의 1개 담자기에 형성되는 포자의 수는?
① 1개 ② 2개
③ 3개 ④ 4개

[中文] 金针菇的一个担子上形成的胞子数是?
① 1个 ② 2个
③ 3个 ④ 4个

07 송이버섯은 분류학적으로 어디에 속하는가?
① 불완전균 ② 담자균
③ 자낭균 ④ 접합균

[中文] 平菇在分类学上属于哪一种?
① 不完全菌 ② 担子菌
③ 子囊菌 ④ 接合菌

08 맥아배지 1L를 제조할 때 필요한 맥아추출물의 양은?
① 10g ② 20g
③ 100g ④ 200g

[中文] 制造麦芽培地1L时所需的麦芽提取物的量是?
① 10g ② 20g
③ 100g ④ 200g

09 영지버섯 재배사 설치에 필요한 사항이 아닌 것은?

① 버섯 발생에 방해가 되는 햇빛을 완전히 차단해야 한다.
② 최적 온도 유지를 위한 장치가 필요하다.
③ 버섯 생육에 필요한 환기 시설이 필요하다.
④ 저지대나 습한 곳은 피한다.

中文 灵芝栽培公司不需要设置的事项是?
① 妨碍到蘑菇发育的阳光需要完全隔断。
② 需要配备维持最佳温度的装置。
③ 需要有蘑菇生育所需的换气设施。
④ 避开低地带或潮湿的地方。

10 병재배 시 냉각실의 공기압 상태로 가장 적당한 것은?

① 음압　　② 감압
③ 양압　　④ 평압

中文 瓶种植时冷却室最适合的空气气压是?
① 音压　　② 减压
③ 正压　　④ 平压

11 버섯의 수확 후 관리요령 중 다음 사항에 해당되는 것은?

> • 1차 예냉은 차압예냉 방식을 이용하여 1℃에서 1시간 정도 실시한다.
> • 2차 예냉은 0℃ 환경에서 2~4시간 정도 실시한다.

① 영지버섯　　② 양송이버섯
③ 구름버섯　　④ 상황버섯

中文 收割蘑菇后的管理敲门中如下哪一条适当?
• 1次预冷是利用扣留预冷方式在1℃下进行1小时。
• 2次预冷是0℃环境下实施2~4小时。
① 灵芝　　② 双孢菇
③ 云芝　　④ 桑黄

12 영지버섯 원목재배 수종으로 가장 거리가 먼 것은?

① 졸참나무　　② 밤나무
③ 상수리나무　　④ 굴참나무

中文 不适合用于灵芝原木栽培的树种是哪个?
① 柞栎　　② 栗树
③ 橡树　　④ 软木栎

13 5L 유리병 액체배지의 고압살균 방법으로 가장 알맞은 온도와 시간은?

① 121℃, 40분　　② 121℃, 120분
③ 105℃, 120분　　④ 105℃, 40분

中文 5L玻璃瓶液体培地的高温杀菌方法中最适合的温度和时间是哪一个?
① 121℃, 40分　　② 121℃, 120分
③ 105℃, 120分　　④ 105℃, 40分

14 버섯파리 종류에서 유충의 길이가 2mm 정도로 황색 또는 오렌지색을 띠며, 주로 균상표면이 장기간 습할 때 피해를 주는 것은?

① 시아리드(Sciarid)
② 마이세토필(Mycetophil)
③ 포리드(Phorid)
④ 세시드(Cecid)

中文 蘑菇苍蝇种类中幼虫长度在2mm左右色泽为黄色或橙色, 主要在菌状表面长时间潮湿时给损伤的是?
① 菇顾(Sciarid)　　② 菌蚊科(Mycetophil)
③ 蚤蝇(Phorid)　　④ 瘿蚊(Cecid)

15 곡립종균 제조 시 산도 조절용으로 사용하는 첨가제는?

① 인산염　　② 탄산석회
③ 황산마그네슘　　④ 설탕

中文 制造谷粒种菌制造时调节酸度用的调价计是?
① 磷酸盐　　② 碳酸石灰
③ 硫酸镁　　④ 白糖

16 버섯 자실체 조직을 분리할 때 유의사항으로 옳지 않은 것은?

① 조직분리용 칼은 화염살균 후 사용한다.
② 오염방지를 위해 가급적 무균실에서 작업한다.
③ 조직 분리할 자실체는 90% 이상 습한 곳에 보관한다.
④ 자실체는 가능하면 어린 것으로 한다.

中文 如下选项中哪一个是错误的分离蘑菇子实体时需要注意的事项?

① 组织分离用的刀要进行火焰杀菌后才能使用。
② 为了防止污染尽可能要在无菌室作业。
③ 要进行组织分离的子实体需要保管在湿度大于90%的地方。
④ 尽可能用幼的子实体。

17 감자배지의 살균방법으로 가장 적합한 것은?

① 여과살균
② 건열살균
③ 자외선살균
④ 고압증기살균

中文 最适合与马铃薯培地的杀菌方法是哪一个?

① 过滤杀菌　　② 干热杀菌
③ 紫外线杀菌　④ 高压蒸汽杀菌

18 표고버섯 원목재배 시 많이 발생하는 해균이 아닌 것은?

① 마이코곤병균　② 구름버섯균
③ 검은혹버섯균　④ 푸른곰팡이균

中文 栽培香菇原木时常发生的有害菌是哪一个?

① 有害疣孢霉　② 云芝菌
③ 黑瘤蘑菇菌　④ 绿霉菌

19 느타리버섯 자실체 생육에 가장 알맞은 온도는?

① 10℃ 내외　② 15℃ 내외
③ 20℃ 내외　④ 25℃ 내외

中文 孕育平菇子实体时最佳的温度是?

① 10 C 内外　② 15 C 内外
③ 20 C 内外　④ 25 C 内外

20 송이버섯처럼 특정한 나무와 공생을 하면서 나무뿌리는 버섯에게 영양분을 공급하고, 버섯균사는 토양으로부터 수분과 양분을 나무뿌리에 공급하는 것은?

① 임산버섯　② 균근성버섯
③ 기생성버섯　④ 부후버섯

中文 跟松茸一样与特定的树木共存, 树根给蘑菇供给养分, 蘑菇菌丝是从土壤给树根供给水分和养分的是?

① 林产性蘑菇　② 菌根性蘑菇
③ 寄生性蘑菇　④ 附属性蘑菇

21 자실체에서 조직을 분리할 때 가장 적절한 부위는?

① 대의 표면 조직
② 갓의 가장자리 조직
③ 노출되지 않은 내부 조직
④ 노출된 턱받이 조직

中文 分离子实体时最适合的部位是?

① 根的表面组织
② 菌盖边沿组织
③ 没有露出的内部组织
④ 露出来的围嘴组织

22 양송이버섯 종균의 가장 알맞은 저장 온도는?

① −5~0℃　② 5~10℃
③ 15~20℃　④ 25~30℃

中文 最适合储藏双孢菇的温度是?

① -5~0 C　② 5~10 C
③ 15~20 C　④ 25~30 C

23 버섯의 병재배용 장비에 대한 유의사항으로 옳은 것은?

① 자동 종균 접종기 : 살균 전 냉각된 배지에 일정량의 종균을 자동으로 접종하는 장비이다.
② 클린부스 : 종균 접종 작업 중 헤파 필터 팬 모터를 작동시켜서는 안 된다.
③ 적재기 : 병이 담긴 상자를 옮기거나 쌓는데 사용되며 노동력 절감효과를 높여주는 장비이다.
④ 탈병기 : 압축공기 방식은 회전 스크류 방식보다 탈병 속도가 느리며, 강한 압축 공기로 인해 병의 파손율이 다소 높다.

中文 如下事项中对的蘑菇瓶培植用设备注意事项是?
① 自动种菌接种机 : 杀菌前在冷却的培地将适当的种菌字宗接种的设备。
② 清洁台 : 种菌接种作业中高效微粒空气过滤器送风机不能调为自动。
③ 装载机 : 移动装瓶子的箱子或堆积时用, 是有效减少劳动力的装置。
④ 脱瓶器 : 压缩空气的方式比旋转螺丝的方式速度更慢, 过强的空气压缩容易导致瓶子破损。

24 우량한 버섯종균 접종원 선택방법으로 옳지 않은 것은?

① 종균병 바닥에 붉은색 물이 고이지 않은 것
② 줄무늬 또는 경계선이 나타나는 것
③ 종균의 상부에 버섯 원기 또는 자실체가 형성되지 않은 것
④ 품종 고유 색택이 나타나는 것

中文 选择错误的优良蘑菇接种原方法是?
① 不让种菌瓶地面部淤积红色水
② 出现条纹或境界线
③ 种菌上端没有形成蘑菇原基或子实体
④ 出现品种固有的色泽

25 액체종균 제조에 대한 설명으로 옳지 않은 것은?

① 느타리버섯은 살균전 배지를 pH 5.5~6.0으로 조정해야 균사생장량이 많아진다.
② 압축공기를 이용한 통기식 액체 배양에서는 거품 생성 방지를 위하여 안티폼을 첨가한다.
③ 배지에 공기를 넣지 않는 경우 산도를 조정하지 않는다.
④ 감자추출배지나 대두박배지를 주로 사용한다.

中文 错误的说明制造液体种菌的是?
① 平菇杀菌前培地pH调整到5.5~6.0, 菌丝生长量才会多。
② 利用压缩空气的通风式, 为了防止产生泡沫会添加止泡剂。
③ 培地力不添加空气时不调整酸度。
④ 经常用马铃薯提取培地或大豆粕培地。

26 표고버섯 원목재배 시 임시눕히기에 대한 설명으로 옳지 않은 것은?

① 통풍이 원활하고 과습되지 않도록 한다.
② 4~5월에 실시한다.
③ 가급적 1.5m 이상으로 높게 쌓는다.
④ 장작쌓기 및 우물정자쌓기 방법이 있다.

中文 栽培香菇原木时对临时平方说明错误的是?
① 通风顺畅不过于潮湿。
② 4~5月进行
③ 可以的话堆到1.5m以上。
④ 有木柴堆积和井号堆积法。

27 우량 종균의 조건으로 알맞지 않은 것은?

① 품종 고유의 특성을 가지는 것
② 종균 병에 얼룩진 띠가 없는 것
③ 균덩이나 유리수분이 형성되지 않은 것
④ 손으로 잘 부서지는 것

中文 不符合优良种菌条件的是?
① 拥有品种固有特性
② 种菌瓶上看不出斑驳
③ 菌块或玻璃水分不形成
④ 用手易碎

28 곡립종균 배양 시 유리수분 생성원인으로 가장 거리가 먼 것은?
① 에어콘 또는 외부의 찬공기가 주입될 때
② 배양 후 저장실로 바로 옮기지 않을 때
③ 배양기간 중 극심한 온도변화가 있을 때
④ 배지의 수분이 과다할 때

中文 对培养谷粒种菌时生成玻璃水分原因的是?
① 空调或外部冷空气被注入时
② 培养后没有立刻转移到储存室时
③ 培养期间有严重的温度变化时
④ 培地水分过多时

29 표고버섯 톱밥재배 배지로 가장 적당하지 않은 수종은?
① 소나무
② 상수리나무
③ 졸참나무
④ 신갈나무

中文 最不适合培养香菇锯末培地的树木是?
① 松树
② 橡树
③ 枰栎
④ 蒙古栎

30 양송이버섯 생육 시 갓이 작아지고 대가 길어지는 현상이 일어나는 재배사 내의 이산화탄소 농도 범위는?
① 0.02% 이하
② 0.03~0.06%
③ 0.07~0.1%
④ 0.2~0.3%

中文 二孢蘑菇培育时让盖子变小茎变长的栽培室室内二氧化碳浓度范围是?
① 0.02% 以下
② 0.03~0.06%
③ 0.07~0.1%
④ 0.2~0.3%

31 송이버섯 선별기준에 대한 설명으로 옳지 않은 것은?
① 1등급은 길이가 8cm 이상으로 갓이 개산되지 않은 것이다.
② 2등급은 길이가 2~8cm로 갓이 1/3 이내 펴진 것이다.
③ 3등급은 생장정지품과 개산품이 포함된다.
④ 등외품은 1~3등급 이외의 품질로 기형품과 파손품이 있다.

中文 错误的说明筛选松茸方法的是?
① 1等级的长度要在8cm以上，盖子不概算在其中。
② 2等级的长度在2~8cm,盖子展开在1/3以内。
③ 3等级包含生长停止品和概算品。
④ 等外品是1~3等级以外品质导致畸形品和破损品。

32 신령버섯 균사생장 시 간접광선의 영향에 대한 설명으로 옳은 것은?
① 어두운 상태와 밝은 상태가 교차되어야만 생장이 촉진된다.
② 생장을 방해하는 특성이 있다.
③ 생장을 촉진하는 특성이 있다.
④ 아무런 영향을 미치지 못한다.

中文 姬松茸菌丝生长时正确的说明间接光线造成的影响是?
① 黑暗的状态和明亮的状态交替才能促进生长。
② 有妨碍生长的特性。
③ 有促进生长的特性。
④ 没有任何影响。

33 팽이버섯의 재배과정 중 온도를 가장 낮게 유지하는 시기는?
① 억제 작업 시
② 자실체 생육 시
③ 균배양 시
④ 발이 유기 시

中文 金针菇栽培过程中温度维持在最低的时期是?
① 抑制作业时
② 生育子实体时
③ 培养菌时
④ 发芽幼期时

34 버섯 균주를 장기보존 시 액체질소와 넣는 동결 보존제로 알맞은 것은?

① 알코올　② 암모니아
③ 글리세롤　④ 질소

中文 长期保管蘑菇菌株时和液体氮一起放的冻结保存剂是?
① 酒精　② 氨
③ 琼脂　④ 氮

35 버섯 수확 후 저장과정에서 산소와 이산화탄소 영향에 대한 설명으로 옳지 않은 것은?

① 버섯 저장 시에는 산소 농도 1% 이하에서만 효과가 있다.
② 이산화탄소 농도가 10% 이상인 경우는 버섯 대의 성장을 촉진시킨다.
③ 산소의 농도가 2~10%인 경우는 버섯 갓과 대의 성장을 촉진시킨다.
④ 이산화탄소 농도가 5% 이상인 경우는 버섯 갓의 성장을 억제시킨다.

中文 错误的说明蘑菇收获后储存过程中氧和二氧化碳影响的是?
① 储藏蘑菇时氧浓度低于1%时才有效。
② 二氧化碳浓度高于10%时可以促进蘑菇茎的生长。
③ 氧浓度在2~10%时可以促进蘑菇盖和茎的生长。
④ 二氧化碳浓度高于5%时会抑制蘑菇盖的生长。

36 느타리버섯 재배사의 바닥을 흙으로 할 때 가장 문제되는 점은?

① 살균 및 후발효 관리
② 온도 관리
③ 병해 관리
④ 습도 관리

中文 平菇培地室地面使用土时的最大难题是?
① 杀菌及后发酵管理
② 温度管理
③ 病害管理
④ 湿度管理

37 느타리버섯 재배를 위한 솜(폐면)배지의 살균 조건으로 가장 알맞은 것은?

① 60℃, 2시간 내외
② 121℃, 10시간 내외
③ 60℃, 10시간 내외
④ 121℃, 2시간 내외

中文 为了培植平菇,最适合棉培地杀菌的条件是?
① 60℃, 2小时内外
② 121℃, 10小时内外
③ 60℃, 10小时内外
④ 121℃, 2小时内外

38 핵이동 흔적기관인 꺽쇠연결체(클램프)를 가진 버섯으로 이루어진 것은?

① 팽이버섯, 느타리버섯
② 풀버섯, 양송이버섯
③ 풀버섯, 영지버섯
④ 표고버섯, 양송이버섯

中文 拥有核移动痕迹器官与夹头组成的蘑菇是?
① 金针菇, 平菇
② 草菇, 双孢菇
③ 草菇, 赤芝
④ 香菇, 双孢菇

39 양송이버섯의 종균재식 방법이 아닌 것은?

① 층별접종법
② 혼합접종법
③ 표면접종법
④ 복토접종법

不是双孢菇种菌培植方法的是?
① 层别接种法
② 混合接种法
③ 表面接种法
④ 覆土接种法

40 버섯 종균배양 시 잡균발생 원인으로 가장 거리가 먼 것은?

① 무균실의 소독의 불충분하여
② 퇴화된 접종원을 사용하여
③ 오염된 접종원을 사용하여
④ 배지살균이 완전하지 못하여

蘑菇种菌培养时最不是发生杂菌原因的是?
① 无菌室未充分进行消毒
② 使用退化的接种源
③ 使用污染的接种源
④ 培地杀菌不彻底

41 버섯의 품종 육성방법이 아닌 것은?

① 돌연변이육종법
② 교잡육종법
③ 반수성육종법
④ 분리육종법

不是蘑菇的品种培养方法是?
① 突然异变育种法
② 交杂育种法
③ 半水性育种法
④ 分离育种法

42 톱밥종균 제조 과정으로 재료 배합에 대한 설명으로 옳지 않은 것은?

① 톱밥과 미강 혼합 시 탄산칼슘을 첨가하나 재료가 신선하면 첨가하지 않아도 된다.
② 준비된 재료인 톱밥과 미강을 용량비로 5:5 비율로 고르게 혼합한다.
③ 톱밥의 수분을 간이로 측정하는 방법은 배지를 손으로 꽉 쥐어 물방울이 1~2방울 정도 떨어지거나 손가락 사이로 물방울이 배어 나오면 된다.
④ 재료를 혼합하고 물을 뿌리면서 수분을 조절한다.

锯末种菌制造过程中错误的说明对材料配备的是?
① 锯末和米糖混合时会添加碳酸钙,但材料新鲜时不添加也可以。
② 将准备好的材料锯末和米糖用量比调到5:5进行混合。
③ 锯末的水分简易测试方法是用手抓紧, 滴1~2滴水或手指间有水珠即可。
④ 材料混合后边洒水的方式调节。

43 느타리버섯의 병재배 시 균긁기기에 대한 설명으로 옳지 않은 것은?

① 접종원을 제거하는 부분이 있다.
② 병 외부를 물로 세척해주는 부분이 있다.
③ 병뚜껑을 제거하는 부분이 있다.
④ 버섯발생을 유도하기 위해 사용되는 도구이다.

对香菇瓶栽培时错误的说明刮菌的是?
① 有去除接种源的部分。
② 有使用水清洁瓶外部的部分。
③ 有去除瓶盖的部分。
④ 为了发生蘑菇有诱导的工具。

44 버섯품목의 종자업 등록 시설기준으로 옳지 않은 것은?

① 접종실 규모는 13.2m² 이상, 무균상태를 지속할 수 있는 시설 필요
② 저장실 규모는 165.0m² 이상, 실온 20~25℃로 조절할 수 있는 냉각시설 필요
③ 실험실 규모는 16.5m² 이상, 현미경은 1000배 배율 이상이 필요
④ 살균실 규모는 23.0m² 이상, 고압살균기 및 보일러 구비 필요

中文 错误的蘑菇品种种子业登记设施基准是?

① 接种室规模在13.2m²以上, 有可持续无菌状态的设备
② 储藏室规模在165.0m²以上, 有室温可以调节到20~25℃的冷却设施
③ 实验室规模在16.5m²以上, 有1000倍倍率的显微镜
④ 杀菌是规模在23.0m²以上, 有高压杀菌器和锅炉

45 수확한 버섯에 대한 설명으로 옳지 않은 것은?

① 수분증발에 따른 건조현상은 버섯의 신선도에 영향을 미친다.
② 버섯 내부 조직의 수분은 공기 중으로 쉽게 증발된다.
③ 버섯 균사 조직은 조밀 정도가 강하여 수분 증발이 쉽게 되지는 않는다.
④ 버섯 표피 조직은 납질층(왁스층)이 없어 수분이 쉽게 증발된다.

中文 对收获的蘑菇错误的说明是?

① 因水分蒸发导致干燥的现象会影响到新鲜度。
② 蘑菇内部组织的水分容易蒸发到空气。
③ 蘑菇菌丝组织稠密度高, 水分不容易蒸发。
④ 蘑菇表皮组织没有蜡状组织, 所以水分容易蒸发。

46 버섯의 색깔, 향기, 맛 및 영양가 변화가 가장 적은 건조방법은?

① 동결건조　　② 진공건조
③ 열풍건조　　④ 자연건조

中文 蘑菇的颜色, 香味, 味道及营养价值变化量最低的干燥方法是?

① 冻结干燥　　② 真空干燥
③ 热风干燥　　④ 自然干燥

47 종균접종용 톱밥배지의 고압살균에 대한 설명으로 옳은 것은?

① 스크루 캡병 사용 시 용적의 90% 이상 넣는다.
② 살균이 끝나면 곧바로 강제 배기시킨다.
③ 살균이 끝나면 배지를 흔들지 말고 꺼내어 서서히 식힌다.
④ 살균기 내의 공기가 완전히 제거하여 기포를 발생시킨다.

中文 如下说明中正确的描述种菌接种用锯末培地的高温杀菌的是?

① 使用螺丝瓶盖时放容积的90%以上。
② 杀菌结束后直接强行排气。
③ 杀菌结束后不晃动而是去除后慢慢降温。
④ 杀菌机内的空气完全去除导致发生气泡。

48 곡립종균 접종 후 흔들기를 하는 주된 이유는?

① 밀알이 터지는 것을 예방하기 위하여
② 잡균 생성을 예방하기 위하여
③ 균덩이 생성을 방지하기 위하여
④ 배지 내 수분 생성을 방지하기 위하여

中文 谷粒种菌接种后晃动的主原因是?

① 为了防止迷离破裂
② 为了防止产生杂菌
③ 为了防止产生菌块
④ 为了培地内产生水分

49 버섯을 건조하여 저장하는 방법으로 가장 거리가 먼 것은?

① 가스건조　　② 동결건조
③ 열풍건조　　④ 일광건조

跟将蘑菇干燥储藏距离最远的是?
① 气体干燥　　② 冻结干燥
③ 热风干燥　　④ 日光干燥

50 건조한 고체종균에서 균사의 유전적 변이가 심하거나 배양기간이 길게 소요되는 접종원에 사용하는 것이 가장 효과적인 종균은?

① 액체종균　　② 퇴비종균
③ 종목종균　　④ 곡립종균

干燥的固体种菌中给菌丝的遗传性变异严重或培养期间长的接种源使用的话最适合的种菌是?
① 液体种菌　　② 堆肥种菌
③ 种木种菌　　④ 谷粒种菌

51 양송이버섯에 발생하는 버섯파리를 집중적으로 방제하기 위한 시기로 가장 효과적인 것은?

① 버섯 수확 후
② 퇴비배지 발효 직전
③ 균사생장 기간
④ 퇴비배지의 후발효 기간

为了集中性防止发生在双孢菇的菇蚊最有效的时期是?
① 收割蘑菇后
② 堆肥培地发酵前
③ 菌丝生长期间
④ 堆肥培地后发酵期间

52 표고버섯 톱밥배지 제조 시의 최적 수분 함량은?

① 45~50%　　② 55~60%
③ 65~70%　　④ 75~80%

制造香菇堆肥培地时最低的水分含量是?
① 45~50%　　② 55~60%
③ 65~70%　　④ 75~80%

53 버섯종균 품종보호요건으로 갖추어야 할 5가지 요건은?

① 신규성, 구별성, 균일성, 안전성, 품종명칭
② 신규성, 우수성, 균일성, 안전성, 품종명칭
③ 신규성, 구별성, 균일성, 안정성, 품종명칭
④ 신규성, 우수성, 균일성, 안정성, 품종명칭

为了保护蘑菇种菌品种的5个因素是?
① 新规性, 区别性, 均一性, 安全性, 品种名称
② 新规性, 优秀性, 均一性, 安全性, 品种名称
③ 新规性, 区别性, 均一性, 稳定性, 品种名称
④ 新规性, 优秀性, 均一性, 稳定性, 品种名称

54 액체상태의 균주를 접종하는 기구는?

① 피펫　　② 균질기
③ 진탕기　　④ 백금구

接种液体状态下的菌株器具是?
① 吸量管　　② 均化器
③ 振荡器　　④ 白金口

55 무균실 관리 방법으로 가장 부적합한 것은?

① 소독 작업을 하고 2~3시간 지난 후 멸균상태에서 작업한다.
② 온도는 15~20℃ 정도로 낮게 유지한다.
③ 실내습도는 90% 이상으로 습하게 유지한다.
④ 살균제보다는 70% 알코올을 사용하여 소독한다.

无菌室管理方法中不符合的是?
① 消毒后2~3小时后灭菌状态下作业。
② 温度保持在15~20℃左右。
③ 室内湿度保持在90%以上。
④ 相比杀菌剂, 用70%的酒精消毒。

56 우량 품종을 만들기 위한 육종목표가 아닌 것은?

① 이병성　　② 고품질성
③ 내재해성　　④ 다수성

中文 为了培养优良的品种,不是育种目标的是?
① 疾病易染性　　② 固有质性
③ 内在谐声　　④ 多数性

57 종균 배양실의 관리방법으로 옳지 않은 것은?

① 습도는 70% 이하로 유지한다.
② 가급적 전등을 항상 자주 켜놓도록 한다.
③ 종균 배양 전 청소 및 약제소독을 한다.
④ 지속적으로 미세하게 공기 순환이 이뤄져야 한다.

中文 种菌培养室管理方法中错误的是?
① 湿度保持在70%以下。
② 尽量一直开着灯。
③ 种菌培养前进行清扫及药物消毒。
④ 持续细微的进行空气循环。

58 톱밥배지 제조 시 배지 밑바닥까지 중심부에 구멍을 뚫어주는 이유로 옳지 않은 것은?

① 접종원이 병 하부까지 내려갈 수 있게 한다.
② 배양기간을 단축할 수 있다.
③ 배지 내 형성되는 수분을 모아 배출하기 쉽다.
④ 병 내부 공기유통을 원활하게 한다.

中文 制造锯末培地时在培地中心挖一个到地面的理由中错误的是?
① 接种源弄到瓶的最底部。
② 培养期间可以缩短。
③ 培地内形成的水分可以聚在一起容易排出。
④ 可以让瓶内空气流通顺畅。

59 종자산업법상 유통종자의 품질표시로 옳지 않은 것은?

① 품종 생산·수입판매 신고번호 : 생산·수입판매 품종의 경우에만 해당
② 종자업등록번호 : 종자업자의 경우에만 해당
③ 수입 연월 및 수입자명 : 수입종자의 경우에만 해당
④ 종자의 발아율 : 버섯종균의 경우 종균 배양완료일

中文 不符合种子产业法的流通种子品质标识的是?
① 品种 生产·进口贩卖申告编号 : 只适用于生产·进口贩卖的品种
② 种子业登录编号 : 只适用于种子业主
③ 进口年月及进口名 : 只适用于进口种子
④ 种子的发芽率 : 蘑菇种菌的情况是种菌培养完成日

60 양송이버섯 종균을 제조하기 위한 배지재료로 가장 적당한 것은?

① 조　　② 밀
③ 콩　　④ 벼

中文 为了制造双孢菇种菌时最适合用于培地材料的是?
① 小米　　② 小麦
③ 豆　　④ 水稻

정답 및 해설

제3회 버섯종균기능사 필기 기출복원문제

01	02	03	04	05	06	07	08	09	10	11	12	13	14	15	16	17	18	19	20
④	①	①	③	③	④	①	①	①	③	②	②	②	①	④	③	④	①	②	②
21	22	23	24	25	26	27	28	29	30	31	32	33	34	35	36	37	38	39	40
③	②	②	②	②	③	③	②	①	④	②	③	③	①	③	③	③	①	④	②
41	42	43	44	45	46	47	48	49	50	51	52	53	54	55	56	57	58	59	60
③	①	②	②	③	①	④	③	①	①	③	②	③	②	③	①	②	③	④	②

01 세포융합은 생명기술의 핵심영역 중 하나로 서로 다른 두 개 이상의 세포를 합하여 하나의 새로운 잡종세포를 만드는 기술이다.
中文 细胞融合是生命技术的核心领域中的一个，是将两个不同的细胞合成一个新的杂种细胞的技术。

02 억제실은 팽이버섯을 기를 때 4℃ 정도의 온도에서 고르게 발이를 유도하기 위한 장치시설이다.
中文 抑制室是为了养殖金针菇时保持在4℃左右时诱导发芽的设备设施。

03 모든 버섯의 균사배양 적온은 25℃ 전후이고 생육 적온은 15~20℃이다.
中文 所有的蘑菇菌丝培养适温是25℃左右，生育适温是15~20℃。

04 식양토는 양송이 복토재료로 적당한 것으로서 점토 함량을 37.5~50% 포함하고 있는 토양을 말한다. 점토가 많은 식토와 점토가 비교적 적은 양토의 중간성질이다.
中文 植壤土是适用与双孢菇覆土材料，年度含量是37.5~50%。性质在年度高度壤土和年度低的壤土中间。

05 광유 보존법은 사면배지에서 충분히 자란 곰팡이 위에 광유를 채워서 배지가 건조되지 않도록 산소공급을 중단하여 곰팡이의 생장을 억제시킴으로서 계대배양을 늦출 수 있는 보존법이다.
中文 矿物油保存法是将矿物油填充在斜面培地上充分成长的霉上端，这样可以终止氧气防止培地干燥可以抑制霉的生长，继代生产也会延缓。

06 대부분의 버섯은 4극성으로 한 개의 담자기에 4개의 포자가 달려 있다.
中文 大部分蘑菇是4极性，一个担子器上有4个孢子。

07 송이버섯을 포함한 대부분의 버섯은 담자균에 속하며 곰보버섯, 동충하초는 자낭균에 속한다.
中文 包含松茸的大部分蘑菇属于担子菌类，羊肚菌，冬虫夏草是属于子囊菌。

08 맥아배지의 1L당 한천 20g 맥아추출량 20g이 소요된다.
中文 麦芽培地每1L需要琼脂20g和麦芽麦芽提取量20g。

09 영지버섯은 호광성으로서 햇빛을 필요로 한다.
中文 灵芝有嗜光性，所以需要阳光。

10 냉각실의 공기압은 외부의 공기가 안으로 들어올 수 없도록 밀어내는 양압을 유지하여 준다.
中文 冷却室的空气压是确保外部空气不往里进入调节到正压。

11 버섯수확 후 관리요령 중 예냉을 할 때 영지버섯, 구름버섯, 상황버섯은 각질형버섯으로 예냉이 필요없다.
中文 收割蘑菇后管理要领中预冷是灵芝，云芝，桑黄是角质性蘑菇不需要预冷。

12 영지버섯 재배 수종으로는 참나무류가 적당하다.
中文 灵芝栽培用树木中柞树最适合。

13 고압살균은 121℃에서 액체배지인 경우 열전도가 잘 되므로 40분 정도가 적당하다.
中文 高压杀菌是是121℃下液体培地时热传导功能较强，所以40分钟最适合。

14 세시드(Cecid)는 유태생을 하여 세대가 짧아 번식력이 매우 왕성한 버섯파리 유충으로서 가장 피해를 많이 주는

유충이다.
中文 瘿蚊是乳胎生, 世代短繁殖力非常旺盛的菇蝇, 是危害很大的幼虫。

15 산도조절용으로 탄산석회를 사용하고 수분 조절용으로는 석고를 사용한다.
中文 调节酸度用碳酸石灰, 调节水分用石膏。

16 자실체 조직분리를 할 때는 습한 곳에 보관을 할 경우 오염이 발생할 우려가 높다.
中文 子实体组织分离时保管在潮湿的地方的话被污染的可能性很高。

17 감자배지의 살균 방법으로 고압증기살균법을 사용하고, 항생제나 비타민 등 열에 파괴되기 쉬운 것은 여과살균을 사용하며, 건열살균은 초자류에 사용하며 자외선살균은 불완전살균이다.
中文 马铃薯培地杀菌方法用高压蒸汽杀菌法, 抗生剂或维他命等容易被热量破坏的用过滤灭菌法, 干热杀菌是用于硝子类, 紫外线杀菌是不完全杀菌。

18 마이코곤병은 양송이에서만 발생하는 활물기생성 병원균이다.
中文 疣孢霉属是只发生在双孢菇上的活物寄生性病原菌。

19 균사생육은 25℃ 전후 자실체 생육은 15~20℃ 내외이다.
中文 菌丝生育是25℃前后, 子实体生育是15~20℃内外。

20 송이, 능이, 트러플버섯은 활물기생하는 균근성버섯이다.
中文 松茸, 茅菌, 松露蘑菇是货物寄生的菌根性蘑菇。

21 조직분리 시 오염을 최소화하기 위해 노출되지 않은 내부 조직을 이용한다.
中文 组织分离时为了尽量不被污染利用不爆露的内部组织。

22 일반적인 버섯종균의 저장 온도는 5~10℃이다.
中文 一般的蘑菇种菌储藏温度是5~10℃。

23 종균접종은 살균 후에 접종을 하는 기계이고 클린부스는 헤파 필터를 작동시켜야 되며 압축공기방식의 탈병기는 탈병 속도가 빠른 기계이다.
中文 种菌接种是杀菌后接种的机器, 清洁台是需要开启高效微粒空气过滤器, 压缩空气方式的脱瓶器是脱瓶速度很快的机器。

24 버섯종균에 줄무늬 또는 경계선이 있는 것은 세균오염으로 접종원으로 사용이 안된다.
中文 蘑菇种菌有条纹或境界线是被四军污染的接种源, 不可以使用。

25 느타리버섯 살균전 배지는 pH 4.0~4.5로 조정해야 좋다.
中文 平菇杀菌前培地调整到pH 4.0~4.5为好。

26 가급적 땅에 접하도록 하여 수분 유지를 하도록 하며 1m 이내로 쌓는다.
中文 尽可能要接到地表维持水分, 堆到1m以内。

27 손으로 잘 부서지는 것은 활력이 약하다는 것이고 덩이를 유지하고 있어야 우량종균이다.
中文 用手容易碎的是活力不足, 维持块状的是优良种菌。

28 유리수분 생성원인은 온도편차에 의해서 생긴다.
中文 生成玻璃水分的原因是温度偏差导致。

29 표고버섯은 주로 참나무류를 사용하며 침엽수류인 소나무는 적당하지 않다.
中文 香菇主要用柞树, 松树不适合。

30 이산화탄소 농도가 2,000ppm(0.02%) 정도는 갓이 작아지고 대가 길어진다.
中文 二氧化碳浓度2,000ppm(0.02%)左右时盖子会变小, 茎会变长。

31 송이버섯의 선별기준으로 2등급인 경우 길이는 6~8cm이고 갓이 전혀 펴지지 않은 것을 말한다.
中文 松茸的选别基准, 2等级时长度在6~8, 盖子完全没有展开。

32 양송이버섯은 광이 필요 없지만 신령버섯은 광이 생장을 촉진하는 특성이 있다.
中文 双孢菇不需要光, 姬松茸特性是有光时会促进生长。

33 팽이버섯의 억제온도는 4℃, 생육 시 6~8℃, 균배양 시 25℃, 발이유기 시 12℃±2℃이다.
中文 金针菇抑制温度是4℃, 生育时6~8℃, 菌培养时25℃, 发芽幼期时12℃±2℃。

34 글리세롤과 포도당을 사용한다.
   中文 使用甘油琼脂和葡萄糖。

35 이산화탄소농도가 10% 이상인 경우는 버섯대의 성장을 촉진시키지 않고 오히려 사멸할 수 있다.
   中文 二氧化碳浓度10%以上时不会促进蘑菇茎的生长反而会灭掉。

36 재배사 바닥을 흙으로 할 경우 병해에 문제가 되며 석회를 사용하여 관리한다.
   中文 栽培室地面用土的话会有病害问题, 要用石灰管理。

37 솜배지의 살균 조건으로 60~65℃ 정도에서 6~14시간 살균한다.
   中文 棉培地的杀菌条件是60~65℃左右, 进行6~14小时。

38 풀버섯과 양송이버섯은 꺽쇠연결체가 없다.
   中文 草菇和双孢菇没有夹头连接体。

39 양송이버섯의 종균재식법으로 표면접종법, 층별접종법, 혼합접종법이 있다.
   中文 双孢菇的种菌栽植法有表面接种法, 层别接种法, 混合接种法。

40 퇴화된 접종원을 사용할 경우 활력이 떨어지지만 잡균발생의 원인으로는 거리가 멀다.
   中文 使用退化的接种源时活力虽然底下但不是发生杂菌的原因。

41 품종 육성법으로 원형질체융합법, 형질전환방법, 돌연변이 육종법, 도입육종법, 분리육종법, 배수성육종법 등과 단교잡법, 삼계교잡법, 복교잡법, 다계교잡법, 종속간교잡법, 포자접합법 등이 있다.
   中文 品种育成法有原型质体融合法, 形质转换法, 突然异变育种法, 导入育种法, 分离育种法, 排水性育种法等和断桥杂法, 三界桥杂法, 复桥杂法, 多线桥杂法, 附属间桥杂法, 孢子接合法。

42 톱밥종균 제조 과정중 재료 배합은 톱밥과 미강을 부피비로 8:2로 혼합한다.
   中文 寂寞种菌制造过程中材料调配是锯末和米糠容积比例8:2为基准混合。

43 균긁기를 할 경우 병뚜껑을 제거한 후 접종원을 제거하는 버섯의 발생 유도작업이다.
   中文 刮菌时将瓶盖去除后去对去除接种源的蘑菇进行诱导作业。

44 저장실 규모는 33.0m² 규모 이상이어야 한다.
   中文 储藏室规模要大于33.0m²。

45 수확한 버섯은 수분 증발이 쉽게 되어 건조된다.
   中文 收割的蘑菇水分容易蒸发会干燥。

46 동결건조법이 버섯의 색, 향, 맛 등이 변화가 적다.
   中文 冻结干燥法会对降低蘑菇的色, 香, 味变化。

47 톱밥배지의 경우 배지를 흔들지 말고 서서히 식히며 곡립종균은 흔들어 준다.
   中文 锯末培地的时候培地不能晃动要慢慢降温, 但谷粒种菌需要晃动。

48 곡립종균 접종 후에는 배지를 뭉쳐지지 않게 하기 위하여 흔들어주고 톱밥종균은 흔들기를 하지 않는다.
   中文 谷粒种菌接种后为了不让培地结块要晃动它, 但锯末种菌不能晃动。

49 버섯건조에는 동결건조, 열풍건조, 일광건조가 있고 동결건조가 제품의 향을 보존하기에 좋으나 가격이 비싼 단점이 있다.
   中文 蘑菇干燥有冻结干燥, 热风干燥, 日光干燥, 冻结干燥对产品的香味保存有很好的效果, 但有价格比较贵的缺陷。

50 액체종균이 톱밥 고체종균보다 배양기간이 빠르므로 배양기간이 오래 걸리는 경우 사용하면 효과적이다.
   中文 液体种菌比锯末固体种菌培养时间更快, 培养时间较长时使用的效果很好。

51 버섯파리는 균사냄새를 맡고 오기 때문에 균사생장기간에 방제하여야 효과가 있다.
   中文 菇蚊是因闻着菌丝味道才来, 菌丝生长期间防止是最佳时期。

52 표고버섯의 최적 수분 함량은 55~58%이다.
   中文 香菇最佳的水分含量是55~58%。

53 안전성이 아닌 안정성이 품종보호요건에 해당한다.
   中文 不是安全性而是适当与安全性品种保护必要条件。

54 피펫은 액체상태의 균주를 배양할 때 사용하는 기구이다.
中文 吸量管是培养液体状态的菌株时使用的器具。

55 실내온도는 70% 이내로 습하지 않게 관리한다.
中文 室内温度管理是70%以内。

56 고품질과 다수성 그리고 내재해성을 목표로 한다.
中文 高品质和多数性与内置谐声为目标。

57 배양실은 암배양을 원칙으로 하며 출입시는 손전등을 사용한다.
中文 培养室暗培养为原则进行出入时使用手电筒。

58 구멍을 가운데 뚫어주는 이유는 접종원이 하부까지 내려갈 수 있게 하여 배양기간을 단축하고 병 내부 공기유통을 원활하게 한다.
中文 洞挖在中间的原因是为了让接种源可以下到底端缩短培养期间，也可让瓶内部空气流通顺畅。

59 종자의 발아율은 버섯종균의 경우 종균 접종일을 말한다.
中文 种子的发芽率是指蘑菇种菌的接种日。

60 종균을 제조하기 위한 배지재료로 밀이 가장 적당하다.
中文 为了制造种菌所使用的材料中小麦最适合。

제4회 버섯종균기능사 필기 기출복원문제

01 종자산업법에서 버섯의 종균에 대한 보증유효기간은?

① 1개월
② 2개월
③ 6개월
④ 12개월

种子产业法中蘑菇种菌的保证有效期限是?
① 1个月　② 2个月
③ 6个月　④ 12个月

02 개인 육종가가 버섯 품종을 육성하여 품종보호권이 설정되었을 때 그 존속 기간은?

① 15년　② 20년
③ 25년　④ 30년

个人育种者育成蘑菇品种后，其设定品种保护权的存续期限为?
① 15年　② 20年
③ 25年　④ 30年

03 종자관리사의 자격 기준으로 옳지 않은 것은?

① 종자기술사 자격을 취득한 사람
② 버섯종균기능사 자격을 취득한 사람으로서 자격 취득 전후의 기간을 포함하여 종자업무 또는 유사한 업무에서 5년 이상 종사한 사람
③ 종자산업기사 자격을 취득한 사람으로서 자격 취득 전후의 기간을 포함하여 종자업무 또는 유사한 업무에서 2년 이상 종사한 사람
④ 종자기사 자격을 취득한 사람으로서 자격 취득 전후의 기간을 포함하여 종자업무 또는 유사한 업무에서 1년 이상 종사한 사람

作为种子管理者资格基准中不符合的是?
① 取得种子技术资格证的人
② 取得蘑菇种菌技能师资格证的人是指包含在取得资格证前后期间内从事过种子业务或类似业务上有5年经验的人
③ 取得蘑菇种菌技能师资格证的人是指包含在取得资格证前后期间内从事过种子业务或类似业务上有2年经验的人
④ 取得蘑菇种菌技能师资格证的人是指包含在取得资格证前后期间内从事过种子业务或类似业务上有1年经验的人

04 버섯의 진정한 생식기관으로서 포자를 만드는 영양체이며, 종이나 속에 따라 고유의 형태를 가지는 것은?

① 균사　② 협구
③ 자실체　④ 턱받이

下列选项中作为蘑菇真正的生殖器官是生成孢子的营养体，根据"种"或"属"持有固有形态的是?
① 菌丝
② 峡口
③ 子实体
④ 环形物(环带)

05 법령상 버섯 종균 품종보호 요건으로 해당하지 않는 것은?

① 안전성　② 신규성
③ 구별성　④ 균일성

法律上蘑菇菌种种类保护条件中不符合的是?
① 安全性　② 新颖性
③ 区别性　④ 均一性

06 버섯 생육실에 필요하지 않은 장치 및 기기는?

① 가습기　　② 급수기
③ 냉난방기　④ 환기장치

中文 蘑菇生育室内不必要的设备或仪器是?

① 加湿器　　② 供水器
③ 供冷暖设备　④ 换气装置

07 고압살균기에 필요한 구성요소가 아닌 것은?

① 압력계　　② 온도계
③ 중량계　　④ 수증기 주입구

中文 下列要素中不是高压杀菌机器的必要构成要素的是?

① 压力计　　② 温度计
③ 重量计　　④ 水蒸气注入口

08 고압살균 작업에 대한 설명으로 옳지 않은 것은?

① 98~104℃에서 4시간 이상 살균한다.
② 살균제나 항생제 등 화학적 물질이 사용되지 않는다.
③ 살균 과정 중간에는 반드시 배기 과정을 거쳐 열의 순환이 잘 이뤄져야 한다.
④ 상압살균보다 안정적인 방법이라 할 수 있다.

中文 下列对高温杀菌作业说明不正确的是?

① 98~104℃的条件下杀菌 4小时以上。
② 不使用杀菌剂或抗生剂等化学物质。
③ 杀菌过程中必须通过排期过程, 使热正常循环。
④ 可视为比常温杀菌更稳定的方法。

09 종균을 접종하는 무균실의 관리방법으로 적절하지 않은 것은?

① 습도를 70% 이하로 관리한다.
② 온도를 15~20℃ 정도로 유지한다.
③ 소독약제 살포 후 바로 작업한다.
④ 여과된 무균상태의 공기 속에서 작업한다.

中文 下列种菌接种无菌室的管理方法说明中不符合的是?

① 湿度管理在 70% 以下。
② 温度维持在 15~20℃。
③ 撒布消毒药剂后立即进行作业。
④ 在过滤后无菌状态的空气中进行作业。

10 무균실에 필요한 도구 및 장치가 아닌 것은?

① 에틸알코올　② 자외선 램프
③ 무균 필터　　④ 스트렙토마이신

中文 无菌室内不需要的设备或仪器是?

① 乙醇　　　② 紫外线灯
③ 无菌滤器　④ 链霉素

11 표고버섯과 양송이버섯은 분류학상 어느 것에 해당되는가?

① 자낭균　② 불완전균
③ 조상균　④ 담자균

中文 香菇和双孢菇的分类中正确的是?

① 子囊菌　② 不完全菌
③ 根状军　④ 担子菌

12 느타리버섯의 1핵 균사와 2핵 균사를 구별할 수 있는 것은?

① 소포체　　② 분생포자
③ 꺽쇠연결체　④ 미토콘드리아

中文 能区分平菇的一核与二核的是?

① 小孢子　② 分生孢子
③ 折铁纽带　④ 线粒体

13 우량 접종원의 특징으로 옳은 것은?

① 종균병 안쪽에 다양한 색을 띠는 것
② 종균의 상부에 버섯 자실체가 형성된 것
③ 종균의 줄무늬 또는 경계선 형성이 없는 것
④ 균사 색택이 엷고 마개를 열면 술 냄새가 나는 것

中文 下列关于优良接种体特征的说法正确的是?
① 种菌瓶内侧显多种颜色
② 种菌的上部形成蘑菇的子实体
③ 无种菌的条纹或界限形成
④ 菌丝色泽浅薄,开盖有酒味

14 자실체에서 분리한 절편은 페트리디시 내 배지의 어느 부위에 이식하는 것이 균사생장을 관찰하기에 가장 적당한가?
① 배지 하단부위
② 배지 중앙부위
③ 배지 상단부위
④ 배지 부위에 관계없음

中文 子实体中分离的节片需要放置在细菌培养皿内培养基的什么位置最适合观察细菌生长?
① 培养基下端部 ② 培养基中端部
③ 培养基上端部 ④ 不与培养基位置相关

15 버섯 균주 보존 방법으로 적합하지 않은 것은?
① 동결건조법 ② 유동파라핀봉입법
③ 토양보존법 ④ 상온장기저장법

中文 蘑菇菌株保管方法的说明中正确人的?
① 冻结干燥法 ② 流动石蜡涂层法
③ 土样保存法 ④ 常温长期储存法

16 곡립배지에 대한 설명으로 옳지 않은 것은?
① 찰기가 적은 것이 좋다.
② 주로 양송이버섯 종균으로 사용한다.
③ 밀, 수수, 벼를 주로 사용한다.
④ 제조 시 너무 오래 물에 끓이면 좋지 않다.

中文 下列谷粒培养基的说明中错误的是?
① 粘性越少越好。
② 主要是用双孢菇种菌。
③ 主要使用 麦,高粱,大米。
④ 制造时不适合长时间用水煮。

17 곡립종균 배양 시 균덩이가 형성되는 원인은?
① 배지의 수분함량이 낮을 때
② 퇴화된 원균을 사용하였을 때
③ 배지의 산도가 낮을 때
④ 배지를 흔들었을 때

中文 谷粒种菌培养时出现菌类块的原因是?
① 培养基的水分含量低
② 使用退化的原菌
③ 培养基的酸性度低
④ 晃动培养基

18 버섯 원균 배양에 주로 사용하는 배지는?
① 증류수 한천 배지
② 차펙스(Czapek's) 배지
③ YM배지
④ 퇴비 추출 배지

中文 蘑菇原菌培养中主要使用到的培养基是?
① 蒸馏水寒天培养基 ② 察氏(Czapek's) 培养基
③ YM 培养基 ④ 堆肥 提取培养基

19 양송이버섯 퇴비배지의 구비조건으로 적합하지 않은 것은?
① 양송이균의 생장을 저해하는 유해물질이 없어야 한다.
② 양송이균과 다른 균이 공생하면서 함께 잘 자라야 한다.
③ 양송이균의 생장에 알맞은 물리적 성질을 갖추어야 한다.
④ 양송이균의 생장 및 자실체 형성에 알맞은 영양분을 함유해야 한다.

中文 双孢菇堆肥培养基的具备条件中不适合的是?
① 不可含有阻碍双孢菌生长的有害物质。
② 双暴君与其他菌应共生并良好生长。
③ 应具备双孢菌的生长中适合的物理性质。
④ 要含有双孢菌的生长及子实体适合形成的营养成分。

20 톱밥배지 제조에 주로 사용되는 수종이 아닌 것은?
① 참나무류　② 포플러류
③ 아까시나무　④ 소나무

中文 锯屑培养基中不为主要使用树种的是?
① 橡树类　② 白杨树类
③ 刺槐　④ 松树

21 액체 상태의 균주를 접종하는 기구는?
① 피펫　② 백금구
③ 균질기　④ 진탕기

中文 接种液体状态菌株的器具是?
① 移液管　② 白金具
③ 菌质器　④ 振荡器

22 곡립배지 제조 시 배지의 pH를 조절하기 위하여 주로 사용하는 재료는?
① 쌀겨　② 밀기울
③ 키토산　④ 탄산석회

中文 谷粒培养基制造时为了调整培养基的pH所使用的材料是?
① 米糖　② 麦麸
③ 壳聚糖　④ 碳酸石灰

23 양송이버섯 재배를 위한 퇴비배지의 주재료로 적합하지 않은 것은?
① 밀짚　② 말똥
③ 볏짚　④ 톱밥

中文 不适合栽培双孢菇堆肥培养基的主材料是什么?
① 麦秸秆　② 马粪
③ 稻草　④ 锯末

24 양송이버섯 재배를 위한 퇴비배지의 물리성을 개선하기 위해 첨가하는 것은?
① 쌀겨　② 요소
③ 석고　④ 계분

中文 从物理性改善栽培双孢菇堆肥培养基可添加的是?
① 米糠　② 尿素
③ 石膏　④ 鸡粪

25 주로 액체종균을 사용하지 않는 버섯은?
① 동충하초
② 팽이버섯
③ 양송이버섯
④ 큰느타리버섯

中文 主要不使用液体种菌的蘑菇是?
① 冬虫夏草　② 金针菇
③ 双孢菇　④ 大平菇

26 느타리버섯 비닐멀칭 균상재배의 종균접종 및 배양관리에 대한 설명으로 옳지 않은 것은?
① 접종할 톱밥종균은 콩알 크기로 부수어 사용한다.
② 종균은 배지의 중앙에만 접종하여 오염을 방지한다.
③ 멀칭하는 비닐의 색깔은 흑색, 백색, 청색도 가능하다.
④ 균사배양 온도는 배지 속이 25~30℃가 되도록 유지한다.

中文 如下对平菇塑料包裹菌上栽培的种菌接和培养管理说明不对的是?
① 要接种的锯末种菌粉碎成豆粒大小使用
② 把种菌接种到培养基的中心就可以防止污染
③ 包裹用的塑料的颜色是黑色, 白色, 青色都可以
④ 菌丝培养得培养基芯温度要保持在25~30 C

27 느타리버섯 병재배에 필요 없는 시설은?
① 배양실
② 생육실
③ 억제실
④ 배지냉각실

中文 평고병培养不需要的设施是什么?
① 培养室
② 生育室
③ 抑制室
④ 培养基冷却室

28 버섯 균사체를 활력 있게 배양 증식시키기 위한 배지에 대한 설명으로 옳지 않은 것은?
① 양송이버섯은 퇴비추출배지를 주로 이용한다.
② 영지버섯은 감자배지를 주로 이용한다.
③ 원균의 증식 보존에는 합성배지를 주로 이용한다.
④ 천연배지와 합성배지로 구분한다.

中文 为了更好地培养增殖蘑菇的菌丝体下列说明中错误的是?
① 双孢菇主要使用堆肥提取培养基。
② 灵芝菇主要是用土豆培养基。
③ 原菌的保存中主要是用合成培养基。
④ 区分天然培养基与合成培养基。

29 감자배지를 1.5L 조성하려 할 때 소요되는 설탕의 양은?
① 20g   ② 300g
③ 200g   ④ 30g

中文 组成1.5L的土豆培养基时所需糖的量?
① 20g   ② 300g
③ 200g   ④ 30g

30 곡립종균 배양 시 유리수분 생성원인과 관계가 적은 것은?
① 배지의 수분이 과다할 때
② 배양 후 저장실로 바로 옮기지 않을 때
③ 에어컨 또는 외부의 찬공기가 주입될 때
④ 배양기간 중 극심한 온도변화가 있을 때

中文 与谷粒种菌培养时玻璃水分的产生原因不相干的是?
① 培养基的水分过多时
② 培养后未及时移到储存使
③ 空调或外部冷空气注入时
④ 培养期间有极端的温度变化时

31 톱밥배지 제조에 대한 설명으로 옳지 않은 것은?
① 재료가 신선하다면 탄산칼슘을 넣지 않아도 된다.
② 중앙 부위에 직경 1~2cm 정도의 구멍을 뚫는다.
③ 1L의 PP병에 톱밥배지를 900g 정도 넣는다.
④ 톱밥과 미강 혼합물을 톱밥배지로 쓴다.

中文 对锯末培养基制造的说明中不正确的是?
① 材料新鲜时可不添加碳酸钙。
② 中间位置开直径约1~2cm的洞。
③ 1L的 PP瓶中放入约900g的锯末。
④ 锯末和米糖的混合物当锯末培养基使用。

32 버섯종균 접종 방법으로 가장 부적절한 것은?
① 접종기는 사용 전 화염소독을 철저히 한다.
② 접종실의 자외선등을 켜고 작업한다.
③ 접종용기는 70% 에탄올로 살균한다.
④ 배지의 표면에 접종원이 덮이도록 접종한다.

中文 蘑菇种菌接种方法中不适合的是?
① 接种器使用前彻底进行火焰消毒。
② 接种室打开紫外线进行作业。
③ 接种容器使用70% 酒精进行杀菌。
④ 接种时应培养基表面以接种源覆盖位置进行接种。

33 종균을 접종하고 배양과정 중에서 잡균이 발생하였을 때 예상되는 잡균발생 원인으로 가장 거리가 먼 것은?

① 종균병 입구를 솜마개로 느슨하게 막고 보관했을 때
② 더운 여름날 알코올램프를 끄고 작업했을 때
③ 접종기구 사용 시 바닥에 내려놓았을 때
④ 종균병에 면전 삽입 후 살균 과정에서 솜마개를 조금 태웠을 때

中文 接种种菌后培养过程中发生杂菌的原因说明中几率最微小的是?
① 种菌瓶入口海绵团未密封紧密导致
② 炎热夏天关闭酒精灯进行了作业导致
③ 接种器具使用时放置在了地面上导致
④ 种菌瓶中放入后杀菌过程中把棉垫稍微烧焦导致

34 느타리버섯 종균 제조에 알맞은 톱밥 : 쌀겨의 첨가비율은?

① 톱밥 : 쌀겨 = 5 : 5
② 톱밥 : 쌀겨 = 4 : 6
③ 톱밥 : 쌀겨 = 8 : 2
④ 톱밥 : 쌀겨 = 2 : 8

中文 平菇种菌制造中正确的锯末 : 米糠的添加比例是?
① 锯末 : 米糠 = 5 : 5 ② 锯末 : 米糠 = 4 : 6
③ 锯末 : 米糠 = 8 : 2 ④ 锯末 : 米糠 = 2 : 8

35 주로 곡립종균으로 재배하는 버섯은?

① 팽이버섯   ② 영지버섯
③ 양송이버섯   ④ 표고버섯

中文 主要以谷粒种菌进行栽培的蘑菇是?
① 金针菇   ② 灵芝
③ 双孢菇   ④ 香菇

36 버섯을 건조하여 저장하는 방법이 아닌 것은?

① 가스저장   ② 열풍건조
③ 일광건조   ④ 동결건조

中文 下列说明中保管干燥蘑菇的方法中错误的是?
① 燃气储存   ② 热分干燥
③ 日光干燥   ④ 冻结干燥

37 표고버섯 원목재배의 종균접종 과정 중 적절하지 않은 것은?

① 접종용 원목은 참나무류를 선택한다.
② 집종용 원목의 수분함량이 40% 내외가 적합하다.
③ 접종용 종균은 직사광선을 받게 하여 갈색으로 만든다.
④ 종균은 10℃ 이하의 통풍이 양호한 냉암소에 보관한다.

中文 香菇原木栽培的种菌接种过程中不适当的是?
① 接种用原木选择橡木类。
② 接种用原木选择水分量在40%内外的最为合适。
③ 接种用种菌使用直射光线进行颜色变化。
④ 种菌保管在 10 C 以下通风良好的冷暗室进行保管。

38 균주 보존하는 방법 중 적당한 배지에 배양한 후 저온 또는 실온에서 보관하고, 일정기간이 지난 후에 신선한 배지로 이식하여 배양하고 다시 보관하는 보존법은?

① 광유보존법   ② 물보존법
③ 액체질소보존법   ④ 계대배양보존법

中文 菌株保存方法中培养在适当的培养基后低温或室温保管, 一定时间后移植到新鲜培养基培养后重新进行保管的保管方法是?
① 光油保存法   ② 水保存法
③ 液体氮气保存法   ④ 继代培养保存法

39 생표고버섯을 주로 가해하는 해충으로만 올바르게 나열한 것은?

① 민달팽이, 곡식좀나방
② 털두꺼비하늘소, 나무좀
③ 민달팽이, 응애
④ 털두꺼비하늘소, 톡토기

中文 危害生香菇的主要害虫中, 正确罗列的是?
① 斑蛞蝓, 谷物蛾子
② 毛天牛蟾蜍, 树蠹
③ 斑蛞蝓, 螨
④ 毛天牛蟾蜍, 黄钩圆跳虫

40 버섯 원균의 액체질소보존법에 대한 설명으로 옳은 것은?

① −20℃에서 보존하는 방법이다.
② 보호제로 10% 젤라틴을 사용한다.
③ 보존방법 중에서 가장 저렴하다.
④ 초저온보존법으로 장기간 보존할 수 있는 방법이다.

中文 蘑菇原菌的液体氮气保存方法说明中正确的是?
① -20 C 状态下保存。
② 以10%动物胶当保护剂使用。
③ 保存方法中最为廉价。
④ 用超低温度保存法进行保存。

41 팽이버섯 종균에 잘 발생하지 않는 잡균은?

① 푸른곰팡이　② 잿빛곰팡이
③ 흑곰팡이　　④ 누룩곰팡이

中文 金针菇种菌中不易发生的杂菌是?
① 青霉　② 灰霉
③ 黑霉　④ 绿霉

42 원목에 침입 기생하여 버섯균과 양분을 놓고 경쟁하는 것은?

① 먼지　　　② 민달팽이
③ 목재부후균　④ 버섯파리

中文 侵入寄生到原木中与蘑菇菌竞争养分的是?
① 灰尘　② 斑蛞蝓
③ 腐木菌　④ 菇蝇

43 액체종균 배양 중 배지의 색깔을 하얗게 변색시키고 공기 배출구에서 비릿한 냄새를 유발시키는 오염균의 종류는?

① 뮤코
② 세균
③ 페니실리움
④ 아스퍼길러스

中文 液体种菌培养中使培养基的颜色变更为白色, 空气排出口中发腥臭味的污染菌种类是?
① 毛霉菌　② 细菌
③ 毛从　　④ 曲霉属真菌

44 양송이에 발생하는 병해균에 대한 설명으로 옳지 않은 것은?

① 바이러스병에 감염된 균은 자실체 생육이 비정상적으로 빨라진다.
② 세균성갈반병은 갓 표면에 황갈색의 점무늬를 띠면서 점액성으로 부패한다.
③ 마이코곤병은 버섯의 갓과 줄기에 발생하며, 갈색물이 배출되면서 악취가 난다.
④ 푸른곰팡이병은 배지나 종균에 발생하며, 포자는 푸른색을 띠고 버섯균사를 사멸시킨다.

中文 双孢菇中发生的病害菌的说明中错误的是?
① 被病菌感染的菌类子实体剩余格外快速。
② 细菌性褐斑病使伞面显黄褐色斑点以粘液性腐蚀。
③ 疣孢霉发生在蘑菇的伞面及茎部, 分泌棕色液体并散发恶臭。
④ 青霉发生在培养基或种菌, 孢子显青色杀死蘑菇菌丝。

45 버섯에 거미줄 같은 실을 분비하여 피해를 주는 유충은?

① 세시드(Cecid)
② 마이세토필(Mycetophil)
③ 포리드(Phorid)
④ 시아리드(Sciarid)

[中文] 分泌类似蜘蛛网的分泌物对蘑菇有害的的幼虫是?

① 瘿蚊科(Cecid)
② 菌蚊科(Mycetophil)
③ 蚤蝇(Phorid)
④ 菇蚊(Sciarid)

46 느타리버섯에 피해를 일으키는 트리코더마(Trichoderma)의 완전세대로 알려진 병원균은?

① Hypocrea
② Aspergillus
③ Penicillium
④ Gliocladium

[中文] 对平菇有害的木霉属(Trichoderma)的完全时代病原菌是?

① Hypocrea   ② Aspergillus
③ Penicillium   ④ Gliocladium

47 느타리버섯의 균사 배양 온도로 가장 알맞은 것은?

① 15~20℃   ② 20~25℃
③ 25~30℃   ④ 30~35℃

[中文] 平菇的菌丝培养温度最为合适的是?

① 15~20 C   ② 20~25 C
③ 25~30 C   ④ 30~35 C

48 양송이버섯 자실체의 조직을 분리하여 배양할 때의 적당한 온도는?

① 10~15℃   ② 20~25℃
③ 5~10℃   ④ 30~35℃

[中文] 双孢菇子实体分离组织进行培养时适当的温度是?

① 10~15℃   ② 20~25℃
③ 5~10℃   ④ 30~35℃

49 자실체 발생의 최적 온도가 5~18℃에 해당하는 것은?

① 잎새버섯
② 목이버섯
③ 팽이버섯
④ 느타리만가닥버섯

[中文] 子实体产生的最佳温度是5~18℃的菌类是?

① 贝叶多孔菌   ② 木耳
③ 金针菇   ④ 榆干离褶伞

50 노루궁뎅이버섯 균사의 생육 가능온도와 최적온도로 옳은 것은?

① 5~40℃, 22~25℃
② 5~40℃, 12~15℃
③ 6~30℃, 22~25℃
④ 6~30℃, 12~15℃

[中文] 猴头菇菌丝可生育的温度及最为适合的温度是?

① 5~40℃, 22~25℃
② 5~40℃, 12~15℃
③ 6~30℃, 22~25℃
④ 6~30℃, 12~15℃

51 표고버섯 균사가 생장하는 최적 온도는?

① 약 5℃   ② 약 15℃
③ 약 25℃   ④ 약 35℃

[中文] 香菇菌丝生长最为适合的温度是?

① 约 5 C   ② 约 15 C
③ 约 25 C   ④ 约 35 C

52 상황버섯을 비닐하우스에서 톱밥재배로 균상재배 시 버섯 품질을 향상시키기 위한 재배사의 환경조건으로 옳지 않은 것은?

① 온도는 25~30℃로 한다.
② 습도는 90~95%로 한다.
③ 조도는 500~1000Lux로 한다.
④ 이산화탄소 농도는 0.3~0.6%로 한다.

桑黄菇在塑料薄膜温室中以锯末培养基进行菌状培养时，为了提高蘑菇品质栽培司的环境条件说明中错误的是？
① 温度在25~30℃。
② 湿度在90~95%。
③ 照度在500~1000Lux。
④ 二氧化碳浓度在0.3~0.6%。

53 아열대지방에서 생육하는 버섯을 제외한 일반적인 종균의 저장온도 범위는?

① 0~5℃   ② 5~10℃
③ 10~15℃ ④ 15~20℃

除在亚热带地区生育的蘑菇外，一般种菌的储存温度范围是？
① 0~5℃   ② 5~10℃
③ 10~15℃ ④ 15~20℃

54 버섯 원균 분리방법이 아닌 것은?

① 조직분리
② 세포융합
③ 다포자 발아
④ 균사절편 이식

蘑菇原菌分离方法中错误的是？
① 组织分离
② 细胞融合
③ 多孢子发芽
④ 菌丝节片移植

55 양송이버섯 재배 시 종균 접종 후 복토에 가장 알맞은 시기는?

① 퇴비 내 균사 밀도가 10~20% 활착될 때
② 퇴비 내 균사 밀도가 30~40% 활착될 때
③ 퇴비 내 균사 밀도가 50~60% 활착될 때
④ 퇴비 내 균사 밀도가 70~80% 활착될 때

双孢菇栽培时种菌接种后富土的最佳时机是？
① 堆肥内菌丝密度在10~20% 活着时
② 堆肥内菌丝密度在30~40% 活着时
③ 堆肥内菌丝密度在50~60% 活着时
④ 堆肥内菌丝密度在70~80% 活着时

56 표고버섯 원목재배 시 본눕히기에 대한 설명으로 옳지 않은 것은?

① 베갯목 쌓기의 1열당 길이는 10m로 한다.
② 베갯목 쌓기의 가장자리는 굵은 것을, 가운데는 가는 것을 놓는다.
③ 우물 정자 쌓기의 전체 높이를 1m 이내로 한다.
④ 우물 정자 쌓기는 습하지 않은 재배장에 바람직하다.

香菇原木栽培时耕地说明中错误的是？
① 筑枕颈应每列长度为10m。
② 筑枕颈的中间位置应防止粗的，两边放置细的。
③ 筑井水亭子以全高度的1mm以内。
④ 筑井水亭子适合在不湿的栽培场进行。

57 표고버섯 원목재배 시 자실체 발생을 촉진하기 위한 방법으로 옳지 않은 것은?

① 기온이 원기 형성 온도가 되는 시기에 많은 양의 살수가 필요하다.
② 원목의 굵기가 가는 것이 빨리 발생하므로 굵기별로 구분하여 관리한다.
③ 차광막(90% 이상)을 씌운다.
④ 원목의 상하 뒤집기 작업을 수시로 한다.

🇨🇳 香菇原木栽培时促进子实体产生的方法中错误的是?
① 气温在元气形成温度的时期需要大量洒水。
② 原木的稍微细的发生速度快, 因此按照原木的粗细区分进行管理。
③ 用隔光膜(90% 以上)罩住。
④ 原木的上下翻动作业需频繁进行。

58 표고버섯 재배용 원목의 벌채 조건으로 가장 적합한 것은?
① 나무의 수피가 벗겨져 있고 수액 유동이 정지된 시기
② 나무의 수피가 벗겨져 있고 수액 유동이 활발한 시기
③ 나무의 수피가 벗겨지지 않고 수액 유동이 정지된 시기
④ 나무의 수피가 벗겨지지 않고 수액 유동이 활발한 시기

🇨🇳 香菇栽培用原木的采伐条件最为合适的是?
① 树的树皮剥落并树液流动停止的时期
② 树的树皮剥落并树液流动活跃的时期
③ 树的树皮未剥落并树液流动停止的时期
④ 树的树皮未剥落并树液流动活跃的时期

59 느타리버섯 균상 솜(폐면)재배 시 야외발효에 관한 설명으로 옳은 것은?
① 고온, 혐기성 발효가 되도록 한다.
② 가급적 야외 퇴적기간을 길게 한다.
③ 발효가 진행될수록 솜배지 더미를 크게 쌓는다.
④ 솜배지 더미의 상단부 온도가 60~65℃일 때 뒤집기를 한다.

🇨🇳 平菇菌状棉(络棉)栽培时野外发酵相关说明中正确的是?
① 可进行高温, 厌氧性发酵。
② 尽可能长时间进行野外堆放。
③ 发酵时间越长棉培养基应堆得越大。
④ 棉培养基堆得上端部温度在 60~65 C时进行掀翻。

60 수확한 버섯의 호흡에 대한 설명으로 옳지 않은 것은?
① 호흡은 호기성 호흡과 혐기성 호흡으로 구분할 수 있다.
② 호흡을 통해서는 조직 내에서는 기질의 소모나 성분의 변화에는 영향이 없다.
③ 호흡을 통하여 생성된 호흡열에 의해 호흡작용을 더욱 촉진시켜 버섯의 열화를 촉진시키는 원인이 된다.
④ 호기성 호흡의 경우 산소의 존재 하에 탄수화물을 이용하여 이산화탄소, 물 및 휘발성 유기산을 생성한다.

🇨🇳 收获的蘑菇呼吸相关说明中错误的是?
① 呼吸可分为喜氧性和厌氧性。
② 通过呼吸在组织内对机质消耗及成分变化无影响。
③ 通过呼吸生成的呼吸热使促进呼吸作用, 达到促进蘑菇的热化。
④ 喜氧性呼吸时氧气存在的情况下使用碳水化物生成二氧化碳, 水及挥发性有机物。

정답 및 해설

제4회 버섯종균기능사 필기 기출복원문제

01	02	03	04	05	06	07	08	09	10	11	12	13	14	15	16	17	18	19	20
①	②	②	③	①	②	③	①	③	④	④	③	③	②	④	③	②	③	②	④

21	22	23	24	25	26	27	28	29	30	31	32	33	34	35	36	37	38	39	40
①	④	④	③	③	③	④	③	②	③	②	②	③	④	③	①	③	④	③	④

41	42	43	44	45	46	47	48	49	50	51	52	53	54	55	56	57	58	59	60
②	②	②	①	②	①	②	②	③	③	③	④	②	②	④	①	④	③	④	②

01 보증의 유효기간으로는 시행규칙 제 21조에 의거 버섯은 1개월, 감자 · 고구마는 2개월, 맥류 · 콩은 6개월, 채소는 2년, 그밖의 작물은 1년이다.

中文 保证的有效期根据试行规则第21条, 蘑菇为1个月, 土豆 · 地瓜为2个月, 麦类 · 豆类为6个月, 蔬菜为两年, 除此之外的农作物为1年。

02 품종 보호권의 존속기간은 제55조에 의거 20년이다. 다만 과수와 임목의 경우에는 25년이다.

中文 品种保护册的存续期限根据第55条为20年, 但果树与树木的情况为25年。

03 종자관리사의 자격 기준으로 버섯종균기능사 자격을 취득한 사람으로서 자격 취득 전후의 기간을 포함하여 종자 업무 또는 유사한 업무에서 3년 이상 종사한 사람을 말한다.

中文 种子管理师的资格基准为取得蘑菇种菌技能师资格证的人, 包含取得资格证前后期间种子业务或类似业务中从事三年以上的人员。

04 자실체는 진정한 생식기관으로서 포자를 만드는 영양체이다.

中文 子实体的真正作为生殖器官制造孢子的营养体。

05 품종보호 요건으로는 안정성, 신규성, 구별성, 균일성이다.

中文 品种保护重要的是安全性, 新颖性, 区别性, 均一性。

06 급수기는 일정 수위를 지키는 기계이다.

中文 供水器是保持一定水位的机器。

07 중량계는 물체의 중량을 측정하는 계기이며, 고압살균기의 구성요소에 해당되지 않는다.

中文 重量器是测量物理重量的机器, 不符合高压杀菌器的构成要素。

08 고압살균기는 121℃에서 삼각플라스크는 20분, 생육배지는 60~90분 살균한다.

中文 高温杀菌器在121℃的条件下, 对三角烧瓶进行20分钟并对生育培养基进行60~90分钟的杀菌。

09 소독약제 살포 후 1~2시간 후에 작업한다.

中文 消毒药剂散布1~2小时后进行作业。

10 스트렙토마이신은 방선균의 일종인 항생물질이다.

中文 链霉素为放线菌种类的一种抗生物质。

11 표고버섯(자웅이주성)과 양송이버섯(자웅동주성)은 담자균에 속한다.

中文 香菇(雌雄异宗配合)与双孢菇(雌雄同宗配合)属于担子菌。

12 1핵 균사에서는 꺽쇠연결체가 없다.

中文 1核菌丝中无折铁纽带。

13 줄무늬 또는 경계선 형성이 있다면 세균이 있는 불량 종균이다.

中文 如有条纹或界线形成, 说明有不良种菌。

14 배지의 중앙부위에 놓아 균사가 콜로니를 형성하면서 균사체가 많아지는 모습을 잘 볼 수 있다.

中文 放置在培养基的中央部位使菌丝形成菌落轻松看得见菌丝体变多的状况。

15 균주의 보존 방법으로 상온에 장기 저장을 하게 되면 노화되어 사용하기 어렵다.
中文 菌株的保存方法中常温下长期保存时会发生老化不易使用。

16 곡립배지로 밀과 수수는 사용할 수 있지만 벼는 사용되지 않는다.
中文 谷粒培养基可食用麦和高粱，但不使用水稻。

17 균덩이가 형성되는 원인으로 퇴화된 원균을 사용하거나 수분함량이 높을 때, 배지의 산도가 높을 때, 배지를 흔들어주지 않았을 때이다.
中文 菌团形成的原因为使用退化的原菌或水分高的时候，培养基的酸度高的时候，不晃动培养基的时候。

18 원균 배양에 주로 사용하는 배지는 PDA(Potato Dextrose Agar)이고 YM(Yeast Malt)도 사용한다.
中文 培养原菌的时候主要使用的培养基是PDA(Potato Dextrose Agar)，也会使用YM(Yeast Malt)。

19 양송이균과 다른 균이 공생하지 않고 양송이균만 잘 자라야 한다.
中文 双孢菌与其他菌不共生，应该仅有双孢菌良好生长。

20 주로 활엽수를 이용하며 소나무는 침엽수로서 잘 사용되지 않는다.
中文 主要利用阔叶树，松树为针叶树不常使用。

21 백금구는 계대배양 시, 균질기는 종균으로 사용하기 전에 뭉쳐진 균을 균일하게 갈아줄 때, 진탕기는 삼각플라스크병의 균을 배양할 때 사용하는 기구이다.
中文 在界代培养时均质器是在种菌只用前为了拆开成团的菌时使用，搅拌机在三角器皿中培养菌时使用。

22 곡립배지 제조 시 pH를 조절하기 위하여 탄산칼슘(석회)을 이용한다.
中文 谷粒培养基制造时为了调节pH会利用碳酸钙(石灰)。

23 양송이버섯의 퇴비배지 주재료로는 톱밥이 사용되지 않는다.
中文 作为双孢菇的堆肥培养基主要材料会使用锯末。

24 퇴비배지의 물리성을 개선하기 위해서 석고를 사용한다.
中文 为了堆肥培养基物理性的改善会使用石膏。

25 양송이버섯은 곡립종균을 사용한다.
中文 双孢菇使用谷粒菌种。

26 종균은 배지의 중앙에만 접종을 하는 것보다 표면전체를 접종하는 것이 오염을 방지한다.
中文 接种种菌时比只接种在中央，接种在表面所有地方更为防治污染。

27 억제실을 필요로 하는 버섯은 팽이버섯이다.
中文 需要抑制室的蘑菇是金针菇。

28 원균의 증식 보존에는 PDA배지를 주로 이용한다.
中文 原菌的增值保存中主要是用PDA培养基。

29 감자배지 1L 조성 시 감자 200g, 설탕 20g, 한천 20g이 필요하므로 1.5L에는 설탕 30g이 필요하다.
中文 土豆培养基1L组成时需要土豆200g，糖20g，寒天20g，因此组成1.5L时需要30g。

30 유리수분 생성원인으로 수분이 과다할 때, 외부의 찬공기 유입, 온도변화가 많을 때이다.
中文 玻璃水分生成原因是水分过多，流入外部冷空气，温度变化多时。

31 1L의 PP병에 650g 정도 넣는다.
中文 1L的PP瓶中放650g左右。

32 접종 시 자외선등을 켜고 작업할 경우 화상의 위험이 있으므로 끄고 작업한다.
中文 接种时开着紫外线灯进行作业会有火伤危险，因此关闭后进行作业。

33 잡균발생의 예상원인으로 면전 삽입 후에 조금 태웠을 때는 거리가 멀다.
中文 发生杂菌的预想原因有棉垫插入后有少许烧焦的情况不现实。

34 톱밥과 쌀겨의 비율은 8:2이다.
中文 锯末和米糖的比例为8:2。

35 곡립종균을 사용하는 버섯은 양송이버섯이다.
中文 使用谷粒种菌的蘑菇是双孢菇。

36 가스저장은 건조에 해당하는 방법이 아니다.
中文 燃气储存是不属于干燥的方法。

37 직사광선을 받지 않게 관리하여야 한다.
   中文 应管理好不受直射光线。

38 균주를 보관할 경우 계대배양보존법을 많이 사용한다.
   中文 保管菌株时多使用继代培养保存法。

39 생표고버섯 가해 해충으로는 민달팽이, 톡토기, 큰무늬벌레 등이 있다.
   中文 生香菇有害害虫有斑蛞蝓, 黄钩圆跳虫, 大纹虫等。

40 액체질소보존법은 −196℃의 액체질소를 사용하며 동결보호제로는 글리세린과 포도당을 이용한다.
   中文 液体氮气保存法是使用-196℃的液体氮气, 丙三醇及葡萄糖以冻结保护剂使用。

41 잿빛곰팡이병은 기주범위가 넓고 비교적 저온에서 발생한다. 특히 억제재배의 후기 이후부터 다음 해의 봄까지 주로 저온기의 시설재배에서 많이 발생한다.
   中文 灰霉病寄主范围广发生在较低的温度, 特别是在抑制栽培后期以后开始下年春天为止主要低温期的设施栽培时多发。

42 원목에서 버섯균과 경쟁하는 것은 목재부후균이다.
   中文 在原木中与蘑菇菌竞争的是木材腐朽菌。

43 액체종균 배양 중 하얀 색깔과 비릿한 냄새는 세균의 오염이다.
   中文 液体种菌培养中颜色发白及发腥臭味表示细菌污染。

44 바이러스병이 발생하면 배양 중인 균사체가 자라지 못하게 되는 스톱 현상이 올 수 있다.
   中文 病菌病发生时培养中的菌丝体停止生长, 会发生停止现象。

45 세시드는 유태생을 하며 거미줄 같은 실은 분비하는 것은 마이세토필이다.
   中文 瘿蚊科为幼虫分泌蜘蛛网状的丝, 叫做菌蚊科。

46 이 병은 균사체에 직접 포자가 발생하여 푸른색을 띠는 것은 불완전 세대이며, 이들의 완전세대는 하이포크리아 속에 속한다.
   中文 该病为菌丝体中直接发生孢子显青色表示不完全世代, 它们的完全世代属于绿色木霉菌属。

47 일반 균사 배양 온도는 25℃이며, 고온성 버섯은 25~30℃의 배양 온도가 적온이다.
   中文 一般菌丝培养温度为25℃, 高温型蘑菇最为合适的培养温度为25~30℃。

48 자실체의 조직을 분리하여 배양할 때의 온도는 25℃ 정도이다.
   中文 分离子实体的组织进行培养时温度约为25℃。

49 팽이버섯은 자실체 발생의 최적 온도가 12±2℃이다.
   中文 金针菇的子实体发生最佳温度是12±2℃。

50 균사최적온도는 25℃이고 생육가능온도가 35℃를 넘으면 사멸한다.
   中文 菌丝最佳温度是25℃, 可生育的温度超过35℃会导致死灭。

51 표고버섯 균사생장 최적온도는 25℃이다.
   中文 香菇菌丝生长的最佳温度是25℃。

52 상황버섯의 재배사 환경조건의 이산화탄소 적정 농도는 1,500ppm(0.15%)이다.
   中文 桑黄菇的栽培司环境条件中二氧化碳的合适浓度是1,500ppm(0.15%)。

53 아열대지방의 종균 저장 온도는 10~15℃이고 일반적인 종균저장온도는 5~10℃이다.
   中文 亚热带地区的种菌储存温度为10~15℃, 一般种菌储存温度为5~10℃。

54 버섯 원균 분리 방법으로 조직분리와 계대배양(이식)과 포자발아 방법이 있다.
   中文 蘑菇原菌分离方法有组织分离, 界代培养(移植)及包子发芽。

55 복토의 알맞은 시기는 균사가 70~80% 활착이 되었을 때이다.
   中文 富土合适的时期为菌丝有70~80%活着的时候。

56 표고버섯 원목재배 시 베겟목 1개당 5본 이하로 한다.
   中文 香菇原木栽培时每个枕颈做5隔以下本。

57 원목의 상하 뒤집기 작업을 수시로 하는 것은 균사를 골고루 배양하기 위한 작업이다.
   中文 及时进行原木的上下翻掀动作是为了均匀培养菌丝为目的。

58 원목의 벌채 조건으로는 수피가 벗겨지지 않고 수액 유동의 흐름이 정지된 시기인 10월 말~2월 초가 좋다.

中文 原木的伐采条件为未脱落树皮未输液应停止流动时期的10月末~2月初为最佳。

59 솜 폐면 재배 시 호기성 발효가 되도록 하며 야외발효는 2~4일 정도 하고 상부 온도가 60℃일 때 뒤집기를 한다.

中文 络棉栽培时保证能进行喜氧性发酵，户外发酵需进行2~4天后上部温度在60℃时进行翻掀。

60 수확한 버섯의 호흡이 조직 내에서 기질의 소모나 성분의 변화에 영향이 있다.

中文 收获蘑菇的呼吸对组织内机质消耗及成分变化有影响。

제5회 버섯종균기능사 필기 기출복원문제

01 무균실의 최적 온도에 해당하는 것은?
① 5℃ 이하
② 15~20℃ 정도
③ 30~35℃ 정도
④ 5~10℃ 정도

中文 无菌室最适合的温度是?
① 5℃ 以下　② 15~20℃ 左右
③ 30~35℃ 左右　④ 5~10℃ 左右

02 표고버섯 자실체에 대한 설명으로 옳지 않은 것은?
① 자실체는 갓, 주름살, 대로 구성되어 있다.
② 주름살과 대는 갈색이다.
③ 갓은 원형 또는 타원형이다.
④ 갓의 색깔은 담갈색이나 다갈색이다.

中文 对香菇子实体说明中错误的是?
① 子实体由盖子, 皱纹, 茎构成。
② 皱纹和茎的颜色是褐色。
③ 盖是圆形或椭圆形。
④ 盖的颜色是淡褐色或茶褐色。

03 팽이버섯 톱밥배지에 균사배양 시 온도 상승으로 인한 피해를 방지하기 위해 관리하는 배양실의 적당한 온도는?
① 10℃ 내외　② 18℃ 내외
③ 4℃ 내외　④ 25℃ 내외

中文 金针菇锯末培地上培养菌丝时为了防止温度上升导致灾害要设定的最佳温度是?
① 10℃ 内外　② 18℃ 内外
③ 4℃ 内外　④ 25℃ 内外

04 수확한 버섯에 대한 설명으로 옳지 않은 것은?
① 버섯 표피 조직은 납질층(왁스층)이 없어 수분이 쉽게 증발된다.
② 수분증발에 따른 건조현상은 버섯의 신선도에 영향을 미친다.
③ 버섯 내부 조직의 수분은 공기 중으로 쉽게 증발된다.
④ 버섯 균사 조직은 조밀 정도가 강하여 수분 증발이 쉽게 되지는 않는다.

中文 对收割的蘑菇错误的说明是?
① 蘑菇表皮组织没有蜡状组织, 所以水分容易蒸发。
② 因水分蒸发导致干燥的现象会影响到新鲜度。
③ 蘑菇内部组织的水分容易蒸发到空气。
④ 蘑菇菌丝组织稠密度高, 水分不容易蒸发。

05 버섯의 병재배 시 톱밥배지는 주로 어떤 살균기를 사용하는가?
① 고압순간 살균기　② 고압증기 살균기
③ 건열증기 살균기　④ 건열순간 살균기

中文 蘑菇瓶栽培时常用的杀菌机是?
① 高压瞬间杀菌器　② 高压蒸汽杀菌器
③ 干热蒸汽杀菌器　④ 干热瞬间杀菌器

06 표고버섯에 주로 발생하는 병균이 아닌 것은?
① 구름버섯균　② 푸른곰팡이병균
③ 미이라병균　④ 검은혹버섯균

中文 不是主要发生在香菇的病菌是?
① 云芝菌　② 绿霉病菌
③ 米粒病菌　④ 黑瘤蘑菇菌

07 버섯의 병재배 배지 제조시설 중에서 가장 높은 청정도가 요구되는 시설은?

① 작업실　　② 접종실
③ 균긁기실　　④ 배양실

中文 制造蘑菇瓶栽培培地时清洁度要求最高的设施是?

① 作业室　　② 接种室
③ 刮菌室　　④ 培养室

08 톱밥종균 제조에 대한 설명으로 옳지 않은 것은?

① 배지 재료를 1L병에 550~650g 정도 넣는다.
② 고압살균 시 변형 방지를 위하여 PE 재질의 병을 사용한다.
③ 미송톱밥보다 포플러톱밥의 품질이 더 좋다.
④ 재료가 혼합되면 물을 뿌리면서 여러 번 뒤집기를 반복하여 수분을 조절한다.

中文 制造锯末种菌错误的说明是?

① 在1L瓶上放入培地材料550~650g左右。
② 高压杀菌时为了防止变形使用PE材质的瓶子。
③ 白杨锯末比美松锯末品质更好。
④ 材料混合的话洒水, 重复几次翻转来调节水分。

09 표고버섯 수확 후 다음 표고버섯 발생을 위한 골목의 휴양기간으로 가장 적합한 것은?

① 60~70일 정도　　② 30~40일 정도
③ 120~13일 정도　　④ 90~100일 정도

中文 收割香菇后为了下次发生香菇, 最适合的椴木休养期间是?

① 60~70日左右　　② 30~40日左右
③ 120~130日左右　　④ 90~100日左右

10 담자균에 속하는 일반적인 버섯 생활사는 자실체→담자포자→균사체가 된 다음은 무엇으로 성장되는가?

① 균핵으로 된다.　　② 균사로 된다.
③ 균총으로 된다.　　④ 자실체로 된다.

中文 属于担子菌的一般蘑菇生命周期是子实体→担子孢子→菌丝体后下一个成长阶段是?

① 菌核　　② 菌丝
③ 菌丛　　④ 子实体

11 버섯 종균제조에 필요한 초자기구, 금속, 습열살균이 불가능한 재료 등을 살균하는 방법으로 습열살균보다는 덜 효과적이고, 140℃에서 3시간 정도 살균하는 것은?

① 고압살균　　② 화염살균
③ 건열살균　　④ UV살균

中文 蘑菇种菌制造时必要的硝子器具, 金属, 吸热杀菌方法能将不能杀菌的材料进行杀菌, 但比吸热杀菌更有效在140℃下进行3小时左右的杀菌是?

① 高压杀菌　　② 火焰杀菌
③ 干热杀菌　　④ UV杀菌

12 종균의 저장 및 관리요령으로 가장 부적절한 것은?

① 빛이 들어오지 않는 냉암소에 보관한다.
② 외기 온도와 동일하도록 저장한다.
③ 곡립은 균덩이 방지와 노화 예방에 주의한다.
④ 배양이 완료된 종균은 즉시 접종하는 것이 좋다.

中文 最不符合种菌储藏剂管理的要领是?

① 保管在光纤不能进入的冷暗室。
② 储藏温度与外界温度统一。
③ 谷粒是注意预防菌块形成和老化。
④ 培养的完了的立即接种的话最好。

13 흑목이버섯 톱밥재배 시 톱밥배지의 재료배합이 최적인 톱밥배지의 조건은?

① 포플러 톱밥 60% + 참나무 톱밥 40%
② 포플러 톱밥 40% + 참나무 톱밥 60%
③ 포플러 톱밥 75% + 참나무 톱밥 25%
④ 포플러 톱밥 25% + 참나무 톱밥 75%

中文 栽培黑木耳锯末时最适合的锯末培培地调配材料是?

① 白杨锯末 60% + 柞树锯末 40%
② 白杨锯末 40% + 柞树锯末 60%
③ 白杨锯末 75% + 柞树锯末 25%
④ 白杨锯末 25% + 柞树锯末 75%

14 재배중인 영지버섯 종균에 분쟁이 있을 시 피해자는 시험분석을 신청할 수 있는데 어느 기관에 신청해야 하는가?

① 시장·군수·구청장
② 농림축산식품부장관
③ 국립종자원장
④ 한국종균생산협회장

中文 栽培中的灵芝种菌由纷争时受害者可以申请试验的机构是?

① 市长·郡守·区厅长
② 农林畜牧食品副长科
③ 国立种子院长
④ 韩国种菌生产协会长

15 영지버섯의 수확기를 알 수 있는 갓 뒷면의 색깔은?

① 백색　　② 흑색
③ 회색　　④ 황색

中文 提示可以收割的灵芝盖背面的颜色是?

① 白色　　② 土色
③ 灰色　　④ 黄色

16 배양된 시험관의 원균보존을 위한 계대배양에 대한 조건으로 가장 적합한 것은?

① 1년에 1번 계대배양하며, −196℃에서 보존
② 1년에 1번 계대배양하며, 5℃에서 보존
③ 1년에 3~4회 계대배양하며, 5℃에서 보존
④ 1년에 3~4회 계대배양하며, −196℃에서 보존

中文 为了保存培养在实验管的原菌, 最适合的继代培养条件是?

① 继代培养一年一次, 保存温度是-196℃
② 继代培养一年一次, 保存温度是5℃
③ 继代培养一年3~4次, 保存温度是5℃
④ 继代培养一年3~4次, 保存温度是-196℃

17 느타리버섯에 주로 발생하는 버섯파리가 아닌 것은?

① 버섯혹파리
② 버섯등에파리
③ 긴수염버섯파리
④ 버섯벼룩파리

中文 不是常发生在平菇的菇蚊是?

① 蘑菇瘤蚊
② 蘑菇背上的蚊
③ 长菇蚊
④ 跳蚤菇蚊

18 배지를 살균하는 방법으로 고압살균에 대한 설명으로 옳지 않은 것은?

① 살균제나 항생제 등 화학적 물질이 사용되지 않는다.
② 상압살균보다 안정적인 방법이라 할 수 있다.
③ 98~104℃에서 4시간 이상 살균한다.
④ 살균 과정 중간에는 반드시 배기 과정을 거쳐 열의 순환이 잘 이뤄져야 한다.

中文 培地杀菌方法中错误的说明高压杀菌的说明是?
① 不使用杀菌剂或抗生剂等化学物质。
② 比常压杀菌方法更稳定。
③ 98~104℃温度下进行4小时杀菌。
④ 杀菌过程中间一定要进行排气过程, 确保热循环。

19 버섯 균주를 장기보존 시 액체질소 보존법에 넣는 동결보존제로 알맞은 것은?
① 암모니아　② 알코올
③ 글리세롤　④ 질소

中文 长期保存蘑菇菌株时液体氮保存法里用的最适合的冻结保存剂是?
① 氨　② 酒精
③ 甘油琼脂　④ 氮

20 수확한 버섯을 저장하는 방법으로 가장 부적합한 것은?
① 가스저장법　② PVC필름 저장법
③ 저온저장법　④ 상온저장법

中文 最不适合储藏收获的蘑菇方法是?
① 气体储藏法　② PVC胶片储藏法
③ 低温储藏法　④ 常温储藏法

21 종균병 마개로 사용되는 면전의 장점으로 알맞지 않은 것은?
① 미생물에 의한 오염 방지
② 긴 수명
③ 균사 생장용이
④ 공기 유통 원활

中文 用与种菌瓶瓶盖的棉垫说明中错误的是?
① 防止因微生物导致污染
② 寿命长
③ 菌丝生长容易
④ 空气流通顺畅

22 동충하초는 어느 분류군에 속하는가?
① 자낭균류　② 접합균류
③ 병꼴균류　④ 담자균류

中文 冬虫夏草属于哪个分类菌?
① 子囊菌类　② 集合菌类
③ 花冠菌类　④ 担子菌类

23 재배사에 설치하는 환기장치에 대한 설명으로 옳지 않은 것은?
① 환기장치는 호흡에 의해 배출된 이산화탄소를 밖으로 배출하여 실내 산소와 이산화탄소를 적정 수준으로 관리해야 한다.
② 환기는 흡기와 배기로 구분되어 있고, 두가지 공정이 개별적으로 이루어질 때 가장 환기효과가 높다.
③ 일반적으로 급기는 상단부, 배기는 하단부에 이루어지도록 설치한다.
④ 급배기의 효율을 높이기 위해 닥트를 연결할 수 있는 환기용 팬(시로코 팬)을 사용한다.

中文 错误的说明栽培室内设置的换气装置的说明是?
① 换气装置是为了将呼吸时产生二氧化碳排出到室外, 确保室内的二氧化碳含量一直处于适当的基准。
② 换气分为供气和排气, 两个工序个别进行时换气效果最佳。
③ 一般供气设置在上端, 排气设置在下端。
④ 为了提高急排气效率, 会使用连接换气用的风扇。

24 양송이버섯에 발생하는 마이코곤병의 방지방법으로 옳지 않은 것은?
① 복토를 소독하여 사용한다.
② 저항성 품종인 백색종을 재배한다.
③ 버섯파리를 방제한다.
④ 복토 직후 살균제를 살포한다.

中文 防止双孢菇上发生霉菌病的错误说明是?
① 覆土消毒后使用。
② 栽培使用阻抗性品种的白色种。
③ 防止菇蚊。
④ 覆土后撒杀菌剂。

25 양송이버섯 재배용 퇴비배지 제조 시 첨가하는 무기태 질소급원으로 적당한 비료는?
① 요소
② 닭똥
③ 면실박
④ 쌀겨

中文 制造栽培用双孢菇堆肥培地时添加的适合无机氮来源适合的肥料是?
① 尿素
② 鸡粪
③ 棉籽饼
④ 米糠

26 느타리버섯 재배를 위한 솜(폐면)배지의 살균 조건으로 가장 알맞은 것은?
① 60℃, 10시간 내외
② 121℃, 2시간 내외
③ 121℃, 10시간 내외
④ 60℃, 2시간 내외

中文 为了培植平菇, 最适合棉培地杀菌的条件是?
① 60℃, 10小时内外
② 121℃, 2小时内外
③ 121℃, 10小时内外
④ 60℃, 2小时内外

27 목질열대구멍버섯(상황)의 원목 매몰 재배 시 버섯 발생기에 조치사항으로 옳은 것은?
① 실내 오염을 막기 위해 벤잘코니움클로라이드 1,000배 희석액을 분무한다.
② 환기를 자주 하여 이산화탄소 농도가 0.5% 이하로 낮게 한다.
③ 실내온도는 10∼15℃로 유지한다.
④ 원목 묻기를 마치면 모래표면이 젖을 정도로 매일 관수한다.

中文 木质热带孔蘑菇的原木埋没栽培时蘑菇发生期要进行措施事项种错误的是?
① 为了防止室内污染, 喷洒氯化苯甲烃铵1,000倍稀释液。
② 经常换气将二氧化碳浓度低于0.5%。
③ 室内温度维持在10~15℃。
④ 原木埋没后每天已沙子湿润为基准进行灌水。

28 양송이버섯 원균 배양 시 가장 적합한 배지는?
① 감자배지
② 하마다배지
③ 톱밥배지
④ 퇴비배지

中文 培养双孢菇原菌时最适合的培地是?
① 马铃薯培地
② 石质沙漠培地
③ 锯末培地
④ 堆肥培地

29 느타리버섯의 형태적 특징으로 옳은 것은?
① 대에 턱받이가 없는 대신 대주머니가 있다.
② 대에 턱받이가 있으며 황색이다.
③ 대에 턱받이가 없다.
④ 대에 턱받이가 있으며 백색이다.

中文 符合平菇形态特征的是?
① 茎上没有围嘴, 但有茎囊。
② 茎上有围嘴并且颜色是黄色。
③ 茎上没有围嘴。
④ 茎上有围嘴并且颜色是白色。

30 양송이버섯 재배용 복토에 가장 알맞은 토성은?
① 사토
② 사양토
③ 양토
④ 식양토

中文 栽培双孢菇用覆土最适合的土性是?
① 沙土
② 饲养土
③ 土壤
④ 植壤土

31 호기성인 버섯균을 액체배지에 배양 시 생육이 왕성하고 고르게 생장할 수 있도록 사용하는 기구로 가장 알맞은 것은?

① 비이커
② 항온기
③ 진탕기
④ 무균상

中文 好气性蘑菇君培养在液体培地时为了生长旺盛并平均而用的器具中最适合的是?
① 大杯
② 常温器
③ 振动器
④ 无菌桌

32 느타리버섯을 볏짚 퇴비배지에 재배할 때 재배장이 갖추어야 할 조건이 아닌 것은?

① 환기시설이 필요하다.
② 관수 장비를 설치한다.
③ 바닥은 시멘트 포장이 좋다.
④ 절단기를 설치한다.

中文 将平菇培植在稻草堆肥培地时栽培厂不需要具备的条件是?
① 需要换气设施。
② 需要灌水设备。
③ 地面需要水泥包装。
④ 需要切割机。

33 노지에서 표고버섯을 원목재배할 때 종균 접종시기로 가장 적절한 것은?

① 7~8월   ② 5~6월
③ 3~4월   ④ 9~10월

中文 露地上栽培香菇原木时最适合种菌接种的时期是?
① 7~8月   ② 5~6月
③ 3~4月   ④ 9~10月

34 느타리버섯 병재배 시 배양실에 대한 설명으로 옳지 않은 것은?

① 종균접종 이후 일정한 온도와 습도를 유지하면서 버섯균을 생장시키는 장소이다.
② 오염을 방지하기 위하여 배양실 내부도 냉각실, 종균 접종실에 준하는 청정도를 유지하여야 한다.
③ 배양 중 발열에 의한 온도차이가 발생하기 때문에 공기순환장치를 설치하면 상부와 하부의 균사배양 차이가 적어진다.
④ 배양실의 크기는 여러 개로 나누기보다 1개의 공간으로 운영하는 것이 효과적이다.

中文 平菇瓶栽培时错误的说明培养室的是?
① 培养室是种菌接种后在保持一定的温度和湿度下让蘑菇菌生长的场所。
② 为了防止污染, 培养室内部也要和冷却室和种菌接种室一样的标准来保持清洁度。
③ 培养中会发生因发热导致有温差的现象, 设置空气循环装置可以降低上部和下部的菌丝培养差异
④ 培养室大小分成几个相比弄成一个的话效果更好。

35 식용버섯 균주를 저장하는 온도로 가장 적당한 것은?

① 5℃ 내외   ② 8℃ 내외
③ -4℃ 내외 ④ 0℃ 내외

中文 最适合储藏食用蘑菇菌株的温度是?
① 5℃ 内外   ② 8℃ 内外
③ -4℃ 内外 ④ 0℃ 内外

36 느타리버섯 원균 배양 시 주로 사용되는 배지는?

① 하마다배지
② 감자배지
③ 맥아배지
④ 버섯최소배지

中文 培养平菇原菌时常用的培地是?
① 石漠培地
② 马铃薯培地
③ 麦芽培地
④ 蘑菇最小培地

37 곡립배지 제조 시 밀을 삶은 후 밀을 꺼냈을 때 밀의 수분 함량은?
① 45~50% ② 65~70%
③ 55~60% ④ 35~40%

中文 制造谷粒培地时煮完小麦后取出时小麦的水分含量是?
① 45~50% ② 65~70%
③ 55~60% ④ 35~40%

38 톱밥배지 제조 시 주요 배합원료에 해당하지 않는 것은?
① 쌀겨 ② 포플러톱밥
③ 소나무톱밥 ④ 볏짚

中文 制造锯末培地时不适合用于混合原料的是?
① 米糠 ② 白杨锯末
③ 松树锯末 ④ 稻草

39 표고버섯 재배용 톱밥배지 제조 시 가장 알맞은 수분함량은?
① 75~80% ② 45~50%
③ 65~70% ④ 55~60%

中文 制造香菇栽培用锯末培地时候最适合的水分含量是?
① 75~80% ② 45~50%
③ 65~70% ④ 55~60%

40 표고버섯에 대한 설명으로 옳지 않은 것은?
① 사물기생균이다.
② 항암성분인 렌티난을 함유하고 있다.
③ 균근성 버섯이다.
④ 학명은 *Lentinula edodes*이다.

中文 香菇相关说明中错误的是?
① 实物寄生菌
② 含有抗癌作用的香菇多糖。
③ 菌群性蘑菇。
④ 学名是 *Lentinula edodes*。

41 오염된 종균이 아닌 것은?
① 품종 고유의 색택이 없고 검은색, 붉은색, 푸른색이 보이는 것
② 마개를 열면 쉰 냄새나 술 냄새가 나는 것
③ 균사의 색택이 균일하고 경계선이 보이지 않는 것
④ 종균병 군데군데에 경계선이 보이는 것

中文 没被污染的种菌是?
① 没有品种固有的色泽而呈现黑色, 红色, 绿色
② 掀盖后会有馊味或酒精味
③ 菌丝盛泽均已看不到境界线
④ 种菌瓶各处能看到境界线

42 균주 배양에 사용하는 기구 및 도구가 아닌 것은?
① 시험관, 이식 기구
② 원심분리기, 단포자분리기
③ 무균상, 건열살균기
④ 항온기, 고압습열살균기

中文 菌株培养时用不到的器具和道具是?
① 实验管, 移植器具
② 圆心分离器, 单孢子分离器
③ 无菌箱, 干热杀菌器
④ 恒温器, 高压吸热杀菌器

43 표고버섯 균사가 생장하는 최적 온도는?
① 약 5℃
② 약 25℃
③ 약 15℃
④ 약 35℃

中文 香菇菌사 생장시 최적합적 온도는?
① 약 5 C
② 약 25 C
③ 약 15 C
④ 약 35 C

44 양송이버섯의 1차 예냉온도에 가장 적합한 것은?
① 5℃
② 10℃
③ 1℃
④ 15℃

中文 双胞菇第一次预冷时的温度是?
① 5 C
② 10 C
③ 1 C
④ 15 C

45 버섯의 포자가 생기는 부분은?
① 대주머니
② 갓
③ 대
④ 균사

中文 蘑菇产生蘑菇孢子的部位是?
① 茎囊
② 盖
③ 茎
④ 菌丝

46 1,000mL 배양병 기준으로 적정한 상압살균 방법은?
① 온도가 98~104℃에 도달 후 4시간 이상 살균한다.
② 온도가 88~95℃에 도달 후 4시간 이상 살균한다.
③ 온도가 88~95℃에 도달 후 1시간 미만 살균한다.
④ 온도가 98~104℃에 도달 후 1시간 미만 살균한다.

中文 1,000mL培养瓶基准适合的常压杀菌方法是?
① 温度达到98~104 C后进行4小时以上杀菌。
② 温度达到88~95 C后进行4小时以上杀菌。
③ 温度达到88~95 C后进行不到1小时的杀菌。
④ 温度达到98~104 C后进行不到1小时的杀菌。

47 퇴비배지에 양송이버섯 종균 접종 후 실내온도를 낮게 유지하기 시작할 시기는?
① 복토 직전
② 종균 재식 직후
③ 종균 재식 직전
④ 종균 재식 후 7일 뒤

中文 堆肥培地上接种双胞菇种菌后室内温度开始维持在低温的时期是?
① 覆土前
② 种菌栽植后
③ 种菌栽植前
④ 种菌栽植7天后

48 곡립종균에 종균 배양과정에서 균덩이가 형성되는 원인으로 옳지 않은 것은?
① 곡립 배지의 흔들기 작업이 지연되었을 때
② 원균 또는 접종원이 퇴화되었을 때
③ 곡립 배지의 산도가 낮을 때
④ 곡립 배지의 수분 함량이 높을 때

中文 谷粒种菌的谷粒种菌培养过程中产生菌块的错误说明是?
① 谷粒培地的晃动动作做得晚导致
② 原菌或接种源退化导致
③ 谷粒培地酸度低时
④ 谷粒培地水分含量高时

49 버섯 종균의 검사방법으로 옳지 않은 것은?
① 현미경으로 종균 오염 여부를 검사한다.
② 세균 오염여부는 검사용 배지에 접종 후 37~45℃에서 5~7일간 배양하여 검사한다.
③ 종균을 검사용 배지에 접종하여 배양 후 육안으로 검사한다.
④ 곰팡이 오염여부는 검정용 특이 프라이머를 이용하여 RT-PCR법으로 검사한다.

中文 不是检查蘑菇种菌的方法是?
① 使用显微镜检查种菌是否被污染。
② 细菌污染与否用是接种到培地后37~45 C下培养5~7后检查。
③ 种菌检查用培地上接种培养后目视检查。
④ 是否被霉菌污染与否用检点用底料RT-PCR法检查。

50 영지버섯을 열풍건조하는 방법으로 가장 적합한 것은?

① 습도를 높이면서 60℃ 정도에서 건조한다.
② 예비건조 없이 60~70℃로 장기간 건조한다.
③ 온도를 40℃ 내외로 유지하면서 건조한다.
④ 초기에는 50~55℃로 하고 마지막에는 60~70℃로 건조한다.

中文 最适合热风干燥灵芝的方法是?
① 提高湿度在60℃左右干燥。
② 没有预备条件在60~70℃下长期干燥。
③ 温度保持在40℃左右干燥。
④ 起初用50~55℃, 后续用60~70℃干燥。

51 느타리버섯의 자실체 생육 시 빛이 부족할 때 발생하는 현상은?

① 버섯 대가 짧아진다.
② 버섯 대가 길어진다.
③ 버섯 갓의 색깔이 옅어진다.
④ 버섯 갓의 색깔이 진해진다.

中文 平菇子实体生育时发生光纤不足的现象是?
① 蘑菇茎变短
② 蘑菇茎变长。
③ 蘑菇盖颜色变淡。
④ 蘑菇盖颜色变深。

52 표고버섯 원목재배의 종균접종 방법으로 옳지 않은 것은?

① 종균은 10℃ 이하의 통풍이 양호한 냉암소에 보관한다.
② 접종용 원목의 수분함량이 40% 내외가 적합하다.
③ 접종용 종균은 직사광선을 받게 하여 갈색으로 만든다.
④ 접종용 원목은 참나무류를 선택한다.

中文 错误的香菇原木栽培种菌接种方法是?
① 种菌在10℃以下通风良好的冷暗室保管。
② 接种用原木水分含量在40%左右为适合。
③ 接种用种菌接受直射光线让其变为褐色。
④ 接种用原木原则柞树。

53 종균접종실 및 시험기구에 사용하는 소독약제인 알코올의 농도로 가장 적절한 것은?

① 60% ② 80%
③ 70% ④ 90%

中文 用于种菌接种室及试验器具的消毒剂酒精, 最适合的浓度是多少?
① 60% ② 80%
③ 70% ④ 90%

54 느타리버섯 균상재배용 솜(폐면)배지 제조 시 수분함량으로 가장 적당한 것은?

① 55~65% ② 65~75%
③ 45~55% ④ 75~85%

中文 制造平菇菌状栽培用棉培地时水分含量最适合的是?
① 55~65% ② 65~75%
③ 45~55% ④ 75~85%

55 노루궁뎅이버섯의 병배지 제조를 위한 주재료와 부재료의 배합비율로 가장 적당한 것은?

① 톱밥:미강 = 2:8
② 톱밥:미강 = 7:3
③ 톱밥:미강 = 3:7
④ 톱밥:미강 = 8:2

中文 为了制造猴头菇瓶培地用的主材料和辅材料调配比例是?
① 锯末:米糠 = 2:8
② 锯末:米糠 = 7:3
③ 锯末:米糠 = 3:7
④ 锯末:米糠 = 8:2

56 버섯종균 품종보호요건으로 갖추어야 할 5가지 요건은?

① 신규성, 구별성, 안정성, 안전성, 품종명칭
② 신규성, 우수성, 안정성, 안전성, 품종명칭
③ 신규성, 우수성, 균일성, 안전성, 품종명칭
④ 신규성, 구별성, 균일성, 안정성, 품종명칭

中文 为了保护蘑菇种菌品种的5个因素是?

① 新规性, 区分性, 稳定性, 安全性, 品种名称
② 新规性, 优秀性, 稳定性, 安全性, 品种名称
③ 新规性, 优秀性, 均一性, 安全性, 品种名称
④ 新规性, 区别性, 均一性, 稳定性, 品种名称

57 액체종균 배양 시 술냄새가 나고 거품이 많이 생겨 공기배출구를 막는 현상이 발생하는 원인은?

① 세균
② 효모
③ 빵곰팡이
④ 푸른곰팡이

中文 培养液体种菌时有酒精味泡沫多导致堵住空气排气口的原因是?

① 细菌
② 小木
③ 面包霉
④ 绿霉

58 수확한 버섯의 저장에 대한 설명으로 옳지 않은 것은?

① 저온 저장 시 건조공기에 의한 버섯의 중량 감소 문제를 고려해야 한다.
② 고온에 저장한 경우에는 버섯의 무게 감소가 현저하게 나타난다.
③ 수확한 버섯은 즉시 포장하여 저온저장실에 보관해야 품질의 열화를 방지할 수 있다.
④ 송풍기 등을 이용하여 빨리 건조해야 버섯의 조직에 영향이 없다.

中文 错误的说明收割的蘑菇储藏相关的是?

① 低温储藏时要考虑因干燥的空气导致蘑菇重量减少的问题。
② 储藏在高温时蘑菇的重量会明显的减少。
③ 收割的蘑菇立即包装后保管在低温储藏室, 可以防止品质低下。
④ 利用送风机等工具尽快干燥才能确保蘑菇的组织不会有变化。

59 감자배지를 1.5L 조성하려 할 때 소요되는 설탕의 양은?

① 200g
② 300g
③ 20g
④ 30g

中文 造成1.5L的马铃薯培地时候所需的白糖量是?

① 200g
② 300g
③ 20g
④ 30g

60 종자산업법상의 벌칙규정에서 품질표시를 하지 않은 버섯종균을 진열·보관한 경우에 과태료는?

① 50만 원 이하
② 200만 원 이하
③ 150만 원 이하
④ 100만 원 이하

中文 种子产业法的出发规定中没有做品质标识的蘑菇种菌陈列·保管的情况付款是?

① 50万元以下
② 200万元以下
③ 150万元以下
④ 100万元以下

정답 및 해설

제5회 버섯종균기능사 필기 기출복원문제

01	02	03	04	05	06	07	08	09	10	11	12	13	14	15	16	17	18	19	20
②	②	②	④	②	③	②	②	②	④	③	③	③	③	④	②	③	③	③	④

21	22	23	24	25	26	27	28	29	30	31	32	33	34	35	36	37	38	39	40
②	①	③	④	①	①	④	④	④	④	③	③	④	④	③	①	②	①	④	③

41	42	43	44	45	46	47	48	49	50	51	52	53	54	55	56	57	58	59	60
③	②	②	③	②	①	④	③	④	③	②	③	④	④	④	②	④	④	④	②

01 무균실(클린벤치) 또는 접종실의 최적 온도는 15℃ 정도가 적당하며 5℃는 원균 보관 온도이다.

中文 无菌室或接种室最佳温度是15℃, 5℃是原菌保管温度。

02 표고버섯의 주름살은 버섯의 품질에 따라 유백색이나 담황색으로 갈색은 아니다.

中文 香菇条纹是随着蘑菇品质有乳白色和淡黄色, 不可能是褐色。

03 버섯의 균사 배양 시 최적 온도는 25℃이나 균사 배양 시 호흡열에 의한 온도상승으로 인한 피해를 방지하기 위해서는 조금 낮게 관리하는 것이 좋다.

中文 蘑菇菌丝培养最佳温度是25℃, 但为了防止菌丝培养时呼吸热度导致温度上升, 管理温度可以稍微降低。

04 수확한 버섯의 경우에 버섯의 균사 조직이 조밀한 정도가 약해지면서 수분 증발이 일어나며 저장하고 있는 경우에도 수분 증발은 일어난다.

中文 收割的蘑菇是因为菌丝稠密度变小导致水分会蒸发, 储藏的时候水分也会蒸发。

05 톱밥배지의 경우 스팀으로 빠르게 살균하는 고압증기 살균법을 사용하며 초자기구, 금속, 습열살균이 불가능한 재료 등을 살균시에는 건열살균법을 사용한다.

中文 锯末培地会使用蒸汽快速杀菌的高压重器杀菌法, 硝子器具, 金属, 吸热杀菌等无法杀菌的材料会采用干热杀菌法。

06 미이라병은 양송이버섯에만 발생하는 병으로 감염 시 버섯이 0.5~2cm일 때 생장이 완전히 정지하면서 갈변 고사하고 그 균상에서는 버섯이 발생하지 않는다.

中文 米粒病菌是只发生在双孢菇的病, 感染时蘑菇生长到0.5~2cm时会停止生长并且褐变枯死, 该菌状上不会生长蘑菇。

07 버섯재배에서 청정도가 중요하나 접종실인 경우 가장 청정도가 요구되며 배양실도 청정하게 관리하여 주어야 한다.

中文 蘑菇栽培清洁度虽然重要, 接种室的最需要清洁度管理, 培养室也需要管理。

08 PE(polyethylene)재질인 경우 상압살균을 하여야 하며, 고압살균 시 PP(polypropylene)재질을 사용하여야 한다.

中文 PE(polyethylene)材料的时候需要常压杀菌, 高压杀菌时要用PP(polypropylene)材质。

09 표고버섯의 골목 휴양기간은 30~40일 정도가 적합하며 톱밥 배지인 경우에도 비슷한 휴양기간을 갖는다.

中文 香菇的椹木休息期间是30~40日左右最适合, 锯末培地也需要相同的修养期间。

10 발아-동형핵균사-원형질융합-이형핵균사-자실체-담자기-핵융합-감수분열-담자포자

中文 发芽-同形核菌丝-原型质融合-异形核菌丝-子实体-担子器-核融合-甘水分裂-担子孢子

11 수증기나 열풍, 열수, 유기용매 등이 직접 접촉하지 않는 기구를 살균시에는 건열살균, 스팀으로는 고압살균, 클린벤치 등에서는 UV살균(완전살균은 안됨), 기구살균에는 화염살균한다.

中文 水蒸气或热风, 热水, 水机用牧等不直接接触器具的东西杀菌时用干热杀菌, 蒸汽。高压杀菌, 清洁台用UV杀菌(不能彻底杀菌), 器具杀菌用火焰杀菌。

12 외기온도와 동일하게 저장시에는 종균을 저장하는데 부적절한 방법이다.
   中文 跟外部温度一样的条件下储藏是对种菌储藏不利。

13 흑목이버섯의 톱밥재배 배합조건은 연질인 나무를 많이 넣어주고 단단한 나무를 적게 넣어 주는 것이 배양기간을 단축시키는데 도움이 된다.
   中文 黑木耳模具栽培调配条件是多放软质木头, 少放硬质木头可以帮助缩短培养期间。

14 종자산업법 제47조 (분쟁대상 종자 및 묘의 시험/분석 등)
   1) 종자 또는 묘에 관하여 분쟁이 발생한 경우에는 그 분쟁낭사는 농림축산식품부장과에게 해당 준쟁대상 종자 또는 묘에 대하여 필요한 시험/분석을 신청할 수 있다.
   中文 种子产业法第47条 (纷争对象种子及卵的试验/分析等)
   1) 发生种子或卵的纷争时有纷争的当事人可以向农业畜牧食品副长科申请该种子或卵的必要试验/分析。

15 영지버섯은 처음에는 흰색 그다음 연한 노란색 그리고 갈색으로 변한다. 수확적기는 황색일 경우에 한다.
   中文 灵芝起初是白色而后是淡黄色在然后会变成褐色。收割时期是黄色。

16 일반적으로 원균은 5℃에서 보관하며, 고온성버섯인 풀버섯 등은 10~15℃ 정도에 상온에서 저장하고 계대배양은 3회 정도가 적당하다.
   中文 一般原菌保存温度是5℃, 高温性蘑菇的草菇等是10~15℃左右的常温下储藏, 继代培养3次左右最适合。

17 느타리버섯에 주로 발생하는 버섯파리는 버섯혹파리, 긴수염버섯파리, 버섯벼룩파리 등이 있다.
   中文 平菇上发生的菇蚊有蘑菇瘤蚊, 长须菇蚊, 蘑菇跳蚤蚊等。

18 고압살균은 121℃에서 배지분량(500g)에 따라 60~90분 살균하는 것과 시험관배지(10mL)인 경우는 10~15분간 살균한다.
   中文 高压杀菌在121℃下按照培地分量(500g)进行60~90分钟的杀菌和实验管培地(10mL)时进行10~15分钟的杀菌。

19 글리세롤 10% 또는 포도당 10%를 사용한다.
   中文 使用甘油琼脂10%或葡萄当10%。

20 수확한 버섯을 상온에 저장하는 방법은 온도가 비교적 높아 부적합하다.
   中文 收割的蘑菇在常温储藏的方法是因为温度较高不适合。

21 면전인 경우에 실리스토퍼를 사용하는 경우보다 수명이 짧고 사용이 어려움이 있다.
   中文 棉垫比实利瓶盖寿命更短并且不好使用。

22 자낭균류에는 동충하초, 곰보버섯, 주발버섯, 술잔버섯 등이 있다.
   中文 子囊菌类有冬虫夏草, 羊肚菌, 盘菌, 酒盅菇。

23 재배사의 환기장치로 급기는 하단부, 배기는 상단부에 이루어지도록 설치한다.
   中文 栽培室的换气装置安装成供气部在上端, 排气部在下端的形式。

24 마이코곤병의 방지방법으로 복토 시나 버섯파리, 폐상퇴비 시 주의하며 살균제를 살포하지는 않는다.
   中文 防止霉菌病的方法中注意进行吸纳覆土菇蚊, 废常堆肥, 不撒杀菌剂。

25 봄 재배 시 1.2%, 가을 재배 시 1.5% 사용한다.
   中文 春天栽培时使用1.2%, 秋天栽培时使用1.5%。

26 60~65℃에서 10~14시간 살균한다.
   中文 60~65℃下进行10~14小时杀菌。

27 버섯의 발생기에는 수분이 제일 많이 필요로 하는 시기이므로 매일 관수하여 주어야 한다.
   中文 蘑菇发生时是需要很多水分的时期, 每天都要进行灌水。

28 양송이버섯의 원균 배양시에는 퇴비추출배지를 사용한다.
   中文 培养双孢菇原菌时使用堆肥提取培地。

29 대에 턱받이이나 대주머니가 없고 포자는 백색이다.
   中文 茎上没有围嘴和茎囊, 孢子是白色。

30 식양토100% 또는 식양토80% + 토탄20%
   中文 饲养土100%或饲养土80%+泥潭20%

31. 진탕기란 교반할 필요가 있는 소기구를 진탕시켜 그 안의 액체가 잘 섞이도록 하는 기기이다.
    中文 振动器是将需要搅拌的小器具进行搅拌让其内部液体均匀的机械。

32. 볏짚은 절단을 하여 사용하여도 좋으나 꼭 절단기가 필요한 것은 아니다.
    中文 虽然稻草切断后使用为好, 但没必要一定要切断。

33. 원목재배 시 종균 접종은 3~4월이 적절하며 1~2월에 조기 접종도 한다.
    中文 原木栽培时种菌接种是3~4月份最好, 1~2月进行早期接种。

34. 배양실의 크기는 1개의 공간보다 여러 개의 공간에서 주기별로 운영하는 것이 효과적이다.
    中文 培养室大小相比一个空间, 利用多个控件来周期别运行的话效果最好。

35. 균주의 적당한 저장 온도는 5℃이다.
    中文 菌株的适当储藏温度是5℃。

36. 원균 배양 시 주로 사용되는 배지는 PDA감자배지이다.
    中文 培养原菌时主要用的培地是PDA马铃薯培地。

37. 곡립배지의 밀의 수분 함량은 48~50% 정도로 한다.
    中文 谷粒培地的小麦水分含量是48~50%左右。

38. 주요 배합원료에는 톱밥과 미강 또는 밀기울이다. 볏짚은 양송이버섯 배지에 사용된다.
    中文 主要融合原料是锯末和米糠或小麦麦麸。稻草是用于双孢菇培地。

39. 일반적인 톱밥배지의 수분함량은 65% 정도이며 표고버섯인 경우 산소요구량을 필요로 하기 때문에 공극을 높여 주기 위하여 일반함량보다 적게 55~60%로 수분을 맞춘다.
    中文 一般的锯末培地水分含量是65%左右, 香菇的话因为有氧的要求量, 所以为了提高空隙用比一般的水分含量低的55~60%。

40. 대표적인 균군성버섯은 송이, 능이버섯 등이다.
    中文 代表性的菌群性蘑菇是松茸和虎掌菇。

41. 품종 고유의 색이 아닌 다른 색이 보이는 것은 곰팡이의 오염이며 경계선이 보이는 것은 세균의 오염이다.
    中文 看着没有品种固有的颜色是因为霉菌污染, 能看到境界线是细菌污染。

42. 원심분리기는 원심력을 이용하여 성분이나 비중이 다른 물질들을 분리·정제·농축하는 기계로 균질액을 여러 부분으로 나눌 목적으로 이용되는 기구이다.
    中文 圆心分离器是利用圆心力将成分或比重不同的物质分离·提炼·浓缩用的机器, 可将菌质液分成各部分的器具。

43. 버섯의 균사가 생장하는 최적의 온도는 25℃이다.
    中文 蘑菇菌丝生长的最佳温度是25℃。

44. 버섯의 예냉 온도는 0~4℃이다.
    中文 蘑菇预冷温度是0~4℃。

45. 버섯의 갓 부분에 포자가 생긴다.
    中文 蘑菇的盖部位会生长孢子。

46. 고압살균인 경우에는 121℃에서 60~90분을 살균하지만 상압살균인 경우에는 100℃를 기준으로 4~5시간 살균한다.
    中文 高压杀菌是121℃下进行60~90分钟的杀菌, 常压杀菌是100℃下进行4~5小时杀菌。

47. 종균 접종 후 배양 시 호흡열에 의해 배지내의 온도가 오를 수 있으므로 일주일 후 온도를 내려주어 관리한다.
    中文 种菌接种后培养时因呼吸热度会导致温度上升, 一周后要降低温度来管理。

48. 균덩이는 산도가 높을 때에도 형성된다.
    中文 菌块在酸度高的时候也会形成。

49. 바이러스는 세포 내에서 대부분 게놈이 dsRNA로 존재하여 균사체의 dsRNA 분리로 검정할 수 있다. 또한 바이러스 검정용 특이 프라이머를 이용하여 RT-PCR(Real Time Polymerase Chain Reaction)법으로 검사한다.
    中文 病毒是在细胞内大部分存在在基因组dsRNA, 可以通过菌丝体dsRNA分离来测验。还有病毒测验利用独特漆料用RT-PCR(Real Time Polymerase Chain Reaction)法进行检验。

50. 40~45℃에서 시작하여 1~2℃씩 상승시켜 60℃까지 올리는 방법으로 한다.
    中文 开始用40~45℃, 而后已1~2℃慢慢上升直至60℃的方法。

51 빛이 부족하거나 CO₂량이 많아지면 버섯의 대가 길어진다.
中文 光线不足或CO₂量多的话蘑菇茎会变长。

52 표고버섯의 톱밥배지는 갈변을 시키지만 종균인 경우 직사광선을 받게하여 보관하지 않는다.
中文 香菇的锯末培地会引起褐变, 种菌的情况不会让其收到直射光线下保存。

53 소독약제로 알코올의 농도는 70%가 적당하다.
中文 用于消毒药剂的酒精浓度70%最适合。

54 솜배지의 수분함량은 65~75% 정도로 조절한다.
中文 棉培地水分含量调节到65~75%。

55 톱밥배지의 주재료와 부재료의 배합비율은 톱밥과 미강이나 밀기울을 8:2로 주로 배합한다.
中文 锯末培地主材料和辅材料融合比率是锯末和米糠或小麦埋伏主要已8:2融合。

56 안전성이 아닌 안정성이 품종보호요건에 해당한다.
中文 不是安全性而是稳定性是品种保护的要因。

57 3대 미생물 중의 하나로 빵, 맥주 등에 유용한 효모와 식품을 부패시키는 효모도 있다.
中文 三大微生物中的一种, 有面和啤酒等有用的酵母和腐败食物的酵母。

58 동결건조 방법으로 버섯을 건조하면 품질이 좋고 맛도 좋으나 비용이 많이 든다.
中文 用冻结干燥的方法干燥蘑菇的话品质与味道会很好, 但费用较高。

59 1L를 조성할 때 20g이기 때문에 1.5L이면 30g이 필요하다.
中文 造成1L时是20g, 1.5L的话需要30g。

60 종자산업법 제56조(과태료)
② 제44조(품질표시를 하지 아니한 종자 또는 묘, 발아 보증 시한이 지난 종자)를 위반하여 같은 조 각 호(그 밖에 이 법을 위반하여 그 유통을 금지할 필요가 있다고 인정되는 종자)의 종자 또는 묘를 진열·보관한 자에게는 200만 원 이하의 과태료를 부과한다.
中文 种子产业法第56条(罚款)
② 违反第44条(限未标识品质的种子或卵, 发芽保证时限过期的种子), 所以对(以外因为违反该条款认为禁止流通认证的种子)保管种子或卵阵列·保管的人进行200万元以下的罚款。

2023 버섯종균기능사

필기 적중 예상문제 FINAL TEST

1회 필기 적중 예상문제 Final Test

01 핵이동 흔적기관인 꺽쇠연결체(클램프)를 가진 버섯으로 이루어진 것은?

① 팽이버섯, 느타리버섯
② 표고버섯, 양송이버섯
③ 풀버섯, 느타리버섯
④ 풀버섯, 영지버섯

02 버섯 원균 분리방법이 아닌 것은?

① 다포자 발아
② 조직분리
③ 균사절편 이식
④ 세포융합

03 표고버섯과 양송이버섯은 분류학상 어느 것에 해당되는가?

① 자낭균 ② 불완전균
③ 조상균 ④ 담자균

04 버섯 균주 보존 방법으로 적합하지 않은 것은?

① 동결건조법
② 유동파라핀봉입법
③ 토양보존법
④ 상온장기저장법

05 버섯 균주를 장기보존 시 액체질소와 넣는 동결 보존제로 알맞은 것은?

① 알코올
② 암모니아
③ 글리세롤
④ 질소

06 균주 보존하는 방법 중 적당한 배지에 배양한 후 저온 또는 실온에서 보관하고, 일정기간이 지난 후에 신선한 배지로 이식하여 배양하고 다시 보관하는 보존법은?

① 광유보존법
② 물보존법
③ 액체질소보존법
④ 계대배양보존법

07 감자배지 1L 제조 시 필요한 한천 첨가량은?

① 15g ② 20g
③ 5g   ④ 10g

08 감자배지를 1.5L 조성하려 할 때 소요되는 설탕의 양은?

① 20g   ② 300g
③ 200g ④ 30g

09 맥아배지 1L를 제조할 때 필요한 맥아추출물의 양은?

① 10g   ② 20g
③ 100g ④ 200g

10 건조한 고체종균에서 균사의 유전적 변이가 심하거나 배양기간이 길게 소요되는 접종원에 사용하면 더욱 효과적인 종균은?

① 곡립종균 ② 액체종균
③ 퇴비종균 ④ 종목종균

11 액체종균 배양 시 술냄새가 나고 거품이 많이 생겨 공기배출구를 막는 현상이 발생하는 원인은?

① 효모
② 푸른곰팡이
③ 세균
④ 빵곰팡이

12 버섯 원균 배양에 주로 사용하는 배지는?

① 증류수 한천 배지
② 차펙스(Czapek's) 배지
③ YM배지
④ 퇴비 추출 배지

13 버섯 원균의 액체질소보존법에 대한 설명으로 옳은 것은?

① −20℃에서 보존하는 방법이다.
② 보호제로 10% 젤라틴을 사용한다.
③ 보존방법 중에서 가장 저렴하다.
④ 초저온보존법으로 장기간 보존할 수 있는 방법이다.

14 곡립배지에 대한 설명으로 옳지 않은 것은?

① 찰기가 적은 것이 좋다.
② 주로 양송이버섯 종균으로 사용한다.
③ 밀, 수수, 벼를 주로 사용한다.
④ 제조 시 너무 오래 물에 끓이면 좋지 않다.

15 주로 곡립종균으로 재배하는 버섯은?

① 팽이버섯
② 영지버섯
③ 양송이버섯
④ 표고버섯

16 곡립종균 배양 시 유리수분 생성원인으로 가장 거리가 먼 것은?

① 에어콘 또는 외부의 찬공기가 주입될 때
② 배양 후 저장실로 바로 옮기지 않을 때
③ 배양기간 중 극심한 온도변화가 있을 때
④ 배지의 수분이 과다할 때

17 배지를 살균하는 방법으로 고압살균에 대한 설명으로 옳지 않은 것은?

① 살균제나 항생제 등 화학적 물질이 사용되지 않는다.
② 상압살균보다 안정적인 방법이라 할 수 있다.
③ 98~104℃에서 4시간 이상 살균한다.
④ 살균 과정 중간에는 반드시 배기 과정을 거쳐 열의 순환이 잘 이뤄져야 한다.

18 종균접종실 및 시험기구에 사용하는 소독약제인 알코올의 농도로 가장 적절한 것은?

① 90% ② 60%
③ 80% ④ 70%

19 버섯 종균제조에 필요한 초자기구, 금속, 습열살균이 불가능한 재료 등을 살균하는 방법으로 습열살균보다는 덜 효과적이고, 140℃에서 3시간 정도 살균하는 것은?

① 고압살균 ② UV살균
③ 화염살균 ④ 건열살균

20 무균실 관리 방법으로 가장 부적합한 것은?

① 소독 작업을 하고 2~3시간 지난 후 멸균상태에서 작업한다.
② 온도는 15~20℃ 정도로 낮게 유지한다.
③ 실내습도는 90% 이상으로 습하게 유지한다.
④ 살균제보다는 70% 알코올을 사용하여 소독한다.

21 버섯종균 접종 방법으로 가장 부적절한 것은?

① 접종기는 사용 전 화염소독을 철저히 한다.
② 접종실의 자외선등을 켜고 작업한다.
③ 접종용기는 70% 에탄올로 살균한다.
④ 배지 표면에 접종원이 덮이도록 접종한다.

22 버섯 생육실에 필요한 장치가 아닌 것은?

① 냉난방장치
② 가습장치
③ 환기장치
④ 수확장치

23 병재배 시 냉각실의 공기압 상태로 가장 적당한 것은?

① 음압
② 감압
③ 양압
④ 평압

24 버섯의 병재배 배지 제조시설 중에서 가장 높은 청정도가 요구되는 시설은?

① 작업실
② 접종실
③ 균긁기실
④ 배양실

25 종균을 접종하고 배양과정 중에서 잡균이 발생했을 때 예상되는 잡균 발생 원인으로 가장 거리가 먼 것은?

① 접종기구 사용 시 바닥에 내려놓았을 때
② 종균병 입구를 솜마개로 느슨하게 막고 보관했을 때
③ 무더운 여름날 알코올 램프를 끄고 작업했을 때
④ 종균병에 면전 삽입 후 살균 과정에서 솜마개를 조금 태웠을 때

26 오염된 종균의 특징으로 옳은 것은?

① 종균의 상부에 버섯원기 또는 자실체가 형성되지 않은 것
② 종균에 줄무늬 또는 경계선이 없는 것
③ 균사색택이 연하고 마개를 열면 술냄새가 나는 것
④ 품종고유의 특징을 가진 단일색인 것

27 양송이버섯 종균의 가장 알맞은 저장 온도는?

① 15~20℃
② 25~30℃
③ 5~10℃
④ -5~0℃

28 양송이버섯 재배 시 복토재료로 가장 적당한 것은?

① 식토
② 사토
③ 식양토
④ 사양토

29 양송이버섯 재배 시 복토 후부터 첫 관수까지의 가장 적당한 재배사 온도는?

① 33~35℃
② 25~33℃
③ 15~23℃
④ 23~25℃

30 양송이버섯 퇴비배지의 구비조건으로 적합하지 않은 것은?

① 양송이균의 생장에 알맞은 물리적 성질을 갖추어야 한다.
② 양송이균의 생장을 저해하는 유해물질이 없어야 한다.
③ 양송이균의 생장 및 자실체 형성에 알맞은 영양분을 함유해야 한다.
④ 양송이균과 다른 균이 공생하면서 함께 잘 자라야 한다.

31 양송이버섯 종균의 접종방법 중 혼합재식법에 대한 설명으로 옳은 것은?

① 퇴비배지와 섞는다.
② 퇴비배지에 층별로 심는다.
③ 10cm 간격으로 접종한다.
④ 종균을 표면에 뿌린다.

32 양송이버섯 생육 시 갓이 작아지고 대가 길어지는 현상이 일어나는 재배사 내의 이산화탄소 농도 범위는?

① 0.02% 이하
② 0.03~0.06%
③ 0.20~0.30%
④ 0.07~0.10%

33 표고버섯 재배용 톱밥배지 제조 시 가장 알맞은 수분함량은?

① 75~80%
② 45~50%
③ 65~70%
④ 55~60%

34 표고버섯 원목재배 시 임시눕히기에 대한 설명으로 옳지 않은 것은?

① 장작쌓기, 우물정자쌓기 방법이 있다.
② 가급적 1.5m 이상으로 높게 쌓는다.
③ 통풍이 원활하고 과습되지 않도록 한다.
④ 4~5월에 실시한다.

35 표고버섯 재배용 원목의 벌채 조건으로 가장 적합한 것은?

① 나무의 수피가 벗겨져 있고 수액 유동이 정지된 시기
② 나무의 수피가 벗겨지지 않고 수액 유동이 정지된 시기
③ 나무의 수피가 벗겨져 있고 수액 유동이 활발한 시기
④ 나무의 수피가 벗겨지지 않고 수액 유동이 활발한 시기

36 표고버섯 원목재배의 종균접종 과정 중 적절하지 않은 것은?

① 접종용 원목의 수분함량이 40% 내외가 적합하다.
② 접종용 종균은 직사광선을 받게 하여 갈색으로 만든다.
③ 종균은 10℃ 이하의 통풍이 양호한 냉암소에 보관한다.
④ 접종용 원목은 참나무류를 선택한다.

37 느타리버섯의 1핵 균사와 2핵 균사를 구별할 수 있는 것은?

① 소포체
② 분생포자
③ 꺽쇠연결체
④ 미토콘드리아

38 느타리버섯 원균 배양 시 주로 사용되는 배지는?

① 맥아배지
② 하마다배지
③ 버섯최소배지
④ 감자배지

39 느타리버섯 재배를 위한 솜(폐면)배지의 살균조건으로 가장 알맞은 것은?

① 60℃, 2시간 내외
② 121℃, 10시간 내외
③ 60℃, 10시간 내외
④ 121℃, 2시간 내외

40 느타리버섯 비닐멀칭 균상재배의 종균접종 및 배양관리에 대한 설명으로 옳지 않은 것은?

① 접종할 톱밥종균은 콩알 크기로 부수어 사용한다.
② 종균은 배지의 중앙에만 접종하여 오염을 방지한다.
③ 멀칭하는 비닐의 색깔은 흑색, 백색, 청색도 가능하다.
④ 균사배양 온도는 배지 속이 25~30℃가 되도록 유지한다.

41 신령버섯 퇴비배지 제조 시 복토 방법으로 옳은 것은?

① 특별하게 규정된 것이 없다.
② 이랑형으로만 작업한다.
③ 평편형으로만 작업한다.
④ 이랑형과 평편형으로 작업한다.

42 신령버섯 균사생장 시 간접광선의 영향에 대한 설명으로 옳은 것은?

① 생장을 촉진하는 특성이 있다.
② 아무런 영향을 미치지 못한다.
③ 생장을 방해하는 특성이 있다.
④ 어두운 상태와 밝은 상태가 교차되어야만 생장이 촉진된다.

43 팽이버섯의 재배과정 중 온도를 가장 낮게 유지하는 시기는?

① 자실체 생육 시
② 발이 유기 시
③ 억제 작업 시
④ 균배양 시

44 흑목이버섯 재배용 톱밥배지 제조 시 미강의 첨가량으로 가장 적당한 것은?

① 5~10%
② 15~20%
③ 25~30%
④ 35~40%

45 버섯을 건조하여 저장하는 방법이 아닌 것은?

① 열풍건조
② 일광건조
③ 동결건조
④ 가스저장

46 수확한 버섯에 대한 설명으로 옳지 않은 것은?

① 수분증발에 따른 건조현상은 버섯의 신선도에 영향을 미친다.
② 버섯 내부 조직의 수분은 공기 중으로 쉽게 증발된다.
③ 버섯 균사 조직은 조밀 정도가 강하여 수분 증발이 쉽게 되지는 않는다.
④ 버섯 표피 조직은 납질층(왁스층)이 없어 수분이 쉽게 증발된다.

47 버섯의 수확 후 관리요령 중 다음 사항에 해당되는 것은?

- 1차 예냉은 차압예냉 방식을 이용하여 1℃에서 1시간 정도 실시한다.
- 2차 예냉은 0℃ 환경에서 2~4시간 정도 실시한다.

① 구름버섯
② 양송이버섯
③ 영지버섯
④ 상황버섯

48 버섯파리 종류에서 유충의 길이가 2mm 정도로 황색 또는 오렌지색을 띠며, 주로 균상표면이 장기간 습할 때 피해를 주는 것은?

① 시아리드(Sciarid)
② 마이세토필(Mycetophil)
③ 세시드(Cecid)
④ 포리드(Phorid)

49 표고버섯 원목재배 시 많이 발생하는 해균이 아닌 것은?

① 검은혹버섯균
② 푸른곰팡이균
③ 마이코곤병균
④ 구름버섯균

50 양송이버섯에 발생하는 버섯파리를 집중적으로 방제하기 위한 시기로 가장 효과적인 것은?

① 균사생장 기간
② 버섯 수확 후
③ 퇴비배지의 후발효 기간
④ 퇴비배지 발효 직전

51 종자산업법에서 버섯의 종균에 대한 보증유효기간은?

① 1개월
② 2개월
③ 6개월
④ 12개월

52 개인 육종가가 버섯 품종을 육성하여 품종보호권이 설정되었을 때 그 존속 기간은?

① 15년　② 20년
③ 25년　④ 30년

53 종자산업법상의 벌칙규정에서 품질표시를 하지 않은 버섯종균을 진열·보관한 경우에 과태료는?

① 50만 원 이하
② 200만 원 이하
③ 150만 원 이하
④ 100만 원 이하

54 종자산업법상 유통종자의 품질표시로 옳지 않은 것은?

① 품종 생산·수입판매 신고번호 : 생산·수입판매 품종의 경우에만 해당
② 종자업등록번호 : 종자업자의 경우에만 해당
③ 수입 연월 및 수입자명 : 수입종자의 경우에만 해당
④ 종자의 발아율 : 버섯종균의 경우 종균 배양완료일

55 종자관리사의 자격 기준으로 옳지 않은 것은?

① 종자기술사 자격을 취득한 사람
② 버섯종균기능사 자격을 취득한 사람으로서 자격 취득 전후의 기간을 포함하여 종자업무 또는 유사한 업무에서 5년 이상 종사한 사람
③ 종자산업기사 자격을 취득한 사람으로서 자격 취득 전후의 기간을 포함하여 종자업무 또는 유사한 업무에서 2년 이상 종사한 사람
④ 종자기사 자격을 취득한 사람으로서 자격 취득 전후의 기간을 포함하여 종자업무 또는 유사한 업무에서 1년 이상 종사한 사람

56 버섯품목의 종자업 등록 시설기준으로 옳지 않은 것은?

① 접종실 규모는 13.2m² 이상, 무균상태를 지속할 수 있는 시설 필요
② 저장실 규모는 165.0m² 이상, 실온 20~25℃로 조절할 수 있는 냉각시설 필요
③ 실험실 규모는 16.5m² 이상, 현미경은 1,000배 배율 이상이 필요
④ 살균실 규모는 23.0m² 이상, 고압살균기 및 보일러 구비 필요

57 버섯종균 품종보호요건으로 갖추어야 할 5가지 요건은?

① 신규성, 구별성, 균일성, 안전성, 품종명칭
② 신규성, 우수성, 균일성, 안전성, 품종명칭
③ 신규성, 구별성, 균일성, 안정성, 품종명칭
④ 신규성, 우수성, 균일성, 안정성, 품종명칭

58 종균 생산업자가 법령 위반 시 종자업 등록 취소 등의 행정처분을 하는 대상은?

① 국립종자원장
② 산림청장
③ 농림축산식품부장관
④ 시장 · 군수 · 구청장

59 외국에서 종균을 처음 수입하여 농가에 공급하고자 할 때 어떻게 해야 하는가?

① 국립종자원에 신고하고 공급한다.
② 수입적응성 시험을 통과하고 공급한다.
③ 외국에서 수입하는데 아무 제약이 없다.
④ 조달청에 신고하고 공급한다.

60 재배중인 영지버섯 종균에 분쟁이 있을 시 피해자는 시험분석을 신청할 수 있는데 어느 기관에 신청해야 하는가?

① 시장 · 군수 · 구청장
② 농림축산식품부장관
③ 국립종자원장
④ 한국종균생산협회장

01	02	03	04	05	06	07	08	09	10	11	12	13	14	15	16	17	18	19	20
①	④	④	④	③	④	②	④	②	②	①	③	④	③	③	②	③	④	④	③
21	22	23	24	25	26	27	28	29	30	31	32	33	34	35	36	37	38	39	40
②	④	③	②	④	③	③	③	③	④	①	③	④	②	②	④	③	④	③	②
41	42	43	44	45	46	47	48	49	50	51	52	53	54	55	56	57	58	59	60
④	①	③	②	④	③	②	③	③	①	①	②	②	④	②	②	③	④	②	②

2회 필기 적중 예상문제 Final Test

01 양송이버섯에 사용하는 퇴비배지의 발효를 위한 재료의 최적 수분함량은?

① 70~75%
② 55~60%
③ 40~45%
④ 85~90%

02 톱밥종균 제조 순서로 옳은 것은?

① 배지재료준비 – 재료배합 – 접종 – 살균 – 입병 – 배양
② 배지재료준비 – 재료배합 – 입병 – 접종 – 살균 – 배양
③ 배지재료준비 – 재료배합 – 접종 – 입병 – 살균 – 배양
④ 배지재료준비 – 재료배합 – 입병 – 살균 – 접종 – 배양

03 톱밥배지 제조에 대한 설명으로 옳지 않은 것은?

① 톱밥의 재료는 참나무류, 포플러류 등 다양하다.
② 주재료가 톱밥이고 여기에 질소원인 미강 등을 혼합한 것을 말한다.
③ 미강은 그물눈 1.5mm의 조밀한 체로 싸래기를 제거하여 잡균 발생 가능성을 줄인다.
④ 톱밥은 그물눈 3~5mm 정도의 크기로 된 체로 쳐서 덩어리가 작은 것을 제거한다.

04 양송이버섯의 생활사로 옳은 것은?

① 자낭포자 – 자실체 – 1차균사 – 2차균사 – 담자기
② 자낭포자 – 1차균사 – 2차균사 – 담자기 – 자실체
③ 담자포자 방출 – 이형 핵균사 형성 – 자실체 형성 – 담자기 형성
④ 담자포자 방출 – 동형 핵균사 – 자실체 형성 – 이형 핵균사 형성 – 담자기 형성

05 우량 종균 선별 및 검정방법에 대한 설명으로 옳지 않은 것은?

① 육안으로 색깔을 보고 선별할 수 있다.
② 균사체에서 dsRNA를 분리하여 바이러스 감염 여부를 알 수 있다.
③ 패트리디쉬에 접종 후 37℃ 정도에서 5일간 배양하여 세균의 유무를 알 수 있다.
④ 양송이버섯 종균을 제외한 대부분 종균은 현미경으로 관찰 시 꺽쇠연결체가 없어야 우량 종균이다.

06 표고버섯 재배용 톱밥배지 제조시 사용하는 부재료에 대한 설명으로 옳지 않은 것은?

① 탄산칼슘에서 공급하는 칼슘은 버섯의 육질을 단단하게 해준다.
② 면실피는 배지 내부의 공극률을 조절하는 용도로 사용한다.
③ 밀기울은 배지의 함수율 조절에 사용한다.
④ 설탕은 접종 과정에서 손상받은 균사를 재생하고 생장 활력을 얻는데 사용한다.

07 우량 종균의 조건으로 알맞지 않은 것은?

① 손으로 잘 부서지는 것
② 종균 병에 얼룩진 띠가 없는 것
③ 균덩이나 유리수분이 형성되지 않은 것
④ 품종 고유의 특성을 가지는 것

08 버섯 저장방법 중 성격이 다른 것은?

① 레토르트 파우치   ② 병조림
③ 동결건조   ④ 스낵

09 버섯 균주를 1년 이상 장기보존하기 위해서 사용하는 보존제는?

① 광유   ② 탄산가스
③ 산소   ④ 알콜

10 곡립종균 배양 시 균덩이가 생기는 원인이 아닌 것은?

① 흔들기 작업이 지연되었을 때
② 배지의 수분함량이 낮을 때
③ 접종원이 퇴화되었을 때
④ 배지의 산도가 높을 때

11 곡립배지에 대한 설명으로 옳지 않은 것은?

① 찰기가 적은 것이 좋다.
② 밀, 수수, 벼를 주로 사용한다.
③ 제조 시 너무 오래 물에 끓이면 좋지 않다.
④ 주로 양송이버섯 종균으로 사용한다.

12 느타리버섯 재배사의 바닥을 흙으로 할 때 가장 문제되는 점은?

① 온도 관리   ② 살균 및 후발효 관리
③ 병해 관리   ④ 습도 관리

13 인공재배가 가능한 약용버섯인 불로초, 목질진흙버섯은 분류학상 어느 분류군에 속하는가?

① 목이목
② 덩이버섯목
③ 민주름버섯목
④ 주름버섯목

14 종균 생산업자가 종균을 포장하여 박스에 반드시 표시해야 하는 것은?

① 종균의 생산이력
② 재배 시 특히 주의할 사항
③ 품종의 육성자
④ 종자관리사의 이름

15 양송이버섯에 발생하는 병으로 대를 갓에서 분리하였을 때 갈색인 쐐기모양의 조직이 갓에 붙어있고, 육안으로는 증상을 찾기 어려운 것은?

① 마이코곤병
② 푸른곰팡이병
③ 대속괴사병
④ 괴균병

16 수확한 버섯의 생리에 대한 설명으로 옳지 않은 것은?

① 표피에 왁스층이 없어서 조직 수분이 쉽게 증발된다.
② 느타리버섯은 토마토 및 딸기보다 호흡량이 높다.
③ 호흡작용으로 버섯 고유 성분이 감소된다.
④ 조직이 동결된 후 온도를 높여 해동되면 조직이 회복된다.

17 가스저장법에 대한 설명으로 옳지 않은 것은?
① 저장 중에 일어나는 여러 가지 화학변화를 작게하여 저장 버섯의 신선도를 유지하는 효과적인 방법이다.
② 버섯의 대량저장에 많이 이용한다.
③ 산화를 억제시켜서 색깔의 변화를 방지한다.
④ 저온에서 산소와 이산화탄소의 조성 비율을 조절하여 버섯의 호흡률을 증가시켜 저장기간을 연장한다.

18 버섯종균 생산업의 시설기준으로 갖추어야 할 기자재가 아닌 것은?
① 분광광도계
② 고압살균기
③ 현미경
④ 항온기

19 버섯의 병재배 배지 제조시설 중에서 가장 높은 청정도가 요구되는 시설은?
① 균긁기실
② 작업실
③ 접종실
④ 배양실

20 영지버섯 수확에 가장 적당한 시기를 알 수 있는 버섯 뒷면의 색으로 옳은 것은?
① 회색
② 붉은색
③ 노란색
④ 흰색

21 표고버섯 원목이 직사광선에 의해 온도 상승 시 발생하기 쉬운 해균은?
① 톱밥버섯
② 푸른곰팡이균
③ 고무버섯
④ 검은단추버섯

22 곡립종균 제조 과정에서 물리적 성질을 개선하기 위해 첨가하는 것은?
① 요소
② 석고
③ 탄산석회
④ 인산염

23 병재배 시 냉각실의 공기압 상태로 가장 적당한 것은?
① 감압
② 양압
③ 음압
④ 평압

24 외국에서 종균을 처음 수입하여 농가에 공급하고자 할 때 어떻게 해야 하는가?
① 조달청에 신고하고 공급한다.
② 수입적응성 시험을 통과하고 공급한다.
③ 국립종자원에 신고하고 공급한다.
④ 외국에서 수입하는데 아무 제약이 없다.

25 원균의 계대배양에 대한 설명으로 옳은 것은?
① 보존 과정에는 특수 장비가 필요하다.
② 보존기간은 일반적으로 1~12개월이다.
③ 다른 보존방법에 비해 유지관리비가 비싸다.
④ 잦은 배양으로 유전적 특성 변이가 거의 일어나지 않는다.

26 배지의 살균이 끝난 후에 배기를 서서히 시키는 이유로 가장 알맞은 것은?
① 살균기 고장 방지
② 유리병 파열 방지
③ 산도 변화 방지
④ 양분의 파괴 방지

27 버섯의 생활사에서 2핵균사를 확인하는 방법으로 옳은 것은?

① 균사의 개수
② 균사의 길이
③ 격막의 유무
④ 꺾쇠의 연결체의 유무

28 버섯 종균배양 시 잡균발생 원인으로 가장 거리가 먼 것은?

① 오염된 접종원을 사용하여서
② 퇴화된 접종원을 사용하여서
③ 무균실의 소독이 불충분하여서
④ 배지살균이 완전하지 못하여서

29 톱밥종균 제조 과정 중 입병 작업에 대한 설명으로 옳은 것은?

① 입병작업은 자동화가 불가능하며 대부분 수동작업으로 인력에 의존한다.
② 종균병의 크기는 보통 이동이 간편한 450ml 크기를 선호한다.
③ 배지 중앙에 구멍을 뚫는 이유는 배지의 무게를 줄이기 위한 것이다.
④ 병마개는 솜을 필터로 넣은 실리스토퍼를 사용하며 솜으로 막는 부위가 클수록 좋다.

30 표고버섯 원목재배 시 다음 설명에 해당하는 것은?

> 일반적으로 이 품종은 원목 배양 상태가 좋으면 접종 당해년 가을부터 버섯생산이 가능하므로 말복 이후부터 9월 초에 세우기 작업을 하여도 무방하다.

① 고온성 품종
② 저온성 품종
③ 중저온성 품종
④ 중온성 품종

31 느타리버섯 재배사의 보온력이 떨어져 외부 온도 차이가 심할 때 많이 발생하는 병은?

① 세균성갈반병
② 푸른곰팡이병
③ 붉은빵곰팡이병
④ 균덩이병

32 버섯 균주의 보존방법으로 2년 이상 장기간 보존이 가능하며, 난균류 보존에 많이 활용하는 현탁보존법에 해당하는 것은?

① 물보존법
② 냉동고보존법
③ 동결건조보존법
④ 액체질소보존법

33 느타리버섯 병재배 시 배양실에 대한 설명으로 옳지 않은 것은?

① 오염을 방지하기 위하여 배양실의 내부도 냉각실, 종균 접종실에 준하는 청정도를 유지하여야 한다.
② 배양실의 크기는 여러 개로 나누기보다 1개의 공간으로 운영하는 것이 효과적이다.
③ 배양 중 발열에 의한 온도차이가 발생하기 때문에 공기순환장치를 설치하면 상부와 하부의 균사배양 차이가 적어진다.
④ 종균접종 이후 일정한 온도와 습도를 유지하면서 버섯균을 생장시키는 장소이다.

34 일반적으로 톱밥배지를 100병 이하 용량의 소형살균기에서 고압살균할 때 121℃가 된 후 적당한 살균시간은?

① 30분 정도
② 90분 정도
③ 120분 정도
④ 60분 정도

35 양송이버섯 재배에 가장 알맞은 복토의 산도는?

① pH 7.5 정도
② pH 8.5 정도
③ pH 6.5 정도
④ pH 9.5 정도

36 곡립종균의 배양 관리방법으로 옳지 않은 것은?

① 배양 시 균덩이 발생을 방지하기 위해 흔들기 작업을 한다.
② 균사생육에는 자외선 명배양이 암배양보다 적합하다.
③ 잡균에 오염된 종균병은 즉시 폐기한다.
④ 일반적으로 접종 후 20일 전후로 종균이 만들어진다.

37 자실체에서 분리한 절편은 페트리디시 내 배지의 어느 부위에 이식하는 것이 균사생장을 관찰하기에 가장 적당한가?

① 배지 상단부위
② 배지 부위에 관계없음
③ 배지 중앙부위
④ 배지 하단부위

38 감자배지 0.5L 제조 시 한천 적정 첨가량은?

① 30g
② 40g
③ 20g
④ 10g

39 팽이버섯의 수확 후 관리방법으로 옳지 않은 것은?

① 예냉 방법으로 강제 통풍 냉각법, 차압 통풍 냉각법을 주로 사용한다.
② 예냉 후에는 유통 온도는 7℃ 이하로 유지한다.
③ 버섯의 품질을 위해 판매대의 온도는 약 15℃로 유지한다.
④ 예냉온도를 −1.5~1℃로 설정하여 2일 정도 냉각한다.

40 느타리버섯 종균 배양실의 필수 장치가 아닌 것은?

① 냉난방장치
② 공기순환장치
③ 조명장치
④ 가습장치

41 느타리버섯 재배를 위한 솜(폐면)배지의 살균 조건으로 가장 알맞은 것은?

① 60℃, 2시간 내외
② 121℃, 10시간 내외
③ 121℃, 2시간 내외
④ 60℃, 10시간 내외

42 버섯의 재배사에 사용되는 공기여과장치에 대한 설명으로 옳지 않은 것은?

① 헤파필터는 먼지 또는 세균 등의 작은 입자에 대해 100%에 가까운 제거율을 가지는 무균필터이다.
② 공기여과장치는 필터, 필터 박스, 필터 팬 등으로 구성된다.
③ 프리필터는 비교적 큰 입자의 먼지 등을 여과할 수 있으며 곰팡이 포자, 미세먼지, 세균 등도 여과할 수 있다.
④ 미디움필터는 미세먼지, 곰팡이 포자 등을 여과할 수 있고 배양실 또는 헤파필터 전처리용으로 사용된다.

43 배지의 살균시간을 결정할 때 고려할 사항으로 가장 거리가 먼 것은?

① 살균기의 용량
② 배지의 살균량
③ 종균병의 모양
④ 종균병의 크기

44 버섯의 병재배용 장비에 대한 유의사항으로 옳은 것은?

① 적재기 : 병이 담긴 상자를 옮기거나 쌓는데 사용되며 노동력 절감효과를 높여주는 장비이다.
② 클린부스 : 종균 접종 작업 중 헤파필터 팬 모터를 작동시켜서는 안 된다.
③ 탈병기 : 압축공기 방식은 회전 스크류 방식보다 탈병 속도가 느리며, 강한 압축 공기로 인해 병의 파손율이 다소 높다.
④ 자동 종균 접종기 : 살균 전 냉각된 배지에 일정량의 종균을 자동으로 접종하는 장비이다.

45 원균 보관방법은 크게 활성상태 보존법과 휴면상태 보존법으로 나눌 수 있다. 다음 중 활성상태 보존법이 아닌 것은?

① 액체질소보존법
② 계대배양보존법
③ 물보존법
④ 광유보존법

46 종균 접종을 위한 무균실의 소독 방법으로 가장 적합한 방법은?

① 0.1% 승홍수 살포
② 마라치온 및 D.D.V.P 살포
③ 3~5% 석탄산(phenol) 살포
④ 70~75% 알콜 살포

47 표고버섯 재배 시 원목의 눕히기 각도가 높아지는 조건이 아닌 것은?

① 배수가 불량한 경우
② 원목 굵기가 굵은 경우
③ 통풍이 양호한 경우
④ 강우가 많은 경우

48 10℃ 이상의 상온에서 종균을 저장하는 것은?

① 풀버섯
② 팽이버섯
③ 표고버섯
④ 양송이버섯

49 주로 액체종균을 사용하지 않는 버섯은?

① 양송이버섯
② 큰느타리버섯
③ 동충하초
④ 팽이버섯

50 표고버섯 건조방법에 대한 설명으로 옳은 것은?

① 예비건조는 45~50℃에서 15분 정도 실시한다.
② 후기건조는 55℃에서 3시간 동안 배기구를 밀폐시킨다.
③ 건조 시 대가 위로 향하게 놓는다.
④ 본건조는 10~12시간 동안 55℃까지 시간당 1~2℃씩 서서히 상승시킨다.

51 버섯의 개념에 대한 설명으로 옳은 것은?

① 대부분 세균에 의해 형성된 자실체 덩어리이다.
② 대부분 불완전균류이다.
③ 육안으로 볼 수 있고 손으로 만질 수 있는 곰팡이다.
④ 일반적으로 포자를 의미한다.

52 표고버섯 톱밥종균 제조 시 배지의 수분으로 가장 적당한 것은?

① 65~70% ② 75~80%
③ 45~50% ④ 55~60%

53 목이버섯의 균사가 생장하기 위해서 가장 적합한 산도는?

① pH 4.0~5.0
② pH 6.0~7.0
③ pH 5.0~6.0
④ pH 7.0~8.0

54 느타리버섯의 원기 형성 및 자실체 발생 시 재배사 내의 습도로 가장 적당한 것은?

① 70~75% 내외
② 80~85% 내외
③ 95% 이상
④ 65% 이하

55 무균실의 최적 온도에 해당하는 것은?

① 15~20℃ 정도
② 5~10℃ 정도
③ 5℃ 이하
④ 30~35℃ 정도

56 양송이버섯의 종균재식 방법이 아닌 것은?

① 혼합접종법
② 표면접종법
③ 복토접종법
④ 층별접종법

57 균근형성종에 해당하는 버섯은?

① 송이버섯
② 느타리버섯
③ 양송이버섯
④ 표고버섯

58 표고버섯과 영지버섯 재배용 원목으로 가장 적당한 수종은?

① 소나무
② 상수리나무
③ 일본잎갈나무
④ 포플러

59 팽이버섯 재배 시 억제실에 가장 적합한 온도는?

① 약 11~14℃
② 약 -1~1℃
③ 약 3~5℃
④ 약 7~9℃

60 버섯 육종에 사용되는 육종법이 아닌 것은?

① 분리육종법
② 교잡육종법
③ 복사육종법
④ 돌연변이육종법

01	02	03	04	05	06	07	08	09	10	11	12	13	14	15	16	17	18	19	20
①	④	④	③	④	③	①	③	①	②	②	③	③	①	①	④	④	①	①	③
21	22	23	24	25	26	27	28	29	30	31	32	33	34	35	36	37	38	39	40
④	②	②	②	②	②	④	②	④	①	①	①	①	②	①	④	④	④	④	③
41	42	43	44	45	46	47	48	49	50	51	52	53	54	55	56	57	58	59	60
④	④	③	①	①	④	③	①	①	④	③	④	②	②	①	③	①	②	④	③

3회 필기 적중 예상문제 Final Test

01 버섯 원균의 액체질소보존법에 대한 설명으로 옳은 것은?

① −20℃에서 보존하는 방법이다.
② 보존방법 중에서 가장 저렴하다.
③ 보호제로 10% 젤라틴을 사용한다.
④ 초저온보존법으로 장기간 보존할 수 있는 방법이다.

02 수입한 버섯종균의 국내유통 제한에 대한 사항으로 옳지 않은 것은?

① 수입된 버섯종균의 재배로 인하여 특정 병해충이 확산될 우려가 있는 경우
② 수입된 버섯종균으로부터 생산된 농산물의 특수성분으로 인하여 국민건강에 해를 끼칠 우려가 있는 경우
③ 수입된 버섯종균의 무분별한 유통 등으로 인하여 외래 유전자원 보존에 심각한 지장을 초래할 우려가 있는 경우
④ 수입된 버섯종균의 증식이나 교잡에 의한 유전자 변형 등으로 인하여 기존 국내 생태계를 심각하게 파괴할 우려가 있는 경우

03 양송이 복토 재료의 조건으로 부적당한 것은?

① 보수력이 높을 것　② 가비중이 무거울 것
③ 유기물이 많을 것　④ 공극량이 많을 것

04 팽이버섯 배양기간을 단축할 수 있어서 많이 사용하는 종균의 종류는?

① 성형종균　② 톱밥종균
③ 액체종균　④ 곡립종균

05 버섯 종균제조에 필요한 초자기구, 금속, 습열살균이 불가능한 재료 등을 살균하는 방법으로 습열살균보다는 덜 효과적이고, 140℃에서 3시간 정도 살균하는 것은?

① 화염살균　② 건열살균
③ 고압살균　④ UV살균

06 표고버섯 톱밥재배에 필요한 장치나 장비가 아닌 것은?

① 입봉기　② 살균기
③ 천공기　④ 혼합기

07 버섯의 수확 후 관리요령 중 다음 사항에 해당되는 것은?

- 1차예냉은 차압예냉 방식을 이용하여 1℃에서 1시간 정도 실시한다.
- 2차예냉은 0℃ 환경에서 2~4시간 정도 실시한다.

① 상황버섯　② 양송이버섯
③ 구름버섯　④ 영지버섯

08 팽이버섯 재배 시 생육실에 가장 알맞은 온도와 상대습도는?

① 온도 14~15℃, 상대습도 75~80%
② 온도 14~15℃, 상대습도 90~95%
③ 온도 7~8℃, 상대습도 75~80%
④ 온도 7~8℃, 상대습도 90~95%

09 흑목이버섯 원목재배 시 버섯 발생을 위한 최적 온도와 광반응 조건으로 옳은 것은?

① 온도는 10~15℃이고 광이 불필요하다.
② 온도는 20~28℃이고 광이 많이 필요하다.
③ 온도는 8~12℃이고 광이 불필요하다.
④ 온도는 15~18℃이고 광이 많이 필요하다.

10 느타리버섯의 균사 생장에 가장 알맞은 온도는?

① 25℃ 내외   ② 5℃ 내외
③ 15℃ 내외   ④ 35℃ 내외

11 느타리버섯 자실체의 조직분리 시 가장 좋은 부위는?

① 대와 턱받이의 접합 부위
② 갓 하면의 주름살 부위
③ 대와 균사의 접합 부위
④ 대와 갓의 접합 부위

12 850mL 배양병 기준으로 적정한 상압살균 조건은?

① 온도가 98~104℃에 도달 후 1시간 미만 살균한다.
② 온도가 88~95℃에 도달 후 4시간 이상 살균한다.
③ 온도가 98~104℃에 도달 후 4시간 이상 살균한다.
④ 온도가 88~95℃에 도달 후 1시간 미만 살균한다.

13 버섯 종균의 유효 보증 기간은?

① 1개월   ② 2개월
③ 1년   ④ 6개월

14 영지버섯 생육관리에 대한 설명으로 옳지 않은 것은?

① 기온이 높은 날에는 관수 후에 환기를 한다.
② 급격한 환기는 온습도의 변화가 심하게 발생하므로 지양한다.
③ 온도가 낮은 날에는 온도가 가장 높을 때 환기를 집중적으로 실시한다.
④ 실내 습도가 높으면 환기시간을 짧게 한다.

15 양송이버섯의 균류 분류학상 위치는?

① 자낭균문   ② 담자균문
③ 주름버섯문   ④ 송이버섯문

16 버섯 균주의 보존방법으로 2년 이상 장기간 보존이 가능하며, 난균류 보존에 많이 활용하는 현탁보존법에 해당하는 것은?

① 액체질소보존법   ② 동결건조보존법
③ 물보존법   ④ 냉동고보존법

17 느타리버섯에 발생하는 병으로 초기에 발병여부를 식별하기 어렵고, 발병하면 급속도로 전파되어 균사를 사멸시키는 것은?

① 푸른곰팡이병   ② 세균성무름병
③ 바이러스병   ④ 세균성갈반병

18 큰느타리버섯 수확 시 버섯 하부에 배지를 부착하는 이유는?

① 저온 조건에서 신선도가 조금 더 오래 유지된다.
② 포장 시 버섯이 부서지는 것을 방지한다.
③ 수확 시 작업 인건비를 줄일 수 있다.
④ 유통되는 기간에 버섯의 크기가 증가한다.

19 표고버섯 원목의 벌채가 늦거나 벌채 후 충분한 건조기간을 두지 않고 종균을 즉시 접종하여 생목 상태가 오랫동안 지속한 원목에 주로 발생하는 해균은?

① 검은단추버섯 ② 주홍꼬리버섯
③ 고무버섯 ④ 치마버섯

20 버섯 병재배를 위한 재배시설 설치 시 냉각실에 대한 설명으로 옳은 것은?

① 냉방기의 용량은 냉각실 내부면적 또는 부피보다 다소 작은 용량을 설치하여야 한다.
② 냉각실 내부는 음압을 유지하는 것이 바람직하다.
③ 헤파필터 뒤쪽에는 프리필터를 설치하여 내구성을 높여주어야 한다.
④ 냉각실 내부에는 반드시 공기 여과 필터장치를 부착해야 한다.

21 양송이버섯 종균의 접종방법 중 혼합재식법에 대한 설명으로 옳은 것은?

① 종균을 표면에 뿌린다.
② 퇴비배지에 층별로 심는다.
③ 10cm 간격으로 접종한다.
④ 퇴비배지와 섞는다.

22 느타리버섯의 원기 형성을 위한 재배사의 환경조건으로 부적합한 것은?

① 70~80% 정도의 습도
② 저온 충격과 변온
③ 충분한 자연광
④ 1000~1500ppm 정도의 이산화탄소 농도

23 감자한천배지를 시험관당 10~15mL씩 분주하여 1.1kg/cm²으로 고압살균할 때 가장 적당한 조건은?

① 121℃에서 40분간
② 100℃에서 40분간
③ 121℃에서 20분간
④ 100℃에서 20분간

24 버섯의 신선도에 관여하는 외적요인에 속하지 않는 것은?

① 온도
② 광
③ 습도
④ 증산작용 정도

25 자연 생태계에서 버섯의 가치가 아닌 것은?

① 식물, 동물, 세균 등과 같이 자연생태계의 구성원으로서 가치를 가진다.
② 모양, 생활 양식 등이 종류마다 차이가 나는 다양성의 가치를 가진다.
③ 기생 생물로서 생태계 파괴자의 역할을 한다.
④ 분해자, 재활용자, 협력자의 기능을 한다.

26 곡립배지 제조 시 밀을 삶을 때 밀을 꺼내는 적정 밀의 수분 함량은?

① 35~40% ② 55~60%
③ 45~50% ④ 65~70%

27 버섯의 종균 제조 시 원균이나 접종원으로 가장 많이 사용되는 것은?

① 담자포자 ② 자실체
③ 균사체 ④ 분열자

28 느타리버섯 비닐멀칭 균상재배의 종균접종 및 배양관리에 대한 설명으로 옳지 않은 것은?

① 균사배양 온도는 배지 속이 25~30℃가 되도록 유지한다.
② 접종할 톱밥종균은 콩알 크기로 부수어 사용한다.
③ 멀칭하는 비닐의 색깔은 흑색, 백색, 청색도 가능하다.
④ 종균은 배지의 중앙에만 접종하여 오염을 방지한다.

29 종균 접종실에 대한 설명으로 옳지 않은 것은?

① 난방기를 설치하고 내부온도를 20℃ 내외로 유지해야 한다.
② 잡균이 발생하지 않도록 종균접종실 내부는 음압을 유지해야 한다.
③ 냉각된 배지는 냉각실과 종균접종실이 연결되어 있는 벽체의 좁은 통로를 통해 컨베이어로 이동되는 것이 좋다.
④ 헤파필터와 UV등을 설치하여 높은 청정도를 유지해야 한다.

30 배지 살균작업에 대한 설명으로 옳지 않은 것은?

① 살균시간은 배지량과 살균기의 용량에 따라 다르다.
② 배지를 입병 또는 입봉한 후 신속히 살균을 시작한다.
③ 배기가 충분하지 않으면 압력이 높아도 배지 내의 온도는 설정한 온도만큼 도달하지 못할 수 있다.
④ 용량이 큰 대형 살균기일수록 살균시간을 짧게 단축하여 한다.

31 핵이동 흔적기관인 꺾쇠(클램프)연결체를 가진 버섯으로만 나열한 것은?

① 표고버섯, 양송이버섯
② 풀버섯, 영지버섯
③ 풀버섯, 양송이버섯
④ 팽이버섯, 느타리버섯

32 팽나무버섯의 균주 보존에 가장 적합한 온도는?

① 약 15℃   ② 약 5℃
③ 약 20℃   ④ 약 10℃

33 양송이버섯 재배용 복토에 가장 알맞은 토성은?

① 사토   ② 사양토
③ 식양토   ④ 양토

34 표고버섯 재배용 원목의 벌채 조건으로 가장 적합한 것은?

① 나무의 수피가 벗겨져 있고 수액 유동이 정지된 시기
② 나무의 수피가 벗겨지지 않고 수액 유동이 정지된 시기
③ 나무의 수피가 벗겨져 있고 수액 유동이 활발한 시기
④ 나무의 수피가 벗겨지지 않고 수액 유동이 활발한 시기

35 영구적인 버섯 재배사를 구성하는 주요 재료로 가장 거리가 먼 것은?

① 블록   ② 패널
③ 비닐   ④ 벽돌

36 종균 배양실의 습도는 어느 정도 유지하는 것이 가장 좋은가?

① 60% 이상   ② 90% 이상
③ 70% 이상   ④ 80% 이상

37 느타리버섯 재배에 사용되는 톱밥배지에 대한 설명으로 옳지 않은 것은?

① 활엽수 톱밥으로는 포플러류 수종을 사용한다.
② 탄소원으로는 콘코브, 비트펄프 등을 사용한다.
③ 침엽수 톱밥으로는 미송을 사용한다.
④ 생 미송톱밥은 3개월 정도 야적작업이 필요하다.

38 가스저장법에 대한 설명으로 옳지 않은 것은?

① 버섯의 대량저장에 많이 이용한다.
② 산화를 억제시켜 색깔의 변화를 방지한다.
③ 저온에서 산소와 이산화탄소의 조성 비율을 조절하여 버섯의 호흡률을 증가시켜 저장기간을 연장한다.
④ 저장 중에 일어나는 여러 가지 화학변화를 작게하여 저장 버섯의 신선도를 유지하는 효과적인 방법이다.

39 버섯 종균 접종 및 관리를 위한 설비 및 장비 설치의 필요성이 가장 낮은 시설은?

① 종균 접종실   ② 작업실
③ 배양실   ④ 냉각실

40 양송이버섯 재배 시 자실체가 어릴 때 갈변되며 생육이 정지되면서 대와 갓이 한쪽으로 기울며 고사되는 병은?

① 세균성갈반병
② 미이라병
③ 괴균병
④ 바이러스병

41 복령을 원목 재배하려 할 때 가장 적합한 수종은?

① 떡갈나무   ② 밤나무
③ 소나무   ④ 느티나무

42 양송이버섯 재배에 가장 적정한 복토의 pH는?

① 8.5 정도   ② 6.5 정도
③ 5.5 정도   ④ 7.5 정도

43 종균병 마개로 사용되는 면전의 장점으로 옳지 않은 것은?

① 긴 수명
② 미생물에 의한 오염 방지
③ 공기 유통 원활
④ 균사 생장 용이

44 양송이버섯 생육 환경 중 습도에 대한 설명으로 옳은 것은?

① 균사 생장에 알맞은 실내습도는 80~90%, 수확기간 중에는 실내습도를 90~95%로 유지하는 것이 이상적이다.
② 균사 생장에 알맞은 실내습도는 60~65%, 수확기간 중에는 실내습도를 70~75%로 유지하는 것이 이상적이다.
③ 균사 생장에 알맞은 실내습도는 70~75%, 수확기간 중에는 실내습도를 60~65%로 유지하는 것이 이상적이다.
④ 균사 생장에 알맞은 실내습도는 90~95%, 수확기간 중에는 실내습도를 80~90%로 유지하는 것이 이상적이다.

45 주로 곡립종균을 사용하여 재배하는 버섯은?

① 뽕나무버섯   ② 양송이버섯
③ 느타리버섯   ④ 표고버섯

46 톱밥배지 재료 배합 시 첨가되는 미강의 양으로 가장 알맞은 것은?
① 20%   ② 12%
③ 2%   ④ 0.2%

47 하이폭실론(Hypoxylon)이라는 공생균과 같이 생육하는 버섯은?
① 흰목이버섯   ② 팽나무버섯
③ 뽕나무버섯   ④ 양송이버섯

48 버섯의 수확 후 생리적 특성에 대한 설명으로 옳지 않은 것은?
① 버섯을 동결 후 해동 시 효소 기질반응이 회복되어 급속한 갈변화가 일어난다.
② 효소는 어느 정도까지의 온도 상승과 더불어 활성이 증가한다.
③ 버섯의 생리는 주로 효소활성 및 수분함량과 온도의 상관성에 의한다.
④ 생체조직에서의 화학적 변화는 수분함량에 의해 좌우된다.

49 버섯 신품종 육성방법 중 돌연변이육종법에 대한 설명으로 옳지 않은 것은?
① 우라늄, 라디움 등의 방사성 동위원소 이용
② 초음파, 온도처리 등의 물리적 자극
③ 자실체로부터 조직분리 또는 포자발아
④ α, β, γ 선의 방사선 조사

50 버섯 종균을 접종하는 무균실에 대한 설명으로 옳지 않은 것은?
① 온도를 15~20℃ 정도로 낮게 유지한다.
② 실내가 멸균 상태가 되도록 소독하고 2~3시간 정도 지난 다음 작업에 들어간다.
③ 실내 습도는 70% 이하로 건조하게 한다.
④ 소독약제는 메틸알코올 희석액을 주로 사용한다.

51 종균 생산업자가 법령 위반 시 종자업 등록 취소 등의 행정처분을 하는 대상은?
① 국립종자원장
② 시장·군수·구청장
③ 산림청장
④ 농림축산식품부장관

52 곡립배지 제조 시 첨가하는 석고는 배지 무게의 몇 % 정도가 적당한가?
① 7~8%   ② 5~6%
③ 1~2%   ④ 3~4%

53 종균의 배양과정 중 잡균의 발생율이 높은 원인과 거리가 먼 것은?
① 배양실의 온도변화가 클 때
② 무균실의 온도가 높을 때
③ 배양실의 습도가 높을 때
④ 저장한 접종원을 사용할 때

54 우리나라에서 주로 재배되는 양송이버섯 품종의 색상별 분류로 거리가 먼 것은?
① 회색종
② 크림종
③ 백색종
④ 갈색종

55 원균의 계대배양에 대한 설명으로 옳은 것은?
① 잦은 배양으로 유전적 특성 변이가 거의 일어나지 않는다.
② 다른 보존방법에 비해 유지관리비가 비싸다.
③ 보존 과정에는 특수 장비가 필요하다.
④ 보존기간은 일반적으로 1~12개월이다.

56 느타리버섯 재배를 위한 솜(폐면)배지 살균 전의 수분함량으로 가장 적합한 것은?

① 75~85% ② 45~55%
③ 65~75% ④ 55~65%

57 톱밥종균을 다시 사용하기에 편리한 형태로 재제조한 종균으로 균사생장이 완료된 톱밥종균을 부수어 일정한 틀에 넣고 스티로폼 마개를 한 후 배양하여 사용하는 종균은?

① 종목종균 ② 퇴비종균
③ 액체종균 ④ 성형종균

58 외국에서 종균을 처음 수입하여 농가에 공급하고자 할 때 어떻게 해야 하는가?

① 외국에서 수입하는 데 아무 제약이 없다.
② 수입적응성 시험을 통과하고 공급한다.
③ 조달청에 신고하고 공급한다.
④ 국립종자원에 신고하고 공급한다.

59 팽이버섯의 수확 후 관리방법으로 옳지 않은 것은?

① 예냉온도를 −1.5~1℃로 설정하여 2일 정도 냉각한다.
② 예냉 방법으로 강제 통풍 냉각법, 차압 통풍 냉각법을 주로 사용한다.
③ 버섯의 품질을 위해 판매대의 온도는 약 15℃로 유지한다.
④ 예냉 후에는 유통 온도는 7℃ 이하로 유지한다.

60 버섯 균주 배양에 이용되는 주요 기구가 아닌 것은?

① 전자저울 ② 백금구
③ 시험관   ④ 페트리디쉬

01	02	03	04	05	06	07	08	09	10	11	12	13	14	15	16	17	18	19	20
④	③	②	③	②	③	②	③	②	①	④	③	①	④	②	③	①	①	③	④
21	22	23	24	25	26	27	28	29	30	31	32	33	34	35	36	37	38	39	40
④	①	②	②	③	③	③	④	②	④	④	②	③	②	③	①	④	③	②	②
41	42	43	44	45	46	47	48	49	50	51	52	53	54	55	56	57	58	59	60
③	④	①	④	②	①	①	④	③	④	②	③	④	①	④	③	④	②	③	①

4회 필기 적중 예상문제 Final Test

01 톱밥배지 재료 배합 시 첨가되는 미강의 양으로 가장 알맞은 것은?

① 0.2% ② 2%
③ 12% ④ 20%

02 버섯 병재배를 위한 배양실 조성에 필요하지 않은 것은?

① 온도조절장치
② 균긁기 작업대
③ 습도조절장치
④ 공기 여과시설 및 환기시설

03 팽이버섯 재배 시 억제실에 가장 적합한 온도는?

① 약 −1~1℃ ② 약 3~5℃
③ 약 7~9℃ ④ 약 11~14℃

04 액체종균을 접종 및 배양할 때 사용되는 기구나 기기가 아닌 것은?

① 피펫 ② 무균상
③ 입병기 ④ 진탕기

05 느타리버섯 재배사의 보온력이 떨어져 외부 온도 차이가 심할 때 많이 발생하는 병은?

① 균덩이병
② 세균성갈반병
③ 푸른곰팡이병
④ 붉은빵곰팡이병

06 가스저장법에 대한 설명으로 옳지 않은 것은?

① 버섯의 대량저장에 많이 이용한다.
② 산화를 억제시켜 색깔의 변화를 방지한다.
③ 저온에서 산소와 이산화탄소의 조성 비율을 조절하여 버섯의 호흡률을 증가시켜 저장기간을 연장한다.
④ 저장 중에 일어나는 여러 가지 화학변화를 작게하여 저장 버섯의 신선도를 유지하는 효과적인 방법이다.

07 표고버섯 재배용 원목의 벌채 조건으로 가장 적합한 것은?

① 나무의 수피가 벗겨지지 않고 수액 유동이 정지된 시기
② 나무의 수피가 벗겨져 있고 수액 유동이 정지된 시기
③ 나무의 수피가 벗겨지지 않고 수액 유동이 활발한 시기
④ 나무의 수피가 벗겨져 있고 수액 유동이 활발한 시기

08 목이버섯의 균사가 생장하기 위해서 가장 적합한 산도는?

① pH 4.0~5.0 ② pH 5.0~6.0
③ pH 6.0~7.0 ④ pH 7.0~8.0

09 종균을 접종하는 무균실의 관리방법으로 적절하지 않은 것은?

① 습도를 70% 이하로 관리한다.
② 온도를 15~20℃ 정도로 유지한다.
③ 소독약제 살포 후 바로 작업한다.
④ 여과된 무균상태의 공기 속에서 작업한다.

10 느타리버섯의 원기 형성 및 자실체 발생 시 재배사 내의 습도로 가장 적당한 것은?

① 65% 이하 ② 70~75% 내외
③ 80~85% 내외 ④ 95% 이상

11 버섯의 품종 육성방법이 아닌 것은?

① 교잡육종법
② 분리육종법
③ 반수성육종법
④ 돌연변이육종법

12 느타리버섯 자실체의 조직분리 시 가장 좋은 부위는?

① 대와 갓의 접합 부위
② 대와 균사의 접합 부위
③ 대와 턱받이의 접합 부위
④ 갓 하면의 주름살 부위

13 송이버섯처럼 특정한 나무와 공생을 하면서 나무뿌리는 버섯에게 영양분을 공급하고, 버섯균사는 토양으로 부터 수분과 양분을 나무뿌리에 공급하는 것은?

① 부후버섯 ② 임산버섯
③ 균근성버섯 ④ 기생성버섯

14 표고버섯 원목이 직사광선에 의해 온도 상승 시 발생하기 쉬운 해균은?

① 고무버섯 ② 톱밥버섯
③ 검은단추버섯 ④ 푸른곰팡이균

15 동충하초는 어느 분류군에 속하는가?

① 담자균류 ② 병꼴균류
③ 자낭균류 ④ 접합균류

16 버섯 저장방법 중 성격이 다른 것은?

① 스낵
② 병조림
③ 동결건조
④ 레토르트 파우치

17 배지 살균작업에 대한 설명으로 옳지 않은 것은?

① 살균시간은 배지량과 살균기의 용량에 따라 다르다.
② 배지를 입병 또는 입봉한 후 신속히 살균을 시작한다.
③ 용량이 큰 대형 살균기일수록 살균 시간을 짧게 단축하여 한다.
④ 배기가 충분하지 않으면 압력이 높아도 배지 내의 온도는 설정한 온도만큼 도달하지 못할 수 있다.

18 버섯 종균의 검사방법으로 옳지 않은 것은?

① 현미경으로 종균 오염 여부를 검사한다.
② 종균을 검사용 배지에 접종하여 배양 후 육안으로 검사한다.
③ 곰팡이 오염여부는 검정용 특이 프라이머를 이용하여 RT-PCR법으로 검사한다.
④ 세균 오염여부는 검사용 배지에 접종 후 37~45℃에서 5~7일간 배양하여 검사한다.

19 톱밥종균을 다시 사용하기에 편리한 형태로 재제조한 종균으로 균사생장이 완료된 톱밥종균을 부수어 일정한 틀에 넣고 스티로폼 마개를 한 후 배양하여 사용하는 종균은?

① 성형종균 ② 액체종균
③ 종목종균 ④ 퇴비종균

20 양송이버섯에 사용하는 퇴비배지의 발효를 위한 재료의 최적 수분함량은?

① 40~45% ② 55~60%
③ 70~75% ④ 85~90%

21 계대배양법에 대한 설명으로 옳지 않은 것은?

① 사면배지를 주로 사용한다.
② 원균 이식은 무균실 또는 무균상에서 수행한다.
③ 노화방지를 위해 주기적으로 이식 배양해야 한다.
④ 보존실 습도를 90% 이상으로 유지하는 것이 좋다.

22 종균 생산을 위한 종자업의 등록은 누구에게 해야 하는가?

① 국립종자원장 ② 농촌진흥청장
③ 종균생산협회장 ④ 시장·군수·구청장

23 곡립배지 제조 시 첨가하는 석고는 배지 무게의 몇 % 정도가 적당한가?

① 1~2% ② 3~4%
③ 5~6% ④ 7~8%

24 곡립배지 제조 시 밀을 삶을 때 밀을 꺼내는 적정 밀의 수분 함량은?

① 35~40% ② 45~50%
③ 55~60% ④ 65~70%

25 표고버섯 종균으로 주로 사용하지 않는 것은?

① 성형종균 ② 종목종균
③ 톱밥종균 ④ 퇴비종균

26 표고버섯 재배 시 원목의 눕히기 각도가 높아지는 조건이 아닌 것은?

① 강우가 많은 경우
② 통풍이 양호한 경우
③ 배수가 불량한 경우
④ 원목 굵기가 굵은 경우

27 표고버섯 원목재배 시 다음 설명에 해당하는 것은?

> 일반적으로 이 품종은 원목 배양 상태가 좋으면 접종 당해년 가을부터 버섯생산이 가능하므로 말복 이후부터 9월 초에 세우기 작업을 하여도 무방하다.

① 고온성 품종 ② 저온성 품종
③ 중온성 품종 ④ 중저온성 품종

28 오염된 종균의 특징으로 옳은 것은?

① 품종고유의 특징을 가진 단일색인 것
② 종균에 줄무늬 또는 경계선이 없는 것
③ 균사색택이 연하고 마개를 열면 술냄새가 나는 것
④ 종균의 상부에 버섯원기 또는 자실체가 형성되지 않은 것

29 액체종균 배양 중 배지의 색깔을 흰색으로 변색시키고 공기 배출구에서 비릿한 냄새를 유발시키는 오염균의 종류는?

① 뮤코 ② 세균
③ 페니실리움 ④ 아스퍼길러스

30 느타리버섯 재배를 위한 솜(폐면)배지 살균 전의 수분함량으로 가장 적합한 것은?

① 45~55% ② 55~65%
③ 65~75% ④ 75~85%

31 하이폭실론(Hypoxylon)이라는 공생균과 같이 생육하는 버섯은?

① 뽕나무버섯 ② 양송이버섯
③ 팽나무버섯 ④ 흰목이버섯

32 곡립종균 접종 후 흔들기를 하는 주된 이유는?

① 잡균 생성을 예방하기 위하여
② 밀알이 터지는 것을 예방하기 위하여
③ 균덩이 생성을 방지하기 위하여
④ 배지 내 수분 생성을 방지하기 위하여

33 양송이버섯에 발생하는 병으로 대를 갓에서 분리하였을 때 갈색인 쐐기모양의 조직이 갓에 붙어있고, 육안으로는 증상을 찾기 어려운 것은?

① 괴균병
② 대속괴사병
③ 마이코곤병
④ 푸른곰팡이병

34 버섯의 개념에 대한 설명으로 옳은 것은?

① 대부분 불완전균류이다.
② 일반적으로 포자를 의미한다.
③ 대부분 세균에 의해 형성된 자실체 덩어리이다.
④ 육안으로 볼 수 있고 손으로 만질 수 있는 곰팡이다.

35 감자한천배지를 시험관당 10~15mL씩 분주하여 1.1kg/cm²으로 고압살균할 때 가장 적당한 조건은?

① 100℃에서 20분간
② 121℃에서 20분간
③ 100℃에서 40분간
④ 121℃에서 40분간

36 수확한 버섯의 생리에 대한 설명으로 옳지 않은 것은?

① 호흡작용으로 버섯 고유 성분이 감소된다.
② 느타리버섯은 토마토 및 딸기보다 호흡량이 높다.
③ 표피에 왁스층이 없어서 조직 수분이 쉽게 증발된다.
④ 조직이 동결된 후 온도를 높여 해동되면 조직이 회복된다.

37 버섯 종균배양 시 잡균발생 원인으로 가장 거리가 먼 것은?

① 오염된 접종원을 사용하여서
② 퇴화된 접종원을 사용하여서
③ 무균실의 소독이 불충분하여서
④ 배지살균이 완전하지 못하여서

38 배양실과 생육실 사이에 위치하는 것이 가장 효과적인 것은?

① 냉각실   ② 작업실
③ 균긁기실   ④ 종균 접종실

39 850mL 배양병 기준으로 적정한 상압살균 조건은?

① 온도가 88~95℃에 도달 후 1시간 미만 살균한다.
② 온도가 88~95℃에 도달 후 4시간 이상 살균한다.
③ 온도가 98~104℃에 도달 후 1시간 미만 살균한다.
④ 온도가 98~104℃에 도달 후 4시간 이상 살균한다.

40 팽이버섯 배양기간을 단축할 수 있어서 많이 사용하는 종균의 종류는?

① 곡립종균　　② 성형종균
③ 액체종균　　④ 톱밥종균

41 느타리버섯 재배에 사용되는 톱밥배지에 대한 설명으로 옳지 않은 것은?

① 침엽수 톱밥으로는 미송을 사용한다.
② 활엽수 톱밥으로는 포플러류 수종을 사용한다.
③ 탄소원으로는 콘코브, 비트펄프 등을 사용한다.
④ 생 미송톱밥은 3개월 정도 야적작업이 필요하다.

42 버섯 종자업 등록을 위해 반드시 갖추어야 하는 시설이 아닌 것은?

① 냉각실　　② 살균실
③ 재배실　　④ 접종실

43 느타리버섯 재배사와 양송이버섯 재배사의 사용 장치에 있어서 차이점은?

① 습도 장치 유무　　② 온도 장치 유무
③ 조명 장치 유무　　④ 환기 장치 유무

44 버섯 원균을 배양할 때 필요한 시험기구는?

① 천평　　② 비색계
③ 항온기　　④ 진공냉동건조기

45 표고버섯을 노지에서 원목 재배할 때 재배장 설치에 가장 부적당한 곳은?

① 급수가능 지역
② 고온 다습한 곳
③ 교통이 편리한 곳
④ 마을에서 가까운 곳

46 양송이버섯 재배용 복토에 가장 알맞은 토성은?

① 사토　　② 양토
③ 사양토　　④ 식양토

47 버섯 종균을 판매하고자 할 때 유통 종자의 품질 표시에 기재하지 않아도 되는 것은?

① 품종의 명칭
② 종자관리사의 성명
③ 품종의 접종일
④ 재배 시 특히 주의할 사항

48 팽이버섯의 수확 후 관리방법으로 옳지 않은 것은?

① 예냉 후에는 유통 온도는 7℃ 이하로 유지한다.
② 예냉온도를 −1.5~−1℃로 설정하여 2일 정도 냉각한다.
③ 버섯의 품질을 위해 판매대의 온도는 약 15℃로 유지한다.
④ 예냉 방법으로 강제 통풍 냉각법, 차압 통풍 냉각법을 주로 사용한다.

49 양송이버섯 재배에 가장 적정한 복토의 pH는?

① 5.5 정도　　② 6.5 정도
③ 7.5 정도　　④ 8.5 정도

50 양송이버섯의 생활사로 옳은 것은?

① 자낭포자 − 자실체 − 1차균사 − 2차균사 − 담자기
② 자낭포자 − 1차균사 − 2차균사 − 담자기 − 자실체
③ 담자포자 방출 − 이형 핵균사 형성 − 자실체 형성 − 담자기 형성
④ 담자포자 방출 − 동형 핵균사 형성 − 자실체 형성 − 이형 핵균사 형성 − 담자기 형성

51 버섯 종균의 유효 보증 기간은?
① 1개월 ② 2개월
③ 6개월 ④ 1년

52 재배사 신축 시 재배면적 규모 결정에 가장 중요하게 고려해야 하는 사항은?
① 재배 인력
② 재배 품종
③ 1일 입병량
④ 냉난방 능력

53 복령을 원목 재배하려 할 때 가장 적합한 수종은?
① 밤나무 ② 소나무
③ 느티나무 ④ 떡갈나무

54 영지버섯 수확에 가장 적당한 시기를 알 수 있는 버섯 뒷면의 색으로 옳은 것은?
① 회색 ② 흰색
③ 노란색 ④ 붉은색

55 버섯 종균의 저장법으로 옳은 것은?
① 항상 빛이 있는 곳에 보관한다.
② 저장온도를 5~10℃로 유지한다.
③ 종균의 건조를 위하여 환풍기를 계속 작동시킨다.
④ 액체종균은 균사생장을 억제하지 않아도 된다.

56 버섯 균주를 보존하는데 가장 적합한 것은?
① 원기 ② 포자
③ 균사체 ④ 자실체

57 표고버섯 톱밥재배에 필요한 장치나 장비가 아닌 것은?
① 살균기 ② 입봉기
③ 천공기 ④ 혼합기

58 양송이버섯 복토재료의 조건으로 부적당한 것은?
① 공극량이 많을 것 ② 유기물이 많을 것
③ 보수력이 높을 것 ④ 가비중이 무거울 것

59 표고버섯 건조방법에 대한 설명으로 옳은 것은?
① 건조 시 대가 위로 향하게 놓는다.
② 예비건조는 45~50℃에서 15분 정도 실시한다.
③ 후기건조는 55℃에서 3시간 동안 배기구를 밀폐시킨다.
④ 본건조는 10~12시간 동안 55℃까지 시간당 1~2℃씩 서서히 상승시킨다.

60 종균병 마개로 사용되는 면전의 장점으로 옳지 않은 것은?
① 긴 수명
② 균사 생장 용이
③ 공기 유통 원활
④ 미생물에 의한 오염 방지

01	02	03	04	05	06	07	08	09	10	11	12	13	14	15	16	17	18	19	20
④	②	②	③	②	③	①	③	③	④	③	①	③	③	③	③	③	③	①	③
21	22	23	24	25	26	27	28	29	30	31	32	33	34	35	36	37	38	39	40
④	④	①	②	④	②	①	②	②	④	④	②	④	②	④	①	③	③	③	④
41	42	43	44	45	46	47	48	49	50	51	52	53	54	55	56	57	58	59	60
④	③	③	③	②	④	②	④	③	②	①	③	②	②	②	③	③	④	④	①